어떻게 문제를 풀 것인가

HOW TO EXPECT THE UNEXPECTED

불확실성의 함정에 빠지지 않는 인생을 위한 수학

어떻게 문제를 풀 것인가

키트 예이츠 지음 | 노태복 옮김

웅진지식하우스

★★★ 추천의 글 ★★★

모두가 체감하다시피, 오늘날 세상은 아주 빠르게 변화하고 있다. 어제의 답이 오늘의 답은 아닌 경우가 비일비재하고, 공들인 예측과 계획이 어긋나는 일은 셀 수 없다. 이 책은 그런 불확실의 세상에서 살아남는 데 수학적 사고가 얼마나 유용한지 다룬다. 현실적이고 다채로운 예시들로 풀어낸 명확성의 가치와 직관의 향상, 편견의 극복에 관한 이야기들은 무척이나 흥미롭다. 특유의 유머 감각으로 무장한 저자는 독자가 수학적 사고의 세계를 보다 즐겁게 누빌 수 있도록 안내한다. 그동안 수학에 대해 막연한 거리감을 느끼던 이들이라면 이 책을 통해 그 장벽이 허물어지고 수학과 훨씬 가까워지는 새로운 지적 경험을 할 수 있을 것이다.

- 최영기(서울대학교 수학교육과 교수, 『이토록 아름다운 수학이라면』 저자)

우리는 늘 미래를 예측한다. 많은 예측이 결국 틀린 것으로 판정되지만, 틀린 예측에서 교훈을 얻고 새로운 경험을 반영해 다음에는 더 나은 예측을 하는 노력은 꼭 필요하다. 이 책은 수학적인 사고방식을 이용해 미래를 올바로 예측하는 법을, 제대로 알고 있다면 피할 수 있는 다양한 인지적 편향과 함께 소개한다. 점술가가 무지개 술책과 확증편향을 이용해 우리의 믿음을 얻는 방법, 서울에 사는 사람 중에 머리카락 숫자가 정확히 같은 사람들이 있을 수밖에 없는 이유, 로또 1등 당첨 상금을 높이는 법, 회계 부정을 찾아내는 기술도 이 책을 보면 알 수 있다. 50% 떨어진 주가는 50%가 아니라 100% 올라야 본전이고, 자외선차단지수가 각각 30과 50인 두 자외선차단제의 효과는 별반 다르지 않다는 것도 재밌다. 많은 사례를 곁들인 저자의 친절한 안내를 따라, "확률의 구름을 헤쳐나갈 이성의 길을 따라가면서 세계의 구조를 깊이 들여다보자." 불확실성 앞에서도 논리적으로 사고하는 틀인 수학은 현대인의 핵심 교양이 되어야 마땅하다.

- 김범준(성균관대학교 물리학과 교수, 『보이지 않아도 존재하고 있습니다』 저자)

미래를 누구보다 먼저 알아낼 수 있다면 어떨까? 앞으로 다가올 일을 미리 알거나 짐작하여 말하는 것을 우리는 예언이라고 말한다. 일반적으로 예언은 정확하게 결과를 맞혔을 때 의미가 있으며, 그렇지 않은 모든 주장은 외면당하고 잊힐 뿐이다. 물론 도출된 결과를 놓고 반대로 끼워 맞추는 방식이 주로 사용되다 보니 예언이 실제로 힘을 발휘하는 경우는 매우 드물다. 하지만 과학에서 말하는 예측은 예언과 전혀 다르다. 과학자들은 항상 자신이 틀렸다는 사실을 확인하기 위해 수학적인 예측을 시도하며, 불확실한 결과를 바탕으로 다음 단계로 나아가기 위한 흥미로운 아이디어를 끊임없이 제시한다. 매일같이 인생이 던지는 문제를 풀어내야 하는 우리에게 올바른 방향에 합리적인 당위성을 부여하는 예측만큼 중요한 것도 없다. 그리고, 수학적 예측에 관한 모든 지식과 기술이 바로 이 책에 담겨 있다..

- 궤도(과학 커뮤니케이터, 『과학이 필요한 시간』 저자)

예측의 빛과 어둠에 대한 생생하고 광범위하며 유쾌한 가이드.

- 팀 하포드(경제학자, 『경제학 콘서트』 저자)

예이츠의 글은 복잡하고 혼란한 세계에서 절실히 필요한 명확성의 표지다. 어떻게 하면 우리는 스스로의 편견을 극복하고, 우연을 이해하고, 자신의 직관에 신뢰성이 없음을 극복할 수 있을까? 예이츠는 친숙한 예들을 풍부하게 들며 우리 삶에 깊이 뿌리내린 고장난 생각들을 부드럽고 설득력 있게 뒤집어 놓는다.

- 짐 알칼릴리(서리대학교 이론물리학과 교수, 『과학의 기쁨』 저자)

키트 예이츠는 모든 사람들이 배워야 하는 수학을 접근하기 쉽고 재미있으며, 자극적이면서도 우리 삶에 깊이 연관 지어 소개한다. 이 책을 읽고 나면 더 나은 판단과 결정을 내릴 수 있고, 허풍쟁이와 사기꾼을 꿰뚫어 볼 수 있다. 심지어 스스로를 덜 속이게 되기도 한다.

- 필립 볼(과학 저술가, 『물리학으로 보는 사회』 저자)

지극히 사려 깊고 조리 있으면서도 이해하기 쉬운 통찰력으로 현실 속의 수학을 들여다보는 책.

- 알렉스 벨로스(수학 및 과학 저술가, 『수학이 좋아지는 수학』 저자)

『어떻게 문제를 풀 것인가』는 흥미롭고 유쾌하며, 명료하면서도 생동감이 넘친다. 많은 사람들과 마찬가지로, 나는 수학을 실제로 어떻게 하는지 몰라도 수학에 대해 읽는 것을 좋아하는데, 이 책을 읽는 즐거움 중 하나는 일상생활에서 찾을 수 있는 다양한 예시들이다. 이 책은 정말 훌륭하다!

- 필립 풀먼(소설가, 『황금나침반』 저자)

마음속 편견에 관한 예이츠의 연구는 재치 있으면서도 흥미롭다. 현실 세계에서 유용한 수학을 찾는 독자에게 이 책만큼 보장된 선택지도 없을 것이다.

-《퍼블리셔스 위클리》

예이츠와 함께 떠나는 예측 세계로의 여행은 흥미진진하다. 그는 넘치는 유머 감각으로 우리를 안내한다.

-《커커스 리뷰》

예이츠의 글쓰기 스타일은 많은 사람들이 수학에 대해 가지고 있는 건조하고 답답하다는 인식을 예술적으로 불식시키며, 우리에게 전염성 있는 열정을 불어넣어준다. 이 책은 더 나은 선택을 하고 불확실한 상황의 함정을 피하는 데 필요한 수학을 담고 있다. '수학은 쓰레기야'라고 믿는 사람들조차 이 책을 통해 자신의 내면에 잠재되어 있던 수학을 이해하는 능력을 발견할 수 있을 것이다.

-《피직스 월드》

에미와 윌에게,

미래를 예측하는 최상의 방법은
너희들 스스로 미래를 창조해 나가는 것이란다.

들어가며

예상 밖의 문제를 예상하는 법

인류 문명의 여명기부터 우리는 줄곧 세계에 관해 그리고 이 세계에서 살아가는 우리에게 닥칠 일에 관해 예측해 보려고 했다. 그러는 내내 걸핏하면 우리는 틀렸다. 종말 예언이 그런 예측의 극적이고도 놀랍도록 흔한 사례인데, 과거에 그런 예측은 몽땅 어김없이 빗나갔다.

아즈텍인들은 자신들의 신인 케찰코아틀Quetzalcoatl과 테스카틀리포카Tezcatlipoca가 세상을 이미 네 번 멸망시켰다고 믿었다. 다섯 번째 세계(현재 세계)도 두 신에게 인신공양을 멈추면 엄청난 지진으로 끝장나리라고 믿었다. 길게 말할 것도 없이, 아즈텍 제국이 기울고 그들이 바치던 희생 제물의 양도 점점 줄어들었지만 세상은 잘 돌아갔다. 기원전 165년경에 쓰인 히브리어 책 「다니엘서」는 그리스인들이 유대 사원을 훼손한 지 1,290일이 지나면 유대인을 탄압한 그리스인들한테 끔찍한 재앙이 천벌로 내려진다고 예언했다. 예언이 빗나가자 「다니엘서」의 마지막 줄을 바꿔 그 기한을 1,335일로 늘렸다. 하지만 한 달 보름이 지나도록 여전히 아무 일도 없었다. 프랑스 주교 '푸아티에의 힐라리오'는 종말의 날이 서기 365년에 온다고 비관적으로 예언했지만(역설적이게도 그의 이름은 즐겁다는 뜻이다), 난처하게도 빗나갔다. 그러자 그의 제자인 마르탱(나중에 '투르의 생 마르탱'이 되는 인물)이 날짜를 서기 400년으로 미루었지만, 이 예언도 빗나갔다. 마르탱의 후계자이자 전기 작가인 '투르의 그레고리우스'는 나름의 재치를 발휘해서 종말일을 799년에서 806년 사이로 예측했다. 그가 죽은 지 한참 후에 이 또한 빗나가고 만다.

최근에는 해럴드 캠핑Harold Camping 같은 복음 설교사들이 휴거 예측으로 살림살이가 넉넉해졌다. 캠핑은 처음에 '마지막 때End Times'가 1994년 9월 6일에 닥친다고 계산했지만, 실현되지 않자 날짜를 9월 29일로 미뤘고 다시 10월 2일로 미뤘다. 놀랍게도 1990년대에 이런 굴욕을 겪고서도, 캠핑은 다시 2011년 10월 21일로 잡은 자신의 휴거일 예측을 믿은 사람들한테서 수백만 달러를 기부받았다. 캠핑을 포함한 여러 유언비어 유포자들은 2011년 수학 분야 이그노벨상('재현될 수도 없고 재현되어서도 안 될' 연구에 수여한다는 재밌는 취지로 주는 상)을 받았다. '세상 사람들이 수학적 가정과 계산을 할 때 조심하도록 가르쳐준' 공로로 받은 상이다.

과학적 증거에 전혀 또는 별로 기반을 두지 않았는지라, 마땅히 이런 종교적 예언들은 스스로 판 구멍 속에 빠지고 말았다. 하지만 멀쩡한 사람들이 내놓은 어쭙잖은 예측도 몇몇 있었다. 철도 시대의 초창기인 1830년, 과학 대중화의 기수이자 영국왕립학회의 회원이었던 디오니시우스 라드너Dionysius Lardner는 이렇게 내다보았다. "고속의 철도 여행은 불가능한데, 승객들이 숨을 쉬지 못해 질식사할 것이기 때문이다." 말도 안 되는 이 경고는 당시에도 웃음거리가 되었다. 하지만 다른 예측들은 나중에 돌이켜 보고 나서야 웃긴 일이 되었다.

1903년, 헨리 포드의 변호사는 당시 급성장하던 포드 자동차회사에 투자할지 여부를 고민하고 있었다. 그에게 미시건저축은행의 은행장은 이렇게 훈계했다. "말은 예전부터 있었지만 자동차는 갓 나왔네, 반짝 유행일 뿐이야." 2007년 마이크로소프트의 CEO 스티브 발머Steve Ballmer는 이렇게 주장했다. "아이폰의 시장점유율이 의미 있을 만큼 커질 가능성은 없어요. 어림도 없죠." 하지만 필연적인 사태 앞에서 짐짓 눈을 감거나 순진한 태도로 비극을 초래하는 경우도 많았다. 가령, 1938년 영국 수상 네빌 체임벌린은 아돌프 히틀러와 회담을 하고 돌아와서는 이렇게 말했다. "우리 역사상 두 번째로, 영국 수상이 독일에서 돌아오면서 평화와 명예를 함께 가져왔습니다." 이로부터 채 1년도 지나지 않아 제2차 세계대전이 발발했다.

미래 예측은 위험으로 가득하다. 누구라도 세상이 끝난다는 예측을 내놓았다 빗나가는 바람에 웃음거리가 되고 싶지는 않을 것이다. 1970년, 콜로라도주 볼더에 있는 미국 국립대기과학연구센터National Center for Atmospheric Research 소속의 과학자 제임스 P. 로지 주니어James P. Lodge Jr가 그런 처지가 되었다. 이렇게 떠벌렸기 때문이다. "공해가 햇빛을 차단하는 바람에 다음 세기가 3분의 1쯤 지나면 새로운 빙하시대가 닥칠지 모른다." 1971년, 컬럼비아대학교의 S. 이치티아크 라술

S. Ichtiaque Rasool과 스탠퍼드대학교의 스티븐 H. 스나이더Steven H. Schneider가 로지의 주장을 지지하고 나섰다. 둘은 저명한 학술지 《사이언스》에 실은 글에서, 대기 먼지의 증가로 인해 향후 50년 동안 '지구의 온도가 무려 3.5°C나 낮아질지' 모른다고 주장했다. 이어서 덧붙이기를 '그런 큰 폭의 온도 하락이라면 빙하시대를 초래하기에 충분해 보인다'고 했다.[1] 두말할 것도 없이 이 예측은 빗나갔다. 사실 우리가 잘 알고 있듯이, 현재 우리가 당면한 문제는 지구 냉각화와는 정반대의 현상이다.

한편으로, 어느 누구도 임박한 재난 상황에서 전국민에게 경계 해제를 선언한 영국 기상통보관 마이클 피시Michael Fish의 처지가 되고 싶진 않을 것이다. 그는 1987년 10월의 기상 발표를 하는 동안 초조해하는 영국 국민들을 확신에 찬 어조로 안심시켰다. "오늘 일찍이 아마도 여성인 듯한 분이 BBC에 전화를 걸어와 허리케인이 온다는 소식을 들었다고 하더군요. 글쎄요, 시청자분들은 걱정하지 마세요. 허리케인은 안 옵니다." 그날 저녁에 영국을 강타한 폭풍은 지난 수백 년 이래 최악이었다. 시속 180킬로미터에 달하는 돌풍이 잉글랜드 남부를 초토화시키는 바람에 약 20억 파운드의 재산 손실이 나고 18명이 사망했다.

미래 예측은 위험할 수 있지만, 어쨌든 우리는 미래를 내다보기 마련이다. 개인적인 차원에서도 우리는 오늘 오후에 날씨가 어떨지 알 필요가 있다. 그래야 빨래를 밖에 내다 걸지 말지 결정할 수 있다. 도로 교통 상황이 어떤지 알아야 중요한 회의를 앞두고 시간에 맞춰 출발할 수 있다. 경비가 얼마나 들어갈지 어림짐작할 수 있어야 적절한 예산을 마련할 수 있다. 이런 일상적인 예측 덕분에 우리 삶은 더 매끄럽게 흐르는데, 만약 예측이 틀린다면 어려움이 닥칠 수 있다.

더 큰 규모로 보자면, 사회가 잘 유지되기 위해서는 경기 침체를 예측하거나 적절한 개입을 통해 이를 피할 수 있어야 한다. 테러 공격을 예측하고 방지할 수 있어야 한다. 기후변화에 관한 행동에 나서기 위해서는 기후변화가 초래할 당장의 위험 및 잠재적 위험을 이해할 수 있어야 한다. 이런 중차대한 예측에 실패하면, 우리 종의 살림살이와 안전은 물론이고 종국적으로는 운명까지도 위태로워질 수 있다. 과거의 경험에서 배운 교훈을 무시하고, 충분히 심사숙고해서 예측을 내놓는 데 실패한다면 우리는 예상치 못한 상황에 직면할 가능성이 크다. 가령 무기 환매 조치를 시행했더니 도리어 총기 소유자가 늘거나, 자동차에 안전 기능을 도입했더니 사망 방지 효과에 앞서 사망자 수가 더 늘어난다거나, 해충 구제를 위해 도입한 생물종이 결국에는 재앙거리가 되는 식이다.[2]

예측이 빗나가는 여러 가지 방식

나는 이 책에서 미래를 순조롭게 열어나가기 위해 예측을 더 잘하는 방법뿐 아니라, 예측이 틀릴 수 있는 갖가지 방식 그리고 빗나간 예측을 바로잡는 과정에서 배울 수 있는 다양한 교훈을 보여주려 한다. 나의 전공인 수학의 여러 분야에서 나온 결과를 종합하고 이를 생물학, 심리학, 사회학, 의학, 경제학 및 물리학의 이론들 그리고 가장 중요하게는 현실에서 얻은 경험들과 버무려서 여러분에게 예상 밖의 것을 예상하는 법을 알려주고자 한다.

우리가 일상생활에서 흔히 경험하지만 제대로 이해하기 어려운 현상들이 있는데, 그중 가장 중요하면서도 아리송한 두 가지가 **확률**과 **비선형성**이다. 우리는 불확실성의 구름 속을 꿰뚫어 보거나 도로의 굽은 곳에서 무엇이 튀어나올지 알아내는 능력을 선천적으로 타고나지 않았다. 따라서 앞으로도 내가 계속 주장하겠지만, 수학이 우리의 예측 시도의 중심에 놓여야 한다. 단순명쾌한 이유 하나를 대자면, 수학이야말로 우리의 생물학적 결점을 피할 객관적 도구를 제공하기 때문이다. 이 결점은 우리의 사고 과정 자체에서 생기는 한계이면서도 궁극적으로는 우리를 인간이게 해주는 충동이다. 하지만 이 결점 때문에 우리는 주변 세계에 관해 추론을 해야 할 때 좌절하고 만다. 이런 내재된 충동 가운데 어떤 것들은 확실한 현상을 너무 많이 경험해서 생기고, 또 어떤 것들은 너무 적게 경험해서 생긴다. 한마디로 이 결점은 인류 보편의 단축키라고 할 수 있는 선입견과 인지편향이다. 이 둘은 수천 년에 걸쳐 다듬어진 결과지만, 우리가 두뇌의 옛 규칙을 사회의 새로운 환경에 적용하려고 할 때마다 너무나 자주 일을 그르치게 한다.

가령, 내 아이들은 날씨 좋은 날에 트램펄린에서 놀기를 좋아한다. 정원에서 일하고 있을 때면, 아이들이 늘 나더러 놀이의 중재자 노릇을 해달라거나 줄기차게 만들어내는 새 놀이를 나도 함께 하자고 졸라댄다. 시작할 때 무슨 형태의 놀이였든, 마지막에는 어김없이 질질 끄는 레슬링 시합이 된다. 다들 너무 지쳐서 나가떨어지면 우리 셋은 그제야 벌러덩 드러누워 숨을 헐떡이며 하늘을 바라본다. 솔직히 나는 이때가 제일 좋은데, 쉴 수 있어서만이 아니라 바로 새롭고 차분한 놀이의 시작을 알리는 순간이기 때문이다. 우리는 머리 위를 지나가는 구름들을 바라보다가 우리한테 보이는 것을 말하기 시작한다. "저기 거북이가 날아가는 모습 보여?" 한 아이가 손가락으로 가리킨다. "뭐, 담배를 피우는 인어 말이냐?" 내가 말한다. "아니라니까, 아빠! 길쭉한 모자를 쓴 용 한 마리 안 보여요?" 다른 아이가 나선다.

구름 모양 알아맞히기는 오래전부터 이어져 온 보편적인 놀이로, 역시 오래된 보편적인 습관에 따른 활동이다. 어수선한 환경에서 특정 패턴을 집어내는 우리 종의 유구하고 보편적인 능력은 때때로 **패턴성**patternicity이라고 불린다. 예를 들면, 저마다 다른 여러 문화권에서 '달 속의 사람' 전통이 내려왔다. 달 표면의 불규칙한 그림자에서 사람의 얼굴이나 심지어 몸 전체를 찾아내는 성향이다. 이 보편적 현상은 배경에서 사람의 얼굴과 형태를 집어내는 일이 언제나 우리 종의 중요한 능력이었다는 증거일 수 있다. 가령 머나먼 과거에 얼굴을 알아차려서 얼굴에 나타난 감정을 재빨리 읽어낼 수 있었다면, 우리는 싸우거나 도망치거나 그에 대비할 수 있었을 것이다. 위협을 가할 수 있는 사람을 재빨리 분간해 내고 그 사람의 정신 상태를 읽어낼 수 있었을 테니 말이다. 신경학적으로 볼 때 우리는 오랜 진화를 통해 얼굴을 분간해 내도록 배선되어hard-wired 있다. 심지어 우리 뇌에는 얼굴을 인식하고 기억하는 시각피질의 한 영역인 방추형얼굴영

역fusiform face area도 존재한다.[3]

요즘은 불에 탄 토스트 조각에서 예수 얼굴 찾아내기가 신문의 기분전환용 이야깃거리가 되고 있다. 하지만 무질서 속에서도 질서를 찾게 해주는 이런 오래 갈고닦은 패턴 인식 능력이 오히려 우리에게 그릇된 결론을 덥석 안겨주기도 한다. 도박꾼들이 복권 숫자나 룰렛 휠에서 패턴을 찾아냈다고 믿을지 모르나, 결단코 그런 패턴은 존재하지 않는다. 투자자들이 시장을 이길 나름의 전략을 개발해 냈다고 스스로 확신할지 모르나, 정작 그들이 실제로 해낸 일이라고는 혼란스러운 주가 그래프에서 실제로 있지도 않은 경향을 찾아낸 것뿐이다. 과학자들이 한 집단 발병 건을 두고 특정한 환경에 발병 원인이 있다고 결론 내렸다 해도, 사실 그런 집단 발병은 해당 발병 사례들의 무작위적 분포로 우연히 생긴 결과일 뿐 실제로 인과관계가 존재하지 않을 수 있다. 이런 유형의 실수들은 우리가 2, 3장 및 4장에서 더 깊게 살펴볼 내용으로, 무작위성과 불확실성의 상황에서 우리의 사고 능력 부족으로 생기는 직접적인 결과다.

확실하게 불확실한

불확실성을 논할 때, 처음부터 분명히 짚고 넘어가야 할 중요한 점이 있다. 예측이란 단지 미래를 가늠하는 일만은 아니라는 것이다. 현재에도 불확실한 요소들이 존재한다. 정말이지 현재 우리가 온전히 파악하고 있지 못하는 과거의 현상이 많다. 가령 아일랜드 대

주교 제임스 어셔James Usher가 지구 창조일로 기원전 4004년 10월 22일이라는 터무니없이 빗나간 날짜를 내놓았을 때, 그는 이미 벌어졌던 일에 대해 틀린 예측을 하고 있었다. 경제학자들은 이런 문제를 아주 잘 알고 있다. 불경기에 진입하기 직전이라고 알려주는 지표상의 데이터를 경제학자들이 수집하고 있을 무렵, 우리는 보통 이미 불경기에 들어서 있다. 현재 무슨 일이 벌어지는지 정확히 알아내려고 경제학자들은 꽤 먼 과거에서 데이터를 모아서 '현재예측nowcast'[4]을 하려고 한다. 즉, 아직 우리가 데이터를 갖고 있지 못한, 가까운 과거와 현재에 무슨 일이 벌어졌고 벌어지고 있는지를 알아내려고 한다. 비슷한 방법을 사용해 의료 연구자들은 소셜미디어 데이터를 현재예측 모델에 입력해서 아직 의료 당국이 포착해 내지 못한 독감 전염병의 유행을 알아낸다.[5]

그러니까 대략 말해서 실제로 두 가지 유형의 예측이 있는데, 그 각각이 우리가 일상에서 접하는 불확실성의 두 가지 유형을 다룬다. 하나는 **임의적**aleatoric(주사위놀이를 하는 사람이란 뜻의 라틴어 'aleator'에서 유래한) 불확실성이고, 하나는 **인식론적**epistemic(지식이나 과학을 뜻하는 고대 그리스어 'episteme'에서 유래한) 불확실성이다. 둘의 차이를 알아보기 위해, 나한테 공정한 주사위 하나가 있다고 상상하자. 그걸 굴릴 때 6의 눈이 나올 확률이 얼마냐고 내가 당신에게 묻는다. 그럼 분명 당신은 재빨리 6분의 1이라고 대답할 것이다. 주사위가 공정하지 않을 가능성을 무시하면, 6분의 1은 정답이며 이는 이 사건의 임의적 불확실성, 즉 매번 던질 때마다 달라질 수 있는 결과들과 관련해 한 사건이 갖는 불확실성을 나타낸다. 이제 당신에게 돌아서라고 한 다음 내가 주사위를 굴리고 나서 손으로 덮은 뒤 당신에게 다시 앞을 보라고 한다. 그리고 내 손 아래 있는 주사위의 눈이 6일 확률이 얼마냐고 다시 물으면, 당신은 뭐라고 대답하겠는가? 투덜거리면서 이번에도 6분의 1이라고 말할 것이다. 역시 정답이다. 하지만 이번에 당신의 대답은 인식론적 불확실성을 반영한다. 이는 이미 존재하는 현상이나 펼쳐진 상황에 관해 생각해 보라고 요청받았지만 우리에게 완벽한 지식이 없을 때 생기는 불확실성이다.

탐구 분야별로 이 두 용어 – 임의적 및 인식론적 – 의 정의를 저마다 조금씩 다르게 내리긴 하지만, 우리의 목적상 그 특징은 다음과 같이 설명하면 충분할 것이다. 로또 구매는 임의적 불확실성의 게임인데, 추첨이라는 무작위적 사건이 아직 실시되지 않았기 때문이다. 하지만 즉석복권 구매는 그야말로 인식적 불확실성의 사건이다. 미리 결정되어 있지만 아직 즉석복권의 긁는 영역 아래 어떤 그림이 있는지 모르는 상태에서 운에 맡기기 때문이다.

미래 예측에 내재되어 있는 임의적 불확실성을 다루어오는 내내, 우리는 세계의 실상에 관한 인식론적 질문에 대한 답을 찾기를 원해 왔다. 고대 이집트인들은 지구가 평평한 원반이라고 믿었다.[6] 고대 그리스인 다수도 생각이 같았다. 그런 질문을 떠올려본 고대 힌두교도, 불교도, 메소포타미아인, 중국인 및 다른 고대 문명인들 대다수의 생각도 엇비슷했다.

중세시대로 들어서고 한참이 지나서야 구형 세계관이 지배적인 이론이 된다. 1492년에 콜럼버스가 아시아를 향해 항해를 시작했을 때(이 여정의 끝에 그는 결국 아메리카에 다다랐는데, 그걸 미리 예측하기는 당시로선 무리였다), 여전히 몇몇 사람은 그가 지구의 가장자리 너머로 떨어질지 모른다고 믿었다. 이 문제가 확정적으로 해결된 때는 30년 후 포르투갈 탐험가 마젤란이 최초의 지구 일주를 마치고 나서였다. 지구가 평평하지 않다고 여긴 그 옛날 피타고라스의 제안처럼, 세계의 실상에 관해 검증 가능한 가설을 제시하는 것이야말로 과학적 방법의 토대다. 오로지 과학적 방법 덕분에 우리는 세계에 관해 뭐든 제대로 알 수 있다. 과학적 이론들은 아직 틀렸다는 것이 증명되지 않은 세계의 실상에 관한 인식론적 예측과 다르지 않다.

두 유형의 불확실성은 서로 배타적이지 않다. 무작위성이 핵심적인 역할을 하는 많은 사건에 이 두 유형의 불확실성이 함께 관여하는데, 이는 2~4장에서 다룰 예정이다. 일례로 2011년 버락 오바마 대통령이 네이비실 팀에게 파키스탄 아보타바드Abbottabad의 한 건물을 공격하라는 명령을 내렸을 때를 살펴보자. 그곳은 오바마 대통령이 오사마 빈 라덴의 은신처라고 여겼던 장소다. 하지만 그때 오바마 대통령은 임무의 성공을 확신하지 못했다. 사후에 이루어진 인터뷰에서 오바마 대통령은 자신이 직면했던 불확실성의 개별적인 두 원천을 솔직하게 인정했다. 어그러졌던 이전의 군사작전('블랙호크 다운' 그리고 이란 인질 구출 작전 등)의 어두운 그림자가 마음을 무겁게 짓누르고 있었던지라, 오바마는 임의적 불확실성을 내비치는 듯한 발언을 했다. "잘못될 수 있는 게 많습니다…… 엄청난 위험을 감수해야 하고…… 이건 어렵고 복잡한 작전입니다." 또 한편 오바마는 자신이 보고받은, 그곳이 빈 라덴의 은신처라는 증거가 전혀 결정적이지 않았다는 사실을 시인했다. "빈 라덴이 거기 있다고 확신할 수는 없었습니다. 만약 없었다면 중대한 결과가 초래되었을 겁니다."
빈 라덴이 거기 머물 가능성에 관한 자신의 생각, 즉 미지의 사실에 관한 자신의 인식론적 불확실성을 오바마는 '55 대 45 상황'이라고 표현했다.

비선형적 문제에 대한 선형적 해법

이렇듯 우리 뇌는 확률을 다루어야 할 때 과도한 일반화와 과도한 단순화에 빠지기 쉽다. 하지만 불확실성이 없어 보이는 상황에서도 우리가 잠재적으로 위험한 지름길을 택한다는 점을 유념해야 한다. 가장 중요한 인지적 절약 행동 중 하나는 6장에서 상세히 다룰 **선형성 편향**linearity bias이다. 어떤 현상이 일정하게 유지되거나, 설령 변하더라도 일정한 비율로 변하리라고 믿는 성향이다. 매달 침대 밑에 고정된 금액의 봉급을 넣어두면 저축액이 선형적으로 증가한다. 시급으로 보수를 받으면, 봉급은 일한 시간에 따라 선형적으로 증가한다. 어느 주에 평소보다 조금 더 일한다면, 일한 시간의 고정된 증가분은 세전 급여의 고정된 증가분에 대응한다. 선형적 과정일 경우, 입력의 고정된 변화치는 해당하는 출력의 고정된 변화치에 대응한다. 하지만 세상의 많은 과정은 선형적이지 않다. 이 책의 이후 장들에서 다룰 비선형성이야말로 우리의 순진한 예측 시도를 망가뜨리는 (확률과 더불어) 두 번째로 아리송한 요인이다.

비선형적 과정은 우리에게 비교적 익숙하지 않은지라, 그런 과정이 초래한 결과에 우리는 깜짝 놀라기 쉽다. 6장에서 우리는 연료 소비량과 연료 효율 사이의 반비례 관계를 만날 텐데, 이걸 모르면 자칫 환경 관련 문제에서 그릇된 결정을 내릴 수 있다. 7장에서는 어떻게 전염병 발생 초기에 감염자의 지수적(기하급수적) 증가가 우리의 의표를 찌르는지 다룬다. 처음에는 안정적으로 관리할 수 있을 듯 보이지만 곧 예상을 뛰어넘어 충격적으로 빠르게 감염자가 늘어나는 상황을 살펴본다. 심지어 피자의 지름과 넓이 사이의 이차함수 관계조차도 조심하지 않으면 우리 살림을 거덜 낼 수 있다.

적절한 사례를 하나 들어보자. 나는 퇴근 후 고속도로를 따라 한참을 달려 집으로 돌아오는 길에 가끔씩 이런 생각을 한다. 자동차의 속력을 높여서 집에 더 일찍 도착해 가족과 더 많은 시간을 보내면 좋겠다고. 하지만 그런 유혹을 느낄 때마다, 자동차 속력이 일정하게 증가한다고 해서 그에 따라 절약하는 시간도 일정하게 늘어나는 건 아니라는 사실을 떠올린다. 둘 사이의 관계는 선형적이지 않다. 고속도로에서 적발당할 위험을 무릅쓰고 제한 속력을 넘어서서 운행하는 것은 전혀 그럴 만한 가치가 없다. 시속을 80킬로미터에서 100킬로미터로 올리면 15킬로미터를 이동할 때 4분 30초의 시간을 아낄 수 있다. 하지만 거기서 다시 시속 30킬로미터를 더 올릴 경우, 똑같은 이동 거리에서 아끼는 시간은 2분이 채 안 된다. 이런 간단한 비선형 관계로 인해, 더 빠르게 달릴수록 아끼는 시간의 이익은 줄어든다. 이와 같은 일상의 사례들을 살펴보며 나는 우리가 걸려들기 쉬운 간단한 인지적 결점들을 알려주고, 여러분이 그러한 결점들을 스스로 알아차리는 능력을 갖추도록 돕고자 한다.

우리는 어떤 경험들엔 과도하게 익숙한 반면에 어떤 현상, 특히 복잡한 역동적 속성과 불확실성이 내재된 현상들은 전혀 접해보지 않은 탓에, 평소와 다른 상황에 처하면 종종 어쩔 줄을 모르게 된다. **정상화 편향**normalcy bias이라 부르는 이 현상은 그저 우리가 선형적 관계엔 익숙하고 극단적 사건엔 익숙하지 않은 성향이 맞물려서 생긴다. 우리는 상황이 선형적으로 계속될 것이라고, 즉 지금 이대로 유지되리라고 가정한다. 그래서 가급적 의문을 품지 않거나 임박한 위협의 경고를 무시한다. 그런 상황은 우리의 경험 범위를 훌쩍 뛰어넘는 터라 믿기가 어렵기 때문이다.

타이타닉호로 인한 인명 사고야말로 사람들이 보이는 정상화 편향의 으뜸 사례로 종종 거론된다. 배가 운명의 빙하 조각과 부딪힌 지 몇 시간이 지나서도, 배에 탄 승객 모두가 그 충돌을 진지하게 여기지 않았다. 승객 대다수가 배가 가라앉을 리 없다고 믿었다. 심지어 침몰 보고를 접수하고서도 (타이타닉호를 운영했던 해운사인) 화이트스타라인White Star Line의 부사장 필립 프랭클린Philip Franklin은 뉴욕의 합동 취재진은 물론이고 승객의 친척들과 친구들에게 이렇게 말했다. "타이타닉호가 침몰할 위험은 없습니다. 침몰할 수 없는 배인지라, 승객들이 약간 불편할 뿐일 겁니다."

안타깝게도 승객 다수는 '가라앉을 수 없다'는 미사여구를 너무 굳건히 믿었다. 그래서 여러 날 동안 승선해 있던 배의 안전함과 안락함에만 기대어 한밤중에 대서양의 어둡고 차디찬, 미지의 바닷물 속으로 뛰어든다는 전망은 제쳐두었다. 사고 초기에 이용된 구명정 중 다수는 수용인원이 다 차지 않았다. 너무 빨리 내려져서가 아니라, 구명정에 오르라는 말을 듣고서도 사람들이 앞으로 나서지 않고 머뭇거렸기 때문이다. 배의 갑판에서 내려져 구명정에 탔던 사람들조차도 그런 '예방 조치'가 정말로 가치 있는 일인지 의아해했다고 한다. 사람들은 굳게 품었던 이후의 여러 날에 대한 기대, 즉 존 에드워즈John Edwards 선장이 '하나님도 침몰시킬 수 없으리라고' 공언한 배로 대서양을 무사히 건너서 뉴욕에 도착한다는 기대가 그런 식으로 위태로워질 수는 없다고 믿었다. 많은 승객이 그처럼 안락한 미래 전망을 포기하는 데 너무 많은 시간을 들였다. 심지어 냉혹한 상황을 목전에 두고서도.

알고 보니, 어떤 사고가 일어났든 애초에 타이타닉호에 마련된 구명정은 승객 전부를 태우기에 충분하지 않았다. 화이트스타라인의 결정은 배가 침몰하지 않는다는 그릇된 확신 그리고 승객들이 즐기기에 좋도록 갑판 너비를 최대한 확보하려던 욕구에서 나왔다. 이런 안일한 태도에 사고 초기 구명정 탑승인원이 미달되는 상황까지 겹치는 바람에, 결국 그날 밤 냉혹하고 차가운 대서양에 많은 사람이 빠져 죽었다. 정상화 편향이 없었다면 살아남을 수 있었던 생명들이었다. 정상화 편향의 해로운 효과에 대해서는 9장에서 더 많이 다룰 예정이다.

지금껏 설명한 비선형 현상들 – 반비례 관계, 지수적 관계 및 이차함수 관계 – 은 이후의 몇몇 장에서 보겠지만, 그나마 이해하기 쉬운 개념에 속한다. 그런데도 우리는 걸핏하면 실수를 저지른다. 그렇다면 어떻게 우리가 되먹임 고리, 불연속, 진동, 그 밖의 더욱 복잡한 비선형 특성들이 가득한 데다 여러 상호의존적인 변수가 관여하는 복잡계complex system들의 행동을 예측하리라고 기대할 수 있을까? 이런 경우들이라면 순식간에 상황이 우리의 예상 범위를 넘어 통제 불능이 될 텐데 말이다.

수학은 우리에게 이런 비선형 세계를 헤쳐나갈 능력을 준다. 수학이라는 냉철하고 견고한 논리를 곁에 두면, 우리 뇌가 무작정 데려가는 그릇된 지름길을 영리하게 피할 수 있다. 하지만 수학조차도 근본적으로 복잡한 세계와 마주칠 경우 그다지 소용이 없을 때가 있다. 불확실성을 제거한 것으로 보이는 계에서조차도 여전히 근본적인 문젯거리들이 남아 있을 수 있다. 즉, 무슨 일이 벌어질지 완벽히 정확하게 말한다거나 무작정 먼 미래까지 예측할 수는 없다. 수학의 천리안이 무시할 수 없는 대성공을 거두긴 했지만(가령, 육안으로 관찰되지 않는 행성의 위치 파악[7]에서부터 전파의 존재[8]에 이르기까지 모든 것을 예측해 냈지만), 종종 우리는 단순해 보이는 현상들을 이해하고 예측하느라 진땀을 뺀다. 수도꼭지에서 물이 뚝뚝 떨어지는 현상[9]이나 동물 개체군의 변동[10]이 그런 예다. 푸스틱poohsticks(다리 위에서 나뭇가지를 던지는 놀이-옮긴이)을 해본 사람이라면 알겠지만, 엇비슷한 크기의 나뭇가지를 엇비슷한 장소에서 엇비슷한 시간에 던져도 나뭇가지가 흘러가는 길이 천차만별일 수 있다. 다리의 한쪽 편에서 다른 쪽 편까지의 짧은 거리를 이동하는데도 말이다. 이것이 바로 **카오스**chaos 현상의 한 단면이다.

마지막 장에서 집중적으로 설명하겠지만, 카오스는 무엇이 이론적으로 예측 가능한 계인지에 관한 중요한 예측을 하려는 시도를 방해할 수 있다. 멸종위기종의 개체군, 전염병 확산의 경로, 군중의 행동 그리고 특히 날씨의 변화 과정 등이 그런 현상의 예다. 게다가 예측 불가능한 행동은 무작위성이라는 외적 요인이 없는 잘 규정된 계에서도 발생할 수 있다.

널리 칭찬받는 수학의 힘조차도 한계가 있다. 근본적인 제약이 수학의 예측 능력을 약화시킨다. 비록 수학이 우리에게 앞을 내다볼 전례 없는 도구들을 제공한다 해도, 불확실성과 비선형성으로 인해 우리가 내다볼 수 있는 미래의 범위에는 한계가 존재할 수밖에 없다.

◆ 예상 밖의 것을 예상하기

이 책은 우리가 미래를 예측할 수 있는 여러 방식을 제안할 뿐만 아니라, 보다 근본적으로는 그런 예측 시도에서 맞닥뜨릴 수 있는 장애물을 확인하고 이해하는 데 도움을 준다. 우리는 단순한 진단이 어긋날 수 있는 다종다양한 방식, 때로는 재미있고 때로는 비극적이지만 늘 해당 사안과 밀접한 관련이 있는 방식을 살펴봄으로써 무언가 배울 수 있다. 우리의 '직감' – 초자연적이거나 본능적인 사고를 바탕으로 앞날 내다보기 – 은 순전히 우연으로 가끔 맞기도 하지만 (심지어 멈춘 시계도 하루에 두 번은 맞을 수 있다), 과학적 기반이 없는지라 대부분은 빗나간다. 다음 사건들이 그런 예다. 개인적 차원에서는 너무 드물어서 발생하는 게 거의 불가능해 보이지만, 전체 인구 규모에서는 필연적이다시피 발생하는 '일상의 특이' 사건. 추상적으로는 예상되는 빈도를 어렵잖게 짐작할 수 있지만, 개별 사건의 실제 발생에 관해 구체적으로는 종잡기 어려운 '내재적 불확실성'을 지닌 사건. 단기적으로는 개인의 최상의 이익에 부합하는 합리적 결과인 듯하지만 장기적으로는 집단 구성원 전부에게 손해를 끼칠 수 있는 '공유지의 비극' 등.

우리는 '커브볼'을 조심해야 한다. 직선으로 이동하는 것 같지만 결정적 순간에 예상 경로에서 벗어나는 현상 말이다. 또한 '눈덩이'처럼 작용하는 양의 되먹임 고리도 조심해야 한다. 처음엔 대수롭지 않아 보이지만, 통제에서 벗어나며 덩치를 키우고 마침내 눈사태를 일으킨다. 그리고 '부메랑'처럼 작용하는 음의 되먹임도 조심해야 하는데, 이것은 예측하려는 현상에 변화를 초래할 수 있는 예측 행위다. 마지막으로 우리가 사는 자연계의 근본 속성으로 인해 생기는 '근본적 한계'를 조심해야 하는데, 이 한계 탓에 우리가 미래를 예측할 수 있는 범위를 비롯해 예측하길 바라는 정확도에 제약이 따른다.

이 책 내내 나는 근거 없는 예측에 속지 않고 믿을 만한 사람을 알아볼 수 있는 통찰력과 그에 관한 조언을 하고자 노력할 것이다. 수백 년 동안 우리가 예측하는 데 사용했던 민간전승과 어림짐작을 조목조목 검토해, '밤하늘이 붉으면' 하는 식의 예측에 숨겨진 과학을 설명하고, '소가 누우면'과 같은 속설(서양에는 소가 누우면 비가 올 조짐이라는 속설이 있다 -옮긴이)의 실체를 폭로한다. 스스로 예측하기 위한 도구를 제공하고, 기본적인 직관을 믿어선 안 되는 때가 언제인지 알려주고자 한다. 우리는 확률의 구름을 헤쳐나갈 이성의 길을 따라가면서 세계의 구조를 깊이 들여다볼 것이다. 아울러 말로 설명이 되는 선형적 논리 이상의 것이 필요한 상황들을 조명하려고 한다.

내가 해야 할 근본적인 일은 예측이 틀릴 수 있는 다종다양한 방식을 여러분에게 경고하는 것이다. 여러분의 직관이 빗나가거나 그럴듯한 논리에 깜빡 속아 넘어가는 상황을 보여주고자 한다. 그렇다고 그냥 남들의 실수를 보여주기만 하겠다는 건 아니다. 내가 제공하는 간단한 조언을 받아들이고 도구를 선택해 현실에 적용한다면, 여러분 스스로 미래에 관한 결정을 내릴 능력을 갖출 수 있을 것이다.

어떤 상황에서든 정확한 예측을 할 수 있게 해주는 비법은 없다. 어떤 신비로운 망원경으로도 미래를 훤히 내다볼 수는 없다. 때때로 정말로 예측하기가 불가능한 상황도 생긴다. 한편으로는 오늘 우리가 한 행동이 내일에 의도치 않은 지대한 영향을 미치기도 한다. 아무리 정교하게 마련된 수학 공식이나 데이터 모음이라도 완벽하게 정확한가를 따지고 들면 경고 신호가 울릴 수 있다.

하지만 미래에 관해 믿을 만한 예측을 내릴 수 있는 상황이 많은데도, 우리가 예측의 수단을 모르거나 그 수단을 이용할 권한이 부족하다고 여겨서 실패하는 경우가 있다. 이 책의 핵심은 다음과 같다. 과거의 빗나간 진단에서 교훈을 얻고, 그 교훈을 무기로 삼아 미래에 관해 더욱 믿을 만한 예측을 하자. 마지막 장을 마칠 즈음이면 여러분은 숨어서 기다리고 있는, 언뜻 불확실해 보이는 사건들을 둘러싼 안갯속을 선명하게 내다볼 수 있을 것이다. 바로 여러분이 예상 밖의 것을 예상할 수 있게 되었다는 뜻이다.

차례

2장

우연

존재하지 않는 관계가 존재한다고 믿어버리면

3장

불확실성

결정하기 전에 알아야 하는 것들

4장

마음 바꾸기

논리적으로 생각하기의 시작

5장

게임

최상의 전략과 최고의 이익

6장

커브볼

우리는 왜 자꾸 뜻밖의 상황에 놓일까?

7장

눈덩이

작은 눈뭉치가 순식간에 거대해지는 과정

8장

부메랑

당신의 예상이 빗나가는 이유

9장

한계

불확실성을 인정할 때 열리는 세계

How to Expect the Unexpected

1장

직감

당신이 길을 잃게 만드는 무의식 속 방해자

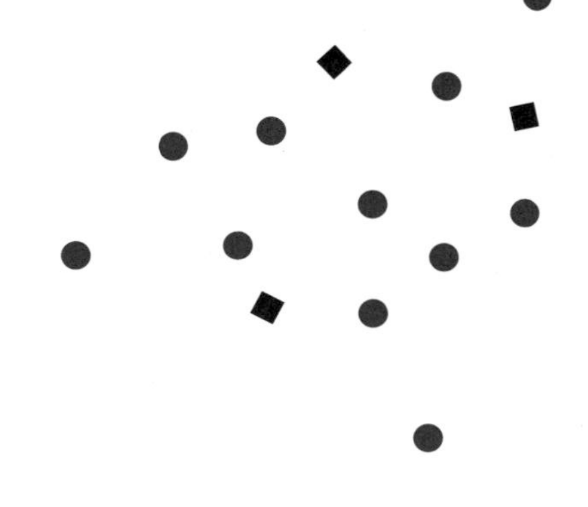

10월답지 않게 따뜻한 어느 날 밤, 나는 런던 중심부의 분주한 거리를 걸어 밝은 불이 켜진 작은 가게로 들어갔다. 심령술spiritualism은 온갖 신비로운 매력 요소를 전문적으로 다루는데, 말하자면 치유의 크리스털, 아유르베다 팅크제劑, 초자연적인 돌 등등이 그것이다. 그런 것들로 채석장 하나를 가득 채울 정도다. 도대체 과학자이자 회의주의자인 내가 여기서 뭘 하냐고 어리둥절해할지도 모르겠다. 솔직히 말해서 나는 여기에 부적이나 드림캐처dream catcher를 사려고 온 게 아니다. 턱없이 비싸 보이는 마법의 돌들과 기타 신기한 잡동사니들이 가게를 채우고 있지만, 정작 심령술의 진짜 수입원(그리고 나의 관심사)은 심령 읽기psychic reading다. 즉, 장래에 사람들한테 무슨 일이 생길지 점치거나 사람들을 '다른 세계'와 접촉하게 해주는 일이다. 그리고 듣자 하니 '이승과 저승 사이의 장막이 얇아진다는' 핼러윈 일주일 전보다 그런 접촉을 하기에 더 좋은 때는 없다고 한다. 두말할 것도 없이 그들은 내가 점을 보러 길거리로 나설지 내다볼 수 있었겠지만, 그래도 혹시나 해서 나는 일주일 전에 전화로 파울라와 약속을 잡았다. 그녀는 그 가게에 상주하는 신통력의 소유자다.

파울라가 영적 안식처(지하실)에서 올라오길 기다리면서 나는 빼곡한 선반들 사이를 초조하게 거닐었다. 진열된 물품 앞에 차례차례 서서, 웃길 정도로 구체적인 설명글을 건성건성 읽으면서. '블러드스톤bloodstone: 전자기 응력과 같은 영향을 차단해 주는 돌.' '브론자이트bronzite: 저주를 막아준다고 알려져 있음.' '자수정: 심령 공격을 방어해 준다.' 아래층에서 무슨 일이 생기면, 이걸 써야 할지도 모르겠다.

앞날을 내다보려는 시도는 우리에게 미래에 깃든 필연적인 불확실성을 통제한다는 느낌을 주고, 갈망을 다스리고 중요한 결정을 내리는 데 도움을 준다. 심지어 증거가 없을 때조차 예측하기는 자연스러운 인간적 욕구, 즉 본능이다. 그러기 위해 우리는 수천 년 동안 이런저런 기이한 비과학적 방법을 사용해 왔다. 죄다 믿을 만한 구석이 없기는 매한가지인 듯 보이지만. 대체로 우리 조상들은 앞날 내다보기의 다양한 방법을 신(또는 신들)의 의지를 해석하는 길이라고 여겼다. 그러다 보니 당연히 'divine'이란 동사(직감적으로 안다는 뜻)와 'divine'이란 형용사(신 내지 신적인 것과 관련되어 있다는 뜻)가 많은 언어에서 거의 동음이의어가 되었다.

일찍이 기원전 10세기부터 고대 중국인들은 '신성한 진리'를 알아내려고 『주역周易』, 즉 『역경易經』(변화의 책이라는 뜻)이라는 역술서를 이용했다. 이 책으로 점을 치는 사람은 나뭇가지(요즘에는 대체로 동전)를 여러 번 던져서, 1 또는 0이 6개 무작위로 나오는 열을 내놓는다. 6개의 끊긴 선(음)이나 이어진 선(양)으로 이루어진 이러한 열의 패턴을 가리켜 괘卦라고 한다. 6개의 선 각각에 대해 음과 양, 두 가지가 선택될 수 있기에 괘의 총 경우의 수는 2^6, 즉 64가지다. 그림 1-1에 나오듯이, 각각의 괘는 이진 코드를 형성한다. 각각의 괘에 대응하는 문구를 숙련된 해독자가 읽어서 미래를 점치거나 앞으로 할 행동을 제안했다.

물체를 사용해 무작위적인 수나 패턴을 생성한 다음에 숙달된

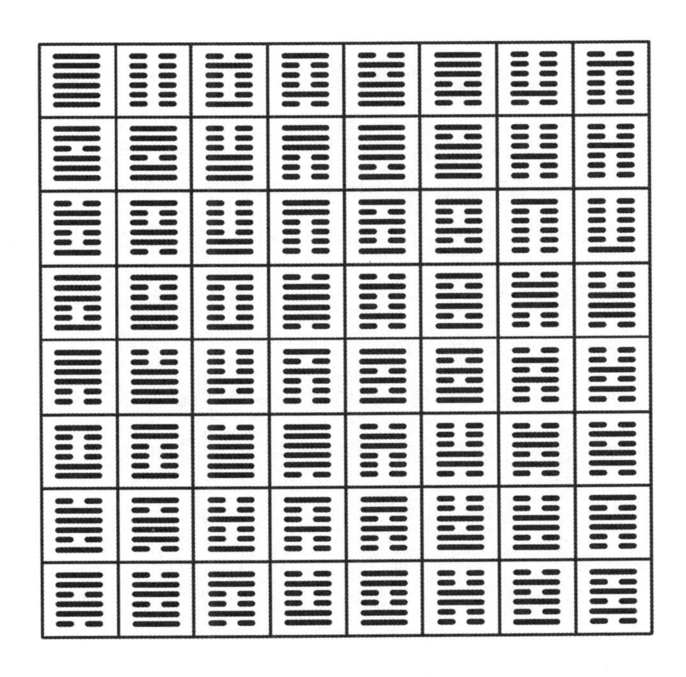

그림 1-1 『주역』의 64괘. 한 괘 속의 맨 윗줄에서 맨 아랫줄까지 각 줄은 이어진 선 아니면 끊긴 선으로 채워진다. 여섯 줄 각각에 대해 이처럼 두 가지 선택 사안이 있기에 괘의 총 경우의 수는 64(2^6)가지다.

'해독자'가 그런 수나 패턴을 해석하는 것은 초창기 형태의 여러 점에서 흔한 방식이었다. 이런 방식을 통틀어서 제비뽑기점cleromancy이라고 한다. 'cleromancy'는 제비뽑기를 뜻하는 라틴어화된 그리스어 'kleros'와 점을 뜻하는 접미사 'mancy'가 결합된 단어다. 제비뽑기점 방식은 가장 오래된 점의 유형이며 여러 상이한 문화에서 독립적으로 등장했다. 『주역』의 점치는 방식과 비슷하게, 서아프리카의 요루바Yoruba족은 이파Ifá 점을 친다. 이파족의 신탁사제인 바바라우Babalawo가 콜라나무 열매kola nut를 던져 쟁반 속에 8개의 끊긴 선과 이어진 선의 열을 만든다. 전통적으로 이 쟁반은 특별하게 정화된 흰개미 배설물로 채워진다. 여덟 줄로 구성된 이진 체계는 앞날에 대해 안내해 줄 수 있는 256(2^8)개의 시구 중 하나를 가리키는 코드를 형성한다.

주사위 던지기든 동전 던지기나 짚 뽑기든 간에 제비뽑기는 유대-기독교 전통의 일부이기도 하다. 가장 유명한 사례는 요나의 이야기일 것이다. 하나님의 지시를 어기고 도망친 요나는 (그 자신도 예언자였는데, 요나의 자멸적인 예언은 8장에서 다룬다) 바다에서 배를 타고 가는 도중에 폭풍우를 만난다. 폭풍이 누구의 신 때문인지 알려고 혈안이 된 뱃사람들이 선상에서 제비뽑기를 하는데, '제비뽑기에서 요나가 걸린다'. 신의 뜻을 읽어내는 이 행위로 인해 요나는 배에서 던져진 뒤 큰 물고기(어떤 버전에 따르면 고래)에게 삼켜진다.

'알 길 없는 신의 뜻'을 읽어내려고 무작위한 결과를 내놓는 또 하나의 방법은 예측 불가능한 패턴 생성하기다. 가령, 타세오그라피

tasseography(찻잎 해석하기)라는 고전적인 점치기 방법은 찻잔 속의 찻잎을 거르지 않고 마신 후 남은 찌꺼기를 이용한다. 찻잔의 측면과 바닥에 남은 찻잎들이 패턴을 형성하는데, 이 패턴을 해독자가 눈에 보이는 듯한 상상력의 도움을 받아 해석할 수 있다. 화살, 달, 바퀴와 같은 포괄적 상징들은 해독자의 해석 매뉴얼에서 여러 애매모호한 의미(가령 변화, 소식, 성공 등)를 지닌다. 이를 바탕으로 해독자는 자신의 예측을 차 마신 자가 듣고 싶어 할 듯한 내용에 맞춰 내놓는다. 더 오래된 비슷한 방식의 점에서는 녹은 밀랍을 해석하거나(카로맨시/케로맨시carromancy/ceromancy) 납에서 생기는 튀거나 번진 무늬를 해석한다(몰리브도맨시molybdomancy).

예측 불가능한 패턴을 찾는 훨씬 더 섬뜩한 방법은 고대 그리스, 이탈리아 및 메소포타미아에서 유행했는데, 시기가 적어도 기원전 3,000년 전까지 거슬러 올라간다. 창자점haruspicy/extispicy은 제물로 바친 짐승의 내장, 특히 간을 살펴서 해석한다. 말 그대로 직감gut feeling(직감 또는 육감으로 번역되는 영어 표현. 이때 'gut'은 내장이라는 뜻-옮긴이)이다. 창자점에 바탕을 둔 아마도 가장 유명한 조언은 기원전 44년에 예언자 스푸리나Spurrina가 로마 황제 율리우스 카이사르한테 했던 말이다. 심장이 없는 황소를 카이사르가 제물로 바쳤다는 소식을 듣고서, 스푸리나는 황제에게 의도적으로 모호한 경고를 했다. '황제의 목숨이 앞으로 30일 동안 위험에 처하게 된다'는 경고였다. 만약 예언이 실현되지 않더라도, 스푸리나는 카이사르가 안전에 각별한 주의를 기울이게 했으니 빗나간 예언을 용서해 달라고 할 수 있었을 테다. 하지만 공교롭게도 예언 후 30일째인 3월 보름(15일) 카이사르는 원로원 의원 무리한테 죽임을 당했다. 이처럼 유명한 성공을 거둔 탓에 이 예언 하나는 셰익스피어의 희곡에서 칭송을 받았지만, 아마도 덜 성공적이었을 스푸리나의 다른 예언은 모조리 역사 속에 묻히고 말았다. 3장에서 우리는 **보도편향**reporting bias이라는 이 현상을 더 자세히 살펴본다. 빗나간 시도들은 망각 속으로 사라지는 반면 성공한 예측만이 주목을 받아 시간이 흘러도 잊히지 않고 전해지는 바람에, 예언자의 정확성은 부풀려서 알려진다.

신의 뜻을 읽어내는 방법으로서 고대의 여러 인류 문화에서 유행했던 또 하나의 제비뽑기점 형태는 아스트라갈로맨시astragalomancy(주사위점)였다. 처음에 사용된 주사위는 우리가 오늘날 운으로 하는 게임game of chance에서 사용하는 수가 적힌 정육면체가 아니라, 순전히 동물 뼈였다. 특히 양, 돼지, 염소나 사슴의 네모난 복사뼈astragalus가 많이 쓰였다. 주사위가 쓰인 구체적인 의식과 게임은 문화마다 달랐다. 특정한 주사위 눈에 의미가 부여되자, 결국 주사위의 면들에는 표상적인 기호가 표시되었다. 점치기에 이용되면서, 주사위를 던져서 나온 눈에 관련된 표시들을 해독자가 해석해 점을 쳤다. 사람들이 이런 행위의 결과에 내기를 걸기 시작하면서 이런 점치기가 오늘날 운으로 하는 게임의 전조가 되었다. 오늘날 우리가 도박이라고 여기는 행위는 이러한 영적인 의식과 합쳐지면서 발전되었다.

복사뼈 주사위는 면들이 고르지 않기 때문에, 면을 깎는 과정에서 정육면체 형태가 되었다. 처음에 이렇게 만들어진 물체가 바로 오늘날 우리가 전 세계의 보드게임과 도박판에서 사용하는 주사위의 효시다. 주사위를 던져 나온 우연으로 하는 게임의 결과를 학문적으로 연구하면서, 현대적 확률 이론의 토대가 마련되었다. 그리고 나중의 여러 장에서 살펴보겠지만, 이 확률 이론이야말로 미래를 예측하는 현대적 방법의 근본이다.

점을 치려고 주사위를 사용하는 행위는 게임과 도박에서 무작위적인 수를 생성하기 위해 주사위를 사용하는 행위보다 먼저였지만, 카드놀이는 정반대다. 카드놀이는 아마도 9세기 중국 당나라에 기원을 두고 있는 듯하다. 카드놀이가 14세기에 서쪽에 있는 유럽으로 퍼진 뒤에야 카토맨시cartomancy, 즉 카드점이 유명해지기 시작했다. 현재 점을 치기 위해 더 널리 쓰이는 도구 중 하나인 타로 카드는 18세기에 와서야 주술적인 함의를 얻고서 점치는 도구로 인기를 끌었다. 전통적인 이탈리아 검(영국 곤봉)은 마법의 공기를 내놓는 지팡이로 바뀌었다. 동전(영국 다이아몬드)은 마법을 불러내는 별 모양의 펜타클pentacle로 바뀌었다. '마법사'와 '황제' 등 추가로 22개의 캐릭터 카드가 도입되자, 카드의 예상 의미를 기억하기가 조금 더 쉬워졌다. 무작위로 섞인 타로 카드 중 하나를 방문객이 고르면, 해독자가 그 카드를 방문객에게 맞춤으로 해석해 그에 담긴 메시지를 알려준다.

●

◆ 무작위성은 어떻게 우리의 눈을 가리는가

바늘점acultomancy(바늘을 가루에 던질 때 생기는 예측 불가능한 패턴을 해석해서 치는 점)부터 동물점zoomancy(불규칙적으로 보이는 동물 행동을 해석해서 치는 점)에 이르는 초기 형태 점들의 공통된 단일 주제는 무작위성이다. 카드는 섞어서 무작위로 고르며, 주사위는 던져서 무작위적인 결과를 내놓고, 동전도 던져서 무작위로 앞면 아니면 뒷면이 나오게 한다. 하지만 도대체 왜 수학적 무작위성이나 자연적 무작위성이 점치기에 그토록 중요한 역할을 했을까? 심지어 오늘날에도 여전히 그럴까?

잠시 게임을 하나 해보자. 수학자들의 독심술 창고에서 나온 게임이다. 이 현대적 예측 게임은 수학마술사가 좋아하는 문구인 '숫자 하나를 생각하라'라는 흔한 술책에서 시작한다. 여러분은 계속 수를 더해야 하며 최대한 빨리 과제를 해결해야 하므로, 휴대폰의 계산기를 사용해도 괜찮다. 준비되었는가? 그럼 시작한다.

1에서 10 사이의 숫자 하나를 생각하라. 이 수를 세 배 하라. 그 값에 12를 더하라. 합계를 3으로 나눠라. 마지막으로 그 수에서 여러분이 처음 생각한 수를 빼라. 이제 여러분 머릿속엔 최종적인 수가 들어 있다. 이 수를 기억하라. 우리는 그 수를 아래와 같은 간단한 수치 코드를 이용해 알파벳 문자로 변환할 것이다.

A = 1	E = 5	I = 9	M= 13	Q = 17	U = 21	Y = 25
B = 2	F = 6	J = 10	N = 14	R = 18	V = 22	Z = 26
C = 3	G = 7	K = 11	O = 15	S = 19	W = 23	
D = 4	H = 8	L = 12	P = 16	T = 20	X = 24	

앞에서 기억해 둔 숫자에 대응하는 알파벳을 택해서 그 문자로 시작하는 국가 – 여러분이 좋아하는 임의의 국가 – 를 생각하라. 이제 여러분이 생각한 국가의 두 번째 알파벳을 택해서, 그걸로 시작하는 동물을 생각하라. 모든 게 순조롭게 진행되었다면, 내가 예측을 해보겠다. 여러분이 생각한 동물의 색깔은 회색이다. 더군다나 그건 덴마크Denmark의 회색 코끼리elephant다!

내 말이 옳은가? 만약 아니라면, 여러분은 이 특정한 문자 도표를 벗어나서 생각한 소수의 사람에 속하거나 아니면 계산을 잘못한 사람일 테다. 만약 여러분이 정말로 덴마크의 코끼리를 생각했다면, 어떻게 내가 분명 무작위적이고 통제 불가능한 입력으로부터 그런 구체적인 답을 예측해 냈는지 의아해할지 모른다. 바로 여기에 속임수가 있다. 물론 나는 여러분의 마음을 진짜로 조종해 애초에 특정한 숫자를 선택하도록 만들 수는 없었다. 그건 전적으로 여러분한테 달린 일이었다. 하지만 알고 보면 나는 이 무작위적 입력을 조종해 내가 원하는 어떤 것으로든 바꿀 수 있었다. 수학 파트는 꽤 판에 박힌 과정이다. 합을 내놓느라 너무 분주히 서두르지 않았더라면 여러분도 알아차렸을 텐데, 여러분이 처음 생각한 수에 세 배를 하고 12를 더한 다음 그 값을 다시 3으로 나누는 이런 빙빙 도는 방식으로 내가 실제로 한 것이라고는 원래 수에 4를 더하는 것뿐이었다. 이 최종값에서 여러분이 원래 생각한 수를 빼라고 했으니, 결국엔 내가 우회적으로 여러분에게 더하라고 시킨 4가 남을 뿐이다. 처음에 무슨 수를 생각했든 간에 누구든 마지막에 남는 수는 어김없이 4다.

일단 내가 여러분에게 숫자 4 그리고 이에 따른 문자 D를 주고 나면, 나머지 술책은 사람들한테 흔한 편향을 이용하면 그만이다. 대다수의 영어 사용자는 D로 시작하는 국가를 생각해 보라고 하면 덴마크를 떠올린다. 특히 시간의 압박이 심할 때 그렇다. 설령 생각할 시간이 있더라도 다른 국가를 생각해 내려면 애를 써야 할지 모른다. 만약 지부티Djibouti나 콩고민주공화국Democratic Republic of Congo을 떠올렸다면, 여러분한테 유리한 게임이 되었을 것이다. 어쨌든 덴마크Denmark의 두 번째 문자가 'e'이므로, 그다음 흔한 편향에 따라 대다수 사람은 코끼리elephant라는 동물을 떠올리기 쉽다. 이번에도 장어eel와 독수리eagle일 가능성이 있지만, 별로 흔하진 않다.

이런 흔한 편향 이용하기는 수학과는 무관해 보이기에, 참여자가 일종의 수학적 속임수에 당했을 가능성을 눈치채지 못하게 해준다. 그래서 우리 대다수는 독심술이 실제로 가능하다고 감쪽같이 속고 만다. 이 술책이 감탄을 일으키게 하는 핵심 요소는 처음 생각하는 열 가지 수와 28개의 알파벳을 참여자가 스스로 선택했다는 속임수에 있다. 하지만 계산 과정이 끝날 때, 참여자는 모르고 있지만 그의 선택 행위는 미리 계획된 대로 유령처럼 사라져 버린다. 이렇듯 무작위성이 사라지고 나면, 나는 여러분의 인지적 지름길을 이용해 진짜로 여러분의 마음을 읽어낸 듯한 예측을 내놓을 수 있다.

무작위성은 또한 고대와 현대에 이루어지는 온갖 종류의 투시 및 예지 행위의 핵심인데, 여기서 사람들을 어리둥절하게 만드는 효과는 다양한 기법을 통해 해독자에게 유리하게 쓰이기도 하고 감춰지기도 한다. 전지전능한 신의 변덕스러운 뜻을 드러내는 방법으로, 무작위적으로 보이는 결과를 갖고서 점을 치는 것보다 더 나은 게 있을까? '소매엔 아무것도 없음'을 미리 보여주는 고전적인 마술사의 술책처럼, 이러한 예측의 통제는 언뜻 점치는 자의 손을 떠나 있는 것처럼 보인다. 창자점이나 제비뽑기점을 치는 사람, 바바라우나 타로 카드 해독자는 마치 자신들은 어떠한 조종도 하지 않는데 모종의 무작위적인 '힘'이 점치는 물건을 이끄는 것처럼 보이게 만든다.

사실, 점치기에서의 무작위성은 대체로 예측 행위에 동반되는 쇼맨십과 함께 나타난다. 교묘한 속임수지만 겉으로는 신호를 해석하는 모양새를 취하기에, 점 보러 온 사람은 속임수가 없다고 여긴다. 주사위는 이미 던져진 뒤이기 때문이다. 무작위성은 해석자에게 일종의 빈 페이지를 제공한다. 이 빈 페이지는 점 보러 온 사람이 점쟁이의 능력이 진짜라고 철석같이 믿을 화술을 펼치기에 적절한 바탕이 된다. 또한 무작위성은 점 보러 온 사람으로 하여금 메시지가 초자연적으로 건너왔으며 속임수는 없다고 깜빡 속게 만든다. 바로 이때부터 무작위로 이루어진 듯 보이는 캔버스에 이야기를 담는 마술이 실제로 펼쳐진다.

이러한 이야기 구성 단계에는 의미심장한 재주가 관여한다. 바로 무작위 과정에서 나온 예측 불가능한 신호들의 일부를 선택적으로 강조하거나 무시하는 우리의 인지편향을 이용하는 재주다. 이러한 이야기 구성 능력이 없었다면 점쟁이와 신비주의자, 영매는 분명 그토록 오랫동안 살아남지 못했을 테며 많은 고대사회에서 대단히 중요한 지위에 오르지 못했을 것이다.

누구한테나 통하는 것: 바넘 진술과 포러 효과

점쟁이가 인기 있었다는 증거를 찾으려면 고대 이집트, 중국, 칼데아 및 아시리아까지 수천 년을 거슬러 올라가야 한다. 하지만 18세기 유럽에 계몽의 시대가 열리면서 점쟁이는 인기가 식었고 그들이 치르던 많은 의식은 무시당했으며, 이 비과학적 행위들은 점점 더 미심쩍은 짓으로 치부되었다. 이런 회의적 시각은 유럽인들이 식민지를 확장하면서 전 세계로 퍼졌다.

오늘날 많은 사람이 이런 주술사들과 그들의 예측 행위를 믿지 못할 난센스라며 비웃는다. 하지만 초능력 – 통상적인 감각 이외의 다른 수단을 통해 아리송하게 정보를 알아내거나 받아내는 능력 – 을 믿고 싶은 근거 없는 소망은 현시대 많은 '믿는 자들'의 적극적인 지지 속에 버젓이 살아 있다. 미국의 여론조사 기관 갤럽이 2005년에 실시한 조사에 따르면, 전체 미국인의 4분의 1이 넘는 사람들이 투시력을 믿으며, 나머지 4분의 3도 텔레파시에서부터 점성술에 이르는 열 가지 초자연현상 중 적어도 하나를 믿었다.[11] 그렇다면 현대 과학이 한목소리로 부정하는데도 왜 사람들은 여전히 별점이나 전조前兆, '심령술사psychic'를 믿는 걸까?

바로 이 질문의 답을 찾으려고 나는 심령술의 세계로, 즉 파울라에게로 점을 보러 왔다. 여기 온 까닭은 이 업계의 술책을 배우고, 제 발로 심령술 사기꾼들의 피해자가 되는 이들이 걸려드는 일상적인 심리적 주문呪文을 이해하고 싶어서다. 설령 파울라가 그런 주문을 내게 걸었더라도, 그녀가 나를 지하의 상담실로 이끌면 주문은 순식간에 풀려버린다. 편안한 안락의자, 수정공, 금속성의 잔잔한 배경음악이 있는 은은한 조명이 깔린 응접실 대신에, 나는 평균적인 공중화장실 칸보다 별로 크지 않은 방 안으로 구겨 넣어진다. 조명이 강렬하고 선명하며, 벽은 밋밋하다. 똑바른 의자 두 개 사이에 놓인 테이블에는 낡고 해진 카드 한 벌처럼 보이는 것이 놓여 있다. 이제 기억이 나는데, 파울라는 타로 카드 해독자다. 따라서 카드는 그녀가 하는 일에 쓰이는 도구가 분명하다.

우리가 함께 앉고 나서 파울라가 내게 묻는다. "선생님한테서 제가 봤으면 좋겠다 싶은 게 있나요?" 나는 긴가민가한 어떤 일을 꾸며낸다. 무의식 속에 묻혀 있으면서 앞날에 대한 나의 전망을 가로막고 있을지 모르는 과거의 일이다. 파울라가 타로 카드 한 벌을 건네면서 섞어달라고 한다. 이어 몇 초 동안 카드를 길게 옆으로 펼치고선 무작위로 다섯 장을 고르라고 한다. 이때가 내가 첫 실수를 하게 되는 순간이다.

섞은 카드여서 이미 무작위로 배열되어 있으므로, 어느 카드를 고를지는 중요하지 않다는 사실을 나는 알고 있다. 그래서 펼쳐진 카드들의 오른쪽 끝에서부터 차례로 다섯 장의 카드를 골라서, 뒤집은 채로 테이블에 늘어놓는다. 파울라가 눈썹을 치켜올린다. 내 선택이 그녀로선 별로 무작위적이지 않은가 보다. 가만 생각해 보니 매주 영국에서 1, 2, 3, 4, 5, 6의 로또 번호를 구매하는 1만 명의 사람들 – (3장에서 우리가 내리게 될 결론처럼) 이 조합이 다른 임의의 여섯 숫자와 당첨 확률이 똑같다고 올바르게 추론하긴 했지만, 당첨이 되면 어쩔 수 없이 1만 명과 1등 당첨금을 나눠 가져야만 하는 사람들 – 과 마찬가지로, 수학적 재간둥이가 되는 건 여기서 나의 으뜸 관심사가 아니다. 그래도 다음번엔 더 '무작위로' 고르라고 스스로에게 귀띔한다.

파울라가 카드를 펴면서 자신이 '과거의 어둠에서 모았다'는 '실타래'에 관해 말하기 시작한다. 그녀가 나한테 이른바 **콜드리딩**cold reading을 하고 있는 것이다. 그녀는 배경 지식이 전혀 없어서, 예측을 하려면 나한테서 정보를 끄집어 내야 한다. 펼치는 카드를 바라보면서 파울라는 먼저 내게 칭찬을 몇 가지 해준다. 내가 매우 '직관적'이며 아주 '감정이입을 잘하고' 아울러 '사람들을 잘 읽는다'고 말이다. 이런 상투어들을 가리켜 **바넘 진술**Barnum statement[12](미국의 사업가이자 공연자, 유명한 심리 조종자였던 피니어스 테일러 바넘Phineas Taylor Barnum의 이름을 딴 명칭)이라고 한다. 이것은 심령술사의 흔한 초반 수로서, 분명 파울라가 나에 관해 알아가기에 안전한 발판이 되어준다. 바넘은 종종 교묘한 속임수를 동원해 공연을 했으면서도, 자신의 서커스를 두고 '우리는 누구한테나 통하는 것something for everybody을 갖고 있다'고 치켜세웠다고 한다. 이런 정서는 바넘 진술, 즉 아무한테나 적용될 수 있는 일반적인 성격 묘사를 제대로 요약해 준다. 가령 아래 평가가 당신의 성격을 얼마나 잘 포착하는지 살펴보자.

> 당신은 다른 사람들한테서 애정과 존경을 받고 싶은 욕구가 크다. 스스로에게 비판적인 성향이 있다. 아직 사용되지 않아 당신에게 이득을 가져다주지 않은 능력이 매우 많다. 성격적인 약점도 얼마간 있지만, 전반적으로 그걸 보충할 수 있다. 외적으로는 단정하고 자제력이 있지만, 내적으로는 걱정이 많고 불

안정한 편이다. 때로는 올바른 결정을 내렸는지 올바른 행동을 했는지 진지하게 의심하기도 한다. 어느 정도의 변화와 다양성을 좋아하기에, 구속과 제약을 받으면 불만을 품게 된다. 자신을 독립적인 사고의 소유자로서 자랑스러워하며, 충분한 증거 없이는 다른 사람의 주장을 받아들이지 않는다. 자신을 남에게 드러낼 때 너무 솔직한 것도 현명하지 않다고 여긴다.

꽤 정확한 것 같지 않은가? 사실, 이것은 그냥 바넘 진술들을 한데 묶어서 **포러 효과**Forer effect[13]를 일으키도록 만든 글일 뿐이다. 이 만연한 심리적 속성은 일반적이고 모호한 성격 평가를 접한 사람이 그런 평가가 지극히 개인적이고 고유한 것인 양 해석하는 경향이다. 이 효과의 명칭은 심리학자 버트럼 포러Bertram Forer의 이름을 땄다. 그는 39명의 제자에게 성격 검사를 실시한 다음에, 검사 결과를 바탕으로 각각에게 개인화된 성격 묘사를 해주었다. 묘사의 정확도를 0부터 5까지 등급으로 평가해 달라고 하자, 전체 학생이 내놓은 평균 등급은 4.3이었다. 대다수 학생이 포러가 각 학생에게 한 성격 묘사가 실제 성격과 딱 들어맞는다고 여겼다는 뜻이다. 나중에야 포러는 모든 학생에게 똑같은 성격 묘사를 했다고 털어놓았다. 아울러 점술서의 내용을 그대로 골라내서 윗 문단에 나오는 여러 진술을 만들었다고 밝혔다.

바넘 진술과 포러 효과는 온라인 성격 퀴즈에서 새로운 거처를 찾았다. 이런 퀴즈에서는 서로 무관해 보이는 여러 가지 질문을 한 다음에, 여러분이 해리포터에 나오는 인물 중 누굴 가장 닮았다느니 디즈니 공주 중 누구와 엇비슷하다느니 하고 그 결과를 알려준다. 버즈피드BuzzFeed에서 해리포터 퀴즈를 해봤더니, 나는 호그와트 마법학교의 교장인 앨버스 덤블도어라는 답이 나왔다. '당신은 현명하고 매우 믿음직하면서도 괴짜입니다. 모두에게 사랑과 존경을 받지만, 때로는 매사에 완벽을 기하는지라 자신에게 너무 큰 압박을 가합니다.' 전형적인 바넘 진술인데, 나도 기꺼이 인정한다. 퀴즈의 마지막 화면 밑에 달린 댓글들 – 가령, '우와! 정확해'나 '나한테 딱 맞는 말이야!' – 이 포러 효과의 위력을 여실히 보여준다.

포러가 제자들을 위해 고른 진술 중에는 아래와 같은 것도 있었다.

> 때때로 당신은 외향적이고 상냥하고 사교적이지만, 또 어떨 때는 내향적이며 조심성이 많고 수줍어한다.

이 묘사는 바넘 진술인 동시에 이른바 **무지개 술책**rainbow ruse의 한 사례이기도 하다. 특정한 정서나 경험에 대해 두 가지 이상 상반된 측면으로 구성된 진술을 내놓으면, 누구든 일생의 어느 시기에 그중 적어도 하나는 겪기 마련이므로 무지개 술책은 포괄적으로 두루뭉술한 말이다. 이 진술은 긍정적인 것에서부터 부정적인 것까지 한 정서나 성격의 스펙트럼 전체를 아우른다. 마치 무지개가 빨강에서부터 보라까지 햇빛의 전체 색깔 스펙트럼을 다 담고 있듯이. 그러고 나면 확증편향이 상황을 심령술사한테 유리한 쪽으로 흘러가게 해준다. 우리 뇌는 자신에게 가장 잘 들어맞는 진술의 측면(들)만을 골라내기 때문이다.

내게 있을 수 있는 '정서적 장애물'을 진단해 내려는지 파울라는 무지개 술책의 꽤 서툰 방식을 써서 이렇게 말한다. "때로 선생님은 즐겁고 활기차고요." 그러면서 한 손을 위로 든다. "또 어떨 때는 슬프고 가라앉기도 해요." 이번에는 한 손을 아래로 내린다. '평생 살면서 즐겁기도 하다가 슬프기도 하지 않은 사람이 어디 있을까?'라고 생각은 하면서도 나는 중얼중얼 맞장구를 친다.

정서적 뇌물로 마음 열기

이런 두루 아우르는 말을 몇 번 듣고 나자 문득 이런 생각이 든다. 이런 리딩을 하는 내내 파울라의 목표는 꼭 계시적 정보를 전해주는 게 아니라 최대한 내가 그녀의 말에 동의하도록 유도하는 것이다. 자신의 능력을 믿게 만들어서 내가 여기에 다시 오거나, 적어도 환불을 요구하지 않도록 하기 위해서다. 일반적으로 사람들은 자신이 긍정적으로, 즉 유능하거나 친절하거나 어울리기에 재미있는 사람으로 묘사되길 좋아하며 나도 예외가 아니다. 그래서 파울라가 내게 "선생님은 사랑스러운 에너지를 갖고 있어요. 매우 깊고 선생님의 정서에 긴밀히 연결된 에너지예요"라고 말할 때, 비록 초자연적 에너지를 믿지 않는다고 해도 고개를 끄덕이며 동의한다. 파울라는 내 반응을 읽고서, 더 자세히 이런 추측을 내놓는다. "정말 다행이게도 선생님은 영적인 기운이 있고, 에너지가 아주 좋아요. 아주 따뜻하고 아주 다정하며 다른 사람들까지 보살피는 에너지예요."

그녀의 아첨 계략은 **폴리아나 원리** Pollyanna principle[14]라는 무의식적

편향을 이용한다. 사람들이 부정적인 반응보다 긍정적인 반응을 더 잘 받아들이고 기억하는 경향이다. 이 현상은 엘리너 포터Eleanor H. Porter가 1913년에 발표한 어린이 소설 『폴리아나』에서 따온 명칭인데, 여기서 동명의 주인공은 살면서 처하는 모든 상황에서 행복을 느낄 대상을 찾는다. 심지어 폴리아나가 자동차에 치여 두 다리를 쓰지 못하게 되고서도, 그 전까지 두 다리를 써왔다는 사실에서 행복을 찾기로 마음먹는다.

일본 국립생리학연구소의 과학자들은 심지어 왜 칭찬이 우리를 즐겁게 만드는지를 신경학적으로 밝혀냈다.[15] 과학자들의 요청에 따라 실험 참가자들은 성격 질문지에 답을 기입하고 이어서 짧은 영상으로 자기소개를 했다. 그다음에 fMRI 스캐너 속에 들어가서 자신들이 한 답에 대한 피드백을 받았다. 칭찬을 들은 피실험자들은 선조체線條體, striatum라는 뇌 부위가 뚜렷하게 활성화되었다. 이곳은 실험 참가자들이 음식과 마실 것, 심지어 돈과 같은 기본적인 생활필수품을 받았을 때 활성화되는 보상 중추다. 이 실험 결과에서 짐작되듯, 누군가에게 해주는 칭찬은 정서적 뇌물과 마찬가지라고 볼 수 있다.

좀 더 깊게 들여다보면, 허영심에 호소하기는 점 보러 온 사람한테서 순응의 마음을 얻어내려는 교묘한 수단일 수 있다. '지적인 사람으로서 당신은 내가 여기서 말하는 내용을 이해할 수 있다'와 같은 말은 동의를 강요하는 것이나 마찬가지다. 심령술사의 말을 이해하지 못했다고 털어놓으면, 자신의 어리석음을 암묵적으로 시인하는 것으로 비칠지 모른다. 심지어 파울라가 어떤 설명을 하고 나서 매번 붙이는 "제 말이 타당한가요?"라는 상냥한 질문도 부정할 여지를 거의 주지 않는다. "영혼이 개방적이고 메시지를 잘 이해하시네요"라는 말에도 내가 오해할 구석은 별로 없다. 비록 그 말을 나는 하나도 안 믿지만.

이 마지막 말은 파울라가 이용하는 또 하나의 전략이다. 나의 열린 태도를 칭찬하고 심지어 나 자신에게 초자연적 능력이 있다고 암시함으로써 – "신기하게 처음이신데도 선생님한테는 매우 강한 영적인 기운이 있다고 말씀드리지 않을 수 없네요" – 그녀는 내게 **영적인 명예**psychic credit를 수여한다. 파울라가 점 보러 온 사람들한테 그들이 영적인 능력을 지니고 있다고 믿게 할 수 있다면, 그들은 파울라가 쓰는 수법이나 리딩에서 도출해 낸 결론에 그다지 의문을 던지지 않을 것이다. 파울라는 나의 영적인 기질을 확인시키는 말을 해준다. "가령 선생님께서 누군가를 생각했더니, 곧 그 사람이 연락을 해온다든가요."

물론 이런 일은 나뿐만 아니라 여러분한테도 생긴다. 다음 장에서 보겠지만, 이런 종류의 우연의 일치는 놀랍도록 곧잘 생긴다. 분명 나는 전화 연락을 받고서 "방금 너 생각하고 있었는데"라고 말했던 적이 있다. 하지만 대체로 이런 일이 생길 때는 내가 어떤 친구와 조만간 만나기로 이야기를 나눴었거나, 우리 두 사람이 함께 관련된 어떤 일을 해결해야 하는 상황이거나, 한동안 누군가와 연락하지 않아서 둘 다 서로 안부가 궁금해졌을 때다. 누가 먼저 연락을 했든 간에, 상대방은 가벼운 우연의 일치를 경험했다는 즐거운 느낌이 든다. 여러분이 인연을 맺는 사람이 더 많을수록 그리고 전화 통화나 문자 메시지를 더 많이 할수록 그런 일이 생길 가능성은 더 커진다. 우연의 일치로 정말이지 가장 흔하게 언급되는 사례이므로, 파울라가 내게 초감각적 지각이 있음을 암시하려고 들이밀기에 대단히 좋은 후보다.

의미 있어 '보이는' 우연

그 업계에서 명백한 인과관계가 없는데도 의미 있어 보이는 우연의 일치를 경험하는 일을 가리켜 동시성synchronicity이라고 한다. 심리학자 카를 융이 1920년대에 처음 도입했는데,[16] 융은 그 개념을 이용해 인과적 효과가 사실은 초자연적 행위라고 주장한다. 이것이 이른바 **마술적 사고**magical thinking(주술적 사고로 번역되기도 한다-옮긴이)의 한 예다. 관련이 있는 두 사건 사이의 인과관계가 직접적으로 드러나지 않을 때, 우리 뇌는 근거 없는 의미를 재빨리 추론해 낼 수 있다. 더 자세한 내용은 다음 장에서 다룬다. '믿는 자들'은 이런 우연한 사건에 엉뚱한 의미를 부여해 미신을 키워나갈 수 있다.

많은 스포츠 선수와 팬들은 경기 전 의식이란 형태로 나타나는 마술적 사고에 익숙하다. 가령 첼시 축구팀에서 주장을 맡았던 존 테리John Terry는 경력을 쌓으면서 경기 전 미신을 키워나갔다. 경기장으로 가는 도중 자동차 안에서 늘 똑같은 CD를 튼다거나 시합 직전에는 똑같은 소변기를 이용했다. 번번이 승리한 후 테리는 시합 시작 전에 자신이 평소와 다르게 했던 행동을 기억했다가 그 행동이 긍정적 결과를 가져온 원인이라고 여기곤 했다. 첼시와의 계약이 끝났을 무렵에는 경기 전에 치르는 의식이 무려 50가지나 되는 바람에, 그걸 전부 기억하려고 무진 애를 쓰기도 했다.

테리는 2004년 바르셀로나의 홈구장 캄프 누Camp Nou에서 열린 챔피언스리그 경기에 출전했다. 팀이 패하고 나서 그는 자신에게 '행운을 가져다주는' 정강이 보호대를 잃어버렸다면서, 스태프들에게 10만 명을 수용하는 경기장을 샅샅이 뒤져달라고 요청했다. "그 정강이 보호대 덕분에 제가 챔피언스리그에 나갔거든요, 그런데 잃어버리고 말았죠." 나중에 그는 이렇게 회상했다. 그가 믿기로, 특정한 물건을 착용한 것이 자기와 팀에게 줄곧 긍정적인 영향을 미쳤으니 그 물건이 없으면 자신의 운도 고갈될 터였다. "그 정강이 보호대를 오랫동안 썼는데 잃어버렸으니 모든 게 끝난 기분이었죠." 그는 당시 심경을 이렇게 밝혔다. 정강이 보호대를 결국 찾지 못했기에 테리는 어쩔 수 없이 팀 동료인 프랭크 램퍼드Frank Lampard한테서 여벌의 보호대 한 짝을 빌렸다. 새 정강이 보호대를 착용하고 치른 첫 경기는 굉장한 승리로 끝났기에, 테리의 미신에 따른 의식들이 과연 효과가 있고 필요한 것이었는지 의문이 든다. 그런데도 빌린 정강이 보호대가 그 승리의 결과로 새로운 마술적 의미를 갖게 되어 이후 테리에게 행운을 가져다주는 물품으로 자리 잡았다.

1980년대 중반, 도쿄에 있는 고마자와대학교의 행동심리학 교수 오노 고이치는 이런 식의 미신이 어떻게 생겨났는지 무척 궁금해졌다. 그래서 실험을 하나 정교하게 설계했다.[17] 사람들이 타당한 인과관계가 있다는 아무런 증거도 없이 자신의 행동을 어떤 사건의 원인으로 삼는다는 것 – 미신적 행위의 정의 그 자체 – 을 증명해 주는 실험이었다. 실험에서는 개별 학생 참가자를 방에 혼자 넣어두었다. 방에는 책상이 하나 있는데, 그 위에 세 개의 레버가 있고 벽에는 참가자가 '획득한' 점수를 기록하도록 고안된 계수기가 달려 있었다. 실험 참가자의 유일한 목표는 최대한 점수를 많이 획득하는 것이었다. 참가자가 점수를 성공적으로 땄음을 알 수 있도록 전등이 반짝이고 부저가 울리게 되어 있었다. 참가자가 저마다 어떤 행동을 취한 직후에 점수를 얻자 많은 참가자가 점수를 더 많이 얻으려고 자신이 방금 전에 한 행동에 의미를 부여해 그 행동을 반복했다. 참가자들은 몰랐지만 그들의 행동은 점수에 아무런 영향을 주지 않았다. 일부 참가자는 자신들의 행동이 늘 점수 보상을 가져다주지 않는데도 일관된 미신적 행동을 개발해 냈다. 다른 참가자들은 더욱 유연하게 레버를 당기는 루틴을 개발해서 점수 획득에 반응해 행동을 바꾸거나 조정했다. 지극히 정교한 행동을 선보인 참가자도 있었다. 1점을 얻은 후 그녀는 오른손을 레버의 꼭지에 올려둔 채로 책상 위로 올라가서는 점수를 더 많이 얻으려고 똑같은 손으로 계수기나 전등, 벽을 건드렸다. 10분 후 책상에서 내려왔는데, 막 그렇게 한 직후에 또 1점을 얻었다. 그래서 다시 책상 위로 올라가는 행동을 했다. 책상 위에 올라가서 슬리퍼로 천장을 때리자 다시 1점을 얻었고, 그 행동을 계속 반복하다가 25분 후에 지쳐서 그만두었다. 존 테리가 새 정강이 보호대를 통해 보여주었듯이, 새로운 미신은 적절하게 강화되면 이전의 미신을 대체할 수 있다.

미신적 반응 개발해 내기는 결코 성인에게만 해당되는 일이 아니다. 1987년 캔자스대학교의 연구자인 그레고리 와그너Gregory Wagner 와 에드워드 모리스Edward Morris가 세 살에서 여섯 살 사이의 어린아이들을 대상으로 실험을 실시했다.[18] 아이들은 방에 한 명씩 혼자서 들어갔다. 방 안에는 기계 장치로 만든 광대가 있었는데, 이 광대가 임의로 정해진 시간에 구슬을 나눠주었다. 충분히 많은 구슬을 모으면 원하는 장난감으로 바꿀 수 있다는 말을 듣자, 아이들 중 4분의 3이 기계 장치에서 구슬을 뽑아내기 위해 일종의 미신적 반응을 개발해 냈다. 어떤 아이들은 광대의 얼굴을 잡아당겼고, 또 어떤 아이들은 광대의 얼굴을 만지거나 그 앞에서 춤을 추었다. 심지어 한 자그마한 여자아이는 구슬을 얻을 최상의 방법은 광대의 코에다 뽀뽀를 하는 거라고 넘겨짚었다.

마술적 사고라는 용어는 뛰어난 마술사의 정교하게 가다듬은 솜씨를 접할 때 우리 마음에 종종 생기는 인지부조화에서 비롯되었다. 마술사가 미녀 조수를 둘로 분리시키는 모습을 보고서 우리 뇌는 두 상반된 견해를 동시에 품지 않을 수 없다.

조수의 몸이 둘로 갈라졌으며 그렇게 잘린 사람은 오래 살 수 없다.

조수의 얼굴이 미소를 짓고 있으며 두 다리는 꼼지락거리므로, 조수는 생생하게 살아 있다.

마술사의 술책을 간파하지 못하면 이 불편한 상황 때문에 계속 어리둥절한지라, 이를 해소하기 위해 뇌가 찾는 가장 단순한 방법 중 하나는 그냥 마술에 호소하는 것이다. 마술이 어떻게 이루어지는지 이해하지 못하면, 우리는 마술사에게 정말로 특별한 능력이 있으려니 하고 짐작해 버린다.

●

◆ 인상적일수록 강해지는 착각

심령술사들은 마술적 사고에 끌리는 우리의 성향을 마술사와 똑같은 방식으로 활용한다. 우연의 일치일 뿐인 현상을 동시성이라는 개념으로 포장한 다음 교묘하게 이용함으로써 우리를 속인다. 이런 식으로 그들은 알아낼 도리가 없는 현상을 어쨌거나 자신들은 알고 있다고 생각하도록 만든다. 이를 위해 심령술사들은 일종의 인지부조화 상태를 조성해 놓고서, 우리가 그들한테 초감각적 능력이 있겠거니 여기도록 해서 그런 상태를 해소하도록 유도한다. 심령술사가 자신의 예지력을 확신시켜 고객이 다시 찾아오게 하려고 이용하는 또 한 부류의 우연의 일치가 있는데, 이는 **바더-마인호프 효과** Baader-Meinhof effect에 의해 생긴다.

지금껏 한 번도 이 용어를 들은 적이 없더라도, 이제 여러분은 곧 다시 듣게 될 것이다. 이 효과는 여러분이 낯선 정보, 즉 특이한 문구나 단어 또는 이름을 접하고 나서 곧 그걸 다시, 아마도 여러 번 마주치는 경우를 설명해 준다. 아마도 바더-마인호프 효과라는 명칭은 1995년에 열린 한 토론회에서 참가자들이 그런 현상을 가리키는 보편적인 이름이 없음을 깨닫고 나서 지은 듯하다. 이 신조어의 고안자는 극좌 서독 테러 집단을 처음 알게 된 후 짧은 기간 사이에 그 단어를 여러 번 듣게 되자, 그 명칭이 효과 자체를 연상시키길 바라는 마음으로 그 현상에 기념할 만한 명칭을 붙여주었던 것이다(바더-마인호프는 1970년에 설립된 서독의 극좌 무장 집단이다-옮긴이).

그 효과에 붙은 더욱 최근의 (하지만 신조어의 기원을 덜 알려주는) 명칭은 **빈도 착각**frequency illusion이다.[19] 이것은 새로운 무언가를 알고 나서 그게 온갖 장소에서 점점 더 자주 나타나는 것처럼 보이는 현상을 가리킨다. 단어나 문구가 특이하고 인상적일수록 효과는 더 강해진다. '이제껏 평생 이 표현을 한 번도 만난 적이 없었는데 이젠 한 주에 세 번이나 마주치는 일이 어떻게 가능하지?' 하고 여러분은 스스로에게 묻게 된다. 이 우연의 일치는 대단히 일어나기 어려워 보이기에, 여러분은 그걸 설명하려고 그럴듯한 논리를 찾아 나서게 될 수 있다.

사실, 그 단어나 문구는 여러분이 처음 인식하고 나서 실제로 더 자주 나타나는 게 아니며, 여러분의 기억에 처음 들어온 때가 실제로 그걸 처음 접한 때도 아니다. 빈도 착각이 일어나려면, 여러분이 지각하는 단어나 문구가 마음속에 들어와 박힐 정도로 인상적이어야 한다. 즉, 발음이 특이하거나 그걸 두드러지게 하는 흥미로운 맥락과 함께 제시되어야 한다. 매일 우리가 얼마나 많은 단어나 문구에 노출되는지 고려할 때, 당연히 우리는 반복되는 정보를 빈번하게 접한다. 반복이 이미 익숙한 단어로 일어날 때는, 설령 그걸 알아차렸더라도 논할 가치가 별로 없다. 이것은 선택적 주의 - 우리 뇌가 이러한 '흥미롭지 않은' 정보를 걸러내는 경향 - 의 한 형태라고도 볼 수 있다. 하지만 **최신 효과**recency effect라는 현상 - 더 일반적인 부류인 **가용성**

휴리스틱availability heuristic(9장에서 다시 만나게 되는 주제)의 한 경우 – 이 작용해, 새로 얻은 관찰 결과와 정보는 우리 마음의 가장 앞자리에 계속 자리 잡는다. 즉, 우리는 최근에 받아들인 정보를 더 잘 인식하는 쪽으로 편향된다. 확증편향 – 이 경우, 그 단어가 정말로 더 자주 눈에 띄어서 실제로 더 많이 등장한다고 믿는 여러분의 마음 – 과 결합되어 이 우연의 일치가 기묘한 일로 여겨질 수 있다.

바더-마인호프 효과의 적절한 사례를 최근에 나도 경험했다. 같이 놀자는 아이들한테 한참을 시달린 후에 어쩔 수 없이 나는 아이들과 함께 앉아서 뮤지컬 전기 영화 〈위대한 쇼맨The Greatest Showman〉을 보았다. 이 영화는 P. T. 바넘의 인생 이야기 그리고 그가 설립한 바넘 & 베일리 서커스Barnum & Bailey Circus 소속 공연자들의 운명을 담고 있다. 이전에 바넘에 관해 들었던 기억은 없지만, 한 시간 반 동안 이 사람한테 벌어진 극적인 사건들이 펼쳐지는 영화를 보고 나니 그가 내 마음의 가장 앞자리를 차지했다. 고작 일주일쯤 지나서 이 책의 이번 장을 쓰려고 자료를 조사할 때 바넘 진술(이 장의 앞부분에서 우리가 만났던, 포러 효과를 낳는 일반적 진술)을 접하면서 필연적으로 그 진술과 인연을 맺게 되었다. 나는 이미 바더-마인호프 효과를 알고 있었기에 그걸 있는 그대로, 즉 재미있는 우연의 일치로 여겼을 뿐, 달려가서 서커스를 구경하게 될 특별한 전조 현상으로 여기진 않았다.

몇 주 지나서, 리어나도 디캐프리오 영화들(내가 보기에 딱히 나쁜 영화는 별로 없는 듯하다)의 상대적 매력을 놓고서 친구와 이야기를 했는데, 친구가 나더러 〈갱스 오브 뉴욕Gangs of New York〉을 다시 한번 보라고 제안했다. 영화를 다시 봤더니 거기에도 바넘 – 학생 때 그 영화를 처음 봤을 때는 보이지 않았던 주변적인 등장인물 – 이 나왔다. 〈위대한 쇼맨〉에서 바넘을 만났던 것이 내가 처음 그를 만난 때가 아니었다. 단지 내 마음에 아주 강하게 들어온 첫 번째 경우였을 뿐이다. 그래서 얼마 후에 다시 그를 마주치자 기억이 난 것이다. 마찬가지로 비록 나는 이전에 동시성이란 개념을 접했던 기억이 없지만 파울라가 그 개념을 소개하면서 찾아보라고 제안했을 때, 며칠 후에 그 개념과 다시 마주치리라는 확신이 들었다. 아니나 다를까, 이번 장을 집필하는 도중에 여러 번 개별적으로 그 개념과 마주쳤다.

●

◆ 그럴듯한 짐작을 위한 낚시 여행

파울라가 지금껏 나를 계속 뜬금없는 내용으로 몰아붙였기에, 나는 대화를 조금 더 구체적인 영역으로 옮기고 싶어진다. 그래서 나 자신에 관해 조금 더 많이 드러내기로 한다. 내가 책을 쓰고 있는 중이고(하지만 그 상담이 집필을 위한 조사의 일환이란 사실은 의도적으로 밝히지 않았다), 또 다른 책(나의 첫 책인 『수학으로 생각하는 힘The Maths of Life and Death』)을 얼마 전에 출간했다고 말한다. 짐짓 두 책의 주제를 일절 언급하지 않고, 대신에 두 책이 어떻게 되겠느냐고 파울라에게 묻는다. 타로 카드를 또 무작위로 몇 장 뽑으라고 파울라가 말하자, 나는 이번에는 '더 무작위로' 뽑는 것처럼 보이도록 한다. 뽑은 카드들을 테이블에 펼쳐놓자, 파울라가 잠시 조용히 살피더니 일종의 **낚시 여행**fishing expedition(특정 목표나 구체적 증거 없이 무언가 낚이기를 기대하며 조사 범위를 계속 확대하는 행위를 비유적으로 일컫는 말-옮긴이)을 시작한다.

나름 궁리한 끝에 그녀는 내가 가장 야심찬 작가들의 전형적인 성향을 따른다고 가정한다. 즉, 무명의 몽상가로서 자신의 첫 소설이 지닌 중요성을 전 세계에 필사적으로 알리려 한다고 짐작한다. 암묵적으로 그녀는 내가 소설을 쓰고 있다고 가정해 의도적으로 다음과 같은 모호한 말을 던진다. 내 책들은 '독자들을 다른 세계로 몰입시킬 것'이라고. 물론 어느 작가든 심지어 논픽션 작가라도 자기 책이 독자들을 일상에서 벗어나 더욱 영감이 넘치는 또 다른 세계로 데려다준다고 믿고 싶어 하기에, 나는 마지못해 수긍한다.

"그렇네요"라고 내가 말하자 파울라는 자기가 올바른 길에 들어섰다는 칭찬으로 받아들인다. 이어서 그녀는 첫 책이 꽤 잘되고 두 번째 책은 베스트셀러가 된다고 말해준다. 미심쩍긴 하지만 그 말에 실망하는 대신 그렇게 믿고 싶다. 하지만 더 구체적으로 말해달라고 하니, 낚시 여행은 빗나가기 시작한다. 두 번째 책의 등장인물 하나는 내 아이들 중 한 명한테서 영감을 받게 될 거라고 그녀는 넌지시 말한다. 소설이라면 타당한 말이지만, 대중과학 서적과는 전혀 맞지 않다. 그녀는 한술 더 떠서, 이 소설의 성공을 바탕으로 내가 영문학을 가르치게 될지 모른다고 한다. 그리고 내가 쓰게 될 책들을 앤 라이스Anne Rice의 뱀파이어 소설 시리즈와 비교한다. 이 시점에서 나는 더 이상 고개를 끄덕이기가 어려워져 주제를 바꾸려 한다.

낚시 여행은 점술가가 정보를 모으고 고객으로선 알지 못할 듯한 정보 조각들을 알려주기 위한 또 하나의 고전적인 수단이다. 그들은 대체로 경험에서 얻은 추측, 즉 미끼에서부터 시작한다. 고객이 이미 언급한 내용이나 외모의 어떤 측면을 이용해서 그럴듯한 짐작을 한다. 가령, 고객이 결혼반지를 끼고 있거나 부모 내지 조부모가 이미 세상을 떠난 연령대일지 모른다. 구체적으로 나의 경우, 파울라는 내가 드러낸 몇 안 되는 내용 중 하나(내게 아이들이 있다는 사실)를 바탕으로 내 책에 관해 예측한 셈이다.

사적인 정보가 없더라도, 점술가가 딱 들어맞는 짐작을 하는 데 사용할 수 있는 흔한 미끼들이 있다. 가령, 죽은 자와 의사소통을 하는 척하면서 많은 점술가는 "이름이 'J'나 'G'로 시작하는 남자가 뭔가 의미가 있지 않나요?"와 같은 말을 던져서 이름을 낚으려 한다. 이것은 그저 운에 맡기고 하는 소리다. 지난 150년 동안 J는 미국에서 태어난 사내아이들이 지닌 가장 흔한 이름의 첫 문자였다. 전체 이름 가운데 첫 문자가 J인 경우가 15~20퍼센트에 달했다. 조금 덜 인기 있는 G도 포함하면 비율은 20퍼센트를 훌쩍 넘긴다. 여러분 일가친척 중에서 열 명의 남성 친척을 떠올려볼 때, 그들의 이름이 서로 독립적이라고 가정하면(즉, 친척들 사이에 특정한 이름 내지 글자를 사용하는 경향이 없다고 가정하면), 적어도 한 명이 J나 G로 시작하는 이름일 확률이 90퍼센트 가까이 되므로 심령술사의 말이 맞게 된다. 내 경우엔 삼촌 이름이 제러미Jeremy와 제럴드Gerald고, 형이 제프Geoff라서 딱 들어맞는다.

일부 점술가들이 방 안에 다수의 사람이 있는 집단 상황에서 일하는 경우를 고려하면, 확률은 훨씬 더 높아진다. 영국이나 미국에서 한 방에 사람이 30명 있다면, 각자 남성 친척 두 명을 떠올릴 때 점술가가 내뱉은 말이 적중할 확률은 99.99퍼센트가 넘는다. 만약 무리가 충분히 크다면, 점술가는 심지어 **산탄총 쏘기**shotgunning라는 기술을 펼칠지 모른다. 즉, J나 G로 시작하는 흔한 이름 중 일부를 재빠르게 열거한다. 이런 식이다. "존John, 잭Jack, 제이슨Jason, 제임스James, 조Joe, 아니면 제리Jerry 아닌가요? 여기 있는 분 중에 이런 분 있죠?" 그들이 이름 중 하나를 맞히면, 열거한 다른 틀린 이름들은 재빨리 사람들의 기억에서 잊힌다. 누군가가 열거된 이름 중 하나가 아닌 J나 G로 시작하는 이름을 대더라도, 점술가는 자신이 올바른 이름을 찾아가고 있었지만 아직 거기에 가닿을 기회는 아니었다는 듯이 얼버무릴 수 있다. 맞아떨어진 이름 첫 글자처럼 흔한 것조차도 초자연적인 능력을 믿고 싶어 하는 사람들한테는 통할 수 있다. 사람들은 점술가가 소통한다고 하는 영적인 존재가 왜 사람들의 이름 전체가 아니라 이름의 첫 글자만 기억할 수 있는지에 대해서는 깜빡하고 그냥 넘어간다. 사람들을 영계와 이어주는 회선이 좋지 않은 게 분명하다.

구체적으로 보이지만 실제로는 애매하고 어디에나 갖다 붙일 수 있는 진술을 던지고서, 점 보러 온 사람이 빈 내용을 메우도록 하기야말로 심령술사들의 추측 게임의 핵심이다. 가령, 그들은 종종 일견 구체적인 숫자로 자신의 예측을 정량화해 신뢰도를 높이려고 하는데, "가족 중에 네 명이 보이네요"와 같은 말이 그런 예다. 그 숫자가 점 보러 온 사람의 형제자매의 수에 해당한다는 말을 과감하게 던지면서 이야기를 시작할 수도 있다. 형제자매가 세 명뿐이라고 밝히면, 그들은 점 보러 온 사람 자신을 빠트리지 말라고 알려줘서 숫자를 넷으로 올린다. 만약 가족 중에 아이가 셋이면, 그들은 두 부모를 포함시켜서 (점 보러 온 사람은 제외하고) 가족 구성원을 넷으로 만든다. 이런 식으로 해서 형제자매가 한 명뿐이라면 네 명이라는 가족의 총 구성원 수는 충족된다. 만약 점 보러 온 사람이 가족 중의 유일한 자식이라면, 그들은 과감하게도 어머니가 유산을 한 적이 있다고 해서 숫자를 맞춰버린다. 만약 이 말이 사실이면 그들이 옳음을 증명하는 이중적 효과가 생겨서, 점 보러 온 사람의 심금을 울리게 된다. 덕분에 그들이 '저세상으로 간' 사람들에 대해서 알고 있다는 믿음이 더 커진다. 통계상 네 번의 임신이 한 번이 유산으로 끝나기에, 어머니의 유산으로 인해 아이를 하나만 두기란 그다지 일어날 법하지 않은 일이 아니다.

물론 넷이라는 수가 점 보러 온 사람의 가족에게 직접 해당되지 않으면, 그들은 배우자의 가족이나 부모의 가족 또는 그리운 죽은 연인의 가족 중에서 찾아보라고까지 한다. 그들은 자길 찾아온 사람들의 간절함을 이용해, 자신의 예측이 맞을 확률을 높이려 한다. 이런 식으로 어떻게든 누구든 갖다 붙여서, 답을 찾기 위한 산탄총 쏘기 과정에서 저지른 실수를 덮어버린다.

믿고 싶어서, 믿기 위해서: 기억편향

산탄총 쏘기는 어느 정도 **폰 레스토프 효과**von Restorff effect에 기댄다. 이 효과는 기억편향memory bias라는 뿌리 깊은 편견의 전체 부류 가운데 하나다. 이름에서 짐작되듯이, 이 인지 결함은 떠오르는 기억을 차단하거나 수정한다. 점 보러 온 사람이 이런 성향이라면 점성술사가 유리해진다. 1933년 심리학자 헤트비히 폰 레스토프Hedwig von Restoff는 실험 참가자들이 엇비슷한 대상들의 목록에서 특이한 항목을 기억하는 경향이 있다는 것을 발견했다.[20] 이 효과가 얼마나 강력한지 보여줄 예로서 아래의 쇼핑 목록을 한번 읽어보자. 그다음에 시선을 거두고서 몇 개의 항목을 기억할 수 있는지 알아보자.

바나나, 오렌지, 배, 자몽, 기린, 포도, 레몬, 오렌지, 사과

이제 눈을 감고 목록의 항목을 최대한 많이 떠올려보자. 항목을 전부 기억하기는 어렵겠지만, 십중팔구 기린은 기억할 것이다. 이런 구성은 목록에서 '기린'을 두드러지게 할 뿐만 아니라, 다른 대상들과 맥락상 부조화가 일어나 그 단일 항목에 각별한 주의를 기울이게 한다. 게다가 남다른 항목 때문에 마음이 산란해지는 바람에, 모든 항목이 똑같은 범주에 속하는 목록과 비교할 때 떠올리는 대상의 총 개수도 적어질 수 있다. 똑같은 이유로 평소 같으면 알아차리지 못했을 이름들의 목록에서 심령술사가 산탄총 쏘기로 맞춘 이름은 점 보러 온 사람의 기억에서 특별히 큰 비중을 차지하게 되어, 다른 항목들에 마음을 덜 쏟게 한다.

심령술사에게 이득이 되는 기억편향의 하나로서 아마도 가장 적절한 예는 확증편향일 것이다. 심령술사의 능력을 정말로 믿고 싶어 하는 고객 대다수가 여기에 걸려든다(회의적인 시각의 저자들은 어느 정도 제외된다). 그들은 자신의 기대에 부합하는 심령술사의 말 – 심령

술사로서는 도저히 알 수 없으리라고 그들이 믿는 사적인 정보의 정확한 지적 재구성 – 을 우선적으로 떠올리는 편인지라 심령술사가 틀리는 경우를 종종 놓치고 만다. 선택적 기억이 심령술사의 미래에 관한 임의적 예측을 보완한다. 만약 예측이 점 보러 온 사람한테 충분히 빠르게, 전부 다 기억할 수 없을 정도로 빠르게 쏟아져 들어오면 실제로 일어나게 되는 일과 유사성이 있는 예측만이 기억될 것이다.

이는 우리가 지난밤에 꿈을 꾸었지만 잊고 있다가 그다음 날 늦게, 꿈에 대한 기억을 일깨우는 일이 생겨야 다시 떠올리게 되는 경험과 비슷하다. 그렇다고 꿈이 어떤 식으로든 예언적이라는 뜻은 아니다. 오히려 일깨우는 사건이 없었더라면 꿈을 전혀 기억해 내지 못했으리란 말이다. 마찬가지로, 초자연적인 능력을 믿는 사람들은 실현된 것처럼 보이는 몇 안 되는 예측만 기억하고 그렇지 않은 많은 틀린 예측은 잊는다. 그래서 적중한 내용만 부각되고 틀린 내용은 가려진다.

심령술사가 기억 케이크의 맨 위에 올리는 당의糖衣는 **사후판단편향**hindsight bias이다. 이는 나중에 일어난 사건의 지식에 비춰서 우리의 기억을 왜곡시키는 현상을 가리킨다. 사후판단편향은 원래 모호했던 예측을 사후의 사건과 부합되게 하는 효과를 낼 수 있다. 이전 예측 중에서 적합한 내용만 떠올려서 실제로 벌어진 일과 맞아떨어지게끔 재구성해 버리기 때문이다. 사후판단편향의 가장 대표적인 추종자가 바로 노스트라다무스의 사도들이다. 이 16세기의 프랑스 예언자는 저서 『예언집Les Prophéties』에서 미래를 예언한다고 알려진 942편의 모호하고 비유가 많은 사행시를 썼다. 그가 예지력이 있다는 증거로서 현시대의 추종자들이 걸핏하면 드는 아래 시는 이륙 직후 폭발했던 1986년의 우주왕복선 챌린저호 사건을 내다보았다고 한다.

> 인간 무리에서 아홉 명이 보내져서,
> 판단과 충고로부터 분리될 것이다.
> 그들의 운명은 출발할 때 결정되며
> 카파, 세타, 람다 추방당한 망자가 실수를 범하리라.

자신들의 주장을 뒷받침하려고, 노스트라다무스를 믿는 자들은 사고의 원인이 된 고장 난 부품의 제조사가 싸이오콜Thiokol임에 주목한다. 얼핏 보아도 이 이름은 사행시의 마지막 행에 나오는 그리스 문자 카파, 세타 및 람다의 로마자화된 버전('k', 'th' 및 'l')이 합쳐진 단어처럼 보인다. 죽은 우주비행사는 일곱 명이지 아홉 명이 아니라는 사실 – 생각해 보면, 꽤 큰 차이 – 은 은근슬쩍 덮어버린다.

놀랍게도 노스트라다무스의 942가지 '예언' 중 어느 하나도 발생하기 **이전에** 구체적인 사건을 예언하는 데는 사용되지 않았다. 다만 **사후예측**, 그러니까 **사건 발생 후 예측**이라는 술책으로 사후적으로만 언급되었을 뿐이다. 노스트라다무스의 능력에 솔깃할 필요가 없는데, 사건이 벌어지고 난 후에 이미 내다봤다며 갖다 붙이는 예측은 아무짝에도 쓸데가 없기 때문이다.

사라지는 부정어들

우리가 떠올릴 수 있는 기억의 정확도가 고조된 감정에 영향을 받을 수 있다는 증거가 있다. 정말이지 감정은 사람들로 하여금 가장 듣길 바라는 진술을 받아들이게 할 수 있다. 설령 그 진술이 논리적으로 모순되더라도 말이다. 이는 **동기부여된 추론**motivated reasoning이라는 심리학 개념의 한 예다. 사랑하는 이를 최근에 잃은 사람들은 종종 그러한 고조된 감정 상태에 있다. 그들 중 다수는 사랑하는 이가 영영 떠났다는 사실을 받아들일 수 없거나 그러고 싶지 않아서, 심령술사나 영매를 찾는다. 친한 친구나 가족의 죽음에 동반되는 슬픔을 견디는 것은 고통스러운 과정이기에, 자연스럽게 자신에게 위안을 줄 정보를 찾고자 하는 동기가 커진다. 그런 상태이기에 슬픔에 잠겨 떠나간 이에게 간절히 연락하고 싶은 고객들은 평소와 달리 심령술사의 추측성 넘겨짚기에 훨씬 더 쉽게 말려든다.

(시간을 확인해 보니) 심령술에 쓸 시간이 고갈되어 가는 바람에, 나는 내가 잃은 사랑하는 이, 즉 내 아버지에 관해 파울라가 얼마나 알아낼 수 있는지 시험해 보기로 한다. (여기서 밝히는데, 내 아버지는 멀쩡히 살아 계시다. 하지만 파울라가 그걸 알아낼 수 있는지 아니면 내 말만 듣고서 그릇된 예측을 계속해 나갈지 궁금하다.) 그래서 나는 '저세상에서 내게 온 메시지가 뭐라도 있는지' 그녀에게 묻는다. 파울라는 내 기대를 무너뜨리며, 자신은 '즉석에서 망자를 불러낼' 뿐이라고 못을 박는다.

"내가 연락해 주길 바라는 특정한 사람이 있나요?" 그녀가 질문한다.

"오래전에 돌아가신 아버지의 소식이 궁금합니다." 내가 대답한다.

"아버지 성함이 어떻게 되나요?" 그녀가 묻는다.

"팀요." 내가 답한다.

파울라는 한참 동안 눈을 감은 채로 몸에 힘을 빼고서 어딘가에 마음을 집중한 듯 보이더니, 다시 내게 말을 건다.

"한 남자가 나한테 왔어요." 그녀가 알려준다. "키가 큰 분은 아니죠? 그렇죠?"

"네." 내가 답한다. "나보다 작으셨어요. 내가 딱히 큰 것도 아닌데 말이죠." 내가 웃는다. 그녀가 앞서 했던 말을 거두길 내심 바라면서.

"아뇨, 전 그렇게 생각 안 해요." 그녀는 슬쩍 피하면서 자신의 원래 예측의 의미를 밀고 나간다. "제 앞에 선 모습이 보이는데, 무슨 이유에선지 꽤 수줍어하시는……." 아버지는 수줍은 사람이 결코 아니다. 내가 아는 사람 중에서 가장 외향적이고 활동적인 편이다. 어떤 모임에서든 핵심적인 역할을 하신다. 그녀가 이 상황을 어떻게 헤쳐나갈지 궁금해진다. 그녀의 설명을 인정한다는 낌새가 내 얼굴에서 드러나지 않자(인정한다는 숨길 수 없는 웃음이나 머리를 조금이라도 끄덕이는 기색이 없자), 그녀는 재빨리 잘못 봤다며 다른 말을 꺼낸다. "……이거 이상하네요. 평소에는 외향적인 분이니까……." 나는 맞장구를 치고 그녀의 재주에 감탄하지 않을 수 없다.

이 두 번의 되돌리기는 심령술사들이 잘 써먹는 말재주로서, **사후진술**ex post facto declarative이라고 불린다. 사실이 드러난 후에 해석하거나 재해석할 수 있는 진술이다. 첫째, 파울라가 내 아버지의 키를 짐작하는 데 쓴 기술은 **사라지는 부정어**vanishing negative의 한 예다. 이 기술은 부정의 부가의문문negative tag question이라는 문장구조를 이용해 작동하는데, 여기서 긍정적 질문에 부정적 진술이 붙어서 질문자의 의도가 모호해진다. 우리도 어떤 의견을 품고 있는지 잘 모르겠는 누군가에게 상처를 주지 않도록 일상생활에서 많이 쓰는 흔한 방법이다. 가령, "당신은 심령술을 믿지 않습니다, 그렇죠?"라는 부가의문문에 "아뇨, 믿어요"라는 답이 나올지 모른다. 이 경우엔 상대를 달래주는 다음과 같은 반응이 나올 수 있다. "아, 네. 그러실 줄 알았어요." 반대로 부가의문문에 대한 답변이 "네, 물론 믿지 않아요"라면 다음 반응이 적절할지 모른다. "그러시군요. 그런 아리송한 말은 믿지 않으실 줄 알았어요." 이런 방식으로 사라지는 부정어는 심령술사로 하여금 상대방에 대한 중요한 정보를 발견하도록 해주면서도 원래부터 다 알고 있었다는 인상을 주게 한다.

두 번째 말 바꾸기는 **중단된 무지개 술책**punctuated rainbow ruse의 한 예다. 성격의 한 극단적 측면을 제시했다가, 비언어적 반응 단서를 읽은 후에 딱 맞춘 게 아닌 듯싶으면 재빨리 말을 바꾸는 기술이다. 두 부분으로 구성된 이 술책은 기본적인 무지개 술책보다 더 효과적일 수 있다. 심령술사가 점 보러 온 사람 앞에서 적중하는 말을 던지기보다는 정보를 긁어모을 수 있기 때문이다. 게다가 술책의 처음 부분이 맞는 경우 심령술사는 더 이상 성격의 나머지 절반을 들먹이지 않아도 된다. '직접 맞히기'는 그냥 바넘 진술보다 점 보러 온 이에게 더 인상적으로 비친다.

웜리딩과 핫리딩

파울라가 내 아버지에 관해 구체적인 내용을 다시 알아내려고 시도한다. 이번에는 어떻게 죽었는지 맞혀보려고 한다. "제게 계속 하시는 말씀이, 가슴 부위의 문제 때문에 돌아가셨다는 거네요." 그런 짐작을 하며 손을 자기 상반신 위에서 흔들면서 목에서부터 허리까지 내린다. 물론 파울라가 몸짓과 함께 가리킨 신체 부위에는 거의 모든 주요 장기 – 간, 위, 창자, 췌장 그리고 물론 심장과 폐 – 가 들어 있다. 요점은 최후에는 누구나 숨쉬기를 멈추고 심장박동이 멎는다는 것이다. 이는 궁극적인 사망의 표시이기에, 가슴 부위의 문제라고 짚는 것은 그녀를 믿고 싶은 사람이라면 거의 누구한테나 늘 동의를 얻을 것이다.

오늘 밤 파울라가 내게 시도한 방법 대다수(무지개 술책, 사라지는 부정어, 낚시, 산탄총 쏘기, 영적인 명예 부여하기 등)는 콜드리딩 기법으로 분류될 수 있다. 나의 몸짓언어, 외모, 반응을 읽어서 정보를 뽑아내는 방법이다. 하지만 이 마지막 술책은 바넘 진술처럼 거의 어떠한 상황에서도 알아맞히도록 고안된 포괄적인 기법이다. 이러한 총체적인 진술을 사용하는 것을 가리켜 **웜리딩**warm reading이라고 한다. 이 기법은 해독자를 영적인 직관력의 소유자인 듯 보이게 하지만, 실제로 해독자가 넌지시 던지는 말들은 초감각적 지각과 무관하게 매우 다양한 경우에 들어맞을 수 있도록 치밀하게 고안되어 있다.

분명 아버지가 멀쩡히 살아 계시는지라, 사망 원인에 대한 파울라의 짐작에 충실하게 답변한다는 건 문젯거리가 된다. 이 곤란한 상황을 넘길 가장 쉬운 선택지는 그냥 고개를 끄덕인 뒤에 심장마비로 돌아가셨다고 말하는 것이다. 파울라가 또 한 번 맞혔음을 인정하는 셈이다. 과소평가해선 안 될 점이 있는데, 특히 단체 리딩의 상황에서는 심령술사의 상대방이 사회적으로 어색해질까 봐 두려워서 심령술사의 말에 상당히 자주 동의하게 (또는 적어도 적극적으로 부정하지 못하게) 된다.

파울라와의 상담 중 마지막 몇 분은 아버지에 대한 여러 가지 덜 성공적인 추측으로 채워진다. 아버지가 납작한 모자를 썼다느니 탄광 일과 관련이 있다느니(이 두 가지는 아마도 그녀가 내 말투에서 영국 북부 억양의 흔적을 간파해 냈기 때문인 듯하다) 하는 말을 늘어놓는다. 이어서 "제 주변을 자주 찾아오신다", "사랑의 기운이 많이 풍기신다" 등의 뻔한 이야기를 던진다. 반박할 도리가 없는 말들이다. 영혼을 믿는 사람이라면, 세상을 떠난 사랑하는 이에 대해 그런 말을 듣고 싶지 않은 사람이 누가 있겠는가?

심령술사의 주무기인 콜드리딩과 웜리딩에 분명 정통하긴 하겠지만, 오늘 밤 파울라가 보여준 낮은 적중률로 볼 때 그녀는 핫리딩hot reading이라는 어두운 물길 속으로는 뛰어들지 않았음이 분명하다. 핫리딩을 준비하려면 심령술사는 점 보러 오는 사람에 대해 미리 적극적으로 조사를 해야 한다. 초자연적인 수단으로 얻었으려니 여겨지는 정보에 미리 접근하기 위해서다. 전통적으로 이를 위해서 심령술사는 희생자들을 전화번호부에서 찾거나, 자연스럽게 말을 걸려고 방문판매원이나 전도하는 사람인 척하거나, 지역의 다른 심령술사와 정보를 교환하기도 하며 심지어는 비석에 쓰인 사망한 연인이나 가족의 이름을 보기 위해 묘지를 찾기까지 한다.

인터넷 시대 이전에는 핫리딩을 하려면 대체로 많은 준비와 실행이 필요했다. 그러므로 보통 많은 청중을 상대로 하며, 사람을 사서 대신 준비를 시킬 만큼 돈을 많이 버는 유명한 심령술사만이 할 수 있었다. 유명한 심령술사들은 시작 전에 실제 청중 속에다 앞잡이를 심어놓았다고도 한다. 앞잡이는 치밀하게 희생자를 물색해서 미묘하게 정보를 캐내는 임무를 수행하며, 그 정보를 무대에 있는 심령술사에게 알려준다. 잠입취재 기자들의 보도에 따르면, 한 소문난 미국 영매는 TV 쇼 촬영 시작 전에 직접 일부 청중에게 말을 걸어서 정보를 캐냈다고 한다. 그러고는 촬영이 시작되고 나서 다시 똑같은 사람한테 가서 조금 전에 모은 정보를 이용해 굉장히 정확한 리딩을 한 것처럼 (적어도 TV 시청자들한테는) 보이도록 했다. 유명 심령술사가 방청객에게 동의를 이끌어 낼 속셈으로 하는 콜드리딩은 (놀랄 것도 없이) 효과가 적은 편이며 보통은 결국 편집에서 걸러진다. 짐작한 대로 방송 화면 뒤에서 일어나는 일들이 그렇듯, 보도에 따르면 이 영매는 모든 방청객에게 광범위한 정보공개 관련 동의서에 서명하도록 했다. 방송 제작 동안에 일어난 거의 모든 일이 밖으로 새 나가지 못하게 막으려는 짓이었다.

그런데 인터넷의 출현으로 핫리딩이 한결 쉬워졌다. 쇼의 장소와 참석자 명단에 쉽게 접근할 수 있는 강력한 기능을 제공해 주는 페이스북 등의 소셜미디어 플랫폼 덕분에 핫리더들은 잠재 청중의 사생활에 대한 전례 없는 통찰력을 얻는다. 한편으론 다행하게도 인터넷 덕분에 회의적 감시자들 또한 핫리딩 심령술사들을 뜨거운 물에 빠트리기가 한결 쉬워졌다.

수전 거빅Susan Gerbic과 마크 에드워드Mark Edward가 그런 활동을 하는 2인조다. 2017년 둘은 심령술사 영매인 토머스 존Thomas John의 실체를 폭로하는 멤버들로 이루어진 활동 팀을 조직했다. 토머스 존이 하는 한 심령술 쇼의 실체를 폭로하기 위한 준비 단계로, 이 팀은 수재나 윌슨과 마크 윌슨이라는 부부 이름으로 가짜 페이스북 프로필을 만들었다. 또한 다른 가짜 프로필도 여러 개 만들어서 윌슨 부부의 프로필과 엮이게 해놓았다. 그러면서 살면서 함께 겪는 중요한 일들을 추억하기도 하고, 토머스 존이 걸려들도록 허구로 만든 친척들의 이름을 던져놓기도 했다. 하지만 거빅과 에드워드의 실제 정체는 철저하게 숨겼다. 가짜 페이스북 친구들은 심지어 존의 쇼에 간다며 수재나가 얼마나 들떴는지 그리고 (전적으로 허구지만) 최근에 사망한 쌍둥이 형제 앤디와 만나리라는 희망에 얼마나 젖어 있는지를 담은 게시글 몇몇 개에 존을 태그하기까지 했다. 마크 윌슨의 가짜 프로필에는 심장마비로 몇 해 전에 세상을 떠난 (역시 허구인) 아버지의 혼령을 만나고 싶다는 소망이 자세히 적혀 있었다. 상상 속의 작고한 친척들의 존재는 팀이 쇼 이전에 거빅과 에드워드와 공유한 유일한 내용이었다.

리딩이 있던 당일, 윌슨 씨 내외로 가장한 거빅과 에드워드는 청중석 세 번째 줄의 VIP석에 앉았다. 호명을 받아서 존의 '초감각적 능력'에 지배당하기를 기대하면서 말이다. 서너 번 리딩이 진행되고 나서 존은 "누군가의 쌍둥이가 오셨네요"라고 운을 뗐다. 때맞춰 거빅이 손을 들었고 무대 한가운데로 초대받았다. 무대에서 존은 앤디의 췌장암 사연을 풀어냈고, 거빅은 이를 인정했다. 거짓임을 뻔히 알면서도 겉으로는 진지한 표정을 지으면서 심령술사의 말을 받아주었다. 그러자 존은 윌슨의 가짜 페이스북 친구들이 온라인에 공유한 내용을 전하기 시작했는데, 그건 거빅과 에드워드가 공유받지 않은 내용이었다. 존은 왜 스티브라는 이름이 계속 자신에게 떠오르는지 알고 싶어 했다. 거빅은 한참 머뭇거리다가 스티브가 앤디의 친한 친구라고 말했다(사실은 마크의 아버지 이름으로 정해놓았었다).

"버디가 누구예요?" 존이 물었다. 확실하진 않지만 자기 오빠와 아버지의 별명인 듯하다고 거빅은 답했다(사실은 초자연현상에 회의적인 활동가들이 거빅을 위해 고안해 낸 개의 이름이었다). 존은 기가 찼다. 어떻게 거빅이 자기 애완견의 이름을 모를 수가 있는지, 혼령이라도 만나고자 했던 자기 아버지의 이름을 기억하지 못하는지 의아했다. 그렇기는 해도 리딩의 이 부분에서 크게 틀린 답을 내놓았기에, 거빅과 에드워드는 자신들이 가짜 내용 – 명백하게 존이 페이스북에서 직접 긁어모은 내용 – 을 모른다는 사실을 만천하에 증명했다. 둘은 위조 정보에 엄격히 접근을 차단당했기에, 실체를 폭로당한 뒤에 존이 그 정보를 둘의 마음에서 직접 읽어냈다고 주장할 도리가 없었다. 핫리딩을 하는 심령술사의 흔한 탈출구를 봉쇄한 셈이었다. 거빅과 에드워드는 그 정보를 아예 몰랐기 때문이다.

이 함정수사가 완료되고 증거들이 각고의 노력 끝에 취합되어 문서화된 지 2년 후, 《뉴욕 타임스》가 거빅과 에드워드의 작전을 바탕으로 존의 핫리딩에 관해 자세히 폭로했다. 이 기사가 선풍적 인기를 끌자, 존의 명성과 신뢰도는 산산조각이 났다. 명명백백한 증거가 나왔는데도 존은 핫리더가 아니라고 여전히 주장한다. "아뇨, 전 사람들을 검색하지 않습니다. 아뇨, 전 사람들을 조사하지 않습니다. 아뇨, 전 사람들의 부고란을 살피지 않습니다. 전 조상 찾기 웹사이트인 앤세스트리닷컴Ancestry.com에 가지 않습니다."

이런 주장에 대응해, 최고 전문가들인 거빅과 그녀의 팀은 존이 자신의 웹사이트에 유료 결제용으로 올려놓은 온라인 세미나들을 철저히 뒤졌다. 심령술 사기의 증거를 더 많이 캐내기 위해서였다. 그런 비디오 중 하나에서 얻은 스크린샷에서 존의 구글 검색 이력이 (의도치 않게) 드러난다. 거기에는 인텔리우스닷컴Intelius.com(미국에 소재한 인물정보 조회 웹사이트)을 검색한 증거와 더불어 여러 사람의 부고를 검색한 기록이 나온다. 이 웹사이트에서 자랑하듯이, '여러분이 대학교 동창과 다시 만나고 싶든 여러분의 딸이 사귀는 사람에 대해 알고 싶든, 인텔리우스는 사람 찾기의 든든한 조력자'다. 진짜 심령술사라면 저승과 직통으로 연락해도 되는데 왜 족보 검색을 하는지 궁금하기 짝이 없다.

예언자, 점쟁이 혹은 사기꾼

나로서는 심령술사를 만나러 가는 일이 조금 재미있다. 영매, 점쟁이, 신탁을 전하는 사람, 예언자 등을 그 업계에서 수천 년 동안 먹여 살렸던 술책들을 가까이서 경험할 수 있으니까. 하지만 많은 사람의 경우 심령술사를 찾아가는 일은 슬픔의 나락으로 향하는 여정에서 필사적으로 들르는 기착지다. 어떤 사람들은 자신들이 찾는 답을 얻을 수만 있다면 천만금도 아까워하지 않는다. 특히 살인이나 실종 수사처럼 세간의 주목을 받는 비극의 경우, 수많은 자칭 '심령탐정psychic detective'이 의뢰도 받지 않고서 그런 정서적으로 힘든 처지에 있는 이들을 찾으러 나선다.

세간의 주목을 끈 그런 사건 하나가 1989년 10월, 열한 살 된 소년 제이컵 웨터링Jacob Wetterling의 실종이었다. 미네소타주 세인트조지프St. Joseph에 사는 제이컵은 총을 소지하고 마스크를 쓴 한 남성에게 납치당했다. 비디오대여점에 갔다가 자전거로 귀가하던 중에 벌어진 일이었다. 열 살 남동생과 동갑내기 친구가 유일한 목격자였다. 실종 사건에서는 발생 직후 며칠이 가장 중요한데, 이 사건에서 경찰은 심령술사로부터 정보를 얻으려다 그 소중한 시간을 낭비했다. 뉴욕의 한 심령술사가 한 조언을 따르느라, 유괴 발생 한 달이 덜 된 시점에 합동조사단-FBI, 아이오와주 경찰, 지역 경찰관 및 네 카운티에서 온 보안관보sheriff's deputy들로 구성된 조사단-은 아이오와주에 있는 40킬로미터 거리의 도로를 따라 농가들과 헛간들을 수색하는데 꼬박 이틀을 보냈다. 하지만 아무것도 찾지 못했다. 수사관들은 이런 넓은 범위의 실마리를 쫓아다니랴 바쁘면서도, 정작 제이컵이 유괴된 막다른 골목에 사는 주민들을 여전히 전부 면담하지는 않았다. 게다가 사건의 주요 용의자 중 한 명인 대니 하인리히Danny Heinrich를 심문하지도 않았다. 이미 그는 아홉 달 전에 근처의 한 도시에서 일어난 비슷한 유괴 사건에 연루되어 있었는데도 말이다.

그 후 여러 해가 지나도록 사건이 미해결로 남자, 갈수록 더 많은 심령술사가 사방팔방에서 나타났다. 그중 다수는 '심문'에 도움을 줄 제이컵의 장난감이나 옷을 요청했다. 제이컵의 아버지 제리는 그들이 도와줄 수 있다고 필사적으로 믿은 나머지 물건들을 고분고분 싸서 보냈지만, 보낸 물건 중 다수는 영영 되돌아오지 않았다. 밤에 전화를 걸어오는 영매들도 있었는데, 제리는 단 하나의 수사 실마리라도 놓쳐선 안 될 것만 같아서, 밤늦도록 그런 전화 연락에 응하곤 했다. 시간의 압박과 더불어 그런 자들의 거짓 주장을 기꺼이 믿으려는 제리의 태도까지 더해져, 제리와 아내 패티는 사이가 서서히 나빠졌다.

그런 와중에 유명한 심령술사 실비아 브라운Sylvia Browne이 제리에게 전화를 걸어, 제이컵이 일리노이주 출신의 두 남성한테 유괴를 당했다고 말했다. 브라운은 실종 사건에 끼어드는 일이 한두 번이 아니었다. 특히, 10대 실종자 어맨다 베리Amanda Berry의 어머니 루와나 밀러Louwana Miller한테 터무니없이 빗나간 예측을 한 걸로 유명했다. 브라운이 어맨다 베리는 죽었다고 말했는데, 붙잡혀 산 지 10년 만에 멀쩡히 산 채로 어맨다가 나타났기 때문이다. 슬프게도 어머니 밀러는 아이가 탈출하기 한참 전에 세상을 떠났다. 브라운이 끼어드는 바람에 자기 딸이 집에 돌아오리라는 밀러의 마지막 희망이 산산조각 나고 말았다.

다른 실종 사건들에 대한 브라운의 예측이 대부분 그랬듯, 제이컵 웨터링에 대한 예측도 빗나갔다. 2016년, 제이컵의 유괴 사건 이후 27년이 지난 뒤에야, 중요 용의자여야 마땅했던 사람인 대니 하인리히가 마침내 유괴한 당일 밤에 제이컵을 성폭행한 후 살해했음을 시인했다. 게다가 그는 그사이의 오랜 기간 동안 숱한 다른 성폭행 사건을 저질렀다고도 자백했다. 경찰이 눈먼 예언자가 알려준 막다른 길을 좇느라 자원을 낭비하는 대신에, 설득력 있는 해당 지역의 증거에 집중했더라면 상황이 어떻게 펼쳐졌을지 누가 알겠는가?

흔히 심령술사들은 세간의 관심을 끄는 사건 정도는 되어야 의뢰를 받지 않아도 희생자를 찾아 나선다. 하지만 사랑하는 이를 잃은 많은 사람은 심령술사가 해줄 위로의 말을 직접 들으러 적극적으로 나선다. 그런 시도에서 얻어질 최상의 결과라고 해봤자, 사랑하는 이가 보냈다는 안도의 메시지를 진짜로 들었다고 믿어버리거나 아니면 해롭지 않은 조언을 받았으니 진위를 따지지 않고 그냥 넘어가는 정도다. 안타깝게도 악의적인 의도로 심령 사기를 저지르는 파렴치한 작자들이 존재한다. 아주 잘 믿는 사람들이 아니라면 '심령 사기'라는 문구는 동의어 반복이나 마찬가지다. 분명 심령 조언을 구하는 사람들은 속임수에 넘어가서, 내재적 가치가 없는 무언가를 얻으려고 돈을 건넨다. 이게 바로 사기의 정의다. 이렇게 영매가 명백히 당하기 쉬운 고객들한테서 돈을 갈취하려 하는데도, 법적으로는 아무 문제가 되지 않는다.

다행히도 이런 예지력을 빙자한 사기꾼들을 퇴치하고 있는 사람들이 있다. 아마도 이런 감시자들 중에서 가장 유명한 사람은 심령술사의 천적인 사립탐정 밥 나이가드Bob Nygaard일 것이다. 나이가드는 사기꾼 심령술사들을 법정에 세운 오랜 기록의 보유자다. 그가 맡은 첫 사건은 마이애미주의 한 의사가 기나 마리 마크스Gina Marie Marks라는 심령술사한테서 사기를 당해 1만 2,000달러를 뺏긴 사건이다. 마크스가 그 의사에게 말하기로, 의사가 시달리는 불안증은 사이가 좋지 않은 동료 의사가 그에게 저주를 가하려고 고기 한 조각을 땅에 묻었기 때문에 생겼다. 너무 기이한 이야기여서 의사는 꾸며낸 내용일 리가 없다고 믿었다. 마크스에 따르면, 저주를 푸는 유일한 방법은 달걀을 쓰다듬으면서 특수한 양초를 태우는 신비 의식 치르기였다. 그래야 달걀이 '정화될' 수 있다고 했다. 이렇게 해주는 대가로 의사한테서 거금을 갈취했다. 조사 과정 동안 나이가드는 마크스에게 당한 다른 네 명의 피해자를 찾아냈는데, 이들은 나이가드의 속임수에 넘어가 다 합쳐서 34만 달러의 돈을 빼앗겼다. 10년에 걸친 조사를 통해 나이가드는 충분한 증거를 수집했고, 그 결과 마크스는 징역형 6년에 처해졌다.

나이가드가 조사한 또 다른 사건은 너무나 치밀해 짐작조차 하기 어려운 심령술사의 속임수로 유명한데, 바로 32세의 피해자 나일 라이스Niall Rice의 사건이다. 라이스는 뉴욕에서 활동하는 심령술사 프리실라 델마로Pricilla Delmaro를 만나러 갔다. 그랬더니 심령술사가 말하기를, 라이스가 좋아했던 여성인 미셸이 마음의 문을 꽉꽉 닫고 있다고 했다. 심령술사는 라이스한테 미셸의 마음을 얻으려면 3만 달러짜리 금도금한 롤렉스를 포함해 온갖 값비싼 선물을 구입해야 한다면서 실제로 그렇게 하도록 했다. 하지만 이 선물들은 마음을 얻으려고 미셸에게 주려던 것이 아니었다. 그 대신 롤렉스는 '시간을 되돌리고' 아울러 '라이스의 과거를 깨끗하게 만들기' 위한 정교한 의식을 치르는 도구로 사용되었다. 심지어 심령술사의 꼬임에 넘어가, 라이스는 영계에 있는 길이가 130킬로미터에 달하는 상상 속의 황금 다리를

8만 달러에 구입했다. 악귀를 물리치는 데 쓰려고 말이다. 그런데 미셸이 약물남용으로 이미 사망한 사실이 드러나자, 심령술사는 그녀를 31세 여성의 다른 몸으로 (돈을 받고서) 환생시켜 주겠다고 제안했다. 라이스는 '새로운 미셸'을 만나러 로스앤젤레스까지 갔지만, 막상 보니 원래 미셸과 그다지 닮지 않아 보였다. 그제야 의심이 들기 시작했는데, 그의 말에 따르면 '심령술사 델마로는 자신의 주장처럼 대단한 존재가 아니었다'.

이 시점에서 라이스는 아파트를 처분했고 50만 달러가 넘게 털리고 나서야 나이가드한테 도움을 요청했다. 비록 라이스가 잘 속아 넘어가고 부주의한 사람(심지어 델마로와 잠자리를 한 번 가지기도 했다)이긴 하지만, 나이가드는 델마로의 유죄판결을 받아낼 수 있었다.

●

◆ 직감에 현혹되지 말 것

현시대 심령술사들이 피해자들을 꾀려고 사용하는 미묘한 심리 조작 기법들은 전 세계의 신탁 사제, 점쟁이 및 예언가들이 오랜 세월 사용해 왔던 술책들과 동일한 것이다. 고대 리디아 왕국의 왕 크로이소스가 델피에서 신탁을 구했다. 자신의 고향인 아나톨리아에서 점점 더 강해지는 페르시아제국의 힘에 맞서 싸워야 할지 여부를 묻는 신탁이었다. 크로이소스는 '당신이 강을 건너면, 한 위대한 제국을 무너뜨리게 될 것이다'라는 답을 들었다. 그 예언을 좋은 내용이라 믿고서 그는 기원전 547년에 페르시아에 대한 군사작전을 시작했고 정말로 한 위대한 제국–그 자신의 나라–이 무너졌다. 물론 그 신탁은 전체 상황으로 볼 때 적중했다고 여겨졌다. 일부 논평가는 사후적으로 그 결과가 신탁 내용의 속뜻이었다는 식으로 해석했다. 물론 무지개 술책을 쓰는 요즘의 영매들과 마찬가지로, 전쟁에서 승자가 있으리라는 신탁의 원론적인 예측은 빗나갈 리가 없다. 이런 식이라면, 고대의 가장 강력하고 존경받는 미래전망 기관에 가서 받아오는 예측이 틀릴 리가 있겠는가.

한 그리스인 장군이 도도나에 있는 사원에 신탁을 받으러 갔다. 전투를 앞두고서 자신의 운명을 내다보기 위해서였다. 신탁 내용은 영어로 옮기면 이랬다고 한다. 'You will go, you will return never in war will you perish.' 이것은 오래전에 나온 사후진술의 멋진 사례다. 심령술사들의 사라지는 부정어 수사법과 동일한 범주에 속한다. 이 문장은 (조금 아래에서 드러나겠지만) 의도적으로 모호하게 정반대인 두 의미를 함께 품고 있는데, 사후에 이 두 정반대 의미를 그럴듯하게 해석하면 미리 올바른 예측을 한 것처럼 보일 수 있었다. 만약 장군이 죽으면 다음과 같은 의미로 해석되었다. '당신은 갈 텐데, 돌아오지 못할 것이다, 전쟁에서 당신이 죽을 것이므로(You will go, you will return never, in war will you perish).' 하지만 장군이 승리해서 돌아오면 늘 이렇게 해석되었다. '당신은 갈 텐데, 돌아올 것이다, 전쟁에서 당신이 죽지 않으므로(You will go, you will return, never in war will you perish).' 이 신탁의 라틴어 원문은 'Ibis redibis nunquam per bella peribis'다. 이 문구의 앞 두 단어인 이비스 레디비스Ibis redibis는 법률적 맥락에서 혼란스럽고 모호한 진술을 가리키는 용어다.

그다음으로는 너무나 유명한 예로서, 노스트라다무스의 산탄총 쏘기 사례가 있다. 『예언집』에 들어 있는 4,000행 남짓한 모호한 예측들 가운데 몇 문장은 역사의 주목할 만한 사건들과 관련성이 있어 보이기 마련이다. 하지만 일부 경우 노스트라다무스의 예측은 너무도 모호해서 동일한 사행시가 아주 다른 사건을 예측한다고 해석되기도 했다. 여러분도 이런 애매한 예측을 충분히 많이 하고 나서 그중 일부를 나중에 뒤돌아보기 렌즈를 통해 바라보면, 분명 실현되기 마련이다. 실현되지 않은 것들은? 미실현된 예측 더미 속으로 옮겨 버리면 그만이다.

바로 그게 요점이다. 고대에 나온 예측 대다수는 다음 두 경우 중 하나다. 너무 구체적이지 않아서 지금까지 실현되었는지 여부를 알 수가 없거나, 틀렸지만 중요하지 않아 아주 멋진 이야깃거리가 되지 않는 바람에 그 후로 흔적 없이 사라져 버렸거나. 아무도 사제, 창자 점쟁이 그리고 '현인'들이 수천 번이나 예측에 틀렸다는 사실을 기억하지 않는다. 그들의 틀린 시도는 어쩌다가 제대로 맞힌 한두 번의 사례에 가려 기록에서 지워졌기 때문이다.

파울라와의 상담이 끝나고 나는 그녀의 수고에 고마움을 전한다. 대단한 통찰을 내게 주었다는 느낌이 들진 않지만, 자기 일에 능숙한 점은 높이 산다. 그렇지 않다면, (자신이 근본적인 진리를 밝혀낼 것이라는 기대를 품고서) 생전 처음 본 사람의 인생에 관해 30분 가까이 짐작을 해나갈 수 없으리라.

답례로 파울라가 나를 안심시키는 메시지를 건넨다. "책이 성공하시길. 잘될 거예요." 그녀는 잘 몰랐겠지만 이 말에 큰 울림을 느끼며, 나는 거리로 나가서 생각을 정리하려고 앉을 데를 찾는다. 바로 근처 골목에 있는 벤치에 사뿐히 앉아서 파울라가 오늘 나에게 동원한 심령술 도구상자 속의 물품들을 떠올려본다. 아울러 그런 상황에서 자신도 모르게 우리를 공범으로 전락시키는 우리 모두가 지닌 인지편향들도 떠올려본다. 우리가 불시에 당하지 않으려면, 한 생물종으로서 우리가 오랜 세월 진화를 통해 발전시켜 온 다음과 같은 정신적 경험칙을 알아차리는 법을 배워야만 한다. 폴리아나 원리, 기억 편향, 마술적 사고, 최신 효과 등. 우리의 이러한 직감들이 우릴 '도우러' 다가올 때 말이다. 안 그러면 우리는 우리를 현혹시키거나 우리의 불안한 심리를 이용해 이득을 보거나 단지 실체를 폭로당하지 않으려는 심령술사들의 착취에 쉽게 넘어갈 처지에 놓인다. 하지만 다음 장에서 보듯이, 우리를 속이려고 의도적으로 길을 잃게 만드는 외부의 행위자가 꼭 필요하지는 않다. 우리는 스스로 그렇게 할 능력이 다분하니까.

2장

우연

존재하지 않는 관계가 존재한다고 믿어버리면

"하하." 나는 웃으며 말했다. "정말 괴짜야. 읽은 책마다 특별한 책갈피를 만들어서 쓰다니, 믿을 수가 없네."

2009년 여름휴가 때 우리 가족이 머물던 집에 내 형제 제프가 막 도착했을 때였다. 포옹과 안부를 나눈 후, 나는 제프가 오는 도중에 읽었던 책을 집어 들었다. 바로 그때 책갈피를 보았다. 폴 오스터Paul Auster 소설 『뉴욕 3부작』의 맨 위쪽 모서리 근처에 'P AUST'라고 인쇄된 카드 한 장이 꽂혀 있었다.

"뭔 소리야?" 제프가 물었다. "난 안 그래."

"그렇다면." 나는 히죽거리며 말했다. "누가 대신 그랬다는 거네, 맞아?"

"도대체 뭘 갖고 그러는데?" 제프가 어리둥절한 채로 웃으며 말했다. 내가 무슨 말을 하는지 정말로 모르는 것 같았다. 그래서 책을 들어 보여주었다.

"이거, 보여?" 내가 쏘아붙였다.

"뭐?" 제프가 어이없어하며 물었다. "그건 그냥 기차표야."

책갈피가 아니라는 말이 믿기지가 않아서 나는 책에서 카드를 재빨리 빼낸 다음에 살펴보았다. 정말로 기차표일 뿐이었다. 그런데, 그냥 기차표인 것은 아니고 잘못 볼 수가 없는 축약어 'P AUST'가 적힌 기차표였다. 나로선 그게 뭔지 알 수가 없었다.

표를 자세히 살펴보니, 파리에서 리모주Limoges로 가는 제프의 여정에서 끝에서 두 번째 구간을 표시한 부분이었다. 갑자기 전부 이해가 갔다. 파리에서 출발해 리모주에 도착하려면 어느 역에서 탑승해야 하지? 나도 그 전주에 그 역에서 똑같은 여행을 했던 적이 있다. 바로 파리 오스테를리츠Paris Austerlitz역, 기차여행 마니아들이 'P AUST'라고 부르는 역이다.

그 후로 이삼일간 곰곰이 생각해 보았는데, 차츰 나는 그게 정말로 우연의 일치일까 의심이 들기 시작했다. 그런 일이 우연히 생길 확률은 매우 낮을 듯했다. 제프는 한참 전에 우편으로 표를 받았을 테다. 그런 축약어를 알아차리자, 장난기가 발동해 우리 가족에게 무언가 재미난 이야깃거리를 주려고 오스터의 책을 가져왔으리라. 어쩌면 이 모든 과정을 계획했을까?

제프에게 표를 다시 보여달라고 했다. 더 자세히 보니, 놀라운 사실이 눈에 들어왔다. 원래 인쇄된 기차표에는 어디에도 역명의 축약어가 없었다. 정식 명칭인 파리 오스테를리츠로 적혀 있었다. 기차표 왼쪽 모서리에 수직으로 찍힌 'P AUST'는 분명 나중에 덧붙인 글자였는데, 제프의 짓이 아니거나 적어도 의도적으로 그런 건 아니었다.

프랑스에서는 기차를 타려면 먼저 스스로 기차표를 '개찰하거나 compost' 유효하게 만들어야 한다(원래는 기회주의적인 승객들이 유효 기간이 적히지 않은 표를 두 번 이상 사용하지 못하도록 고안된 시스템이었다). 승강장에 있는 기계에 표를 넣으면, 출발역마다 고유한 표식이 인쇄된 도장 내지 '만료 코드'가 찍혀 나온다. 다른 데가 아니라 제프가 오스테를리츠 역에서 표를 개찰했으니까 'P AUST'라는 도장이 찍힌 것이다. 이런 일을 미리 계획할 가능성은 지극히 낮다.

난데없이 우연의 일치가 생기면 우리는 허둥지둥 이유를 찾기 마련이다. 이전 장에서 보았듯이, 심령술사들은 우연의 일치에다 동시성이라는 명칭을 붙이고선, 그런 개념을 이용해 고객한테서 구매를 유도하거나 영적 명예를 부여하기도 한다. 우리는 일상에서 마주치는 사건에서 의미를 찾는 성향이 있는지라, 실제로는 없을지 모를 인과관계를 너무 성급하게 추론할 때가 종종 있다. 오스터의 책에서 기차표를 보고서 무턱대고 나는 제프한테 맞춤형 책갈피를 좋아하는 특별한 취향이 생겼다고 가정했다. 돌이켜 보면 그런 성향이 생길 리가 없는데도 말이다. 벌어진 일의 사정을 알아낸 뒤에도 나는 여전히 그 일을 제프의 짓궂은 계획 탓으로 돌렸다. 한참 후에야 가장 가능성이 높은 원인은 그저 우연임이 명백하다고 확신할 수 있었다.

거의 모두가, 심지어 가장 합리적인 사람이라도, 어느 순간엔 불가능해 보이는 우연의 일치에 속아 넘어가고 만다. 그 결과 이성적 사고로 판단하자면 지극히 일어나기 어렵거나 아예 불가능한 일도 일시적으로는 홀린 듯 믿어버릴 수 있다. 이전 장에 나온 자칭 초자연적 예지력이나 심령적 능력의 소유자 다수는 자신들의 신비주의적 세계관을 변화시키거나 확인시켜준 매우 강력한 우연의 일치를 경험하고서, 그런 일은 결코 이성적 사고로 파헤칠 수 없으리라고 여겼을지 모른다.

당연히 우리 대다수는 세계에 대한 자기중심적인 입장을 지니고 있다. 자연스레 우리는 우연적 사건의 발생 확률을 제일 먼저 우리 자신의 관점에서 생각한다. 이처럼 오래 자리 잡은 직감에 구애되지 않고서, 언뜻 불가능해 보이는 사건도 확실한 정도까진 아니더라도 발생할 가능성이 매우 높다는 사실을 잘 받아들이지 못한다.

(지금은 발행이 중단된) 영국의 밀리어네어 복권과 같은 추첨식 복권의 경우, 당첨 복권은 매주 수십만 개의 구입 복권 중에서 선택된다. 당첨되지 않은 복권 구매자는 당첨 확률이 지극히 낮다는 사실을 순순히 인정한다. 하지만 만약 당첨된 복권의 구매자라면 자신의 행운을 운명이나 어떤 초월적 행위자 때문이라고 생각하기가 굉장히 쉽다. 비록 어딘가의 누군가는 당첨이 되도록 보장되어 있는데도 말이다. 그런 당첨자들은 으레 '하늘에서 신호가 왔다'느니 '저승의 친척한테서 메시지를 받았다'느니 온갖 법석을 떤다. 구매한 복권 번호가 당첨 번호와 아주 비슷하지만 똑같지는 않은 경우라면, 구매자는 자신이 어떤 우주적 장난을 당했다는 생각을 떨치기 어렵다. 사실은 당첨되지 않은 다른 수많은 이보다 전혀 당첨에 가까워지지 않았는데도 말이다. 당첨되거나 안 되거나 둘 중 하나일 뿐이다.

개인이 실제로 겪은 행운의 체험을 확률이라는 큰 규모를 대상으로 삼는 차갑고 합리적인 과학과 조화시키기란 늘 어려운 법이다. 우리는 오직 통계만이 지배하는 상황에서도 신호와 의미를 찾으려 하며, 가끔은 실제로 그것들을 찾아내기도 한다.

과학, 우연의 일치를 읽어내다

과학은 우연의 일치를 포착하는 일이 매우 유용할 수 있는 분야다. 1912년 독일 기후학자 알프레트 베게너Alfred Wegener가 이상하기 그지없는 우연의 일치를 찾아냈다. 아프리카 서부의 해안선과 남아메리카의 동쪽 해안선이 직소 퍼즐의 조각들처럼 딱 들어맞는 듯 보였던 것이다. 당시의 지배적인 견해, 즉 대륙을 이루는 엄청나게 큰 땅덩어리는 너무 커서 움직일 수 없다는 생각에도 불구하고 베게너는 자신의 관찰과 부합하는 유일한 이론을 제시했다.[21] 바로 대륙이동설인데, 이 이론에 따르면 땅덩어리들은 특정 장소에 고정되어 있지 않고 지표면상에서 천천히 서로의 상대적 위치를 바꿀 수 있다.

1915년에 이 이론을 발표하고서 베게너는 조롱거리가 되었다.[22] 지질학자들은 베게너의 해괴한 발상을 거부했다. 지표면의 그런 엄청나게 큰 덩어리를 움직일 메커니즘이 없음을 거론하면서, 대륙들이 딱 들어맞는 듯 보이는 현상을 순전히 우연의 일치로 치부했다. 하지만 1960년대에 판구조론[23] – 고체 맨틀 및 지표면상 지각의 이동을 설명하는 이론 – 의 등장으로 베게너의 이론은 현재 널리 인정된 이론으로 자리 잡았다.

1815년 영국인 의사 윌리엄 프라우트William Prout는 그즈음에 화학자 존 돌턴이 측정한 원소들의 원자량이 수소의 원자량의 대략 정수배임을 알아냈다.[24] 그래서 프라우트는 다른 원소들의 원자는 여러 개의 수소 원자가 합쳐진 결과라고 제안했다.[25] 가령, 대략 산소 8그램이 수소 1그램과 결합되어야 물이 생성된다. 오늘날 우리가 알고 있듯, 모든 물 분자(H_2O)에는 산소 원자 한 개마다 수소 원자 두 개가 들어 있기에, 산소 원자 하나는 무게가 수소 원자의 대략 16배여야 한다(실제로 그렇다). 이처럼 다른 원소들에 대한 근사적인 정수 비율을 바탕으로, 수소가 진정으로 유일한 근본적인 입자-그가 명명하기로 '프로타일protyle(원질原質)'-이며, 다른 원소들의 원자는 상이한 개수의 수소 원자로 이루어져 있다는 주장을 프라우트는 내놓았다.

나중에 더욱 정확한 실험에서 드러나기로, 다른 원소들의 원자량은 수소 원자량의 정수배에 가깝지 **않았다**. 염소가 특히 문젯거리였다.[26] 염산(HCl)은 구조가 염소 원자 하나와 수소 원자 하나로 이루어지는데, 대략 염소 35.45그램과 수소 1그램이 반응해야 생성되었다. 그렇다면 염소 원자는 평균적으로 수소 원자의 35.45배란 말인데, 이 결과는 프라우트의 '정수 비율' 가설에 심각한 의문을 불러일으켰다.

알고 보니 정말로 프라우트의 이론이 아주 정확하지는 않았다. 사실 원자는 양성자, (양성자와 질량이 거의 똑같은) 중성자 및 (질량이 대략 2,000배나 작아서 계산값에 별로 중요하지 않은) 전자로 이루어진다. 또한 동일한 원소의 서로 다른 버전이 존재하는데, 이를 동위원소라고 한다. 동위원소는 원래 원소와 양성자의 개수는 똑같지만 중성자의 개수가 다르다. 가령 염소에는 두 가지의 주요한 동위원소가 있다. 하나는 양성자가 17개이고 중성자가 18개여서 수소 원자의 대략 35배 질량인 원소고, 하나는 양성자가 17개이고 중성자가 20개여서 수소 원자의 대략 37배 질량인 원소다. ^{35}Cl과 ^{37}Cl로 불리는 이 두 동위원소는 대략 3대 1의 비율로 존재하는데, 바로 그 때문에 수소 1그램과 결합하려면 자연 상태에서 존재하는 염소의 질량이 대략 35.5($\frac{3}{4}\times35+\frac{1}{4}\times37$)그램 필요하다. 이런 미세한 내용에도 다른 원소들의 원자량이 수소 원자량의 대략 정수배라는 프라우트의 가설은 옳으며, '정수 규칙'이라고 알려져 있다. 이 규칙을 자세하게 밝혀낸 공로로 영국 과학자 프랜시스 애스턴Francis Aston이 1922년에 노벨화학상을 받았다.

아마도 더 중요한 업적을 꼽자면, 무질서한 측정치들 속에서 패턴을 찾아낸 것일 테다. 이로써 프라우트의 통찰은 학문적 토론을 촉진시켰다. 덕분에 원자 구조에 관한 우리의 지식이 크게 향상될 수 있었다. 백 년이 지나서 어니스트 러더퍼드Ernest Rutherford가 알파선 산란 실험을 통해 원자핵의 존재를 알아냈을 때,[27] 그는 모든 원자가 이 근본 입자로 이루어져 있을지 모른다고 추측했다. 이어서 그는 이 입자를 양성자proton라고 명명했다. 이 단어의 그리스 어원인 'protos'는 '처음'이라는 뜻인데, 이는 러더퍼드가 프라우트의 통찰력 깊은 가설에 존경을 표한다는 부가적인 의도를 담고 있었다.

우연의 일치가 새로운 과학적 발견의 길을 열어주기도 하지만, 틀린 이론을 인정해 주는 듯 보일 때에는 과학 발전에 걸림돌이 될 수 있다. 1800년대 초 독일 해부학자 요한 프리드리히 메켈Johann Friedrich Meckel이 그런 실수를 저질렀다. 그는 **스칼라 나투라이**scala naturae(자연의 사다리)의 신봉자인데, 이 견해에 따르면 인간은 질서정연하지만 고정된 위계질서에서 다른 모든 동물 위에 위치한다. 가장 단순하고 원시적인 생명체가 사다리의 제일 낮은 칸에 놓이는 반면에, 가장 복잡하고 발전된 생명체가 제일 높은 칸에 놓인다. 그의 견해는 이 '존재의 위대한 사슬'이 당시의 지배적인 이론이었음을 감안할 때 별로 놀랄 일도 아니었다. 지금은 보편적으로 인정되는 '공통 조상' 이론, 즉 많은 종이 단일 조상의 후손이라는 이론은 당시에는 이제 갓 탄생한 개념일 뿐이었다.

메켈은 자연의 사다리 이론을 바탕으로 자기 전공 분야인 배발생胚發生에 대한 추측을 하나 내놓았다. 자칭 발생반복설recapitulation theory에서[28] 그는 이렇게 상정했다. 발생 과정에서 (포유류와 같은) 고등 동물의 배는 사다리의 아래 칸에 위치한 어류, 양서류, 파충류 등의 '덜 완벽한' 동물들과 매우 흡사한 생명체 단계를 연속적으로 밟아간다. 이 이론의 충격적이고 비현실적인 예측 하나는 인간이 '어류 단계'를 지날 때 배에 아가미구멍이 생긴다는 것이다.

공교롭게도 1827년에 발견된 사실인데, 인간 배아에 정말로 초기 발생 단계의 아가미를 닮은 구멍이 있었다.[29] 이 특이한 발견은 메켈의 예측과 관련이 있고 그의 발생반복설을 뒷받침해 주는 듯 보였다. 증거가 너무 강력했기에 그 이론은 널리 인정받았다. 그러다가 거의 50년이 지난 1870년대에 와서야 공통 조상설이 득세하기 시작하면서 배의 발생반복설은 마침내 영원히 폐기되었다.[30] 공통 조상 이론에서는 아가미구멍이 배아의 '어류 단계'를 거치기 때문이 아니라, 우리 인간도 어류와 공통 조상을 갖고 있어서 어류의 DNA와 초기 발생 과정의 상당 부분을 공유한다는 사실의 결과임을 명확히 밝혀냈다.

●

◆ 패턴을 찾아냈다는 오해

데이터가 넘쳐나는 세상인지라 현시대의 과학자들은 무작위적 우연의 일치를 의미 있는 연결고리라고 잘못 해석하지 않도록 훨씬 더 주의해야 한다. 과학적 질문에 답을 내놓아야 하는 경우, 한 양이 다른 양에 따라 변하는지 아닌지를 결정해야 할 때가 자주 있다. 가령, 특정 환경적 요인이 만연하느냐 또는 없느냐에 따라 특정한 건강 문제가 발생할 가능성이 커질지 작아질지 알고 싶을 때가 있다.

1992년 2월 줄리 람Julie Larm의 장남 케빈이 급성 림프성백혈병 진단을 받았다. 네브래스카주 오마하시에 사는 다섯 자녀의 어머니는 이렇게 회상했다. '바로 그날 암의 원인이 뭔지 알고 싶었어요. 다른 아이들도 전부 걱정이 되었으니까요.' 다른 소아암 환자의 부모들을 동원해 '암 예방을 위한 오마하 부모들'이란 단체를 결성한 후에, 줄리와 단체 구성원들은 암 발생의 잠재적인 원인을 조사하기 시작했다. 근래에 알려진 모든 소아암 발생 건을 모조리 오마하 지도상에 표시했더니, 발생 건들이 한데 뭉친 것처럼 보이는 특별한 지역들이 나타났다. 이 지도를 도시의 전선망과 겹쳐보았더니, 암 발생 밀집 지역 중 일부가 송전선과 조밀하게 교차했다. 또 발견한 내용이 있었는데, 오마하의 한 변전소에서 반경 1.6킬로미터 내에 사는 적어도 열한 명의 아이들이 지난 7년 동안 암 진단을 받았다.

1980년대부터 1990년대 초반까지 송전선 근처에 살면 암에 걸릴 위험이 증가하는지에 대한 관심이 부쩍 커졌다. 1992년에 이미 여러 저명한 물리학자들이 그 논쟁에 가담해 송전선에서 나오는 전자기장의 세기는 지구 자기장보다 수백 배 약하기에 인체에 해를 끼치긴 어렵다고 설명했다.

'송전선 암 유발' 주창자들이 밀어붙이는 상상 속의 이유는 인체의 세포가 진동하는 전자기장의 진동수에 '끌려간다entrained'는 거였다. 하지만 물리학자들이 다시 계산해 보아도, 송전선이 인체 세포에 가할 수 있는 힘은 인체 자체의 열이 발생시키는 진동의 세기보다 수천 배 약했다. 게다가 생물학자들도 어떻게 그런 지극히 약한 힘이 암을 발생시키는지 설명하기 어려웠다. 요약하자면, 송전선을 암과 연결시킬 만한 물리학적 내지 생물학적 메커니즘이 없었다.

하지만 그런 관련성을 결정적인 실험을 통해 실증적으로 배제시키지 않는 한, 오마하 부모 단체는 계속 믿음을 고수했다. 머리 위를 지나는 송전선이 자신들이 확인했던 암 발생 밀집 지역의 원인이라는 믿음이었다. 앞으로 보겠지만, 그 밀집 지역이 생긴 가장 가능성 높은 이유는 사실 순전히 전적으로 우연이었다.

✳

왜 부모 단체가 결국 빗나간 판단을 했는지 이해하려면, 사람들이 무작위성을 어떻게 다루는지 알아야 한다(앞 장에서처럼 심령 메시지 작성을 위한 빈 페이지로 삼으려고 악용하지 않는 경우에 해당되는 이야기다). 안타깝게도 밝혀진 바에 따르면 무작위 현상을 이해하는 데 직감은 종종 우리를 실망시킨다.

다음 그림 2-1의 설명글을 읽기 전에, 그림에서 점들의 좌표에 대해 완전히 균등하게 무작위적인 수를 사용해 생성된 데이터 집합을 골라낼 수 있는지 알아보자. (완전히 균등하게 무작위적인 수를 사용해 생성된 점들의 좌표일 경우 각각의 점이 서로 독립적이며, 각각의 점에 대해 수직 좌표가 수직 축을 따라서 어디에 놓일지는 전부 가능성이 동일하고 마찬가지로 수평 좌표가 수평 축을 따라 어디에 놓일지도 전부 가능성이 동일하다.)

만약 여러분이 긴가민가해하면서도 가운데 그림을 고르기로 했다면, 아마도 '중간편향middle bias'에 빠져 있을지 모른다. 이것은 극단

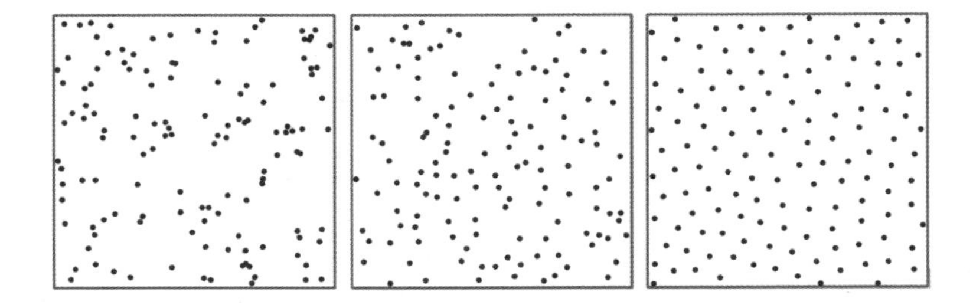

그림 2-1 각각 132개의 점으로 구성된 세 가지 데이터 집합. 하나는 파타고니아 바닷새 둥지들의 위치를 나타내고, 하나는 개미 군집 서식지들의 위치를 나타내며, 또 하나는 무작위로 생성된 좌표들을 나타낸다. 각각의 설명에 맞는 그림은 어떤 것일까?

적인 선택안은 배제하고 조금 더 중간에 있는 선택안을 선호하는 성향이다. 행동과학자들이 밝혀내기로,[31] 두 가지 가격 선택안 중 하나를 골라야 할 때 대다수 사람은 비싼 가격보다는 기본 가격을 고르는 경향이 있지만, 세 번째로 매우 비싼 가격이 끼어들면 이제 '가운데 범위'에 속하는 비싼 가격이 가장 인기가 있다. 그렇기에, 가령 보험으로 장래의 위험을 대비하고자 한다면 '매우 비싼 보험'이 정말로 실질적인 혜택을 줄지 아니면 그냥 '비싼 보험'이 더 실속이 있을지 헤아려볼 필요가 있다.

마찬가지로 교육심리학자들이 알아내기로,[32] 선다형 문제가 주어졌을 때 답을 전혀 모르는 학생들은 넷 중 가운데의 두 답안이나 다섯 중 제일 가운데 답안을 선호하는 경향이 있다고 한다. 동일한 결과가 배틀십Battleships 게임을 할 때(적선을 침몰시키려고 할 때, 모서리에서 멀리 있는 좌표들을 짐작하는 경향이 있다), 선반에서 물품을 고르거나 컴퓨터의 톱다운 메뉴에서 항목을 고를 때,[33] 그리고 심지어 공중화장실에 갈 때에도 생긴다(이때는 가운데 칸이 다른 칸들보다 50퍼센트 더 많이 선택된다).[34]

공교롭게도 그림 2-1에서 진짜로 무작위로 분포된 점들은 가장 왼쪽 그림이다. 가운데 그림은 개미 서식지들의 위치를 나타내는데, 비록 어느 정도 무작위로 분포되어 있긴 하지만, 동일한 자원을 과도하게 이용하지 않으려고 서로 가까이 있기를 피하는 경향을 보인다. 제일 오른쪽 그림은 파타고니아 바닷새 둥지들의 위치인데, 훨씬 더 규칙적이고 간격이 고르게 분포되어 있다. 새끼를 기를 때 이웃한테 너무 가까이 있으려 하지 않아서 생긴 결과다. 제일 왼쪽 그림은 균등하게 무작위로 분포되어 있으며, 컴퓨터로 생성된 점들이다. 이 경우엔 바로 위의 경우처럼 가까이 근접하기를 꺼리지 않는다.

만약 여러분의 선택이 틀렸더라도 여러분은 결코 혼자가 아니다. 중간편향의 가능성은 제쳐두더라도 우리 대다수는 무작위성을 '간격이 고르다'로 생각하는 경향이 있다. 점들이 조밀하게 모여 있기도 하고 번번이 간격이 널찍하게 떨어져 있기도 한 진짜로 무작위한 분포는 무작위성이란 마땅히 어떤 모습일 것이라는 우리의 내재적 개념과 어긋나는 듯하다.

여담이지만, 바로 이런 오래 묵은 인지편향에 주목한 나의 최근 연구[35]에서는 인간의 인식을 완전히 배제한 채 한 공간적 패턴이 무작위적인지 아닌지를 구분해 낼 수 있는 척도를 개발하는 데 초점을 맞추었다. 내 연구팀의 연구자들은 이 도구를 이용해 발생 중인 배아의 세포들이 우리의 예상보다 더 넓은 간격을 유지하고 있는지 여부를 알아내며, 제브라피시zebrafish의 아름다운 줄무늬를 더 잘 이해하고 그 특성을 파악해 낸다.[36]

간격이 고른 분포 상태가 무작위적인 패턴이 아님을 이해하면, 오마하의 암 발생 밀집 지역에 대한 통찰을 얻을 수 있다. 한 국가에서 암 발생 건들은 고르게 퍼져 있진 않지만 무작위로 흩어져 있다. 비록 발암 인자가 존재하지 않더라도, 무작위로 분포된 암 발생 건들은 순전히 우연에 의해 밀집될 수 있다. 오마하 부모 단체가 암 발생 건들의 어수선한 분포에서 패턴을 찾는 과정에서 마주친 결과는 무작위성이 초래한 논리적 실수, 즉 이른바 **텍사스 명사수의 오류**Texas sharp-shooter fallacy의 한 예일 가능성이 높다.

이 오류의 이름은 한 텍사스 카우보이의 이야기에서 나왔다. 그는 몇 잔 걸친 뒤에 사격 연습을 하러 헛간에 가길 좋아했다. 취중 사격을 하는 동안 늘 헛간 벽에는 총알구멍들이 무작위적으로 박혔고, 순전히 우연에 의해 구멍 중 일부가 한군데에 모여 있었다. 어느 날 아침 이 영리한 '명사수'는 페인트 통을 꺼내서는 총알구멍이 모여 있는 자리에 페인트칠로 과녁을 그렸다. 실제 과정을 보지 못한 사람들에게 명사수라는 인상을 주고 싶어서였다. 그렇게 해놓으면 보는 사람의 시선이 흩어져 있는 총알구멍이 아니라 그 자리로 쏠릴 테니까.

명사수 오류는 주어진 가설과 일치하는 데이터만을 바탕으로 결론이 내려지고 그 결론을 뒷받침하지 않는 다른 데이터는 무시될 때 생긴다. 관련 있는 사건들을 잘못 짚고는 과녁을 그려 넣는 식의 틀린 결론 내리기가 늘 의식적으로 행해지는 것은 아니다. 어떤 의미에서 그 오류는 앞 장에서 주로 다룬 확증편향과 사후편향의 사생아라고도 볼 수 있다. 즉, 어수선한 데이터가 생성된 이후 우리가 그걸 보고서 무턱대고 원인을 짐작해 버리는 성향인 셈이다. 리얼리티 TV 쇼의 제작 방식이 의도적으로 명사수 오류가 작동하는 모습을 살펴볼 수 있는 대표적인 사례다. 충분히 많은 사람을 충분히 오래 촬영하면, 아주 평범한 대화 조각들도 편집을 통해 상당히 주제가 잡힌 이야기로 만들어낼 수 있다.

송전선이 많은 지역과 겹친 암 발생 밀집 지역 주위에 과녁을 칠

함으로써 오마하 부모들은 아마도 부지불식간에 명사수 오류를 저질렀을 것이다. 그게 오류임을 알았다고 해서 꼭 관련성이 없다고 배제시킬 수는 없지만, 어쨌든 오마하 지역의 암 발생 밀집 지역은 아무런 포괄적인 생성 원인 없이 송전선이 많은 동네든 적은 동네든 생길지 모른다.

———— ✻ ————

무작위성으로 인해 인간의 뇌는 현명한 추론을 하기에 부적절한 상태가 될 수 있다. 우리 인간에게는 안타깝게도 무작위성은, 크든 작든 간에, 다음 버스의 도착 시간에서부터 음악 재생 앱을 셔플shuffle로 설정해 놓았을 때 다음에 재생되는 곡에 이르기까지 우리가 처하는 많은 일상적 상황의 일부다.

적절한 예를 하나 들어보자. 기자 스티븐 레비Steven Levy가 아이팟 셔플에서 스틸리 댄Steely Dan 노래들이 너무 자주 들리는 걸 알아차리고서 '셔플'이 정말로 무작위인지 여부를 스티브 잡스에게 직접 물었다. 잡스는 그렇다고 장담한 다음에 한 엔지니어한테 전화를 걸어서 확인까지 시켜주었다. 레비가 《뉴스위크》에 후속 기사를 싣자 비슷한 경험을 했다는 독자들한테서 반응이 쏟아져 나왔다. 이 독자들은 셔플 기능에서(재생 목록에 있는 수천 곡 중에서) 밥 딜런 노래 두 곡이 연속으로 재생되는 일이 어떻게 무작위일 수 있는지 의아해했다.

우리는 사실 무작위로 생성된 밀집 현상에 너무 쉽게 의미를 부여하는지라, 패턴 뒤에 어떤 생성적 힘이 존재한다고 추론한다. 그렇게 되도록 배선되어 있는hard-wired 셈이다. '진화론적' 주장에 따르면, 수만 년 전에 여러분이 숲에 사냥이나 채집을 하러 갔는데 덤불에서 부스럭거리는 소리를 들었다면, 안전을 위해 최대한 빨리 도망치는 편이 현명하다. 그게 먹잇감을 찾는 포식자라면 그로부터 도망감으로써 위기를 모면하게 된다. 어쩌면 그냥 수풀 속에서 아무렇게나 살랑대는 바람 소리일 수도 있는데, 이 경우 여러분은 조금 바보처럼 보일 수 있다. 바보스럽긴 하지만, 살아남아서 여러분의 예민한 패턴 포착 유전자를 다음 세대에 전하게 될 것이다.

요즘에는 포식자의 위협이 없으므로 우리 종이 이 오래 연마한 청각 능력을 발휘하는 주요한 용도는 어떤 소리에 백마스킹backmasking 혐의를 제기하는 것이다. 이는 소리를 녹음할 때 거꾸로 된 메시지를 포함시키는 행위로, 얼토당토않은 주장이다. 대표적으로 몇몇 사람이 레드 제플린의 〈스테어웨이 투 헤븐Stairway to Heaven〉의 가사 중 일부를 거꾸로 재생하면 다음과 같은 소리가 들린다고 우긴 사례가 있다. 'Here's to my sweet Satan, the one whose little path would make me sad, whose power is Satan. He'll give those with him 666. There was a little tool shed where he made us suffer, sad Satan.'

의도적으로 앨범에 비밀 메시지를 넣지 않았다고 밴드가 밝혔는데도, 캘리포니아주 의회 소비자보호위원회의 1982년 회기에서는 〈스테어웨이 투 헤븐〉의 해당 가사를 거꾸로 재생하고서 위원들에게 한 법안에 투표를 하도록 했다. '위험한' 거꾸로 된 메시지를 포함한 음악에 강제적으로 경고 표시를 하자는 법안이었다(결국 이 법안은 부결되었다). 자칭 '신경과학자'인 윌리엄 야롤William Yarroll이 위원회에서 증언하기로, 10대들은 백마스킹한 곡을 세 번만 듣고 나면 곡 속의 메시지가 무의식에 '진리로 저장되어' 적그리스도의 사도로 변하고 만다고 한다. 레드 제플린이 주된 범행자로 보이긴 하지만, 야롤은 퀸과 비틀스 등 다른 밴드의 음악도 거꾸로 재생하면 그런 메시지가 나온다는 사실을 자신이 발견했다고 주장했다.

비틀스의 1968년 곡 〈레볼루션 9Revolution 9〉의 'number nine'이란 반복되는 가사를 거꾸로 틀면 조금 'turn me on, dead man'처럼 들린다. 같은 앨범에 들어 있는 곡 〈아임 소 타이어드I'm So Tired〉의 끝부분에 존 레논이 중얼거리는 소리를 거꾸로 틀면, 'Paul is dead, man. Miss him, miss him, miss him'처럼 들린다. 이런 '발견' 때문에 '폴은 죽었다Paul is dead'란 음모론이 그럴듯하게 들리게 되었다. 폴 매카트니가 사실은 1966년에 죽었고 은밀히 도플갱어로 교체되었다는 음모론이다. 만약 여러분이 이런 거꾸로 된 음악들을 듣는다면, 실제로 들리는 잡음과 몰래 숨겨놓았다는 메시지 사이의 대응이 꽤 미미하다는 걸 알게 될 것이다. 즉, 그런 메시지가 들린다는 사람들은 아마도 존재하지 않는 패턴을 찾고 있는 셈이다.

이 청각적 희망사항wishful thinking은 심리학 문헌에서 **파레이돌리아**pareidolia라고 알려진 현상의 한 예다. 이것은 관찰자가 모호한 청각적 내지 시각적 자극을 자신에게 익숙한 무언가로 해석하는 현상이다. 서문에서 내가 '패턴성'이라고 설명했던 것인데, 이것 때문에 내 아이들은 구름 속의 형태들을 포착해 내며 사람들이 달에 인간의 모습이 보인다고 생각하기도 한다. 파레이돌리아는 **아포페니아**apophenia

라는 더 일반적인 현상의 한 예인데, 사람들이 서로 무관한 사건이나 사물을 잘못 인식하고 이에 의미를 부여하는 현상이다. 아포페니아라는 그릇된 연관 짓기 현상 탓에 우리는 틀린 가설을 옳다고 여기며 비논리적인 결론을 내린다. 따라서 이 현상은 많은 음모론의 토대가 된다. 가령, 외계인을 찾는 이들이 뭐든 하늘에서 밝은 빛만 보이면 UFO라고 믿는 식이다.

아포페니아 현상 때문에 우리는 어떤 결과의 이면에 실제로는 아예 없는 원인을 찾으려 한다. 동일한 아티스트의 두 곡을 연달아 들을 때 어떤 패턴을 찾아냈다고 무턱대고 믿어버린다. 사실 그런 종류의 패턴 형성은 무작위성의 내재적 특성일 뿐인데도 말이다.

결국, 아이팟의 정말로 무작위적인 셔플 알고리즘에서 필연적으로 노래들이 한데 모인다는 불만이 제기되자, 스티브 잡스는 아이팟에 '스마트 셔플smart shuffle'이란 새 기능을 구현했다. 재생되는 다음 곡은 이전 곡과 너무 비슷하지 않게 정하는 기능이다. 무작위성이 어떤 모습인지 우리가 잘못 생각하는 성향을 어느 정도 감안해 내놓은 결과다. 잡스는 이렇게 요약했다. "우리는 더 무작위적이라고 느끼게 하려고 그걸 덜 무작위적이게 만들고 있다."

암 발생 건들에 대한 패턴을 찾았다는 확신을 바탕으로 한 줄리람의 캠페인은 그녀와 다른 오마하 부모들을 결국 네브래스카주 보건국에까지 데려갔다. 하지만 그곳에서 관리들은 그들이 내민 증거

를 단순한 밀집 효과로 치부해 버렸다. 아포페니아의 교과서적 사례라는 뜻이다. 자신들의 이론을 당국자들이 믿어주리라는 희망을 잃어가던 바로 그때, 그 가설을 지지하는 것처럼 보이는 굵직한 연구 결과가 스웨덴에서 발표되었다.[37]

스웨덴의 연구에서는 송전선에 의해 생기는 전자기장에 많이 노출된 아이들은 그렇지 않은 아이들보다 백혈병에 걸릴 확률이 네 배 가까이 더 많다고 했다. 네 배의 위험률(송전선 전자기장에 노출된 사람들의 암 발생률을 대조 집단의 암 발생률로 나눈 값)은 전자기장의 영향이 매우 강하다는 뜻이므로, 이 결과를 작은 인구의 부정확한 정보로 인해 생긴 우연의 일치라고 치부하긴 어려워 보였다. 표본의 크기가 엄청나게 컸기 때문이다. 이 연구를 실시한 연구자들은 대단히 부지런해서, 1960~1985년에 스웨덴의 220 내지 400킬로볼트 송전선에서 300미터 이내에 1년 이상 살았던 모든 사람을 대상으로 삼았다. 또한 암 진단 당시 및 이전에 환자들이 노출되었던 전자기장의 세기를 철저히 계산했다. 분명 이 거대한 규모의 반박이 불가능해 보이는 연구에서 알아낸 이 전자기장 세기는 송전선이 암을 유발한다는 뒤집을 수 없는 증거를 구성했다. 심지어 암 유발 메커니즘에 의문을 품었던 물리학자와 생물학자라도 받아들여야 할 정도였다.

하지만 알고 보니 연구에 문제점이 하나 있었다. 너무나 만연해 있는 문제인지라 공중보건 전염병학을 전공하는 학생들이 제일 먼저 배우는 내용 중 하나다. 조사를 시작하기 전에 자신들이 살피고 싶은 사안이 정확히 무엇인지 결정해 놓지도 않고서, 연구자들은 상당히 넓은 범위를 측정하고 엄청나게 많은 비교를 실시했다. 연구자들이 꼼꼼하게 모으고 매우 세밀하게 분류한 광범위한 데이터 집합이 비록 인상적으로 보이긴 하지만, 오히려 몰락의 원인이 되고 말았다. 그런 데이터 집합 때문에 연구자들은 송전선 근처에 산 사람들의 암 발생률과 살지 않은 사람들의 암 발생률 간의 단일한 비교만이 아니라 수많은 다른 비교를 뒤섞어 버렸다. 연구자들은 다음과 같이 사람들의 다양한 부분집합에 대해서도 비슷한 분석을 실시했다. 진단 전에 송전선 근처에서 2년, 5년 또는 10년을 산 사람들. 0.1, 0.2 또는 0.3 마이크로테슬라의 전자기장 세기에 노출되었던 사람들. 송전선 근처에서 평생을 살았던 사람들 또는 그냥 일정 시기 동안만 산 사람들. 원룸형 아파트에 산 사람들 또는 일반적인 아파트에 산 사람들. 성인 또는 아동. 이러한 목록들이 잔뜩 있었다. 이런 부분 모집단 각각에 대해, 다양한 질병의 발병 건수가 증가했는지 살펴서 결국 800이 넘는 위험 비율risk ratio이라는 계산 결과가 나왔다. 표면적으로는 대단히 철저한 듯하지만 사실 이것은 **다중비교 오류**multiple-comparison fallacy 내지 **다른 곳 보기 효과**look-elsewhere effect라는 근본적인 과학적 오류다.

다양한 환경적 요인에 관한 데이터를 모아서 보건 사안의 발생 상황과 비교하고자 할 때, 어떤 이유에서든 간에 대체로 데이터에는 변이가 나타난다. 다행히 데이터가 어수선할 때라도, 요인 간에 어떤 특정한 관계가 존재한다는 우리의 확신을 평가하기 위해 고안된 통계적 검사가 많이 있다. 이런 검사들은 이른바 p-값을 내놓는데, 여기서 p는 확률을 가리킨다. 대략적으로 말해서 p-값은 관찰된 데이터만큼 극단적인 결과가, 비록 해당 환경적 요인과 보건 사안 사이에 전혀 관련성이 없다 해도, 얻어질 수 있는 확률이다. p-값이 낮을수록 두 요인 사이에서 발견된 상관관계가 둘 사이의 진짜 관련성을 반영하고, 단지 우연의 결과가 아니라고 우리는 더 크게 확신할 수 있다. 가령, p-값이 0.05라면 두 요인 사이의 그런 관련성은 평균적으로 스무 번의 반복 실험당 한 번꼴로만 우연하게(즉, 두 요인 간에 진짜 관련성이 존재하지 않는데도) 관찰될 것이다(확률 0.05는 20분의 1과 같은 값이다). 이걸 안다고 해서 아무것도 확정적으로 증명되진 않는다. 하지만 변수들 사이에 관련성이 정말로 존재하지 않으면 해당 데이터가 나올 확률이 낮다는 점을 알게 되면, 그런 관련성이 존재할 거라는 우리의 확신이 커진다.

보통 우리가 인정할 수 있는 p의 값을 가리켜 연구의 **유의수준** significance level이라고 한다. 이 유의수준은 임의의 증거가 수집되기 전에 특정되어야 한다. 만약 p의 값이 유의수준보다 작으면, 검사 대상인 관련성이 **통계적으로 유의미하다**라고 한다. 과학의 분야마다 결과에 대해 확신의 수준을 다르게 요구한다. 그리고 자신의 발견 내용에 대해 더 확신을 갖고 싶은 사람일수록, 유의수준의 값을 더 낮게 정해야 한다. 가령 유의수준을 0.01로 정한다는 것은 설령 실제로는 관련성이 없는데도, 평균적으로 백 번의 독립적인 반복 실험(검사)당 한 번꼴로 통계 검사에서 그런 관련성이 존재한다는 결과가 나온다는 의미다. 유의수준이 고정되어 있을 때, 검사 횟수가 많아질수록 통계적으로 유의미해 보이는 결과를 얻게 될 가능성이 높아진다. 이런 문제점을 고칠 간단한 방법 하나는 유의수준을 검사 횟수로 나누는 것이다(이를 본페로니 교정Bonferroni correction이라고 한다). 검사를 더 많이 할수록, 어느 결과가 통계적으로 유의미하다고 여기기가 더욱 어려워지기 때문이다. 한편, 다중비교를 한 데이터 집합에 의도적으로 사용하고선 그중에서 유의미한 경우만을 보고하는 행위를 가리켜 데이터 드레징data dredging이나 데이터 피싱data fishing 또는 p-해킹p-hacking이라고 한다.

대규모 연구를 실시할 때 만약 제안된 검사가 유의미한 결과를 내놓지 못하면, 데이터를 계층화함으로써 '다른 곳 보기'가 가능하다. 즉, 해당 데이터의 상이한 부분집합들에서 유도된 다양한 잠재적인 효과를 검사할 수 있다. 특히 스웨덴의 송전선 연구에서는 상이한 부분 모집단에서 다양한 질병과 송전선과의 연관성을 조사했다. 연구 결과를 요약해 연구자들은 이렇게 적었다. "뇌종양이나 모든 소아암에 대해서는 그런 연관성을 뒷받침할 만한 내용이 별로 없었다." 하지만 연구자들은 유의수준이 높은데도(p-값이 낮은데도) 800건 이상의 비교를 통해서 유의미한 것처럼 보이는 결과가 나올 가능성이 매우 높도록 만들었다. 이런 식으로 그들은 단독주택에 살거나 0.3마이크로테슬라를 넘는 전자기장에 노출된 적이 있는 어린이에게 림프성백혈병의 발병 위험이 높아졌다는 사실을 찾아냈다. 이렇듯 질병 종류 및 연구 대상자들의 부분 모집단을 세세하게 나누어 많은 상황에서 온갖 조건을 두루 살피다 보면, 결과가 유의미해질 수 있다.

사실, 비교의 수가 매우 많기 때문에 이런 틈새 연관성이 순전히 우연에 의해 생기지 않았다고 확신할 순 없다. 자신들의 결론이 유의미하다고 믿고서 연구자들은 왜 유독 이 특정한 부분 모집단이 꼭 그런 식으로 영향을 받았는지에 대한 개연성 없는 이유들을 내놓으려고 했다. 심지어 그 결과가 단독주택에만 유의미하다는 사실을 정당화하려고 아파트에 대한 자신들의 전자기장 추산 기법의 타당성을 의심하기까지 했다. 일부 과학자는 무작위적인 우연의 일치를 겪었을 때 인과관계를 추론하는 문제에서 보통 사람들만큼이나 취약한 듯하다.

당연한 말이겠지만, 다른 곳 보기 효과를 피하려면 과학자들은 질문에 답을 구하기 위한 연구를 실시하기 전에 자신들이 묻고자 하는 질문을 조심스레 제한해야 한다. 만약 설계가 잘된다면, 실시된 연구는 마땅히 원래 제시된 질문에 답하기에 충분하다고 밝혀질 것이며, 또한 조사할 새로운 질문들을 제안할 다른 흥미로워 보이는 관련성도 내놓을지 모른다. 모든 데이터 집합에는 순전히 우연으로 발생한 패턴도 포함되어 있기에, 그런 패턴 주위에 과녁을 그려서 관련성이 존재한다고 결론 내리는 것은 타당하지 않다. 그런 밀집 패턴이 암시하는 새로운 질문들에 대한 정답을 찾고 싶다면, 우리는 새로운 질문들이 조사할 대상 목록에 들어 있는 연구를 실시할 수 있도록 더 많은 데이터를 수집할 필요가 있다.

스웨덴의 연구는 데이터 집합에서 너무 많은 질문을 하는 바람에, 결국에는 어느 답도 신뢰할 수 없는 결과가 나오고 말았다. 줄리 람 및 암 예방을 위한 오마하 부모 단체한테는 무척 아쉽게도 오늘날까지 송전선 전자기장과 암 사이에는 어떤 믿을 만한 관련성도(또한 이 문제로 인한 다른 어떤 유해한 건강 문제와의 관련성도) 드러나지 않았다. 미숙한 점이 있긴 했지만, 이들이 너무도 많은 온갖 길을 다 살펴야 한다는 덫에 걸린 유일한 사람들은 결코 아니었다.

충분히 많은 기회가 주어지면 예감은 현실이 된다

1967년 3월 21일 오전 6시 정신과의사 존 바커John Barker 박사가 브리티시프리모니션스뷰로British Premonitions Bureau에서 전화를 받았다. 전화선의 반대편에는 화난 목소리의 남성 앨런 헨처Alan Hencher가 있었다. 헨처는 횡설수설대면서, 비행기가 산에 추락해서 123명 또는 124명이 죽을 것이라고 했다. 한 달도 채 지나지 않아 천둥을 동반한 폭우가 내리던 날, 한 여객기가 키프로스 상공에서 추락했다. 이튿날 발행된 《이브닝 스탠더드Evening Standard》의 첫 페이지 표제는 〈항공기에서 124명 사망〉이었다.

헨처의 예보는 소름이 끼칠 정도로 정확해 보였다. 희생자의 수를 정확히 예측하기란 대단히 어려운 데다, 사건을 예측할 가능성도 굉장히 낮으니 우리는 그 적중이 우연의 일치라고는 볼 수 없다고 여길지 모른다. 그렇다면 헨처가 정말로 미래를 예측할 수 있다는 설명밖에 남지 않는다. 하지만 더 자세히 분석해 보면 이 이야기를 둘러싼 여러 숨겨진 요인이 존재한다. 그의 예측과 실제 사건이 무관할 가능성이 우리 생각만큼 그렇게 낮지는 않다는 이야기다.

자신에게 예지력이 있다고 여기는 사람들은 꿈을 통해서 예감이 찾아온다고 흔히 언급한다. 그러니 불가능할 듯한 사건의 확률을 계산해 보자. 즉, 어떤 이가 한 달 이내에 벌어질 항공기 사고를 정확하게 예측하는 꿈을 꿀 확률을 계산해 보자(헨처가 예측한 사고는 자신의 예보 후 정확히 30일 만에 일어났다). 우선 1967년에 전 세계 인구가 35억 명이며, 사고 이전 30일 동안 각자 대략 한 주에 두 개의 꿈 주제를 기억하고 있었다[38]는 가정에서부터 이야기를 시작하자. 따라서 그 시기 동안 기억될 수 있는 꿈은 전부 300억 가지다. 비행기 추락은 가장 흔하게 기억되는 꿈 주제에 속하지만,[39] 보수적으로 잡아서 1,000가지 꿈 중에 한 번꼴로 그런 꿈을 꾼다고 하자. 이렇게 그런 주제의 꿈의 빈도를 낮게 잡더라도, 추락 이전에 비행기 추락 꿈이 여전히 3000만 번 꾸어졌다고 예상된다.

그런데 헨처는 비행기 추락만이 아니라 사망자의 정확한 수까지 예측한 것 같았다. 이것은 그가 반박할 수 없는 예지력의 소유자란 증거처럼 보인다. 하지만 사람들은 항공 사고 꿈을 아주 많이 꾸므로, 일견 구체적인 사망자 수를 정확히 예측하는 것처럼 보이는 선견지명도 굉장히 흔하다. 비행기 추락 꿈 열 건당 하나만이 꿈꾼 이가 사망자 수를 기억할 수 있을 정도로 생생하다고 가정하자. 그래도 여전히 비행기 추락 사망자의 수가 특정된 꿈은 300만 건이나 된다. 당시 탑승객 정원이 가장 많은 비행기가 승객을 260명 이하로 실을 수 있었다는 점을 감안하면, 무작위로 아무 수를 찍더라도 맞힐 확률은 260분의 1이었을지 모른다. 후보 꿈의 수를 260배 줄이더라도, 사망자 수를 일견 미리 안 듯한 꿈은 여전히 사고 발생 한 달 이내에 1만 1,000건이 넘는다.

예측 사망자 수를 123 또는 124라고 밝혔기에 헨처는 여지를 남겼다. 사실 알고 보니 두 사람은 잔해에서 부상당한 채로 구조되어 병원에 옮겨졌다가 사망했다. 그래서 총 사망자 수는 126명이었다. 두 명이 빠졌는데도 헨처의 예측이 정확하다는 인상을 갖는다는 데서 짐작되듯이, 우리는 우연의 일치에 기꺼이 설득당하고 싶은 나머지 정확한 내용은 어느 정도 넘어간다. 사망자 수를 123에서 129 사이의 임의의 수라고 예측하더라도 많은 사람이 헨처의 예지력을 뒷받침할 설득력 있는 증거가 될 정도로 가까운 수라고 여길 것이므로, 그렇게 했더라면 성공 확률이 여섯 배 높아지게 된다. 이것은 **근접성 원리**proximity principle의 한 사례로서, 정확하진 않지만 가까운 일치를 적중이라고 인식하는 성향의 결과다. 근접성 원리는 음모론자와 민속학자가 좋아하는 수단이다.

이 원리는 다른 방법으로는 무관했을 사건들 간의 연관성을 극적으로 높일 수 있다. 예를 들어, 미국 대통령 에이브러햄 링컨과 존 F. 케네디 암살을 둘러싼 도시괴담에서 흘러나오는 '유령 같은' 우연의 일치를 살펴보자. 두 암살자 존 윌크스 부스John Wilkes Booth와 리 하비 오스왈드Lee Harvey Oswald는 모두 서부 출신이고, 미들네임이 있으며, '39'로 끝나는 해(1839년과 1939년)에 태어났다고 한다. 훨씬 더 놀라운 점은 다음과 같은 기이한 연관성이다. 부스는 극장에서 링컨에게 총을 쏜 후 도망쳤다가 결국엔 창고에서 붙잡혔고, 오스왈드는 창고에서 케네디에게 총을 쏜 후 도망쳤다가 극장에서 체포되었다.

액면상으로 보자면 정말로 굉장히 특이한 우연의 일치처럼 보인다. 하지만 더 깊게 파보면 근접성 원리가 과도하게 작용했음이 드러난다. 알고 보니, 배우였던 부스는 가족 내의 다른 배우와 구별하기 위해 존 윌크스 부스 또는 그냥 존 윌크스로 종종 불렸다. 오스왈드는 케네디 암살 전까지만 해도 전체 이름이 알려진 적이 없었고 오직 암살 후에만 그랬다. 원래 이름을 조금 다르게 바꾼 이름들을 포함해 거짓 신원을 자주 사용했는지라, 댈러스 경찰이 신원 특정을 위해 그의 전체 이름을 사용하기 시작했기 때문이다. 둘 다 남부에서 태어나긴 했지만, 부스는 북부에서 인생의 많은 시간을 보내고 나서 자신을 '남부를 이해하는 북부 사람'이라고 여겼다. 두 명 모두 미국의 두 인구조밀 지역 중 한 곳에서 태어났다는 사실은 그리 감탄할 일이 아니다. 두 암살자의 출생 연도 일치는 그릇된 정보에서 비롯되었다. 오스왈드는 1939년에 태어났지만 부스는 실제로는 1839년이 아니라 1838년에 태어났다. 대체로 이런 불편함은 사람들이 말을 옮기는 과정에서, 아무도 사실을 아주 자세히 살펴보지는 않겠거니 여기는 바람에 슬쩍 묻혀버린다. 마지막으로 비록 링컨은 (연극이 상연되는) 극장에서 암살당하긴 **했지만**, 암살범 부스는 (창고가 아니라) 시골 농장의 담배 헛간에서 붙잡혔다. 오스왈드는 댈러스 한복판에 있는 (말 그대로 창고의 일종이라고 볼 수는 있는!) 책 보관소에서 케네디를 사살했다가 나중에 극장(**영화관**)에서 체포되었다. 때때로 아주 자세히 살펴보지 않으면, 엇비슷한 것일 뿐인데도 어느새 똑같은 것이 되고 만다.

헨처의 항공 재난 예보 문제로 다시 돌아가자. 근접성 원리로 인해 사망자 수에 여섯 배의 여지를 둘 경우, 추락 전 한 달 이내에 전 세계에 걸쳐 놀랍도록 정확한 항공기 예측 꿈은 6만 6,000건이 넘게 꾸어지는 셈이다. 그런 꿈을 꾸는 사람 1만 명당 한 명만 꿈을 당국에 신고하더라도, 우리는 그런 예측을 대략 여섯 번 듣게 된다. 비록 헨처가 꿈을 통해 미래를 내다본 게 아닐지도 모르지만, 미래를 내다볼 다른 잠재적 수단을 포함시키게 되면 그런 예보의 수는 더욱 커지게 된다. 이런 내용을 종합해 보면, 예지력이 넘쳐 보이던 헨처의 예측은 더 이상 불가능한 일이 아닌 듯하다.

헨처의 예측을 곧이곧대로 인정하려면 우리는 또한 다음 사실도 얼버무려야만 한다. 메사오리아평원Mesaoria Plain 한가운데 해발고도 220미터에 위치한 니코시아국제공항Nicosia International Airport은 헨처가 추락을 예측한 산악 지역이 결코 아니다. 헨처의 성공은 다음 사실에서도 훨씬 빛이 바랜다. 즉, 프리모니션스뷰로에 한 신고는 그가 했던 유일한 신고가 결코 아니었다. 사실은 그 기관이 생긴 이후 몇 년 동안 헨처는 수백 건의 신고를 해온 전력이 있었다.

한번은 헨처가 새벽 1시에 바커 박사의 집에 전화를 했다. 그 정신과의사의 안전이 우려되니 거주지의 가스 공급선을 확인해 보라는 용건이었다. 바커의 집에는 가스 공급선이 설치되어 있지도 않았는데 말이다. 열흘 후인 1967년 5월 1일에 헨처는 다시 전화를 걸어서, 3주 이내에 항공기 재난 사고가 날 거라는 예보를 바커 박사한테 알렸다. 평균적으로 그해에 23일마다 한 번꼴로 민간 항공기 추락 사고가 있었다는 점에서, 썩 괜찮은 짐작이었다. 알고 보니 유독 그달에만 전 세계 어디에서도 사망자가 나온 민간 항공기 추락 사고가 단 한 건도 없었다.

그래도 헨처는 굴하지 않고 무서운 예측을 멈추지 않았다. 2년 후에는 아래와 같은 묵시론적 예언까지 내놓았다.

1969년 9월 이전의 어느 때에 큰 물질 덩어리가 우주에서 날아와 지구로 향할 것이다. 강한 흑점 활동이 전례가 없던 절정에 도달할 것이다. 이런 요인이 자연현상과 결부되어 세계 도처에서 홍수, 허리케인, 심각한 지진이 발생할 것이다. 사망자는 대략 50만 명에 이를 것이다.

말할 필요도 없이, 그 예측이 맞았다면 여러분도 이 재난에 관해 들어보았을 테다.

지난 여러 해 동안 헨처는 엄청나게 많은 예측을 했기에, 이 고독한 예언자가 장기적으로 뭔가를 적중시킬 확률이 꽤 높아졌다. 지구상의 누구에게서 정확한 예측의 이야기를 듣더라도 우리는 마찬가지로 인상적으로 여길 테니까, 그런 '예감들'이 발생할 가능성은 거의 확실해진다. 이것은 **정말로 큰 수의 법칙**the law of truly large numbers이 작용한다는 한 예다. 이 법칙에 따르면, 한 특정 사건의 단일 발생 확률이 아무리 낮더라도 충분히 많은 기회가 주어지면 실제로 발생하리라고 마땅히 예상된다.

비록 헨처가 비행기 재난 예측을 할 확률을 계산하려고 타당한 시도를 하긴 했지만, 어쩔 수 없이 나는 여러 가지 가정을 했다(매번 나는 그 예측이 우연에 의한 것만이 아님을 보이려고 지나치다 싶을 정도로 주의를 기울였다). 현실 세계의 대다수 우연의 일치 사례들은 그런 수학적 논증을 거치지 않기 때문에, 인과관계가 있다고 믿는 자들로 하여금 그런 사건을 일으킨 유일한 원인이 사실은 우연일 뿐이라고 설득시키기는 어렵다. 그런 특이한 사건들의 수학적 가능성을 특정한 확률값으로 콕 집어내기란 지극히 어려운 일이다. 한 사건의 가능성이나 불가능성의 수치적 값을 구하려고 시도할 때, 우리는 일련의 기본적 가정들을 할 수밖에 없다. 아무리 세심하게 근거를 대더라도, 예측을 믿어야 할 동기가 충분한 사람들은 그런 가정들을 늘 슬금슬금 외면해 버릴 수 있다. 적어도 믿는 자들의 눈에 그런 예측의 전체적인 구성이 허술하다는 사실이 드러나기 전까진 말이다.

하지만 심심찮게 일어나는 지극히 불가능해 보이는 사건들 중에는 탄탄한 수학적 분석에 잘 맞는 사례도 있다. 우리는 그런 특이한 사건들의 확률을 정확하게 계산할 수 있고, 아울러 정말로 큰 수의 법칙이 어떻게 작용해서 그런 사건들이 우리한테 처음 든 생각보다 훨씬 더 잘 일어날 수 있는지 이해할 수 있다.

당신일 수 있다(하지만 아마도 아닐 것이다): 복권

당신일 수 있다 It could be you는 영국의 국가복권National Lottery이 1994년 처음 출범할 때 내건 홍보 문구다. 사람들이 1파운드짜리 복권을 선뜻 사게끔 부추기는 광고판에는 하늘에서 내려온 커다란 손의 손가락 하나가 평범한 어느 사람을 콕 집어서 인생을 뒤바꿀 잭팟을 얻게 될 거라고 알리고 있었다. 당첨 가능성은 꽤 희박하지만, 오래된 속담에 나오듯 여러분이 복권을 한 장 사게 되면 당첨될 가능성은 극적으로 높아진다(심지어 상대적 확률을 논한다면 그 가능성은 무한하다).

마이크 맥더못Mike McDermott은 이런 추론을 굳건히 믿는 사람이었다. 포츠머스에 사는 이 전기기사는 2002년 10월 5일 토요일 밤에 자신의 복권 번호를 확인했는데, 자기가 보고 있는 것이 도저히 믿기지가 않았다. 원통에서 나온 일곱 개 숫자 중에서 여섯 개가 맞았다. 즉, 12만 파운드가 넘는 당첨금을 받게 되었다는 뜻이었다. 대다수 사람에게 이런 식의 횡재는 인생을 바꿀 금액이겠지만, 이 시점에 마이크는 그들과 달랐다.

초창기에 영국의 국가복권 구매자들은 1에서 49 사이에서 여섯 숫자를 고른 다음에(이른바 49개에서 여섯 개 선택), 검증된 무작위 '중력 뽑기' 기계에서 여섯 개의 '메인 번호'와 '보너스 공'이 뽑히는 장면을 국영방송에서 생방송으로 시청할 수 있었다. 여섯 개의 메인 번호가 일치하는 복권 구매자는 해당 뽑기의 잭팟 금액 중 자기 지분을 받는다(만약 당첨자가 한 명뿐이라면 전액을 받는다). 하지만 여섯 개의 메인 번호 중 임의의 다섯 개 번호의 조합과 보너스 공이 일치하더라도 상당한 금액을 받는다. 후자의 경우가 마이크가 그 10월의 밤에 얻어낸 결과였다.

일등에 당첨될 확률은 대략 1400만 분의 1이다. 기계에서 나오는 첫 번째 수는 각각 1에서 49까지의 숫자가 적힌 49개의 공 가운데 하나다. 그다음 수는 원통 내부에서 빙글빙글 도는 나머지 48개의 공 가운데서 뽑히며, 그다음은 47개의 공 가운데서, 이런 식으로 진행되다가 마지막에 여섯 번째 공은 나머지 44개의 공 가운데서 뽑힌다. 그다음에 보너스 공은 아직 원통에 남아 있는 43개 공 가운데서 무작위로 뽑힌다. 그렇기에 계산해 보면, 여섯 개의 공이 49개의 공에서 특정 순서로 뽑힐 수 있는 가짓수는 49×48×47×46×45×44가지, 즉 100억 가지가 넘는다. 참고로 이런 상이한 순서 정렬을 가리켜 수학에서는 순열permutation이라고 한다. 이 순열 안에는 원통에서 서로 다른 순서로 뽑힌 똑같은 숫자들이 들어 있다. 가령 순열 1, 2, 3, 4, 5, 6은 순열 6, 5, 4, 3, 2, 1과 다르며, 이 순열은 다시 3, 4, 6, 1, 5, 2와 다르고, 나머지도 이런 식이다.

하지만 대다수 복권에서 공이 나오는 순서는 중요하지 않다. 커지는 순서로 줄을 세운다면, 뽑히는 번호 중 다수가 서로 겹칠 것이다. 순서가 중요하지 않은 숫자들의 선택을 가리키는 수학 용어는 **조합**combination이다. 이 용어는 자전거나 금고에서 사용되는 것과 같은 '번호 조합 자물쇠combination lock'를 설명할 때 수학적 맥락으로 가장 흔하게 사용된다(역설적이게도 이런 자물쇠에서는 숫자의 순서가 중요하기 때문에 사실은 '순열 자물쇠permutation lock'라고 해야 한다).

순열들의 개수로부터 조합의 개수를 찾으려면, 뽑힌 공들이 순서를 지을 수 있는 가짓수로 나눠야 한다. 여섯 개의 상이한 공을 순서 짓는 방법은 720(6×5×4×3×2×1)가지다(첫 번째 자리엔 여섯 가지 경우의 수가 있고, 그다음 자리엔 다섯 가지의 경우의 수가, 이런 식으로 계속되다가 마지막 자리에는 한 가지 경우의 수만 있다). 공들의 상이한 조합의 실제 개수를 구하려면, 49개 공에서 여섯 개의 공을 뽑는 100억 가지의 수를 여섯 개의 상이한 수의 순서를 정하는 720가지의 수로 나누면 된다. 그러면 대략 1400만 가지의 상이한 조합을 얻을 수 있다. 그러므로 1400만 분의 1이 복권 구매자의 번호가 그주의 당첨 번호가 될 확률이다.

마이크가 10월에 얻었던 결과는 1등 당첨보다는 실제로 조금 쉬웠다. 그 또한 여섯 개 숫자를 맞혔지만 메인인 여섯 숫자 중에서, 여섯이 아니라 총 일곱 숫자 중에서 여섯 숫자 – 메인인 여섯 숫자 중 다섯 숫자와 더불어 보너스 공의 숫자 – 를 맞혔다. 처음 여섯 숫자 중에서 다섯 숫자를 맞힐 경우의 수는 여섯 가지이므로(즉, 메인인 여섯 숫자 중 하나가 제외될 수 있는 가짓수가 6이므로), 마이크의 당첨 가능성은 1등보다 여섯 배 높았다.

그렇기는 해도 마이크의 당첨 확률은 200만 분의 1보다 낮았다. 이것 역시 한 개인한테는 아찔할 정도로 낮은 확률처럼 보인다. 하지만 2002년에 한 회의 복권 추첨당 2000만~6500만 장의 복권이 팔렸다는 사정을 감안하면, 어느 누군가는 거의 매주 이 확률을 뚫고 당첨된다는 게 놀랄 일은 아니다. 사실 보수적으로 계산해서, 서로 무관하고 무작위로 선택된 2000만 장의 복권이 팔린다고 가정할 때, 어느 누군가가 다섯 숫자 및 보너스 숫자를 맞히지 **못할** 확률은 지극히 낮다. 평균적으로 그런 일은 5,331회 추첨당 한 번꼴로 생긴다. 마이크가 당첨되었던 추첨의 경우, 다른 열여섯 개의 복권도 다섯 숫자와 보너스 숫자를 맞혔다.

그런데 마이크의 당첨에서 정말로 놀라운 점은 이번이 그의 첫 번째 당첨이 아니라는 사실이다. 딱 네 달 전에 마이크는 다섯 개의 메인 번호와 보너스 번호를 맞혀서 거의 19만 5,000파운드를 쓸어 담았는데, 그때도 이번과 완전히 똑같은 숫자를 선택했다. 이런 일은 정말로 일어나기 어려워 보인다. 마이크 스스로도 이렇게 말했다. "똑같은 수로 두 번 당첨되는 건 아예 불가능하다고 우리는 생각했어요."

모든 추첨은 서로 독립적이기에, 어느 한 사람이 다섯 개의 메인 번호와 보너스 번호를 임의로 주어진 추첨 쌍에서 둘 다 맞힐 확률을 구하려면 각각의 발생 확률(233만 636분의 1)을 서로 곱하면 되는데, 그러면 5조 4000억 분의 1 미만의 확률이 나온다. 영국 사우스샘프턴대학교의 사이먼 콕스Simon Cox 교수는 《데일리 메일》에서 이렇게 말했다. "이처럼 일어나기 어려운 일을 생각하기란 거의 불가능합니다. 복권에 두 번 당첨되는 일은 너무나 일어나기 어려워서, 이처럼 가능성이 낮은 다른 사건을 저로선 떠올릴 수조차 없습니다."

명백히 특이한 사건이긴 하지만, '5조 분의 1'이라는 표제에서 느껴지는 정도만큼 대단히 가능성이 낮지는 않다. 우선 이미 언급했듯이, 매주 복권을 사는 사람의 수가 엄청나므로 마이크의 당첨 사례처럼 한 번 추첨에 열 명은 당첨된다고 예상된다. 추첨이 100회가 넘으면, 두 번째 당첨의 잠재적 후보자의 수는 벌써 1,000명대가 된다. 물론 이 당첨자들이 두 번째로 성공할 가능성은 그들이 복권을 계속 구매하느냐에 달려 있다. 여러분은 이렇게 물을지 모른다. 이미 큰돈을 받은 사람들이 다시 당첨될 가능성은 지극히 낮아 보이는데 왜 또 복권을 산다는 거지? 실제로, 복권에 한 번도 당첨된 적이 없는 사람이라면, 두 번 당첨될 확률은 딱 한 번 당첨될 확률보다 엄청나게 낮다. 하지만 직관에 아주 반하는 말일지는 몰라도, 일단 한 번 추첨에서 당첨되었다고 해서 이 당첨자들이 다시 당첨될 가능성은 결코 훼손되지 않으며 이들도 다른 임의의 복권 구매자와 당첨 확률이 똑같다(심지어 처음 당첨된 번호와 똑같은 번호들이더라도 마찬가지다).

일어날 법하지 않은 독립적인 사건들에 관한 위와 같은 추론이 내가 제일 좋아하는 농담의 바탕을 이룬다. 이런 농담이다. 내가 어젯밤에 히치하이커를 태워주었다. 내가 선뜻 차를 세워 자기를 태워 주자 그 사람은 놀란 모습이었다. 차가 속력을 높이자 그가 물었다. "내가 연쇄살인범일지도 모르는데, 걱정이 안 되시나요?" 나는 이렇게 답했다. "안 되는데요. 한 차에 연쇄살인범이 두 명 타고 있기란 굉장히 어렵거든요." 물론 웃자고 한 이야기다. 차에 탄 한 사람이 연쇄살인범이라고 해서 다른 사람도 연쇄살인범일 확률이 줄어들지는 않기 때문이다. 두 연쇄살인범이 독립적으로 동일한 차에 탈 확률이 지극히 낮긴 하지만 말이다. 마찬가지로 당첨된 적이 없던 사람이 두 번 당첨될 확률은 지극히 낮지만, 한 번 당첨되었다고 해서 다시 당첨될 가능성이 낮아지진 않는다.

사실은 한 번 당첨된 사람 다수는 이제 두 번째 당첨 확률이 높아졌다고 생각한다. 한 번 당첨되었으니 자신이 운이 좋다고 여겨서, 더 자주 복권을 구매하게 된다. 아니나 다를까, 두 번 당첨이라는 불가능해 보이는 업적을 세우고 나자, 마이크는 자기가 샴페인을 터뜨리는 모습을 보려고 모인 기자들한테 이렇게 말했다. "뭐든 삼세번이라고들 하더라고요. 그래서 전 당첨 횟수를 계속 늘려보려고요. 이제 저는 뭐든 가능하다고 믿어요." 게다가 많은 당첨자에게는 감사의 마음이 생기며, 아울러 새로 얻은 유동성 덕에 당첨되지 않았을 때보다 더 많은 복권을 구매할 수 있게 된다. 따라서 두 번 당첨될 확률이 올라간다.

그러므로 한 번의 추첨에서 마이크가 다시 당첨될 가능성이 여전히 200만 대 1이 넘긴 하지만, 이전 당첨자가 수천 명 있는 데다 그들 중 다수가 여전히 다수의 복권을 구매하고 있음을 감안할 때, 그

중 누구 한 명이 첫 당첨 이후로 참가한 여러 번의 추첨 중 언젠가 두 번째로 당첨되기가 마냥 어렵지만은 않다.

그렇다면 누군가가 복권에 한 번이나 심지어 두 번 당첨될 가능성은 과연 얼마나 될까? 글쎄, 정말로 큰 수의 법칙에 따르면 실제로 꽤 가능성이 높다고 하지만, 합리적으로 봤을 때 아마도 여러분은 아닐 것이다.

마이크의 두 번 당첨보다 훨씬 더 특이한 일이 2009년 불가리아 국가복권에서 벌어졌다. 매주 독립적인 복권 위원회 앞에서 불가리아 복권 기계는 42개의 숫자 가운데서 여섯 개를 선택했다(42개의 수에서 여섯 개 뽑기 복권). 그해 9월 6일 당첨 번호는 4, 15, 23, 24, 35, 42였다. 나흘 후, 똑같은 여섯 숫자가 당첨 번호로 뽑혔다(뽑힌 순서는 달랐다). 똑같은 당첨 번호가 반복해서 나왔다는 사실은 전 세계적인 뉴스가 되었다. 특정한 숫자 집합이 두 번 연속 나올 확률은 275조 분의 1 미만이다. 이 우연의 일치가 알려진 후, 해당 복권 사업의 대변인은 이렇게 말했다. “52년의 복권 역사에서 처음 생긴 일입니다. 우리는 그런 희한한 우연의 일치를 보고서 아연실색했습니다.” 너무나도 일어나기 어려운 일인지라, 불가리아의 스포츠부 장관 스빌렌 네이코프Svilen Neykov가 그 사건에 대한 조사에 착수하기까지 했다.

하지만 문제를 조금 더 면밀히 분석해 보면, 당첨 번호가 중복될 확률은 보기만큼 그렇게 불가능하지는 않다. 처음 뽑힌 특정 숫자들은 결코 중요하지 않다. 똑같은 번호가 다시 나왔기에 주목받는 사건이 되었을 뿐이다. 여섯 수의 집합 중에서 어느 것이 중복되더라도 놀라운 정도는 마찬가지이므로, 첫 번째 당첨 번호와 똑같은 숫자들의 집합이 두 번째 추첨에도 나올 확률만 살펴보면 된다. 42개의 숫자 중에 여섯 개의 숫자를 뽑은 복권일 경우 이 확률은 524만 5,786분의 1이다. 신문 표제를 장악했던 275조 분의 1보다 500만 배 넘게 일어날 가능성이 높다.

똑같은 숫자가 연속적으로 그다음 추첨에서 나온 것은 확실히 놀랍지만, 첫 번째 당첨 번호가 **어떤 것이었든** 다시 당첨 번호로 나오면 여전히 뉴스거리가 된다. 불가리아 복권은 52년 동안 운영되고 있었다. 한 주에 추첨을 두 번 한다고 가정하면, 매번 독립적으로 뽑힌 여섯 개 수의 집합은 5,400개가 넘는다. 우리는 여섯 개 숫자의 두 상이한 집합이 일치하는지에 관심이 있으므로, 정말로 중요한 것은 당첨 번호 쌍의 개수다. 두 상이한 당첨 번호를 짝 짓는 가짓수는 추첨 횟수의 제곱과 비슷하게 증가한다. 가령, 추첨이 3회면 짝 짓는 가짓수는 3이다. 추첨이 10회면 가짓수는 45다. 추첨이 100회면 가짓수는 4,950이 된다. 추첨이 5,400회면 가짓수는 1450만이 넘는다.

이 1450만 쌍 중에 어느 하나도 일치하지 않을 확률은 고작 6퍼센트다. 요약하자면, 똑같은 수들의 두 집합이 불가리아 복권의 52년 역사 동안 어느 시점에 뽑힐 가능성은 압도적으로 높다.

충분히 긴 시간 동안 어딘가에서 일어날 가능성이 있다손 치더라도, 도저히 일어날 법하지 않은 중복 당첨 번호를 놓고서 의문이 제기되었다. 9월 6일 첫 번째로 당첨 번호가 뽑힐 때는 아무도 당첨자가 없었는데, 나흘 후 두 번째에는 무려 열여덟 명의 당첨자가 무더기로 나오자 사람들은 의심을 표하기 시작했다. 뭔가 정상적이지 않다는 느낌이 든 것이다. 하지만 알고 보면, 다수의 당첨자가 나온 것은 아무런 문제의 소지가 없다. 이전 당첨 번호를 선택하기는 정기적인 복권 구매자들의 굉장히 흔한 전략이다. 보통 이전의 당첨 번호는 그다음 복권 구매자들한테서 그 번호가 이전 당첨 번호가 아니었다면 예상되는 정도보다 100배 넘게 더 빈번하게 선택된다. 두 번째 선택에서 당첨자가 많이 나오리라는 점은 충분히 예상할 수 있다.

합리적으로 생각하면 여러분이 복권을 사려 할 때 아마도 다른 열일곱 명한테 알리지 않을 것이며, 바로 앞의 당첨 번호와 똑같은 숫자들을 결코 선택하진 않을 것이다. 복권 당첨 번호는 추첨할 때마다 서로 독립적인데도, 열여덟 명은 이전 주에 나왔던 당첨 번호와 똑같은 숫자들을 선택했다. 이 사실은 상황을 이해하는 데 방해가 된다기보다는, 복권 구매자들이 미신에 따르며 당첨을 극대화할 방법을 제대로 모른다는 점을 알려준다(앞 장에서 언급했던 내용인데 다음 장에서 더 자세히 살펴볼 것이다). 각 당첨자는 실망스러울 정도로 적은 금액인 4,600파운드를 받고 집으로 돌아왔다. 당첨 번호 중복에 대한 조사가 마무리되었을 때, 부정행위의 증거는 어디에도 없었다.

전 세계에 복권이 수백 가지나 되며 그중에서 당첨 번호 중복 사례가 있었다는 사실을 듣게 되면, 똑같은 번호가 중복 당첨된 복권이 하나 나왔다는 사실은 별로 놀랍지 않게 된다. 적절한 예를 하나 들자면, 2010년 10월 16일 이스라엘 복권에서 나온 당첨 번호는 고작 3주 전인 9월 21일에 뽑힌 번호와 순서는 역순이었지만 숫자들은 똑같았다. 복권 담당자들은 처음엔 그 결과를 없던 일로 만들었다. 기계에 조작이나 오류가 있을까 염려해서였다. 추첨이 조작되었다는 라디오 청취자 참여 전화가 쇄도했지만, 조사 결과 어떤 부정행위의 증거도 발견되지 않았다. 충분히 많은 기회만 주어진다면, 정말로 큰 수의 법칙에 따라서 굉장히 일어나기 어려워 보이는 일도 벌어질 수 있고 실제로 벌어진다.

일어날 경우의 수를 과소평가하지 말 것

정말로 큰 수의 법칙은 상호작용하는 요소들의 조합에 의해 도움과 부추김을 받을 때가 종종 있다. 불가리아 복권에서 당첨 번호가 중복될 가능성을 살폈을 때, 우리는 앞서 나왔던 수천 번의 추첨 중에 딱 하나가 제일 마지막 당첨 번호와 일치할 확률을 찾으려고 시도하진 않았다. 대신에 이전에 나왔던 당첨 번호들의 수천만 개 쌍 중에서 임의의 한 쌍이 서로 일치할 확률을 살펴보았다. 조합을 통해 경우의 수가 늘어나서 해당 사건의 발생이 확실해질 정도에 가까워지면, 불가능해 보이는 일도 실제로 벌어지리라고 우리는 마땅히 기대하게 된다.

이런 조합들을 알아내는 데 쓰인 수학이 놀라운 결과를 낳을 수 있다. 표준적인 52장의 트럼프 카드 한 벌에서 카드를 무작위로 꺼낸 다음에 다시 집어넣는 상황을 상상해 보자. 똑같은 카드를 다시 뽑을 확률이 50퍼센트를 넘을 때까지 이걸 반복하려면 몇 번이나 카드를 뽑아야 한다고 여러분은 생각하는가? 답은 고작 아홉 번이다. 거기에 아홉 번을 더하면 확률은 96퍼센트가 넘는다.

대다수 사람은 네 개의 숫자로 이루어진 자신의 은행 계좌의 PIN

번호가 자기 외의 다른 사람들과 공유될 리 없으리라고 짐작한다. 어쨌거나 1만 가지의 순열이 있으니 말이다. 하지만 알고 보니, 고작 119명의 사람만 모아놓아도 두 명이 동일한 PIN 번호를 사용하고 있을 가능성이 50퍼센트가 넘는다. 300명이면 확률은 99퍼센트까지 올라간다. 언젠가 여러분이 충분히 많은 사람과 함께 있게 되면, 사람들의 전화번호 마지막 네 자리를 물어봐서 여러분의 전화번호와 일치하는지 알아보기 바란다.

마찬가지로 추론해 보면, 49개 공을 사용하는 예전의 영국 국가복권 추첨을 2,065회 했다면 중복 당첨 번호가 나올 확률은 14퍼센트다. 낮은 값이지만 결코 불가능할 정도는 아니다. 그래도 49개 공을 사용하는 이전의 복권 추첨에서는 21년 동안 이런 일이 일어나지 않았다. 총 추첨 횟수가 고작 4,404회이기만 해도 중복 당첨 번호가 나올 확률은 50퍼센트를 넘는다. 영국에서 한 주에 추첨이 두 번임을 감안하면, 42년쯤만 추첨하면 생길 일이다.

이런 조합 수학combinatorial maths을 이용한 가장 유명한 예는 두 명이 생일이 같을 확률이 50퍼센트를 넘으려면 사람들을 몇 명 이상 모아야 하는지 알아내는 것이다. 답은 놀랍도록 적은데, 고작 23명이다. 실내에 23명이 있을 때, 생일을 공유하는 사람들 쌍의 가짓수는 253개다. 이 큰 조합들의 개수가 의미하는 바는 이렇다. 임의로 두 사람을 **택해서** 그 둘이 생일이 같을 확률은 (고작 365분의 1로) 낮지만, (253쌍 가운데서) 적어도 한 **쌍**이 생일이 같을 확률은 50퍼센트를 넘는다.

불가능해 보이는 사건이라도 정말로 큰 수의 법칙으로 인해 우연히 발생할 수 있다. 그 법칙이 작용하면 경우의 수가 엄청나게 많아지는데, 수들의 조합이 그런 결과를 일으킬 때가 자주 있다. 한 사건이 발생할 경우의 수가 충분히 많으면, 설령 그런 경우의 수 중 임의의 하나가 발생할 확률은 낮지만, 경우의 수 전체로 보자면 불가능해 보이는 일도 발생할 확률이 압도적으로 높아진다. 가령 실내에 70명이 있을 때, 비교할 서로 다른 생일의 쌍은 2,415가지다. 2,500명 남짓한 쌍 가운데서 생일이 일치하는 쌍이 나올 확률은 99.9퍼센트가 넘기에, 거의 확실하다.

이런 종류의 상황을 대할 때, 안타깝게도 우리는 해당하는 조합 수를 계산하는 데 직관적으로 능숙하지 않다. 그 결과 한 개별 사건의 낮은 확률에 집착해 어느 한 사건의 발생 여부에만 관심을 갖는다. 생일 문제에서, 쌍의 수는 실내에 있는 사람들의 수와 정비례해 달라지지 않는다. 대신에 비선형적으로 달라지는데, 실내 사람들의 수가 커지면 급격하게 증가한다. 6장부터 살펴보겠지만, 우리는 이와 같은 비선형적 현상을 생각하는 데 별로 능숙하지 않다.

여러 요소가 조합을 이룰 때 경우의 수가 엄청나게 많아진다는 사실을 과소평가하는 바람에, (정말로 큰 수의 법칙에 의하면 발생 가능성이 꽤 높은 사건도) 막상 그런 사건이 일어날 때 우리는 깜짝 놀라고 만다. 앞서 살펴보았듯이, 직관적으로 우리가 일어날 법하지 않은 사건이라고 여겼던 것이 우연히 일어날 때, 우리는 막무가내로 이런저런 원인을 찾아 나서기 쉽다. 사실은 정작 아무런 원인이 없이 그저 우연히 일어났는데도 말이다.

상관착각의 덫에 빠지지 않을 준비

상관착각 illusory correlation은 존재하지도 않는 관계가 존재한다고 여기는 현상을 가리키는 용어다. 가령, 우리는 무작위적인 데이터에서도 의미 있어 보이는 밀집 현상을 포착해 내고서 무턱대고 연관성을 추론하는 기질이 있다. 그럴싸한 상관관계 찾기와 사후 합리화에 빠진 나머지 곧 닥칠 듯한 위험을 피할 방법을 찾거나 한 번 거둔 승리를 재현하기 위한 비밀스러운 공식을 구하러 나선다. 사실은 피할 총알도 없거니와 승리할 이유가 딱히 없는데도.

특이한 사건이 일어날 가능성을 판단할 때, 우리는 마음속에 깊이 각인된 인지편향들을 꼭 염두에 두어야 한다. 그래야만 너무 성급하게 그릇된 결론으로 돌진하지 않는다. 특이한 사건이나 우연의 일치가 일어날 때 우리는 스스로에게 이렇게 물어야만 한다. 우리 자신의 관점에서만 불가능해 보이는 사건인지 아니면 한 모집단 전체의 관점에서도 그런지. 이 질문의 답에 따라 그 사건에 관해 우리가 하는 인과적 추론이 달라진다.

예전에 친구들과 친척들이 나 때문에 재미가 사라졌다고 볼멘소리를 했다. 그들이 보기에 '불가능해 보이는' 우연의 일치가 사실은 발생하기 아주 어려운 일이 아니라고 하니, 마법을 빼앗겼다는 항변이었다. 하지만 나로서는 애초에 그런 사건이 우연의 일치임을 알아차리는 것이야말로 마법이다. 겉보기로는 불가능할 정도로 가능성이 낮은 사건들이 전 세계에서 늘 벌어지고 있다. 가령, 다음과 같은 희한한 이야기들이 있기는 하다. 어떤 사람이 집에서 수천 킬로미터 떨어진 외국 도시의 어느 카페에 갔더니, 거기 온 줄 전혀 몰랐던 아는 이웃이 옆 테이블에 앉아 있었다는 이야기. 한 성인이 어릴 적에 살던 곳에서 멀리 떨어진 한 중고책방에서 책을 구경하다가 자기가 좋아했던 어린이책을 찾았는데, 그 책에 자기 손으로 쓴 자기 이름이 적혀 있었다는 이야기. 한 남자가 자신의 아내가 어릴 적에 디즈니월드에 놀러 간 사진들을 훑어보는데, 하필 사진의 배경에 자기 아버지가 나와서 어린 자신을 태운 유모차를 밀고 있었다는 이야기 등등.

물론 정작 우리는 이웃이 그런 카페에서 맞은편 테이블에 앉아 있어 서로 마주쳤다는 이야기를 들은 적이 없다. 우리가 만난 적 없는 바로 옆 거리에 사는 아이의 이름이 중고책에 적혀 있었던 적도 없다. 자기 아내의 어릴 적 사진들의 배경을 뚫어져라 쳐다보다 위와 같은 경험을 했다는 남편의 이야기도 직접 들어본 적이 없다. 굉장히 불가능해 보이는 사건이 실제로 발생하는 건 마법이 아니다. 충분히 많은 기회가 있는지라, 수학에 따르면 그런 사건들은 일어나기 마련이다. 이런 이야기들의 놀라운 점은 그런 일이 어쨌든 올바르게 이해된다는 것이다. 무지개가 생기는 메커니즘이 물방울에 의한 햇빛의 굴절과 반사 때문임을 이해하면 무지개의 매력이 더 커지는 것과 마찬가지로, 내가 보기에 우연의 일치 사건의 진정한 재미는 그것이 우연의 일치로 생겼다는 사실을 우리가 알아차리고 그다음에 도대체 어떻게 그런 일이 생길 수 있는지 이해하는 데 있다.

더 현실적으로 보자면, 우연의 일치 사건을 있는 그대로 인식하는 것이 중요하다. 일어날 법하지 않은 사건은 우리로 하여금 원인과 결과에 관한 그릇된 결론을 내리게 해, 근거 없는 일반화를 조장하거나 자명한 사실을 믿지 못하도록 할 수 있다. 일어나지 않을 법해 보이는 우연의 일치를 조심해야 한다고 다짐하면서 정작 나 자신도 실천하기는 어렵다. 최근에 나를 곤경에 빠트린 우연의 일치 사건이 있는데, 다음과 같다.

내 아내는 초등학교 때부터 사귄 가장 친한 친구가 있다. 30년 넘게 좋은 친구 사이로 지낸 그 친구의 이름은 테사 후드Tessa Hood다. 테사에게는 루시라는 자매가 있다. 아내의 축소판 같은 내 딸한테는 초등학교에 친한 친구가 한 명 있는데, 그 아이의 이름도 테사다. 이 테사한테도 루시라는 자매가 있다. 최근까지 나는 그런 사실이 꽤 흥미롭다고는 생각했지만 대단히 놀랍지는 않았다. 하지만 어느 날 딸이 집에 와서 자기가 알아낸 놀라운 우연의 일치를 알려주었다. 친구 테사와 그 아이의 자매인 루시 또한 둘 다 성이 후드라고 했다. 한 세대 건너 두 친구(내 아내의 친구 한 명과 내 딸의 친구 한 명) 모두 이름이 테사 후드였고, 각자 루시라는 자매가 있었다는 말이다.

(왓츠앱의 학교 단체방을 통해) 나는 (내 아내가 아니라 딸의 친구인) 테사와 루시의 엄마의 성이 베리Berry임을 알아냈다. 그래서 내가 보기엔, 딸이 엄마의 친구와 그녀의 자매에 관해 들었을 때 혼동을 일으키는 바람에 두 편의 정보를 뒤섞어 버린 것 같았다. 사실을 확인해 보니 딸의 말과 다르다고 조심스레 내가 일러주자, 딸은 내가 자기 말을 온전히 믿지 않으니 의심 많은 아버지와는 더 이상 말하고 싶지 않다고 했다. 그 이야길 더 이상 하지 않다가, 최근의 한 파티에서 테사와 루시의 아버지를 만났는데, 그는 자기를 벤 후드Ben Hood라고

소개했다. 곧바로 나는 딸을 의심했던 것이 마음에 찔렸다(영미권에서 여성은 결혼 후에 남편의 성으로 바꾸기에, 왓츠앱을 통해 저자가 알아낸 베리는 엄마의 결혼 전 성인 듯하다-옮긴이).

놀라운 우연의 일치다. 사실 나는 너무나 놀라웠는지라 당사자의 입을 통해 확인하기 전까지는 믿지 않았다. 돌이켜 보면 내가 살폈어야 할 신호들이 있었다. 그랬더라면 그 우연의 일치는 덜 특이해 보였을 테지만, 나는 짐짓 무시하는 쪽을 선택했다. 테사와 루시는 둘 다 영국에서 흔한 이름이고 학교 안팎으로 우리가 아는 가족이 꽤 많다는 점을 고려할 때, 우리가 아는 사람들 중 그런 이름 조합이 있다는 사실은 놀랄 일이 아니었다. 나는 마음껏 근접성 원리를 사용해 그 우연의 일치를 설명할 수 있어서 즐겁기까지 했다. 딸의 친구는 사실 테사보다는 테스라는 이름으로 불리며, 그 아이 또한 남동생이 한 명 있다. 이 남동생의 존재에 대해서도 나는 자매 사이의 우연의 일치에 관해 생각할 때 암묵적으로 무시했다. 루시는 또한 딸의 친구인 후드 씨네 두 자매 중 언니였지만, 아내 친구의 경우에는 동생이었다. 두 상황 사이에는 내가 그 사안을 샅샅이 살피기 시작할 때 인정했던 것보다도 더 많은 차이가 있었다.

그렇기는 해도 꽤 일어나기 어려운 우연의 일치라고 나는 지금도 생각한다. 하지만 내가 정직하고 부지런하고 진솔한 딸까지 의심해야만 할 정도로 아주 일어나기 어렵지는 않다. 돌이켜 보면 딸에게 사과를 하고 용서를 받고 나니, 우연의 일치가 주는 즐거움은 딸이 여러 정보를 모아서 연관성을 밝혀낸 방식을 재구성하는 데 있었다.

이를 통해 우리는 겉보기에 불가능한 사건이 언뜻 보기만큼 불가능하진 않은 수많은 이유가 있음을 알게 된다. 가령 조합의 가짓수가 정말로 많아서 일치하지 않기가 불가능하다거나, 겉보기엔 불가능한 기술인 듯하지만 사실은 미리 카드에 표시를 해놓았다든가, 또는 메시지가 아예 없는 잡음 신호에서 어떤 메시지를 읽어냈다고 여긴다든가 등등.

한 사건이 주목받는 정도는 그게 얼마나 놀라워 보이는가로 정해진다. 이것은 다시 그 사건의 확률에 대한 우리의 인식과 직접 관련되어 있다. 일어나기 어려워 보일수록 그 사건의 발생은 더 놀라워 보인다. 겉보기에 불가능한 듯한 사건 발생의 이면에 있는 수많은 메커니즘을 알면, 그런 사건의 진짜 확률을 더 잘 가늠하고 아울러 충분히 경탄하면서도 무턱대고 놀라는 마음을 억누를 수 있다. 잡음이 낀 배경에서 우리가 포착해 내는 뜻밖의 패턴이 어쩌면 단지 배경 잡음background noise의 일부일지도 모른다는 사실을 알아차린다면, 무관해 보이는 현상들 간의 심오한 미지의 관련성을 드러내는 듯한 우연의 일치 사건을 대할 때 경계심을 품고 그런 관련성이 실제로는 없을 때가 많다는 것을 기억한다면, 그리고 굉장히 불가능할 듯한 사건조차도 늘 발생한다는 사실을 스스로에게 상기시킨다면, 우리는 우연을 이용해 먹는 사기꾼들과 마주치더라도 상관착각의 덫에 빠지지 않을 준비가 더 잘되어 있을 것이다.

3장

불확실성

결정하기 전에 알아야 하는 것들

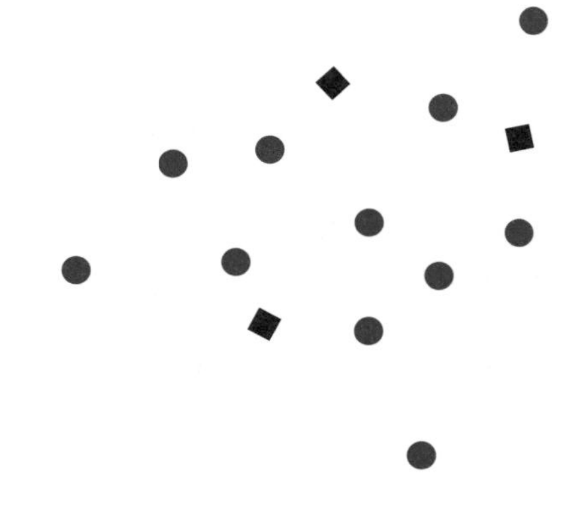

이전 장에서는 우리가 (잘못 이해하고 있는) 무작위성에 속는 여러 상황을 살펴보았다. 실제로는 오직 배경 잡음 – 이유라기보다는 무작위성 – 만 있는데도 그만 인과관계를 짐작해 내려고 하는 상황들이다. 앞 장이 인지편향 때문에 우리가 무작위성을 잘못 이해하게 되는 과정을 보여주었다면, 이번 장은 효과적으로 무작위성을 생성하는 능력 면에서 우리 뇌에 한계가 있음을 강조하고자 한다. 일설에 따르면 그런 점이 우리의 자유의지 발휘 능력을 의심스럽게 만들고 아울러 올바른 예측 능력도 감소시킨다고 한다.

그렇기는 해도 이 장에서 우리는 무작위성에 관해 우리가 배운 내용을 일단 인정하고 우리에게 이익이 되도록 이용할 것이다. 무작위성처럼 보이는 겉모습을 하고 있지만 실제로는 전혀 그렇지 않은 상황들을 포착하는 법을 배운다. 한편으로는 어떻게 하면 불확실성이 가득해 보이는 사건을 명백히 확실한 사건으로 바꿀 수 있는지 살펴본다. 우리의 결점을 더 잘 알아차리면, 불확실한 상황에 처했을 때 장래에 관한 합리적인 선택을 돕는 전략에 익숙해지고, 심지어 무작위성(또는 무작위성의 부재)을 십분 이용해 어려운 결정을 내리거나 복권과 같은 내기에서 이길 가능성을 극대화시킬 수 있다.

어떻게 확신할 수 있을까?

바로 앞 장에서 논의했듯이, 비교적 사람이 적은 집단에서 생일이 같은 사람들이 나올 확률은 놀랍도록 높다. 가장 최근에 나온 내 책에서 그 내용을 소개한 이후, 내가 실제로 실험을 해볼 기회가 생겼다. 여러 상황별로 상이한 규모의 사람들 집단을 대상으로 생일 일치 여부를 확인해 보는 실험이었다. 조합 때문에 경우의 수가 많아졌다는 것을 모르고서 사람들이 판돈을 작게 거는 성향을 나는 종종 이용하려고 한다. 심지어 실내에 모인 사람의 수가 비교적 적더라도, 짝을 지을 수 있는 경우의 수가 많은지라 두 사람이 생일이 같을 가능성은 압도적으로 높다. 나는 항상 참가자들이 건 판돈에 꽤 넉넉한 보상을 주겠다고 밝히는데, 이는 내기의 다른 쪽 – 즉, 생일이 같은 두 명이 나오지 않는 경우 – 을 참가자들이 기꺼이 선택할 수 있도록 해주면서, 발생 가능성이 더 높은 쪽을 내가 차지하기 위해서다. 그런 다음에는 여러 달에 걸쳐 사람들이 모인 집단을 대상으로 생일을 알려달라고 부탁한다. 꽤 큰 집단일 때는 바로 1월에 생일이 같은 쌍이 나오기도 한다. 가끔씩 집단이 작으면 같은 쌍이 나오는지 12월까지 초조하게 기다려야 한다. 한번은 (곤혹스럽게도 구글을 통해 생방송 참가자들 앞에서 촬영을 하고 있을 때) 짝이 아예 없어서 판돈을 잃은 적도 있다. 또 언젠가는 80명의 집단이면 생일 일치 확률이 99.99퍼센트까지 오르고 200명이면 99.9999퍼센트까지 오른다고 참가자들한테 설명했더니, 확률이 실제로 100퍼센트에 도달하느냐는 질문이 나왔다.

그런 관점에서 보자면, 수가 증가할 때 그저 100퍼센트에 계속 가까워지기만 하느냐는 질문은 합리적 듯하다. 하지만 조금만 더 생각해 보면 답을 가늠하기가 어렵지 않다. 실내에 367명이 있으면 생일이 같은 사람이 나온다는 걸 100퍼센트 확신할 수 있다. 사람들이 태어날 수 있는 서로 다른 날의 수는 (윤년의 경우 2월이 29일인 경우를 포함하면) 366개뿐이다. 367명에게 생일을 물어볼 때 처음부터 366번째 사람까지 설령 모조리 생일이 다르더라도 마지막 367번째 사람은 이미 나온 날 중 한 날과 반드시 같은 날이다. 이것은 **비둘기집 원리**pigeonhole principle의 한 예다.

여러분이 일하는 새 사육장에 비둘기집이 100개 있다고 상상해 보자. 어느 날 아침 여러분이 101마리 비둘기를 이 비둘기집에 넣는다고 하면, 적어도 하나의 비둘기집에는 두 마리 이상의 비둘기가 들어간다고 확신할 수 있다. 비둘기 100마리를 하나씩 배분해 어떤 비둘기집에도 한 마리보다 더 많은 비둘기가 들어 있지 않도록 하자. 즉, 각 비둘기집에 정확히 비둘기를 한 마리씩 넣는다는 뜻이다. 그러고 나면 마지막 한 마리는 이미 차 있는 비둘기집에 들어가야 한다. 다른 방법으로 비둘기들을 분배할 수도 있다. 가령, 예닐곱 개의 비둘기집에는 비둘기를 두 마리 이상 넣고 어떤 비둘기집에는 한 마리도 안 넣을 수도 있다. 또한 모든 비둘기를 하나의 비둘기집에 넣고 다른 비둘기집에는 한 마리도 넣지 않는 것도 가능하다. 하지만 어떤 상황을 생각하더라도, 적어도 하나의 비둘기집에는 적어도 두 마리의 비둘기가 항상 들어 있다. 이를 일반화하면, '대상들'을 분류해서 넣을 '범주들'보다 대상들의 수가 더 많으면 어떤 범주에는 복수 개의 대상이 할당된다. 이 비둘기집 원리가 적용되는 사건이라면, 비록 언뜻 보았을 때 확신하기 어렵더라도 여러분은 그 사건이 일어나리라고 확신할 수 있다.

영국 배스대학교에서 신입생을 위한 퀴즈 시간에 내가 수학과 입학생들에게 던지는 다음 질문을 예로 들어보자. "런던에서 두 사람이 모낭의 수가 똑같을 확률은 얼마일까요(내가 '머리카락' 대신에 '모낭'이라고 말한 까닭은 학생 중에 저 질문을 받고 기다렸다는 듯, 대머리인 사람들은 전부 머리카락 수가 0으로 똑같다고 반응하는 걸 차단하기 위해서다)?" 대체로 학생들이 내놓는 답은 0.9999 같은 것이거나 소숫점 아래에 9가 더 적게 또는 더 많이 붙는 수다. 그럴 가능성이 지극히 높아 보이기 때문이다. 그래도 1(확실함)이라고 보는 학생은 좀처럼 없다. 사람의 머리카락 개수의 합리적인 최대 추산치는 대략 20만 개다. 런던에 있는 사람은 1000만 명이 넘으므로, 비둘기집 원리에 따라 런던 사람들이 모두 머리의 모낭 개수가 다를 가능성은 크지 않다. 적어도 두 명은 반드시 모낭 수가 똑같다.

이보다 조금 덜 직관적인 사례 하나는 SNS에서 나온다. 페이스북에서 사람들의 집단을 순전히 무작위로 선택한다고 상상해 보자(집단에 속한 사람이 두 명 이상이기만 하면 집단이 얼마나 큰지는 중요하지 않다. 열 명 정도로 작을 수도 있고 1만 명 정도로 클 수도 있다). 비둘기집 원리에 의하면 이렇게 선택된 사람 중 적어도 두 명은 집단에서 친구의 수가 똑같다고 하는데, 추론 과정은 앞의 사례보다 조금 더 복잡하다. 내 설명을 잘 따라와 보길 바란다. 집단에 모두 N명의 사람이 있다면, 우선 다음을 알 수 있다. 즉, 집단 내의 사람들끼리 친구를 이루는 사람들의 수는 0에서부터 N-1까지 총 N가지다(페이스북에서 자기 자신과 친구가 될 수는 없다). 즉, 집단 내의 N명 전부를 분류할 수 있는 '비둘기집'이 N개다. 하지만 비둘기집 원리가 통하려면 비둘기집의 개수가 사람 수보다 적어야 한다. 다행히도 논리상 만약 누군가가 집단 내의 모두와 친구라면 집단 내의 어느 누구와도 친구가 아닌 사람은 있을 수 없다(반대로 만약 누군가가 집단 내의 아무와도 친구가 아니라면, 모두와 친구 사이인 사람은 있을 수가 없다). 따라서 사실은 N명의 사람을 분류할 '비둘기집'은 N-1개뿐이다. 비둘기집 원리에 의하면, 적어도 하나의 비둘기집에는 반드시 집단 내의 적어도 두 사람이 들어 있다. 따라서 적어도 두 명은 반드시 집단 내의 친구의 수가 똑같다.

때로는 직관에 반할 수도 있고 추론이 늘 자명하지는 않기 때문에, 비둘기집 원리는 일부 훌륭한 수학적 카드 술책들의 바탕이 된다. 1장에서 나온 숫자 짐작하기 술책에서와 마찬가지로 이런 경우에는 무작위성이 작용하는 듯하지만 사실 그 결과는 수학마술사가 사용하는 술책에 의해 이미 결정되어 있다. 똑같은 발상 – 사람들의 우연에 대한 그릇된 인식을 이용해 먹기 – 이 또 하나의 고전적인 수학 사기에서 작동한다.

완벽한 예측과 선택적 드러내기

2014년 7월의 어느 후텁지근한 일요일 저녁, 전 지구의 10억 명이 넘는 다른 사람들처럼 나도 TV 앞에 앉아 있었다. 남자 축구 월드컵의 결승전에서 아르헨티나와 독일이 맞붙는 모습을 보기 위해서였다. 지나치게 신중하기 마련인 이런 '명품 대결'에서 종종 그렇듯 경기는 조용했고 확실한 득점 찬스가 거의 없어 맥 빠지는 행사가 되고 말았다(특히나 준결승전에서 독일이 주최국 브라질을 7 대 1로 대파한 사건과 비교하면 더더욱 그랬다). 밋밋하게 90분의 규정 시간이 끝났을 때 점수는 재미없게도 0 대 0이었다. 그런데 반전이 일어났다. 연장 경기의 후반전이 끝나기 7분 전에 마리오 괴체Mario Götze의 환상적인 골이 터진 것이다. 아르헨티나인들을 충격 속에 빠트리며 월드컵은 독일의 품에 안겼다.

경기 자체는 왈가왈부할 게 딱히 없지만 며칠 후 나는 훨씬 더 인상적인 무언가와 마주쳤다. 트위터 사용자 @fifNdhs가 축구계를 관장하는 조직인 FIFA가 부정부패에 물들었다고 주장하면서 승부조작의 '증거'를 제시했다. 7월 12일에 그가 다음 날 있을 결승전에 관해 예측해서 썼다는 네 줄의 다음 트윗이 그 증거였다.

내일 득점은 독일의 1 대 0 승리가 될 것

독일은 ET(연장전)에서 이김

연장전 후반에 골이 나옴

괴체가 득점함

정말로 놀라운 일련의 예측처럼 보였다. 그중 하나만 맞추는 건 인상적이긴 해도 결코 불가능하지는 않다. 하지만 동일 계정의 사용자가 네 가지 조합 모두를 한꺼번에 맞추는 일은 거의 기적처럼 보였다. 물론 그 시합이 FIFA에 의해 조작되었고 따라서 야심차게 펼쳐진 사건들이 미리 알려진 내용이 아니라면 말이다. 트윗 게시자는 다섯 번째로 쓴 마지막 트윗에서 다음과 같이 단언했다.

증명 완료, FIFA는 부패했다

FIFA 내의 대규모 부정부패가 결국 딱 1년 후에 폭로되긴 했지만, 전 세계에서 가장 꼼꼼하게 검증받는 축구 경기에서 그 정도로 치밀하게 승부조작을 하기란 FIFA의 힘으로도 무리였다. 대신에 @fifNdhs가 한 일은 **완벽한 예측**perfect prediction, **주식거래중개인 사기**stockbroker scam **또는 속기 쉬운 도박꾼**gullible gambler이라는 고전적인 사기의 현대식 변형판이었다.

이 사기의 전통적 버전의 경우 사기꾼은 장래의 희생자 다수 또는 '표적'에게 편지를 보내서, 다가올 스포츠 행사의 결과나 주식시장에 관한 예측 내용을 알려준다. 대체로 예측들은 둘 중 하나의 결과를 갖는 사건에 관한 내용이다. 가령, 주식가격이 오르거나 떨어진다거나 아니면 야구 시합에서 어느 팀이 이기거나 진다는 식이다. 그리고 이런 예측들의 정확성은 **양다리 걸치기**double-siding라는 고전적인 스포츠 예측 술책으로 얻어진다. 즉, 표적들의 절반은 한 예측 내용을 받고 절반은 정반대 예측 내용을 받는다. 따라서 고객 중 절반은 올바른 예측을 받는 게 보장된다. 이런 구조이므로 표적의 총 개수는 2의 거듭제곱이 알맞다. 가령 32명에서 시작한다면, 첫 번째 라운드에서 원래 32명의 표적 중 16명이 올바른 예측 내용을 받는다. 이 16명은 그다음에 다른 주식가격이나 스포츠 시합에 대해 예측 내용을 다시 받게 되는데, 8명은 올바른 결과를 받고 8명은 틀린 결과를 받는다. 한편 첫 라운드에서 틀린 예측 내용을 받았던 16명은 제외된다. 이제 다음 결과가 나오기 전에, 사기꾼은 올바른 조언을 받은 8명에게 세 번째 사건에 관한 예측 내용을 알린다. 세 번 연속으로 예측을 맞추고 나면, 사기꾼은 나머지 네 표적한테서 다음 번 예측에 대한 대가로 약간의 수수료를 거리낌 없이 요구할 수 있게 된다. 이 수수료는 이후의 라운드에서 계속 올라갈 수 있다. 표적이 둘로 줄었다가 마침내 아무 의심도 품지 않을 단 한 명의 희생자가 남을 테니까. 이 사람은 이제 다섯 번 연속 적중하는 것을 목격한 상태다. 그래서 이런 일이 우연히 생기기란 아주 어렵다고 생각하게 된다.

2008년 회의론자 겸 사기꾼 폭로자인 데렌 브라운Derren Brown이 그 사기의 현실판을 자신의 TV 쇼인 〈더 시스템The System〉에서 선보였다. 그는 여섯 마리가 겨루는 경마 시합들의 결과를 계속 예측해 나갔는데, 매 라운드마다 남은 후보자들의 6분의 5를 제외시키면서 7,776(즉 6^5)명의 표적을 연속적으로 줄여나갔다. 여섯 마리 경마 시합에서 다섯 번 연속 적중하는 것은 지극히 낮은 확률인지라, 최종 표적인 한 여성이 브라운의 최종 시합 예측에 전 재산을 선뜻 걸고 말았다. 마지막 시합에 여섯 마리 전부에 판돈을 걸었을 뿐만 아니라 그녀의 마권을 노련한 솜씨로 슬쩍 바꿔치기함으로써, 브라운은 그녀가 이번에도 맞힐 수 있게 해주었다.

나도 2022년 3월 말에 비슷한 게임을 했다. 두 마리 말의 경마 시합과 사실상 마찬가지인 사건을 다섯 가지 찾아냈다. IPCC 여성 크리켓 월드컵의 잉글랜드 대 호주 결승전, 옥스퍼드 대 케임브리지의 조정 경기, 타이슨 퓨리Tyson Fury의 WBC 세계헤비급타이틀 탈환을 놓고 벌이는 타이슨 퓨리 대 딜리언 화이트Dillian Whyte의 권투 시합, 잉글리시프리미어리그 우승을 위한 리버풀 대 맨체스터 시티의 경기(다른 팀들은 이 시점에서 너무 크게 뒤처지는 바람에 이 두 팀이 현실적으로 우승 가능한 유일한 팀이었다), 그리고 11월 중간선거에서 하원 다수당 차지를 위한 공화당 대 민주당의 대결.

내 돈 320파운드를 꺼내서, 이 다섯 가지 시합의 모든 가능한 결과인 32(2^5)가지 경우의 수에 각각 10파운드씩 걸었다. 각각의 내기에 대해 내가 받은 승률은 2.25 대 1에서부터(우승 유력 후보들인 호주, 옥스퍼드, 퓨리, 맨체스터 시티, 공화당이 전부 이기는 경우로서, 내가 거둬들이는 총 판돈은 32.50파운드) 대략 920 대 1까지(약체인 잉글랜드, 케임브리지, 화이트, 리버풀, 민주당이 전부 이기는 경우로서, 내가 거둬들이는 총 판돈은 9,216.80파운드) 다양했다. 심지어 내가 각각의 예측을 말하고서 내기 전표betting slip들을 보여주는 동영상까지 촬영했다. 이들 동영상 각각을 내가 드문드문 접속하는 유튜브 채널에 올렸다. 첫 번째 행사가 벌어지기 전에 올렸는데, 동영상들에 시간을 표시해 놓기 위해서였다.

첫 번째부터 세 번째까지의 행사는 전부 유력 후보에게로 갔다. 크리켓 결승전에서 호주가 잉글랜드를 꺾었고, 조정 경기에서는 옥스퍼드가 2정신艇身(조정 경기에서 배의 길이를 기준으로 측정하는 길이의 단위-옮긴이)이 넘는 차이로 이겼으며, 권투 시합에선 타이슨 퓨리가 6라운드 이내에 딜리언 화이트를 KO시켰다. 새로운 결과가 하나씩 나오면 나는 내기 전표를 버리고 동영상을 삭제했다. 양다리를 걸친 증거를 감쪽같이 숨기기 위해서였다.

프리미어리그 타이틀을 차지하기 위한 축구 시합은 처음부터 세 번째까지의 스포츠 경기에 비해 접전이었다. 시즌 마지막 날에 가서야 승부가 정해졌다. 맨체스터 시티가 홈경기에서 애스턴 빌라에게 두 골 차로 뒤졌기에, 리버풀이 타이틀을 가져갈 것 같았다. 하지만 6분 만에 세 골을 넣어 맨체스터 시티가 경기의 판도를 뒤집고 1점 차이로 타이틀을 거머쥐었다. 어쨌거나 두 쪽에 모두 내기를 걸긴 했지만 맨체스터 시티 팬으로서 경기를 시청하면서 느꼈던 긴장감이 없어지진 않았다.

하원의원 다수당 차지를 위한 대결도 예상보다 접전이었다. 중간 선거에서 여당은 거의 언제나 하원 의석을 잃는다(평균적으로 27석을 잃는다). 2020년 총선 이후 민주당이 222 대 213 의석으로 간신히 다수당을 차지한 상황이었기에, 다섯 의석만 야당으로 넘어가면 쉽게 끝나리라고 예상되었다. 그런데 11월 8일 투표 절차가 종료되고 나서 한 주가 지났는데도, 몇 개 의석의 결과가 발표되지 않아서 여전히 하원의 다수당은 결정되지 않고 있었다. 2022년 11월 17일에 마침내 판가름이 났다. 공화당이 다수당을 확실하게 차지하는 데 필요한 (435석 중에서) 난공불락의 218석을 넘었던 것이다. 마침내 나는 내기에서 이겼다(이기지 못했던 다른 31가지 내기는 빼고). 슬프게도 유력 우승 후보들이 전부 이기는 바람에, 원래 걸었던 10파운드로 고작 22.50파운드를 땄을 뿐이다.

그래도 '이긴 내기'를 트위터에 올리자 상당한 반응이 뒤따랐다. 서로 무관한 다섯 사건의 결과를 내가 올바르게 예측했다는 사실에 많은 사람이 솔깃해했다. 나는 결코 다른 31개의 틀린 예측은 언급하지 않았다. 1장에서 우리가 보았던 노스트라다무스의 '예언들'과 비슷하게, 사후예측–사실이 발생한 후에야 맞춘 내기를 보여주기–에 기대서, 내가 인상적인 예측 능력(사실은 내게 없는 능력)이 있는 척했다.

이것은 그냥 웃자고 한 내기일 뿐이고 또한 브라운의 〈더 시스템〉에서도 결론이 드러나자 모두들 한바탕 웃고 넘어갔을 뿐이지만, 현실에서 이런 식의 술책의 결말은 보통 그다지 유쾌하지 않다. 양다리 걸치기 개념은 일부 자산관리 회사들의 부정직한 관행을 닮았다. 다양한 '스타트업 펀드'–종국에는 외부 투자자를 끌어들이기 위해 설계한 주식과 지분 포트폴리오–를 조성하는 회사들 말이다. 여러 해 동안 이런 관리 회사들은 대중의 눈을 피해서 자신들의 적은 금액으로 이런 펀드를 '인큐베이팅'한다. 인큐베이팅 기간이 끝나면 최고 실적을 보인 펀드는 공격적으로 투자자들에게 선보이고 약한 실적을 보인 펀드는 슬그머니 숨긴다. 높은 실적이 행운과 더불어 투자처를 많이 정했기 때문이라기보다 능숙하게 선택한 포트폴리오의 결과라는 인상을 주기 위해서다. 대중에게 공개된 후에는 이 실적이 높은 펀드들은 대체로 엇비슷한 경쟁 펀드들보다 더 나은 실적을 내지 못한다.

실적이 낮은 예측을 신중히 솎아내는 것이야말로 @fifNdhs가 일련의 월드컵 결승전 예보를 놀랍도록 정확하게 맞춘 비결이다. 그 전날에는 온갖 예측을 다 올렸다. '아구에로가 득점한다', '크루스가 득점한다' 그리고 '아르헨티나가 페널티킥 골로 이긴다' 등등. 이런 책략은 트윗 게시 전에 계정을 비공개로 했다가 사후에 틀린 트윗을 삭제했더라면 더 성공적이었을지 모른다. 그랬더라면 다른 트위터 사용자가 눈에 불을 켜고 스크린캡처를 해두었다가, 가짜 예측이 수만 명의 좋아요와 리트윗을 받은 후에 반칙이라고 폭로하는 일이 없었을 테니까.

이 완벽한 예측 사기는 우리의 편견, 특히 시간이 기록된 SNS 게시물이라고 무턱대고 믿는 권위편향authority bias을 바탕으로 작동한다. 하지만 위의 사례들과 가장 알맞은 편향은 서로 관련되어 있지만 미묘하게 서로 다른 한 쌍의 선택편향, 즉 **보도편향**과 **생존자편향**survivorship bias일 것이다.

보도편향은 정보의 적극적인 억제 또는 선택적인 드러내기가 특징이다. 특히, 자기보도편향이 질병과 관련된 생활방식 행동 연구에서 흔하다. 가령, 성적으로 전염되는 질병들의 전염병 발생 과정을 이해하려고 실시하는 설문조사가 특히 이런 식의 보도편향에 취약하다. 1992년 프랑스에서 실시된 AIDS 및 성적 행동에 관한 한 연구에서,[40] 피실험자 수천 명이 100명이 넘는 조사 요원한테 전화로 성생활에 관한 질문을 받았다. 위험하거나 잠재적으로 불법인 행동(가령, 정맥주사 방식의 약물 사용을 동반한 성행위)에 가담한 사람들의 비율이 놀랍게도 예상보다 훨씬 낮게 나왔다. 이 결과를 조금 의심스럽게 여겨야 할 중대한 이유 중 하나는 **사회적 바람직성 편향**social desirability bias 이라는 보도편향의 한 유형 때문이다. 이 편향은 설문조사 대상자가 남들이 (특히 설문조사 진행자들이) 호의적으로 받아들이라고 여기는 방식으로 반응하는 경향을 가리킨다. 이 편향의 특징을 꼽자면, 피실험자들이 보기에 바람직하지 않은 행동을 적게 보고하고 사회에서 인정해 줄 만한 행동(가령 콘돔 사용)을 많이 보고한다. 종이 기반의 설문지나 자동화된 전화 설문을 통하면 사람인 설문조사 진행자가 개입하지 않기에, 참가자들에게 익명성을 더 잘 보장해 준다. 이 실험에서는 이런 자동화된 설문조사 기법을 통해 '민감한' 행동에 관한 질문들에 대한 답변에서 매우 적극적인 참여를 이끌어 냈다.

학문적인 맥락에서 보면, 보도편향은 **출판편향**publication bias – 한 연구의 결과가 후속 발간물 및 해당 연구의 가시성에 영향을 주는 현상–과 거의 동의어다. 의학적 상황에서 치료의 효과를 판단할 때 이는 큰 문젯거리가 된다. 임상시험에 관한 논문의 저자들을 대상으로 그들의 미출간 연구를 조사했을 때 드러나기로, 통계적으로 유의미한 결과가 나온 임상시험들이 딱히 뚜렷한 치료 효과가 없는 결과가 나온 실험들보다 출간될 가능성이 상당히 더 높다.[41] 언뜻 보기에 두드러져 보이는 결과들만 보고하는 편이 합리적일지 모르나, 어느 약이 효과가 있는지뿐만 아니라 어느 약이 효과가 없는지 아는 것도 대단히 중요하다. 복수 개의 연구에 걸쳐 그런 치료들의 전반적인 효과를 평가하기 위한 메타분석이 실시될 때 그 결과가 출판편향에 의해 왜곡될 수 있는데,[42] 그러면 의료 규제 기관 및 의사가 해당 약이 실제보다 더 효과가 좋다고 믿게 될 우려가 있다. 제약회사들에 대한 소송에서 드러났듯이, 제약회사들은 체계적인 발간물 출판 전략을 통해 이로운 발견 내용은 강조하고 자사의 약품에 우호적이지 않은 영향은 덜 알려지도록 애쓴다. 이런 부정행위의 정도를 줄이려는 시도의 하나로서, 저명한 의료 저널들에서는 다음과 같은 정책을 고수했다. 제약회사들의 자금지원을 받은 연구는 연구 결과를 발간물의 형태로 발표하려 할 때, 연구를 시작할 때부터 반드시 공개적으로 이용할 수 있는 임상시험 등록기관에 등록해야만 한다. 이런 용감한 시도에도 부정을 저지를 동기가 충분한 연구자들이 슬쩍 빠져나갈 구멍은 늘 있다. 가령 부정적인 결과의 발표를 미룬다든지, 덜 빈번하게 사용되는 언어로 발표한다든지, 독자와 발행부수가 적은 저널에 발표하는 방식으로 의학 발간물을 내놓으면 그만이다.

보도편향이 정보를 고의로 억제하는 성향이라면, 생존자편향은 그 반대로 의도치 않았는데도 일어난다. 생존자편향은 알아차리기가 지극히 어렵다. 관찰자들이 어떤 보이지 않는 선택 과정을 통과한 사안에는 너무 과도하게 그리고 보통 부지불식간에 관심을 집중하는 데 반해, 그렇지 못한 사안은 인식조차 못 하기 때문이다. 내 할아버지는 가업을 통해 이어져 온 연장이나 공구를 가리키면서 "그 사람들이 이제 더는 그렇게 못 만들어"라고 말씀하시곤 하는데, 이 말씀도 바로 생존자편향에 기인한다. 살아남은 연장들이 꼭 장인의 솜씨가 과거에 더 좋았음을 증명하지는 않는다. 대신에, 아주 잘 만들어지지 않은 연장 다수가 세월의 시험을 견뎌내지 못했을 수는 있다.

내가 좋아하는 생존자편향의 사례는 고층빌딩에서 떨어져도 살아남은 고양이들의 일견 초자연적으로 보이는 능력에 관한 내용이다. 이 도시괴담을 믿는 많은 사람은 한 연구 결과를 거론한다. 1980년대 후반에 고층빌딩에서 떨어진 후 수의사에게 옮겨진 고양이들을 조사한 연구다(당시엔 분명 그보다 더 나은 연구 대상은 없었다).[43] 연구보고서에 나온 고양이들은 3층에서부터 32층 사이에서 떨어졌다. 놀랍게도 연구 대상 고양이들의 90퍼센트가 살아남았다. 이 결과는 펫츠웹엠디닷컴pets.webmd.com 웹사이트에 다음과 같이 설명되어 있고, 다른 애완동물 웹사이트들에도 비슷한 설명이 나와 있다. '고층 추락 희생자인 고양이들도 즉각적이고 적절한 의료적 관심을 받는다면 생존율이 90퍼센트다.' 흔히 내놓는 이유를 꼽자면, 고양이는 등을 활처럼 구부리는 능력 덕분에 (낙하산을 맸을 때처럼) 최종 속력 – 위쪽 방향의 공기 저항력이 아래쪽 방향의 중력을 거의 상쇄할 만큼 클 때 물체가 지면에 닿기 직전의 속력 – 이 줄어들어 더욱 안전한 착륙을 하게 된다고 한다. 직관적으로는 설득력 있는 이론처럼 들린다. 아마도 더 합리적인 설명은 이렇다. 그 연구는 수의사한테 보내질 정도로 충분히 멀쩡한 고양이들만을 대상으로 삼았다는 것. 내게 생존자편향을 설명해 주었던 강사 중 한 명의 말을 여기서 들어보자. "여러분은 죽은 고양이를 포장도로에서 긁어내 수의사한테 데려갈 일이 많지 않습니다."

점쟁이 동물들의 진실

생존자편향은 또 하나의 월드컵 돈벌이 술책, 즉 점쟁이 애완동물 예언가에서도 거의 확실하게 작용한다. 문어 파울이 2010년 월드컵에서 독일이 어떤 결과를 얻을지 연달아서 놀라울 정도로 정확히 예측했다. 각각의 독일 시합이 있기 전에, 오베르하우젠해양생명센터Oberhausen Sea Life Centre에 있는 파울의 사육사들은 수조 내에 음식이 든 상자 두 개를 놓았다. 한 상자에는 독일 국기가, 한 상자에는 다가올 시합에서 맞붙을 상대방 국가의 국기가 달려 있었다. 먹이를 구하러 문어가 두 상자 중 하나에 들어가면, 시합의 승자를 예측한 것으로 기록되었다(무승부의 가능성은 허용되지 않았다). 2010년 월드컵에서 파울의 실적은 놀라웠다. 스페인과 네덜란드의 결승전과 더불어 독일의 일곱 경기를 (두 번의 패배를 포함해) 전부 옳게 '예측'했다. 무작위로 상자를 선택했으니, 파울이 여덟 번 연속으로 승자를 올바르게 예측할 확률은 256분의 1이었다(심지어 더 낮을지도 모르는데, 조별 경기에서는 무승부로 끝날 수 있기 때문이다). 토너먼트 기간 동안 파울의 입이 향하는 곳에 돈을 걸었다면 분명 여러분도 막대한 수익을 올렸을 테다.

그런데 파울이 축구 경기를 예측해 맞힌 일은 이게 처음이 아니었다. 2년 전에 열린 유러피언컵에서도 똑같은 방법으로 독일의 여섯 경기 중 네 경기를 올바르게 '예측'했다. 파울이 총 열네 경기 중에서 열두 경기를 옳게 예측할 확률은 초자연적 능력이 없다고 가정할 때 180분의 1 정도다. 꽤 낮은 확률인지라, 무척추동물 중에서 가장 똑똑한 이 문어가 축구 예측에 관해 어떤 육감이 있는 게 틀림없다는 소문은 꽤나 그럴듯하게 들린다.

하지만 회의론자들이 언급했듯이, 파울의 예측은 엄격히 통제된 환경에서 나오지 않았다. 파울의 상자 선택은 상자 속의 먹이나 깃발의 대조적인 색깔 또는 상자가 내려왔을 때 수조 속 파울의 위치 때문이었을지 모른다. 일설에 따르면, 파울이 예측하는 장면을 여러 번 촬영을 했다가, 올바른 선택을 한 경우만 대중에게 내보였다고도 한다. 하지만 파울의 예측이 공개되고 난 후에 시합의 결과가 알려진 것은 사실이므로, 부정행위를 주장하려면 인간 조련사가 문어 대신에 올바른 예측을 할 수 있음을 밝혀야 한다. 좀 더 개연성이 높은 상황이긴 하지만 그것 역시 지극히 일어나기 어려운 일이다. 문어가 어떻게 특별한 예측을 했는지는 알 수 없지만, 일부 음모론자들에 따르면 2008년 유로피언컵에서 예측을 했던 문어는 2010년 월드컵 이전에 죽었으며 꼭 닮은 다른 문어로 대체되었다고 한다. '파울은 죽었다'라는 완전히 새로운 음모론이 출현한 셈이다.

훨씬 더 가능성이 높은 이유를 대자면, 파울의 월드컵 예측은 우연 그리고 생존자편향의 결과일 듯하다. 파울이 유명해진 것은 2010년 월드컵의 첫 토너먼트전에서 독일이 잉글랜드를 이긴다고 옳게 예측 – 파울의 네 번째 적중 예측 – 하고서부터였다. 200마리의 동물이 각자 예측을 시작했다고 상상해 보자(파울의 자자해진 명성 덕분에 오베르하우젠해양생명센터가 겪은 유명세와 인기의 급상승이라는 잠재적 보상을 고려할 때, 어느 동물원인들 가장 예지력이 있는 동물을 앞에 내놓지 않을까?). 이 200마리 동물 중에서 적어도 한 마리가 (조별 경기에서 무승부 경기가 나오는 경우를 포함해서) 네 번 연속 예측을 적중시킬 확률은, 어느 동물도 특수한 능력이 없고 단지 무작위로 예측한다고 가정할 때 97.6퍼센트다. 그렇다면 당연히 파울 같은 동물이 유명해지기 마련이다. 여러 동물이 그런 활약을 하리라고 예상되는데, 실제로 매번 월드컵 때마다 그렇다. 이렇게 볼 때, 16분의 1의 확률로 나머지 네 경기를 예측한 업적은 이 문어가 이전의 라운드들에서 살아남았음을 감안할 때, 훨씬 덜 인상적이다. 정말이지 또 하나의 '점쟁이' 애완동물인 잉꼬 마니Mani도 100퍼센트의 적중률을 자랑하며 결승전까지 갔다. 파울은 최종 승자인 스페인을 짚어서 자기 이름을 2010년 월드컵과 떼려야 뗄 수 없게 만들었지만, 안타깝게도 마니는 네덜란드를 고르는 바람에 세상의 관심에서 멀어져 버렸다.

생존자편향이 우리가 앞 장에서 만난 정말로 큰 수의 법칙과 어떻게 결합될 수 있는지 설명하기 위해, 2018년 월드컵 이야기를 전하려 한다. 수학자 겸 코미디언 맷 파커Matt Parker가 '점쟁이' 동물을 찾으러 나서자, 전 세계에서 천 명이 넘는 스포츠팬 겸 애완동물 주인들이 돕겠다고 나섰다. 총 133마리의 애완동물이 잉글랜드의 시합 결과를 예측하기 시작했다. 8강에 도달했을 무렵 100퍼센트의 적중률을 보인 동물은 단 두 마리였다. 래브라도 리트리버인 배리Barry가 잉글랜드가 스웨덴을 8강에서 이긴다고 옳게 예측했다. 그리고 비록 4강(준결승)에서 크로아티아를 상대로 잉글랜드가 패하는 것을 내다보진 못했지만, 배리는 3, 4위 결승전에서 잉글랜드가 벨기에한테 패하는 것은 올바르게 예측했다. 결과적으로 배리는 전체적으로 잉글랜드의 일곱 경기 중에서 여섯 경기에 대한 예측을 적중시켰다. 문어 파울에 버금가는 기록이었다.

대단한 업적처럼 보이겠지만, 그건 얼마나 많은 다른 동물이 처음부터 예측을 해왔는지 모를 때의 이야기다. 물론 나는 배리가 영국 경기만을 예측한 게 아니란 말은 의도적으로 꺼내지 않았다. 배리가 월드컵 전체 기간 동안 예측한 59건의 경기 중에서 30건만 적중했다. 나의 보도편향 때문에, 즉 일부 사실을 생략하고 배리의 예측 중 성공적인 경우만 알려 사실상 거짓말을 한 까닭에 이 개는 실제보다 훨씬 더 예지력이 있는 것처럼 보였을 뿐이다.

승리를 극대화하는 방법

그러므로 축구 점수를 예측하는 동물에 내기를 거는 것은 우리가 처음 바랐던 만큼 돈벌이에 좋은 전략은 아니다. 언제나 그렇듯이 승자를 미리 고르기란 어려운 일이다. 그렇기는 해도 많은 도박사가 아드레날린과 도파민이 번갈아 가며 급격하게 분출하는 탓에[44] 계속 내기를 걸고 이기거나 지거나 한다고 토로한다.[45]

1994년에 시작된 이후로 영국 국가복권의 구매자 다수가 바로 그런 태도를 보였다. 이 복권 도박사들이 매번 구매할 때마다 평균적으로 판돈의 55퍼센트를 잃는 마당에,[46] 그들이 줄기차게 복권을 사게 하려면 당첨 기대보다 더 큰 무언가가 있어야 했다.

1995년 1월 14일 영국의 국가복권이 아홉 번째로 추첨되었다. 일주일 전 여덟 번째의 추첨에서는 전부 여섯 숫자가 일치한 당첨 복권이 한 장도 나오지 않았다. 해당 복권 역사상 고작 두 번째에서 당첨금이 다음 주로 넘어가는 바람에 일등 당첨금은 솔깃한 1629만 3,830파운드가 되었다. 추첨일이 돌아올 때까지 7000만 장의 복권이 팔렸는데, 영국 국민 한 명당 한 장이 넘는 수였다. 영국 전역이 그날 밤의 추첨을 기대하며 흥분에 휩싸여 있었다.

피트 갤리모어Pete Gallimore는 처음 8주 동안 계속해서 복권을 구매했다. 여태 10파운드라는 최소 당첨금만큼도 벌지 못했기에, 신더퍼드Cinderford 출신의 이 자동차 정비사는 복권을 그만하기로 결심했었다. 하지만 그주 토요일 아침에 《데일리 익스프레스》에 실린 1등 당첨금에 관한 기사를 읽고 나서 마음이 바뀌었다. 토요일 아침 신문을 샀던 동네 구멍가게로 다시 돌아가서 '어떤 숫자들을 골랐는데', 그의 말에 따르면 '완전히 무작위로' 골랐다고 한다.

그날 밤 TV 생방송으로 추첨 과정을 보았는데 원통에서 자기 숫자 중 두 개(23과 38)가 나와서 기뻤다. 곧이어 세 번째 수 17도 나왔다. 여기까지 번 당첨금만 해도 지금까지 복권 사느라 썼던 모든 금액을 거두어들일 만큼이었다. 하지만 네 번째로 나온 행운의 수 7에 이어 다섯 번째로 나온 32도 그가 고른 번호였다. 이제 마지막 여섯 번째로 나온 번호도 그의 복권에 표시된 나머지 하나의 수인 42와 일치했다. 1등 당첨이었다. "믿기지가 않았어요." 그의 회상을 들어보자. "부엌에 있던 재닛을 불러서 함께 번호를 확인해 봤어요. 시팩스Ceefax(텔레비전을 통한 문자 정보 서비스로 2012년에 종료되었다-옮긴이)에서 중복 확인까지 하고서야 사실인 게 믿겼어요. 1600만 파운드라니. 정말 꿈만 같았죠."

하지만 단 이틀 만에 그 꿈은 빛이 바랬다. 그날 밤 여섯 숫자 모두를 맞힌 사람은 피트만이 아니었다. 그 전주에 당첨자가 아무도 없던 상황과 딴판으로 피트는 여섯 숫자를 모두 맞힌 다른 사람들과 1등 당첨금 1600만 파운드를 나눠 가져야 하는 현실에 맞닥뜨렸다. 정확히 말해, 이 다른 사람들의 수는 132명이었다. 그날 밤 당첨자 한 사람이 번 돈은 고작 12만 2,510파운드였다. 여전히 큰 액수이긴 하지만, 각자가 당첨 사실을 처음 알았을 때 받으리라고 예상했던 당첨금에 비하면 보잘것없는 금액이었다.

"어이가 없었죠. 1600만 파운드를 땄다고 생각했는데, 그 액수의 1퍼센트에도 못 미치는 돈을 받는다고 하니 낙심천만이었어요. 몇 시간 동안 우리는 세상 근심이 다 사라졌다고 여겼어요. 멋진 인생을 계획하고 있었고요. 오해하진 마세요. 10만 파운드를 따는 것도 대단해요. 하지만 제가 기대했던 건 결코 아니었어요." 당첨금으로 피트는 빚을 갚고 더 큰 집으로 이사를 했지만, 직장을 그만둘 수는 없었다. 지금으로부터 5년 전, 65세 생일이 지나서 공식적으로 은퇴 연령에 도달했을 때에야 그는 직장을 그만둘 수 있었다.

피트가 1등 당첨금의 133분의 1밖에 따지 못한 추첨에서 왜 그렇게 많은 사람이 당첨 번호를 골랐을까? 답은 바로 우리가 무작위성을 도통 모르는 데 있다. 앞 장에서 보았듯이 우리는 직관적으로 무작위성이 고르게 배치된 것이라고 여기는지라, 무작위적 패턴을 직접 만들어보라고 하면 고르게 퍼져 있는 모습을 제시할 때가 많다.

그림 3-1의 왼편 그림을 보면 피트의 당첨 번호가 영국 국가복권

표에 표시되어 있다. 여기서 여러 특징이 금세 드러난다. 첫째, 어떤 숫자도 서로 붙어 있지 않다. 무작위성이란 어쨌든 간격이 고르게 떨어져 있다는 뜻이라는 선입견 때문에 연속적인 수나 밀집된 수들은 가능성이 없다고 여기기 때문이다. 분명 우리는 흩어진 수의 집합이 연속된 여섯 수보다 더 잘 나오겠거니 여긴다. 실제로 드문드문 고른 수가 연속된 여섯 수보다 추첨될 가능성이 훨씬 **높다**. 그렇다면 연속된 숫자를 선택하는 건 모조리 피해야 한다는 결론을 내리고 싶은 유혹이 들겠지만, 그런 생각은 틀렸다. 흩어진 숫자들이 더 자주 당첨되는 까닭은 그저 연속된 여섯 수의 집합보다 흩어진 숫자들의 조합

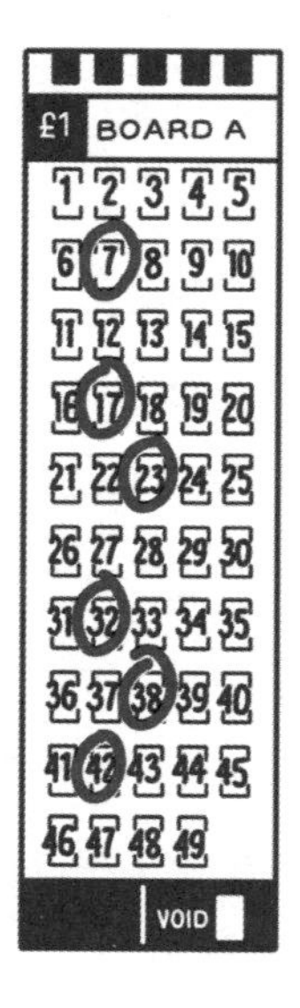

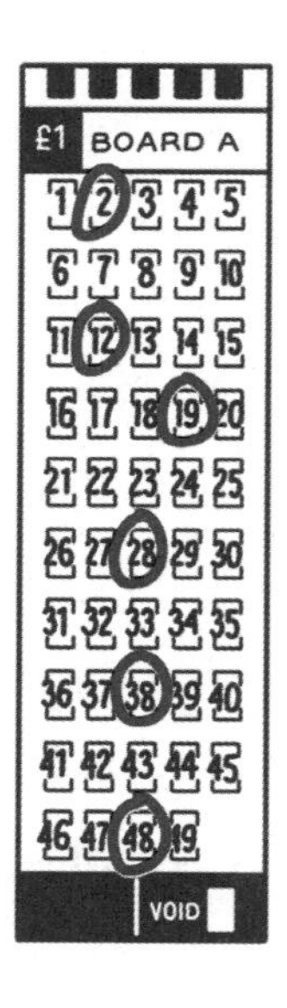

그림 3-1 1995년 1월 14일, 133명의 1등 당첨자가 나온 영국 국가복권 표에 표시된 당첨 숫자들(왼쪽). 그리고 1996년 3월 16일 57명의 1등 당첨자가 나왔을 때의 당첨 숫자들(오른쪽). 선택된 수들은 흩어져 있고 (완전히 규칙적이지는 않음) 연속적이지 않고 바깥쪽 두 열은 피하고 있다.

이 훨씬 많기 때문이다. 흩어진 숫자들의 단일 집합은 흩어져 있든 연속으로 있든 다른 여섯 수의 집합보다 당첨 가능성이 더하지도 덜하지도 않다. 수학적으로 계산했을 때, 49개 수에서 여섯 개 수를 택하는 복권의 모든 당첨 번호의 거의 절반에는 적어도 한 쌍의 연속된 수가 들어 있기 마련이다.

복권 표를 보고서 두 번째로 언급하자면, 각 숫자는 전부 다른 줄에 있으며 어느 것도 서로 바로 위나 바로 아래에 있지 않다. 아마도 이런 까닭은 비록 우리가 무작위성을 흩어져 있는 것이라고 여길지라도 완전히 규칙적인 배치 역시 아주 무작위적이지는 않아 보이기에, 규칙적 패턴에서 조금 벗어난 모습이 무작위라고 여기기 쉬워서다.

셋째, 확연히 드러나기로 어떤 숫자도 복권 표의 제일 바깥 두 열에 있지 않다. 사실 이 추첨에서는 모든 수가 두 번째와 세 번째 열에만 있다. 이것은 앞 장에서 만났던 중간편향의 효과다. 그래서 선다형 답안 – 복권 표도 이와 다르지 않다 – 을 채우는 사람들은 '무작위로' 추측할 때 중간 열을 선호하는 경향이 있다.

이 세 요인이 결합되고 아울러 세상에서 가장 좋아하는 수(7)가 당첨 번호에 들어 있기도 한 바람에, 피트가 고른 수들을 다른 복권 구매자들도 과도하게 많이 선택한 듯하다. 가장 많은 1등 당첨자가 나온 위의 사례만으로는 그러한 편향들을 인정하지 못하겠다면, 두 번째로 많은 1등 당첨자가 나온 사례도 아울러 살펴보면 어떨까? 1996년 3월 16일, 57명이 1등에 당첨되었는데, 당첨 번호는 2, 12, 19, 28, 38, 48이었다. 그림 3-1의 오른쪽 복권 표에 표시된 숫자들을 보면 똑같은 원리가 적용되었음이 여실히 드러난다.

1등 당첨 번호인 숫자들이 선택되는 빈도를 분석해 사우샘프턴 대학교의 연구원들이 밝혀내기로, 사람들의 복권 숫자 선택에는 이런 세 가지 편향이 전부 작용했다.[47] 아울러 연구원들은 사람들이 자신의 생일로 숫자를 선택하는 뿌리 깊은 성향이 있음을 확인했다. 즉, 1에서 31까지의 숫자들이 31 위에 있는 숫자들보다 빈도가 높았다. 이런 무의식적 규칙에 따라 고르면 예상 당첨금이 크게 줄어든다. 다른 많은 사람과 1등 당첨금을 나눠 가져야 하기 때문이다. 순전히 무작위로 숫자를 선택하는 편이 더 나은 방법이지만, 예상 수익은 복권 구매자가 지출한 1파운드당 고작 45펜스일 뿐이다(영국의 경우 1파운드는 100펜스다–옮긴이).

1등 당첨 확률을 높일 수 있는 방법은 없지만, 만약 당첨된다면 최대한 많은 당첨금을 타낼 가능성을 높일 방법은 있다. 다른 사람들의 무작위성에 대한 편향들을 적극적으로 이용해 '인기 없는' 숫자들의 집합을 선택하면, 예상 수익을 지출 파운드당 90퍼센트 넘게 높일 수 있다.[48] 여전히 돈을 잃긴 하지만, 무작위처럼 보이는 것에 섣부르게 손을 대기보다는 훨씬 덜 잃는다. 우리가 하나의 생명 종으로서 무작위성에 그다지 통달해 있지 않다는 점부터 알아차려야만 피해자들의 운명이 어떤지 깨닫고 피할 수 있다. 피해자들은 무작위성이란 고르게 퍼져 있고 모여 있지 않은 것이라는 오해에 너무 쉽게 기대는 바람에 돈을 잃고 만다.

나는 정말로 자유로운 선택을 했을까?

언젠가 여러분이 친구 두 명과 함께 시간을 보내게 된다면, 아래와 같은 추론 비법으로 주목을 받을 수 있다. 한 명에게 나가서 동전을 100번 던져 매번 앞면 또는 뒷면이 나올 때마다 그 결과를 적으라고 하자. 다른 한 명에게도 앞면 또는 뒷면으로 이루어진 100개의 열을 적는데, 이번에는 동전을 실제로 던지지 않고 마음속으로 생각만 해서 적으라고 하자. 각자 일을 마치고 나면 한데 모이라고 한 다음에, 둘 중 어느 열이 누구 것인지 서로 확인시킨 뒤 두 열 모두를 여러분에게 달라고 하자. 그러면 여러분은 거의 즉시 누가 어느 열을 내놓았는지 알려줘서 두 친구를 놀라게 할 수 있다.

이 비법은 사실 복잡하지 않다. 각각의 열을 스윽 훑어보자. 만약 다섯 번 이상 연속으로 앞면이나 뒷면이 나온다면, 진짜로 무작위적인 열이라고 상당히 확신할 수 있다. 사람이 다섯 번 연속으로 앞면이나 뒷면을 무작위로 생각해 내기란 매우 드문 일이다. 무작위에 대해 잘못 알고 있는 우리 마음에 그런 일은 무작위적이라고 보이지 않는다. 실제로 편향되지 않은 동전을 100번 던질 때 다섯 번 연속으로 앞면이나 뒷면이 나올 확률은 96퍼센트나 된다.

무작위성에 대한 우리의 이런 오해는 행동의 예측 가능성에 더 깊은 함의를 품고 있다. 구글에서 'Aaronson Oracle(아론손 오라클)'이라는 문구를 검색하면, 상위 조회수 웹사이트 중 하나로, 버클리대학교가 운영하는 아주 조잡해 보이는 웹사이트가 나올 것이다. 단 하나의 페이지로 구성된 이 웹사이트의 첫째 줄은 이렇다. '‘f'와 ‘d' 자판을 무작위로 눌러라. 가능한 한 무작위적으로. 다음에 당신이 뭘 누를지 내가 예측해 보겠다.' 이것은 바로 위에서 설명했듯이 마음속으로 동전 던지기처럼 동전의 앞면이나 뒷면의 열을 생각해 내기와 사실상 다름없다. 그걸 읽고서 나는 코웃음을 쳤다. 내가 완전히 무작위로 선택할 때 다음번에 무슨 자판을 칠지 이 웹사이트가 어떻게 예측할 수 있단 말인가? 비록 앞 문단에서 나는 사람 머릿속으로 만든 열과 완전히 무작위적인 열을 사후에 구분해 낼 수 있다는 식으로 말했지만, 앞면과 뒷면을 머릿속으로 짐작해서 내놓는 참가자가 다음번에 무엇을 짐작할지 예측하려고 시도한 적은 결코 없다. 그건 불가능하지 않을까?

내가 그 알고리즘에 훈련용 데이터를 주려고 다섯 번 자판을 치고 난 뒤에, 웹페이지는 내가 방금 타이핑한 자판을 표시하면서 아울러 자신의 예측을 뱉어내기 시작했다. 스물다섯 번 자판을 친 후에 화면 상단에 숫자가 하나 나타났다. 컴퓨터가 올바르게 예측한 나의 f와 d 자판의 퍼센티지를 알리는 숫자였다. 처음엔 조금 변동을 보이더니 나로선 대단히 당혹스럽게도 그 수치는 50대 후반쯤에 자리 잡기 시작했다. 만약 내가 정말로 무작위로 자판을 쳤다면, 컴퓨터가 장기적으로 내놓을 수 있는 최상의 값은 50퍼센트여야 한다. 즉, 컴퓨터의 예측은 오직 절반만 옳았어야 했다. 알고리즘이 내가 치는 자판을 절반 넘게 예측했다는 사실은 내가 다음에 칠 자판을 어느 정도 예측할 수 있다는 뜻이다. 요행일지 모르니, 웹페이지를 새로고침한 다음에 다시 시작했다. 처음엔 어느 정도 수치가 오르락내리락하더니 수치는 다시 60퍼센트 바로 아래에 자리 잡았다. 굉장한 좌절감에 빠진 나는 무작위적으로 타이핑하려고 의식적으로 굉장히 애썼지만, 나의 선택을 예측하는 컴퓨터의 능력은 더욱 커져만 갔다. 컴퓨터는 내가 타이핑하기도 전에 어느 정도 내가 뭘 할지를 '알았다'.

이 자동화된 예지력을 여전히 믿기 어려워서 나는 알고리즘 내에서 실행되고 있는 코드를 확인했다. 내가 자판을 누르자마자 그냥 나의 선택을 마치 예측인 양 표시하면서, 진짜처럼 보이려고 적절히 오류를 포함시키는 게 아닌지 알아보기 위해서였다. 그게 아니었다. 예측을 하는 데 사용된 알고리즘은 꽤 단순했다. 코드는 내가 누르는 자판들을 계속 추적하고 있었다. 구체적으로는 내가 다섯 번 잇달아 친 자판들의 32가지 경우의 수(f, f, f, f, f부터 d, d, d, d, d까지) 각각을 얼마나 자주 선택했는지 기록하고 있었다. 그러고선 이전의 네 자판을 되살펴 보고서 내가 다음에 누를 자판을 예측했다. 알고리즘이 알아낸 나의 선호 패턴에 따라, 발생 가능성이 더 높은 다섯 번의 자판열을 f와 d 중에 어느 자판이 만들어낼지 계산한 결과였다.

그걸 알아내고서 약간 소름이 끼쳤다. 덩달아 그게 나의 자유의지에 어떤 의미를 주는지 궁금해졌다. 자유의지는 한 개인이 자신의 의식적 선택에 따라 행동하는 능력으로 정의되어 왔다. 온전히 나 스스로의 행동이었다면, 내가 다음에 무슨 자판을 누를지 예측할 수 없어야 하지 않은가? 어느 자판을 누를지 내가 진짜로 자유로운 선택을 했을까? 아니면 그런 선택 능력이 있다고 착각했을 뿐일까?

더 엄격히 통제된 과학 실험들도 똑같은 현상을 밝혀냈다. 한 연구에서는 참가자들한테 1에서부터 9까지의 숫자를 무작위 순서로

300번 적어달라고 했다. 참가자가 적은 이전의 일곱 숫자를 살펴서 신경심리학 연구팀은 다음에 나올 숫자를 평균 27퍼센트의 적중률로 예측해 낼 수 있었다.[49] 27퍼센트의 적중률이 대단히 인상적이지 않아 보일 순 있지만, 숫자들이 정말로 완전히 무작위로 생성되었더라면 예상 적중률은 고작 11퍼센트였을 테다. 무작위적으로 행동할 수 없는 한계 때문에 우리한테 독립적이고 의식적인 의사결정 능력이 있는지 의심이 들고, 우리의 행동을 외부의 존재가 예측할 가능성이 있지 않나 우려스럽기도 하다.

●

◆ 인생의 모든 일을 주사위 굴리기로 결정한다면

가위바위보는 선택과 관련한 고민 해결 수단으로 종종 이용된다. 편향되지 않은 무작위적 결과를 얻으려고 던지는 동전과 마찬가지 수단이다. 실제로 일본 전자회사 마스프로 덴코Maspro Denkoh의 대표가 자사의 2000만 달러어치 미술 수집품을 매각하기로 결정했을 때, 그는 두 경매회사 크리스티와 소더비한테 가위바위보를 시켜서 그림을 차지하도록 했다(크리스티가 가위를 내고 소더비가 보를 내는 바람에 크리스티가 이겼다). 하지만 가위바위보는 무작위적인 동전 던지기와는 다르다. 이 게임을 하는 인간 참가자들은 우리가 방금 보았듯이 무작위적인 행동을 하는 데 별로 능숙하지 않다. 5장에서 게임이론의 복잡한 내용을 탐구해 보면 알게 되겠지만, 많은 게임에는 우리가 상대방이 무슨 생각을 할지 예측할 수 있다면 최적의 결과를 이끌어 낼 수 있는 전략이 있다. 가위바위보도 다르지 않다.

(다투는 형제자매들이 조수석에 누가 탈지 정하려고 하는 경우와 반대로) 가위바위보에 진지하게 임하는 사람들은 그것이 우연보다는 심리의 게임임을 안다. 세계가위바위보협회World Rock Paper Scissors Society – 당연히 이런 협회가 있다. 왜 없겠는가? – 의 회원들은 예측 가능성 이용하기의 대가다. 완벽하게 무작위적인 전략이 아니라면 뭐든 분석해 낼 수 있고(아론손 오라클이 내가 치는 자판들을 분석했듯이), 오랜 훈련을 통해서 자신들한테 유리하게 상황을 조작해 낼 수 있다. 상대방이 내는 가위바위보의 무작위적인 열을 기억했다가 다음 수를 예측해 내면 여러분도 프로를 상대로 이길 가능성이 한껏 높아진다.

그렇기에 만약 다른 사람이 우리의 예측 가능한 행동을 이용하는 사태를 정말로 막고 싶다면, 의사결정 과정의 **일부** 통제권을 '무작위 패턴 생성기randomiser'에게 맡기는 게 답일지 모른다. 하지만 1971년에 출간된 조지 콕크로프트George Cockcroft의 컬트 소설 『주사위 인간The Dice Man』의 주인공 루크 라인하트Luke Rhinehart의 극단적인 사례처럼, 통제권을 **전부** 넘기는 것은 최상의 선택이 아닐지 모른다.

소설에서 라인하트는 따분한 삶에 싫증이 난 뉴욕의 정신과의사다. 그는 도발적인 일을 저지르고 싶지만 안정적인 현실을 고의로 뒤엎는 선택을 하기엔 너무 두려움이 많다. 그래서 간단하지만 중요한 결정 하나를 주사위 굴리기에 맡기기로 마음먹는다. 만약 주사위의 눈이 2에서 6까지 중 어느 하나라면 그날 밤 평소대로 할 예정이다. 즉, 저녁 식사 후 설거지를 하고 나서 아내와 함께 침대로 향한다. 하지만 1의 눈이 나오면 알렌 – 상상 속에서 수시로 그가 만나는 여자–이 사는 곳으로 가서 동침할 작정이다. 오호라! 1이 나온다. 라인하트가 알렌의 침대에서 밤을 보낸 후 집으로 돌아오니, 자신의 모든 상황이 달라져 있다. 그는 무슨 결정이든 주사위한테 맡기기 시작한다. 이 소설은 그의 무작위 여정을 좇으며, 라인하트가 평판과 직업과 가정을 잃어가는 모습을 담담하게 풀어낸다.

이 컬트 고전에서 영감을 받아 1997년에 기자 벤 마셜Ben Marshall이 라인하트의 뒤를 이어 주사위 세계를 직접 체험하기로 했다. 그 임무는 심지어 주사위가 결정해 주는 세계로 들어간 첫 시도가 아니었다. 열다섯 살 때 자발적인 주사위 추종자가 되어 그는 주사위가 내린 결정을 따라 브라이턴Brighton으로 갔다. 그곳에서 매춘부에게 동정을 바쳐야 한다는 주사위의 지시를 따라 그대로 했다. 나중에 성인으로서 그런 경험으로 돈을 버는 처지가 되자, 마셜은 자신이 무작위로 하는 언론 과제에 훨씬 더 전념했다. 2년 동안 주사위의 부추김 덕분에 마셜은 헤로인을 복용해 보고 남성을 위한 산타모니카대로Santa Monica Boulevard를 구경해 보고 심지어 여자친구를 주사위 세계로 인도했다. 그 결과 여자친구도 선셋스트립Sunset Strip에서 남성 손님들 앞에 나서 나체춤을 추게 만들었다. 주사위 교도가 된다는 건 소심한 사람에겐 맞지 않는 일 같다.

소설 속에선 라인하트가, 현실에서는 마셜이 실천한 철학은 **플리피즘**flipism의 한 종류다. 문학적 비유를 품은 이 철학에서는 뭐든 동전 던지기flip a coin 또는 다른 무작위화 장치를 통해 결정을 내린다. 가령 DC 코믹스의 배트맨 시리즈에 나오는 빌런 하비 덴트Harvey Dent, 일명 '하비 투페이스Harvey Two-Face'는 거의 전적으로 동전 던지기로 선한 행동을 할지 악한 행동을 할지 결정한다. 극단적 플리피즘의 엄격한 교의를 지키면 어쨌거나 분명히 결정이 내려지긴 하지만, 그렇다고 해서 늘 당사자에게 가장 행복한 결과로 이어지진 않는다. 하지만 약간의 무작위를 통한 개입이 위험천만한 습관을 멈추거나 판에 박힌 상황에서 벗어나는 데 유용할 수도 있다.

2014년 2월 런던 지하철 파업으로 인해 수십만 명의 통근자가 출근하기 위한 대체 경로를 찾아야 하는 심각한 곤경에 처했다. 옥스퍼드대학교, 케임브리지대학교 및 국제통화기금IMF의 경제학자들로 구성된 연구팀이 파업 이전, 파업 동안, 파업 이후 수천 건의 통근자 이동 경로를 분석했다.[50] 여기서 드러나기로, 습관적인 통근길에 지장을 받은 사람 중 최대 5퍼센트가 파업 종료 후에도 영구히 그런 대체 경로를 이용했다. 이 결과에서 짐작되듯이, 상당한 비율의 통근자들은 스스로의 의지로 최적의 통근 방법을 찾기 위해 통근 경로를 변경하지 못했다. 새로운 통근 방법을 한두 가지 시도하면 시간 지연이 생길지 모른다는 위험을 피하려고 그럭저럭 괜찮은 통근길에 안주했다. 경제학자들이 예상하기로, 파업이라는 무작위적 요인 덕분에 일부 통근자가 더 나은 경로를 찾을 수밖에 없게 된 상황은 장기적으로 경제에 순이익을 가져온다. 통근자 중 20분의 1이 습관을 깨서 아낀 시간이 파업 도중에 모든 통근자가 손해 본 시간보다 더 많을 것이라는 뜻이다.

과정 최적화를 위해 무작위성 도입하기는 새로운 발상이 아니다. 수백 년 동안 캐나다 동부의 나스카피Naskapi 부족은 무작위화 전략을 이용해 사냥에 도움을 얻었다. 이 부족은 사냥할 곳을 정할 때 방향을 선택하는 의식을 치른다. 가령 이전에 잡은 카리부의 뼈를 태워서, 다음 사냥을 위한 방향을 가리키는 듯한 무작위적으로 그슬린 표식을 찾는다. 본질적으로 무작위 과정에 결정을 맡기면 인간이 내리는 의사결정에 필연적으로 생기는 반복성을 피할 수 있다. 덕분에 숲의 특정 지역에서 먹잇감이 고갈될 가능성이 줄어들며, 아울러 사냥당하는 동물들이 인간이 선호하는 사냥 지역을 알게 되어 그런 지역을 고의로 피할 가능성도 줄어든다. 이처럼 무작위성을 이용해 예측가능성을 피하는 행위를 가리켜 수학 용어로 **혼합 전략**mixed strategy이라고 한다. 5장에서 우리는 이런 전략 및 기타 전략에 대해 더 자세히 살펴보면서, 실용적이지만 종종 비직관적인 게임이론의 세계 속을 파헤칠 것이다.

●

◆ 식사 메뉴를 정하지 못하는 사람들: 분석 마비

미래에 관한 어려운 결정을 내릴 때 무작위성이 도움을 줄 수 있는 또 한 가지는 **분석 마비**analysis paralysis를 피하게 해준다는 점이다. 여러분이 나와 비슷한 성격이라면, 긴 메뉴에서 무엇을 주문할지 고를 때 약한 분석 마비를 경험할지 모른다. 리소토냐 버거냐, 스테이크냐 파스타냐? 나는 무척 우유부단한지라, 종종 웨이터가 다른 사람들의 주문을 전부 받고 나서 몇 분 뒤에 다시 돌아와 마지막으로 내 주문을 받는다. 뭘 선택해도 좋을 것 같긴 하지만, 절대적으로 최상의 선택을 하려고 나는 모조리 놓칠 위험을 감수하는 편이다.

식당은 현대 세계에서 분석 마비 현상이 대두되는 유일한 장소가 결코 아니다. 생활의 거의 모든 영역에서, 가령 우리가 사는 식료품이나 입는 의복에 관한 일상적 선택에서부터 어디에 살아야 할지나 누구와 데이트를 해야 할지와 같은 중대한 결정에 이르기까지, 오늘날 인터넷 덕분에 선택해야 할 정보가 전례 없이 흘러넘친다. 심지어 인터넷이 이런 수많은 선택 거리를 우리의 가정에 제공하고 휴대폰이 우리의 손바닥에 제공해 주기 전에도, 선택은 오랫동안 자본주의의 원동력으로 여겨져 왔다. 상품과 서비스를 제공하느라 서로 경쟁하는 가운데 기업을 선택하는 소비자들의 능력이 어느 기업은 흥하고 어느 기업은 망하는지 결정한다. 또는 그렇다고 오랫동안 전해 내려오고 있다. 소비자들의 자유로운 선택이 만들어낸 경쟁적 환경이 혁신과 효율을 이끌어 내 전반적으로 더 나은 소비자 경험을 제공하고 있는지도 모른다.

하지만 더욱 최근의 이론가들이 제시하기로, 선택의 증가는 소비자에게 여러 걱정거리를 안겨줄 수 있다.[51] 걱정거리는 더 나은 기회를 놓칠까 두려운 마음FOMO에서부터 선택한 활동에 참여하지 않기('다른 걸 할 수 있는데 왜 내가 이걸 하고 있나?') 그리고 잘못 선택했다는 후회에 이르기까지 다양하다. 폭넓은 선택 기회로 인해 기대치가 높아지는 바람에 일부 소비자들은 진정으로 만족스러운 경험을 하지 못한다고 느낄 수 있고, 또 어떤 소비자들은 분석 마비를 경험할 수 있다. 선택 사안이 많으면 소비자 경험이 나빠지며 잠재적 고객들이 구매를 덜 하게 된다는 가설을 가리켜 **선택의 역설**paradox of choice이라고 한다.

2000년에 컬럼비아대학교와 스탠퍼드대학교의 연구자들이 바로 이 가설을 연구하기 시작했다.[52] 2주 연속으로 그들은 일요일에 캘리포니아주의 도시 멘로파크Menlo Park에 있는 한 고급 식료품점에 시식 부스를 마련했다. 첫 번째 일요일에는 가판대에다 스물네 가지 맛의 잼들을 채워놓고서 손님들이 맛볼 수 있도록 했다. 두 번째 일요일에는 표본의 수가 딱 여섯 가지로 줄었다. 많은 가짓수를 진열했을 때는 지나가는 손님 중 60퍼센트가 관심을 보인 데 반해 가짓수가 적었을 때는 겨우 40퍼센트만 관심을 보였다. 하지만 평균적으로 손님들은 제시된 잼의 가짓수와 무관하게 두 경우에 대해 똑같은 수의 잼(고작 두 가지)만 시식했다. 연구에서 드러난 고객 행동의 가장 두드러진 측면은 각 경우에서 실제로 몇 명이 잼을 구매했는지 살폈을 때 나왔다. 스물네 가지 잼을 내놓은 경우에는 고객 중 3퍼센트만 잼을 샀지만, 제한된 여섯 가지 잼을 시식했던 고객들은 무려 30퍼센트나 잼을 샀다. 여기서 짐작되듯이, 첫 번째 일요일에는 선택 사안이 지나치게 많았기에 고객들이 제품을 제대로 파악하지 못했다고 느껴 선뜻 구매 결정을 내리기 어려웠다.

가장 좋은 것은 좋은 것의 적이다

결정할 게 많아질수록 분석 마비가 일어나기 더 쉽다. 우리가 하려는 결정에서 한 발짝 물러나 보면, 가장 좋은 선택 사안이 있을지도 모르지만 우리한테 만족스러운 좋은 선택 사안도 여럿 있다.

가령 집으로 삼기에 만족스러운 집이 많이 있으며, 평생 즐겁게 함께 할 만한 사람도 많다.

이 '그런대로 괜찮다' 교훈을 나는 뉴욕에 처음 갔을 때 배웠다. 높은 빌딩에 올라가서 처음 보는 도시의 풍경을 내려다보길 좋아하는지라, 그러려고 나선 참이었다. 하지만 엠파이어스테이트빌딩(당시 뉴욕에서 가장 높은 건물)에서 나를 맞이한 대기 행렬이 너무나 긴 나머지 나는 다음을 기약하기로 했다. 대신 록펠러센터에 가서 승강기를 타고 꼭대기에 올랐다. 굉장한 전망이 펼쳐졌는데, 가장 높지는 않았어도 30록펠러플라자 빌딩은 뉴욕의 거의 모든 다른 건물을 왜소하게 만들 정도로 충분히 높다. 가장 좋은 것은 아닐 수도 있지만 적어도 그런대로 괜찮은 대안을 선택하는 것을 가리켜 영어로 'satisficing(만족화)'이라고 한다. 만족스러운이란 뜻의 'satisfying'과 충분하다란 뜻의 'suffice'를 섞어서 만든 용어다. 심리치료사 로리 고틀립Lori Gottlieb은 저서 『그 남자랑 결혼해Marry Him』에서 만족화를 옹호한다. 짝 찾기와 관련해 이 저자가 중시하는 질문은 '이게 내가 할 수 있는 가장 좋은 것일까?'보다는 '나는 행복한가?'다. 볼테르가 『철학 사전Dictionnaire philosophique』에서 소개한 이탈리아 속담처럼 '가장 좋은 것은 좋은 것의 적이다(Il meglio è l'inimico del bene).'

어느 문제, 특히 주관적인 문제에 완벽한 해법이 존재한다는 생각을 가리켜 **열반**涅槃**의 오류**Nirvana Fallacy라고 한다. 현실에서는 이상화된 기대에 부합하는 답이 없을지 모른다. 완벽한 짝이 우리를 기다리고 있진 않으며, 우리가 꿈꾸는 집은 결코 벽돌과 회반죽으로 실현되지 않는다. 다행히도 선택을 앞두고 생기는 분석 마비를 극복할 단순한 방법을 무작위성이 제공한다. 복수 개의 선택 사안이 있을 때, 그중 많은 것을 여러분이 기꺼이 받아들일 수 있다면, 동전을 던지거나 주사위가 여러분을 대신해서 선택하게 하자. 때로는 빠르게 괜찮은 선택을 하는 것이 느리게 완벽한 선택을 하는 것 – 아니면, 정말로 마비가 와서 도무지 아무 결정도 못 하는 상태 – 보다 낫다.

다수의 선택 사안 중에서 힘들게 선택해야 하는 상황일 때, 외부의 무작위 행위자를 통해 대신 결정을 내리면 우리가 진짜로 좋아하는 것에 집중할 수 있게 된다. 벤 마셜의 주사위 실험과 달리 여러분은 이번엔 무작위화 도구의 결정을 곧이곧대로 따르지 않아도 된다. 하지만 외부에서 선택을 제시해 주면 여러분은 그 사안을 받아들일지 진지하게 숙고하면 되는 위치에 놓인다. 이 전략 덕분에 그 시점까지 일견 막연하게만 보이던 사안의 결과를 차분히 내다볼 수 있다. 스위스 연구팀이 실시한 아래 실험에서 밝혀졌듯이, 무작위로 결정을 내리면 종종 분석 마비를 초래하는 정보 과부하에 대처할 수 있다.[53]

기본적인 배경 정보가 담긴 글을 읽은 후, 세 집단으로 구성된 참가자들은 한 가상의 상점 관리인을 해고할지 아니면 재고용할지에 관해 예비적 결정을 내려달라는 요청을 받았다. 이 첫 결정을 내린 다음에, 세 집단 중 두 집단에게 이렇게 알려주었다. 이런 결정은 내리기가 어려우므로, 컴퓨터로 실시된 한 번의 동전 던지기로 결정에 도움을 받을 수 있다고 말이다. 동전 던지기는 참가자들이 원래 결정을 고수할지(집단 1) 버릴지(집단 2) 알려준다. 하지만 원한다면 동전 던지기 결과를 무시해도 좋다. 그다음 세 집단 모두에게 더 많은 정보(분석 마비의 지표)를 원하는지 이미 아는 내용을 바탕으로 기꺼이 결정을 내릴지 물었다. 더 많은 정보를 원한 참가자들이 정보를 더 받고 나서는, 모든 참가자한테 최종 결정을 내려달라고 했다.

동전 던지기를 실시한 참가자들은 무작위화된 결정 추천을 받지 않은 참가자들보다 원래 결정에 만족해 더 많은 정보를 요구하지 않을 가능성이 세 배나 되었다. 동전의 무작위적 영향 덕분에 그들은 시간을 잡아먹는 자료 조사의 필요성을 느끼지 않고서 결정을 내렸다. 흥미롭게도, 동전 던지기의 결과가 참가자의 원래 결정과 반대로 나올 때가 원래 결정을 확인해 주었을 때보다 추가 정보 요청하기가 더 적었다. 반대 관점을 심사숙고해야 하는 상황에 처했을 때, 동전 던지기가 참가자의 원래 선택을 확인해 주어 강화시킬 때보다 참가자들이 오히려 원래 선택을 더 확신하게 되었다는 뜻이다.

무언가 애써 결정을 내리려고 할 때 무작위화 도구가 대신 결정해 줄 수 있다는 사실을 알면 위안이 된다. 비록 동전의 처방을 거부하기로 하더라도, 상반된 양쪽 의견을 둘 다 알게 되면 의사결정 과정이 빨라지거나 촉진될 때가 자주 있다. 주사위 인간처럼 일상적 결정의 일부에 대한 통제권을 무작위성에 넘기면 더 효율적인 출근 경로를 찾거나, 똑같은 가수의 똑같은 노래를 계속 반복해서 듣는 단조로움을 피할 수 있다.

그런데 우리가 정말로 무작위한 결과를 원한다면, 주사위든 동전이든 컴퓨터 알고리즘이든 간에 외부의 무작위화 도구에 통제권을 넘기는 것이 중요하다. 앞서 보았듯이 우리는 무작위한 결과를 내놓는 데 선천적으로 뛰어나지 않기 때문이다. 정말이지 완벽하게 무작위한 결과를 내놓는 능력을 우리가 타고나지 못했다는 사실은 우리가 진짜로 자발적인 능력을 가졌는지 생각해 볼 때 중대한 함의를 갖는다. 하지만 이런 근본적인 결점을 이해하고 나면 우리는 한 걸음 앞서 나갈 수 있다. 가령, 복권 당첨금을 더 많이 딸 수 있다. 무작위성이 진짜로 어떤 모습일지 근본적으로 이해하면, 중대한 사업 협상에서부터 (장담하건대) 설거지를 누가 맡을지 결정하는 사소한 게임들까지 여러 상황에서 유리해질 수 있다.

무작위성을 알아차리고 이해하고 자신을 위해 활용하기와 더불어, 실제보다 더 무작위적으로 보이는 듯한 상황들 – 생존자편향의 우연한 대상자 줄이기나 보도편향의 의도적 은폐로 인해 우리에게 감춰지는 막다른 골목과 실패들 – 을 우리는 경계해야 한다. 또한 비양심적인 인물들이 들려주는 계산된 절반의 진실도 경계해야만 한다. 그런 말에 넘어가면 결국 엉뚱한 말馬에 돈을 걸게 된다. 셜록 홈스처럼 우리는 겉으로 보이는 정보만이 아니라 빠져 있는 증거 – 한밤중에 개가 짖지 않을 때 일어나는 흥미로운 일들 – 를 통해 추론해야 한다. 우리한테 보여주지 않은 게 무언지를 물어야 한다. 우리가 받고 있는 소량의 정보가 전체 그림을 대표하지 않을지 모른다는 점을 깨닫고 아울러 우리한테 보여준 데이터에 담겨 있을지 모르는 편향들을 알아차린다면, 본디 무작위성을 잘 이해하지 못하는 우리를 이용해 먹으려는 자들에게 대항할 어느 정도 면역력을 갖출 수 있다.

4장

마음 바꾸기

논리적으로 생각하기의 시작

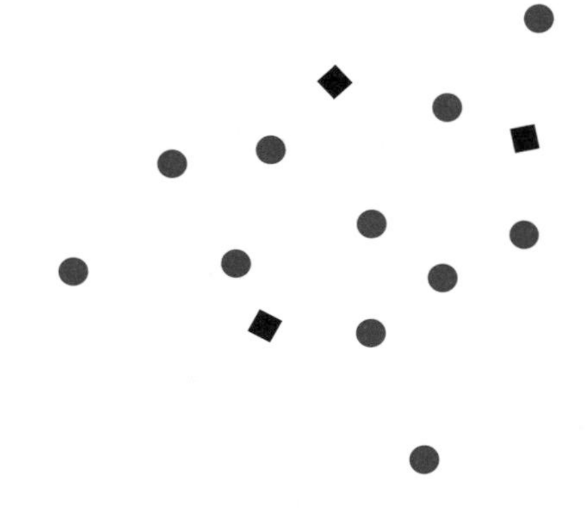

지금까지 우리는 무작위성을 알아차리고 이해하고 대처하기에 선천적으로 역부족인 여러 사례를 살펴보았다. 2장에서는 배경 잡음에서 유의미한 패턴을 골라내도록 유혹하는 인지 습관들을 설명했다. 여러 면에서 그런 행위는 3장 첫 부분에서 나왔던 문제와 정반대인데, 겉보기에는 무작위성이 지배하는 듯한 상황이지만 사실은 전적으로 미리 결정되어 있기 때문이다. 또한 3장에서 보았듯이, 우리는 무작위성을 스스로 생성하는 데 그다지 능숙하지 않다. 따라서 우리가 진짜로 자발적인 존재일 수 있는지조차 의문스럽다. 그러나 앞서 보았듯이 동전이나 주사위와 같은 외적 수단을 통해 무작위한 결과를 내놓을 수 있다면, 무작위성을 일부(아마도 전부는 아닐 것이다) 의사결정 과정에서 우리한테 유리한 쪽으로 적극 활용할 수 있다.

지금까지 여러 장에 걸쳐 강조했던 여러 잠재적 위험을 고려하면, 무작위성이 관여하는 상황에서 미래를 내다본다는 게 어렵거나 일부 경우에는 불가능하다고 생각하기 쉽다. 하지만 결코 그렇지 않다. 무작위한 행동이라고 해서, 완전히 또는 대체로 예측 불가능하다는 뜻은 아니다. 사실, 무작위 과정이라도 확률적인 관점에서 파악해 보면 반복 가능하고 재현 가능한 특성들이 무수히 드러날 때가 많다. 이 장을 통해 알게 되겠지만, 수학이 제공하는 투시력 덕분에 우리는 환경의 내재적 가변성에서 그런 신호들을 구분해 낼 수 있다.

이번 장의 끝부분에서 알게 되겠지만, 훨씬 더 중요한 사실을 하나 들자면 수학은 불확실성 앞에서도 논리적으로 사고하는 틀을 제공할 수 있다는 것이다. 우리는 마음을 바꾸는 사람들을 위선자라거나 우유부단한 사람이라고 비난하면서 성급하게 비웃곤 한다. 어떤 경우에는 그런 조롱이 정당해 보인다. 가령, 거만한 정치인이 100퍼센트 확실하다며 어느 사안에 대한 확신을 표하고 아무런 의심의 여지가 없다고 호언장담했다고 치자. 이후에 금세 틀린 말이라는 게 밝혀지면, 우리는 그런 정치인의 실수가 폭로된 것이 조금 고소하다고 여기게 된다. 하지만 누군가가 첫 의견을 내놓을 때 그 의견과 관련된 불확실성을 각별히 신경 써서 알리고 새로운 정보를 얻을 경우 그에 따라 업데이트했다고 하면, 우리는 그러한 경로 수정을 조롱하지 않아야 한다. 급격하고 완전한 유턴은 비교적 드물겠지만, 새로운 증거에 따라 기존 견해를 수정하는 것이야말로 어쨌든 과학의 핵심적인 과정이다. 일상생활의 불확실한 물결 속에서 우리의 항로를 찾아나가려고 할 때, 수학이야말로 항로를 찾는 데 유용한 도구 – 비유하자면, 어떻게 그리고 언제 우리의 마음을 바꿔야 할지 결정하는 데 도움이 될 나침반 – 를 제공할 수 있다.

숫자 '1'을 조심하라: 벤포드 법칙

언뜻 보기에 무작위적인 과정이라도 어느 정도 예측 가능성이 있음을 보여주기 위해, 여러분에 관한 사적인 예측을 하나 해보고자 한다. 이에 대해 나는 사전 지식을 갖고 있지 않으며, 처음 보았을 땐 꽤 무작위적인 것처럼 보일지 모른다. 여러분이 쉽게 꺼낼 수 있다면, 주소록을 꺼내보자(주소록이 없는 독자들을 위해 내 주소록에 나오는 집 번지들을 아래 표 1에 실었다). 만약 주소록이 너무 많다면, 처음 50개의 항목만 살펴봐도 좋다. 목록을 훑어가면서 각 연락처의 집 번지 첫 번째 숫자를 적도록 하자. 이제 그중에서 1이나 2 또는 3인 것의 개수를 세자. 내가 예측하기로, 여러분 주소록의 집 번지 중 적어도 절반은 첫 숫자가 1, 2, 3 중 하나일 것이다.

내 주소록에 있는 집 번지들의 첫 번째 숫자에서 1이나 2 또는 3의 개수를 세면, 52개 항목 중에서 30개다. 절반이 훌쩍 넘는다. 내 짐작에 여러분의 주소록도 마찬가지일 테다. 꽤 놀랍게도 집 번지들의 모든 첫 숫자 중에서 절반이 넘는 숫자가 오직 세 가지 숫자 중 하나이며, 그걸 나는 비교적 확실하게 예측해 냈다. 사실 여러분 주소

35	53	6	191	7	42	32	75	21	31	63	50	18
89	84	23	77	18	9	38	102	198	8	13	11	14
20	6	126	12	54	7	26	7	11	3	47	63	6
37	41	43	24	10	41	202	35	19	2	12	28	26

표 1 내 주소록에 나오는 52개의 집 번지

록이 50개 항목뿐이라고 할 때, 절반이 넘는 집 번지가 1이나 2 또는 3으로 시작할 확률은 95퍼센트 가까이 된다. 만약 100개 항목이라면 확률은 99.6퍼센트에 육박한다.

각각의 숫자로 시작하는 주소들의 개수가 똑같아야지 어느 한 숫자가 다른 숫자보다 더 많거나 적게 나오지 않아야 한다고 여기는 우리의 직관에 반하는 결과인 듯하다. 만약 우리 직관대로라면 (집 번지가 0으로 시작하지는 않으므로) 아홉 숫자 각각은 0.11, 즉 11퍼센트의 빈도로 나타나야 한다. 다른 상황들에서는 분명 그렇다. 복권 추첨 시에 특정 숫자들에 대한 편향이 있다고 상상해 보자. 그렇다면 각 구매자의 복권 표는 당첨 확률이 다르다는 뜻이 된다. 이 경우 이런 시스템을 이용하려는 사람들도 있을 테고 아예 참여하지 않는 사람들도 있을 것이다. 특정한 수가 뽑히는 빈도는 반드시 고르게 퍼져 있어야, 수학 용어로 말하자면 **균등해야**uniform 한다.

번지의 첫 번째 수는 자연에서 발생하는 다른 여러 데이터 집합과 마찬가지로, 알고 보니 분포가 균등에서 한참 벗어나 있다. 가장 드문 첫 번째 수는 9로서 빈도가 고작 4.6퍼센트이며, 가장 흔한 첫 번째 수는 1로 발생 빈도가 놀랍게도 30.1퍼센트에 달한다. 이런 데이터 유형을 모형으로 나타낸 분포는 **벤포드 분포**Benford's distribution 또는 **벤포드 법칙**Benford's law이라고 알려져 있다. 그림 4-1의 왼쪽 그래프를 보면 내 주소록의 첫 번째 숫자들이 벤포드 법칙을 얼마나 잘 따르는지 알 수 있다. 가위표의 위치들은 막대의 높이와 상당히 일치한다. 벤포드 법칙에 따르면 숫자 2는 17.6퍼센트의 빈도로 나와야 한다. 내 주소록의 경우 숫자 2는 17.3퍼센트의 빈도로 나온다. 4는

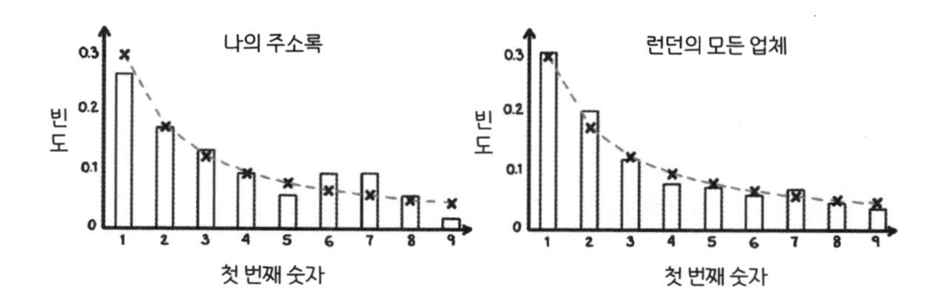

그림 4-1 왼쪽 그래프에서는 내 주소록에 있는 52개의 집 번지들의 첫 번째 숫자의 빈도(막대)가 벤포드 법칙으로 예측되는 빈도(점선으로 이어진 가위표들)와 잘 일치한다. 오른쪽 그래프에서는 런던 내 업체 총 100만 8,925개 주소의 첫 번째 숫자가 나오는 빈도(막대)가 벤포드 법칙으로 예측되는 빈도(점선으로 이어진 가위표들)와 훨씬 더 일치한다.

9.7퍼센트의 빈도로 나와야 하는데, 내 주소록에서는 9.6퍼센트로 나온다. 차이가 나는 경우들도 있지만, 데이터 집합이 커지면 그런 경우들은 사라진다.

과연 그런지 확인하려고 나는 런던에 있는 100만 개 넘는 업체의 주소를 살펴보았다. 그 많은 숫자를 조사했는데(과연 많은 수를 다루려니 조금 지겹긴 했다), 그 결과가 그림 4-1의 오른쪽 그래프였다. 이번에는 예측된 빈도와 실제로 조사한 빈도가 소름 끼칠 정도로 맞아떨어졌다. 법칙에 따르면 숫자 1이 나올 빈도는 30.1퍼센트였는데, 실제로 조사한 빈도는 30.8퍼센트였다. 숫자 3이 나올 빈도는 12.5퍼센트였는데, 실제 빈도는 12.2퍼센트였다.

하지만 벤포드 법칙을 굳세게 믿고서 동네 술집에 한잔하러 급히 나서기 전에, 그 법칙을 언제 어디에서 이용하면 좋을지 알아야 한다. 앞서 보았듯, 복권에서처럼 완전히 무작위로 당첨 번호가 정해질 때는 벤포드 법칙이 통하지 않는다. 아마도 휴대폰 번호야말로 여러분이 서둘러서 차지하려는 대상일 수 있다. 영국의 경우 휴대폰 번호의 처음부터 세 번째까지의 수는 미리 정해지지만, 아마도 네 번째 수에는 벤포드 법칙이 적용되지 않을까? 안타깝게도 적용되지 않는다. 영국에서는 휴대폰 번호의 처음 세 수 다음에 오는 1에서 9까지의 숫자들도 균등하게 분포되어 있다. 즉, 각각의 숫자가 나올 가능성이 똑같다(이 사실을 이용해 우리는 2장에서 사람들이 고작 119명만 있으면 그중 두 명이 휴대폰 번호의 마지막 네 숫자가 똑같을 확률이 절반을 넘는다는 것을 계산했다).

분포는 아무리 고르게 퍼져 있어도 지나치지 않다. 마찬가지로 분포가 너무 제한적이더라도 벤포드 법칙이 적용되지 않는다. 프리미어리그 축구 선수들의 나이, 성인 남성의 키 또는 10대들의 IQ 또는 올림픽 여자 100미터 경기에서의 1등 기록 등에 관한 데이터를 보면, 데이터가 전부 너무 조밀하게 모여 있어서 첫 자리 숫자가 다른 경우가 별로 없다. 그런 경우들에는 벤포드 법칙이 전혀 통하지 않는다. 사실 이런 데이터 집합 다수는 다른 유명한 분포를 따른다고 알려져 있다. 가령 종 모양의 정규 곡선normal curve이 환자의 혈압 분포[54]에서부터 남성과 여성의 키[55]에 이르기까지 온갖 종류의 현상을 근사적으로 기술한다.

하지만 수학자들이 밝혀내기로, 그런 상이한 많은 분포에서 데이터를 뽑아내 취합되는 데이터 점의 개수가 증가하면, 데이터의 첫 번째 숫자는 매우 특징적인 패턴 – 벤포드 법칙 – 을 보인다.[56] 그렇기에 표준화된 시험 점수처럼 특징이 잘 규명된 많은 현상은 한 특정 분포의 통제하에 놓이는 반면, 많은 상이한 분포에 의해 통제되는 많은 상이한 요소가 무작위로 혼합된 더욱 복잡한 일부 현상은 벤포드 법칙을 따른다. 여러분도 직접 벤포드 법칙을 따르는 분포를 만들어 낼 수 있다. 가령 여러분이 좋아하는 일간신문에서 서로 무관한 기사들을 훑어보면서 하나 이상의 수를 언급하는 기사를 찾아보자. 그다음에 그런 기사들 각각에서 수를 골라서 그 수의 첫 번째 자리 숫자의 빈도를 계산해 보면 된다.

벤포드 법칙이 적용되려면, 데이터가 크기의 여러 차수order of magnitude에 걸쳐 있어야 한다. 예를 들어 영국의 거주지 규모를 생각해 보자면, 마을은 인구가 100명 미만인 경우가 많지만 일부 도시는 1000만 명이 넘는다. 영국 거주지들의 인구 규모는 벤포드 법칙이 적용되기 좋은 후보다. 벤포드 법칙을 따르는 다른 비슷한 데이터 집합을 꼽자면 출간물의 페이지 수, 건물의 높이, 강의 길이 등이 있다.

어느 수표위조범의 실수

이전에 내가 벤포드 법칙을 이용해서 했던 예측들로 파티에서 깜짝 묘기를 선보이거나 술집에서 맥주 한 잔을 따낼 수는 있다. 하지만 세상을 당장 바꾸긴 어렵다. 그렇다 해도 벤포드 법칙은 현실의 온갖 광범위한 상황에 적용되어, 인위적으로 조작된 데이터를 찾아낼 수 있게 한다.

망한 원자재 회사 엔론은 역사상 가장 악명 높은 회계부정을 저질렀다. 체계적이고 제도화된 장부 조작을 통해 엔론은 파산 신청을 하기 한 해 전인 2000년에 1000억 달러가 넘는 매출을 거뒀다고 했다. 엔론에서 나온 회계 데이터를 분석해서 벤포드 분포와 비교했더니, 의미심장한 불일치가 발견되었다. 그 덕분에 회계 감사자들이 부정행위를 금세 눈치챈 것이다.[57]

독일 경제학자 네 명이 2010년 유럽연합 부채 위기로 이어진 몇 년 동안 모든 유럽연합 회원국이 제출한 회계 자료를 면밀히 조사했다. 그 부채 위기는 상당 부분 그리스의 국가 부채 위기로 인해 촉발된 일이었다. 분석을 했더니, 그리스의 수치가 벤포드 분포에서 가장 큰 분산을 보였는데, 이는 수치가 조작되었음을 시사했다.[58]

벤포드 법칙은 많은 상황에서 불규칙성을 조사하는 데 쓰였다. 가령, 이란의 대통령 선거 결과[59]에서부터 과학 연구의 허위 발표[60] 그리고 따분하지만 가장 흔한 일인 그날그날의 회계 감사[61] 등에 사용되어 왔다.

웨인 제임스 넬슨Wayne James Nelson은 애리조나주 재무국장 사무실의 하급 관리자였다. 1992년 10월 열흘의 기간 동안 그는 최소 스물세 장의 위조수표를 제삼자에게 발행해 준 다음 그걸 다시 자기 명의로 바꾸었다. 용의주도하게 첫날에는 비교적 소액으로 1,927.48달러와 2만 7,902.31달러짜리 수표 두 장을 발행했다. 정상적으로 보이게 하려고 닷새를 기다린 후에 네 장을 더 발행했고, 다시 닷새 후에는 과감하게 열일곱 장을 더 발행했다. 이런 식으로 그는 전부 합쳐 무려 200만 달러 남짓을 현금화했다. 하지만 큰 실수를 저지르고 말았다. 의심을 피하려고 각 수표의 첫 자리 숫자를 무작위로 보이게끔 골랐고 어느 금액도 똑같은 액수나 0으로 끝나는 수로 적지 않으려고 주의를 기울이긴 했지만, 욕심이 너무 컸다. 10만 달러의 금액 제한이 있어서, 그 이상이면 내부 회계 감사자들이 수표를 더 자세하게 조사하도록 되어 있었다. 그렇기에 원치 않는 조사를 피하기 위해 이 제한 금액 아래로 하려고 만전을 기했지만(나중에 발행한 수표 금액은 이 제한 금액에 가까웠지만 그 아래였다), 넬슨은 벤포드 법칙을 몰랐다.

넬슨의 수표 금액들을 분석했더니, 10만 달러 제한 금액에 너무 가깝다는 사실이 드러났다. 그의 수표 중에서 90퍼센트 넘는 비율이 7만 달러를 초과한 금액에 대한 것이었는데, 이에 비해 벤포드 법칙을 따르는 진짜 수표들로부터 예상되는 7만 달러 초과 금액의 비율은 대략 15퍼센트였다. 이런 일이 자연스럽게 우연히 일어날 확률은 대략 1000조(10^{15}) 분의 1이다. 매년 발행되는 수표의 가능한 집합이 매우 많다는 점까지도 고려하면, 이 낮은 확률은 넬슨의 행동이 사기일 가능성이 지극히 높다는 뜻이었다.

달리 빠져나갈 방법이 없자 넬슨은 재판에서 수표를 위조했음을 시인했다. 하지만 그런 사기를 저지른 이유는 고용주의 새 컴퓨터 시스템에 감시 기능이 부족하다는 사실을 폭로하기 위해서라고 주장했다. 이런 얄팍한 핑계를 댔지만 유죄판결을 피하진 못했던 그는 5년의 징역형에 처해졌다.

아는 것이 힘이다

벤포드 법칙이 일상적 상황에서 빈번하게 나타나는 한 가지 이유는 현실세계의 많은 데이터 집합이 **지프의 법칙**Zipf's law이라고 하는 일견 불가사의하지만 더욱 일반적인 법칙을 따르기 때문이다. 지프의 법칙이란, 충분히 많은 분량의 텍스트가 있을 때 그 속의 단어를 감소하는 빈도순으로 늘어놓으면 특별한 패턴이 나타나는 현상이다. 구체적으로 말하자면, 두 번째로 가장 빈도가 높은 단어는 가장 빈도가 높은 단어의 대략 절반만큼 자주 등장한다. 세 번째로 가장 빈도가 높은 단어는 가장 빈도가 높은 단어의 대략 3분의 1만큼 자주 등장하며, 네 번째 빈도의 단어는 대략 4분의 1만큼 자주 등장하고, 계속해서 이런 식으로 진행된다.

나는 직접 지프의 법칙을 검증하려고, 이전 저서 『수학으로 생각하는 힘』에서 쓰인 영어 단어의 빈도를 분석하기로 했다. 세상에나! 그림 4-2에 나오듯이 지프의 법칙에 놀랍도록 들어맞았다. 책에서 가장 흔한 단어는 'the'로서 6,691번 나온다. 두 번째로 흔한 'of'는 3,330번 나오는데, 'the'가 등장하는 횟수의 거의 정확히 절반이다. 세 번째로 흔한 'to'는 2,445번 등장하는데, 'the'의 등장 횟수의 3분의 1을 조금 넘고, 계속 이런 식이다. 단어 'life'는 145번째에 기록되어, 146번째인 'mathematics'와 거의 동등했는데, 둘 다 64회 등장했다. 그리고 한참 뒤인 230번째로 나온 'death'는 총 42번 등장했다.

그림 4-2는 지프의 법칙을 따르는 데이터가 아울러 벤포드 법칙

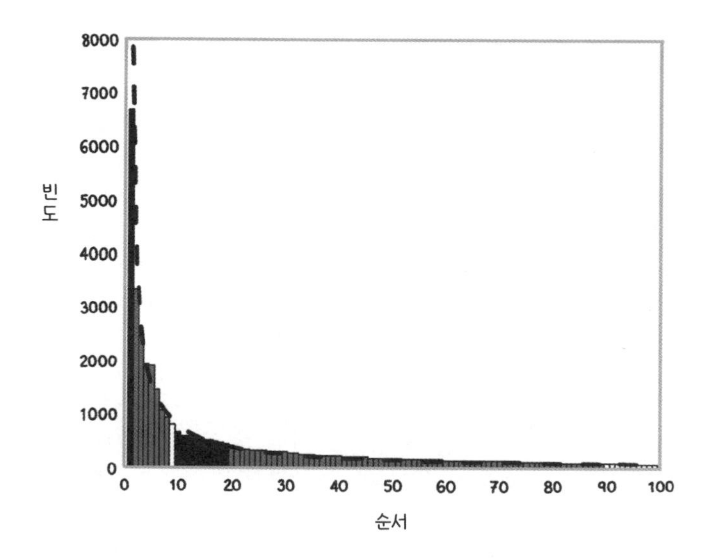

그림 4-2 『수학으로 생각하는 힘』에서 빈도 순위로 배열된 100개 단어 각각의 등장 횟수. 1로 시작하는 순위의 단어에 해당하는 막대는 검은색으로 표시되어 있고, 순서가 9로 시작하는 단어에 해당하는 막대는 흰색으로 표시되어 있으며, 나머지 막대는 회색이다. 순서가 1로 시작하는 단어가 9로 시작하는 단어보다 더 많다. 위에 그려진 검은 점선은 지프의 법칙으로 예측된 이론적 형태로서, 단어 빈도 데이터와 잘 일치한다.

도 따르는 이유를 짐작케 해준다. 각각의 차수(1-9, 10-99, 100-999, ……)에서 순서가 숫자 1로 시작하는 단어들(검은 막대)이 순서가 1 이외의 다른 숫자, 특히 9(흰색 막대)로 시작하는 단어들보다 흔하다. 데이터가 지프의 법칙을 따르면서 충분히 큰 차수에 걸쳐 있으면, 벤포드 법칙도 따른다고 우리는 확신할 수 있다. 내가 『수학으로 생각하는 힘』에 나오는 단어들 순서의 첫 자리 수를 분석했더니, 벤포드 법칙을 대단히 잘 따랐다(그림 4-3).

분량이 많은 텍스트에서 단어 빈도에 대한 지프의 법칙은 보편적

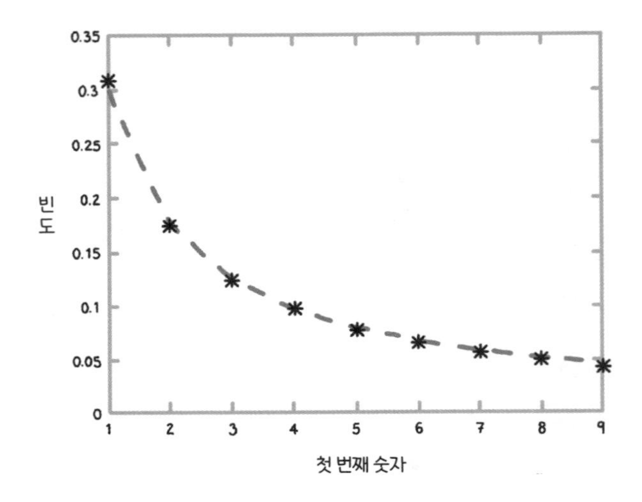

그림 4-3 『수학으로 생각하는 힘』에 나오는 단어들 순서의 첫 자리 수의 빈도를 계산하면(검은 별), 벤포드 법칙(회색 점선)을 거의 정확하게 따른다. 지프의 법칙을 따르는 임의의 데이터 집합은 이런 결과를 보인다.

인 현상이다. 이는 단지 영어에만 통하지 않고 다른 많은 언어에도 통하는 듯하다. 심지어 인위적으로 만든 언어인 에스페란토어에도 통한다.[62] 흥미롭게도 이 기적 같은 관계는 단지 텍스트 속의 단어에만 국한되지 않는다. 다른 온갖 상황에서도 발견되는데, 가령 다음 사례들에서도 나타난다. 과학자가 쓴 논문의 수,[63] 거주지의 인구 규모,[64] 면역 관련 아미노산 서열 길이[65] 그리고 심지어 달의 수많은 분화구들의 직경.[66]

지프의 법칙은 **멱급수 법칙**power law이라는 더 일반적인 규칙의 한 특수한 경우다. 지금 맥락에서 멱급수 법칙이란 한 변수(가령 지구 중력의 세기)가 다른 변수(지구 중심으로부터의 거리)의 어떤 '제곱값

power'에 반비례해 변한다는 뜻이다. 중력은 지구 중심으로부터 거리가 짧을수록 세기가 더 커지며, 거리가 멀수록 세기가 약해진다. 분량이 많은 텍스트 속 단어들에 대한 지프의 멱급수 법칙은 멱급수 법칙의 '제곱값', 다시 말해 지수가 1인 특수한 경우다. 즉, 한 변수의 값이 두 배가 되면 다른 변수가 절반이 되고, 한 변수의 값이 세 배가 되면 다른 변수가 3분의 1이 되는 식으로 변한다.

하지만 일반적인 멱급수 법칙에서는 보통 그렇지 않다. 가령 중력의 '역제곱 법칙'은 지수(제곱값)가 2인 멱급수 법칙이다. 만약 여러분이 지금 앉아 있는 위치에서 지구 중심으로부터 두 배 거리를 이동한다면, 새로운 위치에서 여러분이 받는 중력은 원래 위치의 4(2^2)분의 1로 약해진다. 세 배 거리를 이동한다면 9(3^2)분의 1로 약해진다.

멱급수 법칙은 자연적으로 생성된 광범위한 데이터 집합을 기술하기 위해 발견되었다. 가령, 서식지 면적에 따른 종 다양성의 변화[67]에서부터 미국의 일일 토네이도 발생 건수의 빈도[68] 그리고 심지어 작품의 평균 가격에 따른 화가들의 수[69] 등등. 1809년부터 1949년까지 벌어진 전쟁에 관한 데이터를 분석해 루이스 리처드슨Lewis Richardson은 다음 사실을 발견했다. 치명적인 충돌의 빈도는 사망자 수에 대한 지수 2분의 1인 멱급수 법칙[70]에 따라 변한다. 예를 들어, 100만 명이 사망한 전쟁은 1만 명이 사망한 전쟁보다 열 배 일어날 가능성이 낮고, 100명이 사망한 충돌보다는 100배 일어날 가능성이 낮다. 아마도 이제껏 발견된 가장 중요한 멱급수 법칙 중 하나는 1956년에 지진학자 베노 구텐베르크Beno Gutenberg와 찰스 리히터Charles Richter가 발표한 것으로, 지진을 예측하는 능력이 있다고 알려져 있다.[71]

아무도 예측하지 못한 대지진

차오 시안칭Cao Xianqing은 중국 북동부 랴오닝성의 잉커우시에 있는 지진국에서 딱 네 달 동안 국장으로 있었다. 늦게 교육을 받아 인민해방군 군인으로서 처음 읽기와 쓰기를 배운 사람인지라 차오는 일반적인 지진 예측 전문가는 아니었다. 하지만 그는 조직 구성에 능했다. 그 지역이 1974년 12월에 진도 5.2의 지진을 겪자, 차오는 통신망과 운송팀, 구조팀을 조직했으며 잉커우시의 모든 행정구역에 지진관측소를 설치했다. 더 큰 지진을 대비해 겨울옷, 침대, 음식도 비축하기 시작했다.

12월 후반과 다음 해 1월 초반에 그 지역에선 여러 차례 틀린 경보가 울렸지만, 마침내 1975년 2월 초반에 일련의 작은 지진이 일어났다. 해당 지역의 농부들은 지하수 색깔과 수위가 달라졌다고 신고하기 시작했다. 게다가 동물들의 이상한 행동도 신고했는데, 가령 '개구리와 뱀이 도로에 얼어 죽어 있다'든지, '쥐가 술 취한 듯 보인다'든지, 별로 창의적이진 않지만 '말이 히잉 울고 거위들이 이리저리 도망친다'든지 하는 것이었다.

2월 4일 아침 이른 시각에 진도 5.1의 소규모 지진이 랴오닝성을 흔들어 건물에 사소한 파손을 일으켰지만, 더 심각한 피해는 없었다. 차오는 즉시 잉커우시 (공산)당위원회 회의를 소집해 그날 지진이 또 발생할 것이며, 앞선 것보다 규모가 더 클 거라고 주장했다. 그의 열정적인 충고를 곧이곧대로 받아들여 위원회는 잉커우시 전역에 즉

각적 대피를 명령했다. 비슷한 대피 명령이 랴오닝성의 다른 지역에도 전파되었다. 많은 사람이 그 명령을 따라 건물 바깥에 피난처를 마련했다. 주저하는 시민들을 차가운 겨울 저녁에 집 밖으로 나오게 하려고 야외 특별 영화 상영회가 급조되기도 했다.

오후 7시 46분, 큰 지진이 강타했다. 진도 7.5의 지진으로서, 진앙은 잉커우시와 이웃한 하이청시의 경계 지역이었다. 다리가 무너졌고 파이프라인이 끊어졌으며 건물이 붕괴되었다. 아무 조치도 취하지 않았더라면, 추산하기로 그 도시의 인구 100만 명 중 15만 명이 사망했을 것이다. 하지만 이튿날 먼지가 가라앉을 때 잔해 속에서 꺼낸 시체는 2,000구가 조금 넘었을 뿐이었다. 신속한 대피 덕분에 10만 명이 넘는 사람들이 목숨을 건졌다. 이 기적과도 같은 업적을 놓고서 공산당은 중국이 지진을 예측하는 능력이 있다고 선전했다.

그 주장은 대규모 지진을 예측할 수 없다는 지질학계의 일치된 견해와 상당히 어긋난다. 가령 미국지질조사국USGS은 웹사이트에 이렇게까지 밝혀놓고 있다. 'USGS든 다른 어떤 과학자든 대규모 지진을 예측해 낸 적은 없다.' 중국이 지진 예측 문제를 해결해 지진의 위치, 발생 시간, 강도를 정확하게 예측하는 신뢰할 만한 방법을 내놓았단 말일까? 안타깝게도 그렇진 않은 듯하다.

2월 4일 지진의 일부 징조는 우연의 일치 때문이라고 쉽게 설명할 수 있다. 지하수의 높이와 색깔의 변화는 해당 지역의 관개 프로그램이 직접적인 원인이었다. 말이 울고 거위가 도망칠 때마다 경보를 울린다면, 허위 경보가 많아지기 마련이다. 정말이지 12월과 1월에 있었던 여러 번의 틀린 경보(그중 일부는 차오 자신이 내린 것)는 정말로 큰 수의 법칙이 작용할 것임을 암시한다. 지진의 발생 시간에 대한 예측을 충분히 많이 하면, 그중 일부는 실현되겠지만 대부분은 그렇지 않을 것이다. 전진前震, foreshock이 있으면 나중에 지진이 일어난다는 믿을 만한 표시로 여겨질 수도 있지만, 전진이 있는 큰 지진은 그다지 많지 않다. 전진으로 여겨질 수 있지만 큰 지진으로 이어지지 않는 세기가 약한 충격도 아주 많다.

어째서 차오 시안칭은 그날 임박한 위험을 그토록 확신했을까? 자신의 평판을 망칠 위험을 무릅쓰고서 수백만 주민이 사는 한 지역을 소개疏開시킬 정도로 말이다. 다른 모든 사람이 몰랐던 무언가를 알았던 것일까? 나중에 차오와의 대화를 통해 밝혀진 바에 따르면, 그는 정말로 뭔가를 알았다. 해당 지역의 지진 교육 자료를 스스로 익혀서 200년 동안의 기록에서 뽑아낸 어림짐작 규칙을 알아냈다. '가을에 비가 지나치게 많이 오면 확실히 겨울에 지진이 뒤따른다'는 규칙이었다. 1974년 가을 내내 평상시보다 비가 많이 왔고 2월 4일이 중국 달력에서 공식적으로 겨울의 마지막 날임을 알고서 차오는 지진이 그날이 지나가기 전에 일어나리라고 확신했다. 하지만 실제로 지진이 일어난 것은 순전히 우연이었다.

우연히 맞은 예측일 뿐 과학적 근거가 분명 없는데도, 중국 공산당은 큰 사건에 앞선 자잘한 이상 현상들에 관심 있는 차오와 같은 아마추어 집단의 역할을 부풀려 선전했다. 이런 집단적 노력은 마오쩌둥 의장의 마르크시즘 이념과 잘 맞아떨어졌고, 중국이 지진 예측 문제를 해결했다는 인상을 주었다. 하지만 그런 인상은 별로 오래가지 않았다.

1976년 7월 28일 진도 7.6의 지진이 랴오닝성과 바로 맞붙어 있는 허베이성의 탕산시를 강타했다. 아무도 예측하지 못한 지진이었다. 지진은 대다수 사람이 잠들어 있던 새벽 3시 42분에 일어났다. 도시의 건물 대부분이 너무나 큰 손상을 입었기에 설령 붕괴를 면했더라도 사람이 거주할 수는 없었다. 대부분의 도시 기반시설이 순식간에 파괴되었다. 공식적인 사망자 기록은 무려 24만 2,000명이었다. 하지만 지진의 충격을 연구하는 지진학자들의 의견으로는, 그 수치도 상당히 낮게 잡은 추산치라고 한다.

개별 지진을 신뢰할 만한 수준으로 예측할 순 없는 듯하지만, 그렇다고 이것이 특정 장소에서 특정 기간 동안에 큰 지진이 발생할 가능성을 일절 언급할 수 없다는 뜻일까? 두 지역의 지진 발생 빈도를 바탕으로 나는 지금 당장 다음과 같이 예측할 수 있다. 내 고향인 맨체스터가 샌프란시스코보다 앞으로 12개월 동안 진도 4 이상의 지진이 발생할 가능성이 낮다고 말이다. 게다가 내 짐작이 옳다고 거의 확신할 수 있다. 이런 식의 미래 전망을 가리켜 지진학자들은 예측이라기보다 예보라고 부를지 모르겠다.

지진이 방출하는 에너지의 양을 그런 지진들이 발생하는 빈도에 맞춰 그래프로 나타내면, 뚜렷한 멱급수 법칙이 드러난다(그림 4-4). 이것이 유명한 구텐베르크-리히터 법칙이다.[72] 1970년부터 2020년까지의 50년 동안 발생한 지진 데이터에는 4만 건이 넘는 진도 4.5 지진(각 지진당 대략 3.5×10^{11}줄의 에너지 방출하는 세기)에서부터 단 두 건의 진도 9.1 지진(각 지진당 거의 3×10^{18}줄의 에너지 방출하는 세기)에 이르기까지 다양한 지진이 담겨 있다. 두 양(에너지와 빈도)은 매우 넓

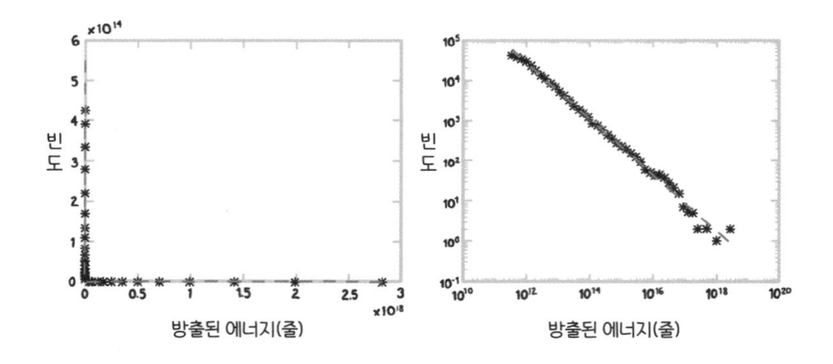

그림 4-4 (1970~2020년까지) 전 세계에서 일어난 지진의 빈도는 얼마나 많은 에너지가 방출되었는지에 대한 멱급수 법칙에 따라 달라진다. 비교적 작은 지진은 많고 아주 큰 지진은 매우 적기 때문에, 왼쪽 그래프의 데이터는 두 축에 붙어 있는 듯 보인다. 따라서 두 축상에 로그 스케일을 적용해 그래프를 그리면 관계가 더 쉽게 보인다. 멱급수 법칙의 특징적인 직선 관계가 오른쪽 그래프에서 확연하게 드러난다.

은 범위에 걸쳐 변하기에, 로그 스케일을 이용해 그래프를 그리면 둘 사이의 관계가 더 쉽게 보인다(그림 4-4의 오른쪽 그래프). 그렇게 하면, 데이터는 구텐베르크-리히터 법칙으로 예측한 직선과 거의 일치한다. 직선의 기울기 0.7은 이 멱급수 법칙에서의 지수(제곱값)다.

구텐베르크-리히터 관계는 지진이 매우 예측 가능한 패턴을 따른다고 알려주는 듯하다. 특정 지역에서 발생하는 작은 지진들이 얼마나 자주 일어나는지 알면, 덜 빈번하지만 더 크고 더 치명적인 지진이 얼마나 자주 일어나는지 예측할 수 있기 때문이다. 구텐베르크-리히터 관계는 (USGS가 지진 예측에 대해서 내놓은 입장처럼) 장래에 발생할 지진의 시간, 장소, 규모를 콕 집어 알려주지는 않지만, 한 지역에서 그런 사건들의 예상 빈도를 통해 지진 대비에 적절한 소요 시간과 금액이 얼마인지에 관한 중요한 정보를 제공한다.

미국과 같은 비교적 부유한 나라의 샌프란시스코와 같은 도시의 경우라면 앞으로 30년 동안 진도 7 이상의 지진이 일어날 예상 확률이 51퍼센트이기에, 지진 대비에 상당한 투자를 하는 게 타당하다. 설령 지진을 정확하게 예측해서 인명 손실을 최소화하더라도, 그런 지진이 일어난 뒤에 도시의 기반시설 재건설에 드는 경제적 비용은 그 자체로 재앙이다. 이와 대조적으로 필리핀과 같이 비교적 가난한 나라들의 경우를 보면, 가령 마닐라에서 진도 7인 지진이 450년마다 한 번꼴로 생기는데, 이 빈도가 전 세계의 다른 많은 장소보다 높긴 하지만 지진에 견디도록 도시 건설에 막대한 비용 지출을 하는 것은 타당하지 않을지 모른다.

역사가 에드워드 기번이 회고록에 썼듯이, 확률 법칙은 '일반적으로는 대단히 옳지만 개별적으로는 대단히 그르다'. 구텐베르크-리히터 멱급수 법칙이 일견 예측 불가능한 지진이라도 특정한 행동 패턴이 있음을 밝혀주는 듯하지만, 이는 결코 마법의 수정공이 아니다. 다음에 일어날 대지진의 정확한 날짜와 시간은 결코 미리 알려줄 수 없다. 대신에 특정 규모 이상의 지진이 해당 기간에 일어날 확률만 알려줄 뿐이다. 마찬가지로, 유혈 충돌의 빈도를 기술하는 리처드슨의 멱급수 법칙은 앞으로 20년간 큰 전쟁이 없으리란 확률이 90퍼센트임을 알려줄 뿐이다. 그렇기에 해당 기간 동안 큰 충돌이 없는 쪽에 내기를 거는 편이 매력적으로 보일 테지만, 열 번 중 한 번은 판돈을 잃는다는 걸 꼭 유념해야 한다. 그렇다고 이런 예측이 쓸모없다는 뜻은 아니다. 결코 그렇지 않다. 이와 같은 예측 덕분에 다양한 시나리오에 대비해 각 사건이 초래할 위험과 발생할 가능성을 가늠해 적절한 자원을 할당할 수 있기 때문이다. 확률은 낮지만 잠재적 위험성이 큰 사건의 대비와, 확률은 높지만 위험성은 낮은 사건의 대비 사이에서 정확히 어떻게 균형을 맞추어야 하는가 하는 문제를 가리켜 **기대효용**expected utility 또는 **기대수익**expected payoff이라고 한다. 이 문제는 5장에서 더 자세히 살펴본다.

믿음은 수정되어야 한다: 베이즈의 정리

과거 사건의 빈도를 확률로 해석하기는 우리가 불확실성에 대처하기 위한 최상의 도구 중 하나다. 이른바 확률에 관한 이 **빈도주의**frequentist 관점 덕분에 우리는 미래를 예측하거나 알려지지 않은 현재 상태를 추론할 수 있다. 하지만 새 증거가 나올 때는 그런 관점을 세계관에 포함시켜 우리의 믿음을 수정할 방법이 필요하다. 다행히도, 새 증거에 맞춰 사고하는 방법은 250년 가까이 존재해 왔다. 지금은 응용수학의 전 분야에 걸쳐 가장 중요한 도구 중 하나로 여겨지는 **베이즈의 정리**Bayes' theorem(또는 베이즈의 규칙Bayes' rule, 가끔씩은 그냥 베이즈Bayes)가 바로 그것이다. 하지만 베이즈의 정리가 이런 최고의 지위를 늘 누리지는 않았다.

아마추어 수학자 겸 장로교 목사인 토머스 베이즈Thomas Bayes가 활동하던 1700년대 중반은 확률론을 잘 모르던 시대 분위기였다. 베이즈는 결과로부터 원인을 추론해 낼 방법을 알고 싶어 했다. 그리고 어떤 문제에 관해 새로운 증거가 등장했을 때 그걸 기존의 믿음에 통합시킬 방법을 알고 싶어 했다. 본질적으로 베이즈의 정리는 조건부 확률 – 어떤 증거가 주어졌을 때 한 가설이 참일 확률 – 에 관한 진술이다. 가령, 어떤 법의학 증거가 나왔을 때 한 용의자가 무죄일(가설) 확률이라든가, 브라질이 득점했다는 사실이 주어졌을 때(증거) 펠레가 그 경기에서 뛰고 있을(가설) 확률 – 물론, 참가 선수 명단을 보지 않고 계산상으로 알아낼 수 있는 확률 – 이다. 현실에서는 순서가 바뀐 진술, 즉 어떤 가설이 참이라고 가정할 때 해당 증거를 보게 될 확률을 평가하기가 더 쉬울 때가 많다. 가령 용의자가 무죄라면 특정 법의학 증거가 나올 확률이라든가, 만약 펠레가 출전했다면 브라질이 득점할 확률을 구하기가 더 쉽다는 뜻이다. 베이즈는 조건부확률식의 이러한 두 측면 사이를 이어줄 가교로 삼으려고 자신의 정리를 개발했다. 그는 자신의 방법이 다룰 수 있으리라고 여겼던 문제를 아래와 같이 사고실험 형태로 소개했다.

우선 그는 이런 장면을 상상했다. 그의 조수가 당구대에서 당구를 치고 있고 그는 복도 안쪽의 방에 앉아 있다. 조수는 당구를 치기 시작하는데, 공이 당구대의 폭을 가로질러 여러 번 오고 가게 친다. 이어서 조수는 공의 위치를 당구대의 (길이 방향의) 한 측면에 표시해 놓고서 공을 빼낸 다음에, 베이즈한테 표시한 위치를 찾아보라고 한다. 분명 안 보이니 베이즈는 표시가 어디 있는지 알 리가 없다. 찾도록 도와주려고 이제 조수는 최종 도착 지점이 당구대의 폭을 가로질러 어디든 동등한 가능성으로 정해지도록 공을 친다. 그다음에 베이즈에게 공이 도착한 지점이 표시의 왼쪽인지 오른쪽인지 알려준다. 조수는 이 과정을 여러 번 반복하면서, 매번 공의 도착지가 표시의 왼쪽인지 오른쪽인지 베이즈에게 알려준다.

표시의 위치가 정해져 있을 경우, 공이 표시의 왼쪽 또는 오른쪽에서 멈출 확률을 찾기는 쉽다. 표시가 당구대의 폭을 가로질러 4분의 3만큼의 위치에 있을 경우, 공이 표시의 왼쪽에서 멈출 확률은 0.75고 오른쪽에서 멈출 확률은 0.25다. 하지만 이것은 조수가 베이즈한테 물어보는 내용이 아니다. 정해진 표시 위치에서 공이 왼쪽이나 오른쪽에 멈출 확률을 찾으라는 질문을 받는 대신에, 베이즈는 확률식의 더 어려운 쪽을 찾으라는 질문을 받았다. 즉, 공이 표시의 왼쪽이나 오른쪽에서 멈추었을 때 표시의 위치가 어디일지에 관한 확률을 찾아야 했다.

우선 베이즈는 표시가 있을 가능성은 폭을 가로질러 어디든 똑같다고 가정한다. 그리고 만약 공이 표시의 왼쪽에서 멈췄다고 하면, 예상되는 표시의 위치를 오른쪽으로 옮긴다. 반대로 오른쪽에서 멈췄다고 하면 왼쪽으로 옮긴다. 공이 표시의 오른쪽에 더 많이 멈출수록, 표시는 당구대의 왼쪽 측면 쪽 더 가까이에서 발견될 것이다. 각각의 새로운 정보 덕분에 베이즈는 표시의 위치가 있을 만한 지점을 계속 제한해 나갔다. 그림 4-5에서 볼 수 있듯 정보의 수가 증가하면, 베이즈가 표시의 위치에 대한 자신의 생각을 수정해 나감으로써 표시의 위치를 찾을 것이 더욱더 확실해진다.

이것이 베이즈 개념의 핵심이다. 즉, 새로운 믿음을 내놓기 위해서 새로운 데이터를 통해 처음의 믿음을 수정해 나간다는 것이다. 현대의 용어로 표현하자면 **사전확률**prior probability, 즉 처음의 믿음을 새로운 데이터를 관찰할 가능성likelihood과 결합시켜 **사후확률**posterior

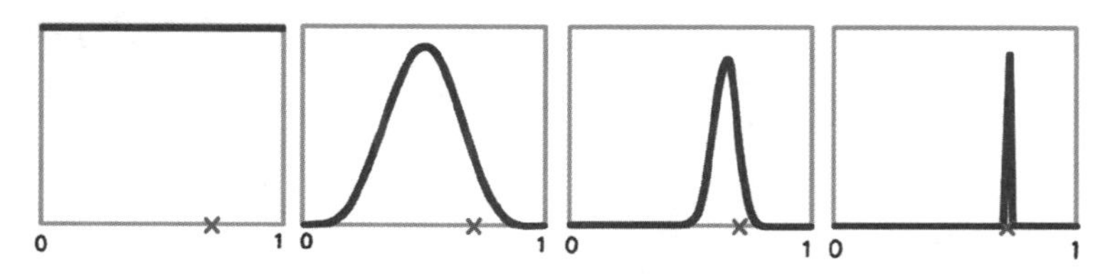

그림 4-5 표시의 위치-정확한 위치는 0.7에 가위표로 나타나 있다-에 대한 베이즈의 추산치는 정보를 더 많이 받을수록 점점 더 정확해진다. 가장 왼쪽 그래프는 표시가 당구대의 폭을 따라 어디에서든 똑같은 확률로 있을 수 있다는 그의 사전 믿음을 보여준다. 열 개의 정보(왼쪽에서 두 번째 그래프)도 여전히 상당한 불확실성을 지닌 분포를 내놓는다. 하지만 100개의 정보(오른쪽에서 두 번째 그래프)와 1만 개의 정보(가장 오른쪽 그래프)가 제공되자 베이즈는 표시의 위치에 대한 추산치를 점점 더 정확하게 내놓는다. 여기서 유념할 점이 있는데, 수직인 y축의 스케일이 각 그래프에서 다르다. y축에 수치를 표시하지 않은 까닭은 확률분포의 형태가 우리의 주된 관심사이기 때문이다. 분포가 좁을수록 표시의 위치는 더 확실해진다.

probability, 즉 새로운 믿음을 내놓는다. 수학적 진술만큼이나 베이즈 정리는 철학적 관점이기도 하다. 다시 말해 우리가 완전하고 절대적인 진리에 접근할 수는 없지만 증거가 더 많이 모일수록 우리의 믿음은 더욱 세밀하게 개선되어 나가며, 결국에는 진리에 수렴하게 된다는 뜻이다.

❊

베이즈의 규칙은 엄격한 수학계에서 잘 받아들여지지 않았다. 특히 사전 믿음prior belief이라는 개념 – 실험을 하거나 데이터를 수집하기 이전에 질문에 대한 답을 미리 짐작해야 한다는 발상 – 이 환영받지 못했다. 사전 믿음은 과학의 객관성과 너무나 거리가 먼지라, 그릇된 판단을 초래할 여지가 너무 커 보였다. 저마다 다른 사전 믿음을 지닌 개인들이 똑같은 데이터를 보고서도 다른 결론에 도달할 수 있다는 점은 수학계가 오랫동안 중시해 왔던 수학적 확실성에 부합하지 않는 듯했다.

어느 정도 그런 이유로 베이즈 정리는 베이즈 생전에는 일관되게 적용할 사례를 찾지 못했다. 심지어 베이즈 자신조차도 그것의 진정한 중요성을 간파하지 못하고서 굳이 발표하지도 않았다. 그런데 베이즈가 죽은 후에 친구 리처드 프라이스Richard Price가 유품인 공책을 정리하다가 그 정리가 포함된 미발표 원고 「우연이라는 원칙으로 문제를 해결하는 방법에 관한 논문Essay towards solving a problem in the doctrine of chances」을 발견했다. 베이즈가 미처 몰랐던 중요성을 간파하고서, 프라이스는 그 논문을 시간을 들여 편집한 후에 세상에 발표했다.[73] 그렇다고 프라이스는 여겼다. 하지만 사실을 알고 보니 베이즈 정리를 처음으로 체계적으로 정리한 내용이 담긴 이 논문을 읽은 사람은 거의 없었다.

10년쯤 후에 그 개념은 유명한 프랑스 수학자 피에르 시몽 라플라스(9장에서 우리가 다시 만나게 될 인물)에 의해 독립적으로 재발견되었다. 라플라스는 특히 성비에 관한 오래된 논란을 해결하는 데 그 개념을 이용했다.[74] 우선 그는 각각의 신생아가 남성이나 여성일 확률이 똑같다고 가정한 다음에, 베이즈 정리를 이용해 성비에 관한 새로운 정보를 포함시켰다. 처음에는 프랑스에서 나온 정보로부터 시작해, 이어 영국과 이탈리아에서 그리고 마지막으로 러시아에서 나온 정보를 포함시켰다. 처음의 믿음을 계속 수정해 나감으로써 그는 남성의 성비가 조금 높은 것이 '인류의 보편적 법칙'임을 증명해 냈다. 놀랍게도 그 공식을 아주 성공적으로 사용했던 라플라스조차도 결국에는 베이즈식의 사고방식에 의존했다. 그 정리는 이후 200년 동안 사용되기도 하고 사용되지 않기도 하면서 일부 위대한 과학자들에게 찬사와 멸시를 함께 받았다.

의심의 눈길을 꾸준히 받았고 인기도 없었지만, 무명 시절 동안에도 베이즈 정리의 성공 사례는 많았다. 18세기 후반과 19세기 초반에, 프랑스 군대와 러시아 군대의 포병 장교들은 그 정리를 도입해, 불확실한 환경 조건하에서도 목표물을 명중시키는 데 도움을 받았다.[75] 앨런 튜링은 그 정리를 이용해 에니그마 암호 해독에 도움을 받았는데,[76] 이로써 제2차 세계대전의 종전을 크게 앞당겼다. 냉전 시기 동안 미국 해군은 실종된 소련 잠수함을 찾는 데 그 정리를 이용했다[77](이 사건은 톰 클랜시의 소설 『붉은 10월호의 추적The Hunt for Red October』 및 이를 영화화한 〈붉은 10월〉에 영감을 주었다). 1950년대에 과학자들은 흡연과 폐암의 관련성을 증명하는 데 도움을 얻으려고 베이즈 정리를 이용했다.[78]

이런 베이즈 추종자들이 전부 받아들인 핵심 전제는 추측에서 시작해도 그리고 첫 가정이 확실하지 않아도 괜찮다는 것이다. 대신에 필요한 점이라고는 새로운 증거가 나타날 때마다 그것에 맞춰 기존의 믿음을 수정하려는 절대적인 헌신의 태도뿐이다. 베이즈 정리를 올바르게만 적용하면, 불완전하거나 부분적이거나 심지어 누락된 데이터를 이용하더라도 앞선 추정치로부터 배워서 믿음을 수정해 나갈 수 있다. 하지만 베이즈 정리를 이용하려는 사람은 자신이 믿음의 정도를 정량화하려고 시도한다는 점을 받아들여야 한다. 즉, 흰색 아니면 검은색이라는 절대적 확실성을 버리고 회색 지대의 답을 받아들여야 한다. 패러다임 전환 – 절대성보다는 믿음의 관점에서 생각하기 – 이 필요한 이 베이즈식 사고방식은 비판자들이 붙인 주관적이고 비과학적이라는 꼬리표와 어울리지 않았다. 오히려 베이즈 정리는 현대과학의 정수 – 새로운 증거를 통해 기존의 마음을 바꾸는 능력 – 를 상징한다. 저명한 경제학자 존 메이너드 케인스는 이렇게 말했다. "나는 정보가 바뀌면 결론을 바꾼다."

오늘날 베이즈 정리는 장막 뒤에서 활약하고 있다. 가령, 피싱 시도에서부터 의약품 제안에 이르는 온갖 스팸 메일을 걸러낸다.[79] 베이즈 정리를 기본 원리로 만든 알고리즘들이 영화와 음악 그리고 일반 공산품들을 우리에게 온라인으로 추천한다. 또한 베이즈 정리는 양질의 의료 서비스를 위해 더욱 정확한 진단 도구를 제공하는 딥러닝deep-learning 알고리즘의 바탕을 이루기도 한다. 베이즈 정리의 열성적인 사도들 다수는 그 정리야말로 우리의 삶을 이끄는 철학이라고 주장한다. 내 개인적으로는 그렇게까지 여기진 않지만, 우리가 베이즈 방식으로 사고하는 방법을 배운다면 실질적인 교훈을 익힐 수는 있다고 본다. 경쟁 관계에 있는 여러 이야기 중에 어느 것을 믿기로 결정할지, 우리가 단언한 말에 얼마만큼 확신할 수 있는지 그리고 아마 가장 중요하게도 언제 어떻게 우리의 마음을 바꿀지 결정할 때 도움이 된다. 베이즈 규칙은 우리 일상생활에 세 가지 중요한 교훈을 주는데, 일련의 사례를 통해 설명하겠다.

| 교훈 1 | 새로운 증거가 만능은 아니다

이렇게 상상해 보자. 여러분이 새 지역으로 이사 갔는데, 방금 만난 이웃이 자기 집의 파티에 초대를 했다. 파티에 갔더니 그 이웃이 구석에 혼자 서 있는 젊은 남자를 소개해 준다. "폴이에요." 이웃이 말한다. "이 분은……(He's a m……)." 바로 그때 주방에서 뭔가가 무너져 내리는 바람에 주인은 잔해를 치우러 달려간다. 그 문장의 끝은 잡음 속에 묻혀 버린다. 얼핏 정비사mechanic처럼 들렸지만, 어쩌면 수학자mathematician일 수도 있다. 폴은 아주 수줍은 편이어서 여러분을 좀체 쳐다보지 않고 여러분이 질문을 건네도 우물거린다. 그래서 폴의 답변을 거의 들을 수가 없다. 행동으로 판단할 때, 폴은 수학자와 정비사 중에 어느 쪽일 가능성이 더 크다고 생각하는가?

이 문제를 대하면 대다수 사람, 심지어 베이즈 규칙을 배우는 수학과 학부생조차도 폴이 수학자라고 짐작한다. 수학자에 대한 인상이 수줍고 사교적으로 서투른 사람이기 때문인데, 정비사는 그런 인상은 아니다. 물론 규칙에는 많은 예외가 있지만, 상투적인 반응은 얼마간의 진실을 드러내준다. 이와 관련 있는 오래된 농담이 하나 있다. 질문. "대학교의 수학과 크리스마스 파티에서 누가 외향적인 사람인지 어떻게 아는가?" 대답. "자기 신발 대신에 대화 상대방의 신발을 보고 있는 사람은 외향적이다."

확실히 수학자로서 내가 살아온 경험으로 볼 때도 수학자 사회에는 다른 직종보다 사교적으로 서툴고 수줍은 성향이 많은 편이며, 내가 만난 대다수 정비사는 사회성 면에서 자신감 있고 스스럼이 없다. 모든 수학자 중 약 절반 그리고 모든 정비사 중 고작 10퍼센트만이 사교적으로 서툴다고 짐작한다면, 5 대 1의 비율로 폴이 수학자일 가능성이 클 듯하다.

하지만 계산식에 들어가는 정보가 하나 있는데, 이걸 사람들은 위 질문에 답할 때 곧잘 잊는다. 영국에 사는 총인구 대비 정비사와 수학자의 비율이 존재한다는 사실이다. 각 비율이 파티에서 만난 사람이 수학자일지 정비사일지에 관한 사전확률인 셈이다. 영국에서 수학과에서 일하는 수학자(자기 직업을 전문 수학자라고 여기는 사람)는 대략 5,000명이다. 이 수는 약 25만 명인 정비사의 수에 비하면 초라한 정도다. 폴이 수학자일 가능성이 더 크다고 가정할 때 우리는 **조건을 뒤바꾼**transposed conditional 오류라는 고전적인 실수를 저질렀다. 즉, 누군가가 수줍은 사람이라면 그가 수학자일 확률을 알아내는 대신에, 누군가가 수학자라면 그가 수줍은 사람일 확률에 관한 우리의 선입관을 사용했다.

조건을 뒤바꾼 오류는 법정에서 매우 빈번하게 생기는지라, **검사의 오류**prosecutor's fallacy라는 특별한 법률 명칭도 존재한다. 검사의 오류란 어느 특정 증거가 나오면 용의자가 무죄일 확률을 제시하는 게 아니라, 반대로 용의자가 무죄라면 특정 증거가 나올 확률을 제시하는 것이다. 이해할 만한 실수이기도 한데, 두 조건은 베이즈 규칙을 통해 서로 관련되어 있기 때문이다. 둘의 관계는 용의자가 무죄일 사전확률에 의존한다. 만약 해당 증거가 나올 수 있으면서 용의자가 무죄가 될 경우의 수가 많으면, 두 조건부확률은 서로 매우 다른 값일 수 있으므로, 용의자가 유죄일 확률에 관해 매우 다른 관점을 내놓는다.

그림 4-6은 폴이 정비사일 가능성이 높은지 수학자일 가능성이 높은지 알아내기 위해 우리가 실시해야 할 베이즈 계산의 한 축소 버전을 나타낸다. 모든 수학자의 절반은 수줍은 성격이지만, 수학자일 사전확률은 고작 약 2퍼센트이므로 2,500명의 수줍은 수학자는 우리가 고려하고 있는 정비사 및 수학자의 총인구의 대략 1퍼센트에 지나지 않는다. 25만 명의 정비사는 수학자와 정비사를 합친 인구의 거의 전부(98퍼센트 넘는 비율)를 차지하기 때문에, 정비사 중 10퍼센

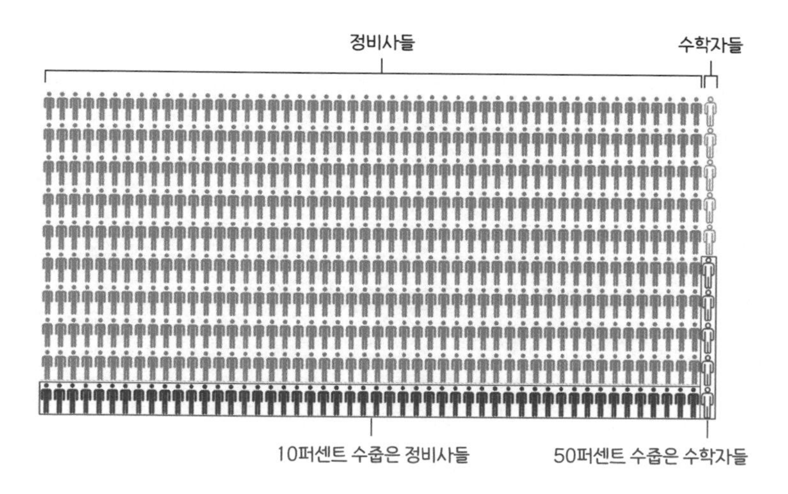

그림 4-6 500명의 정비사(보라색 아이콘)와 열 명의 수학자(윤곽만 그려진 아이콘)의 축소된 표본. 현실 세계의 실제 수로 변환하려면, 각각의 아이콘이 500명의 개인을 나타낸다고 여기면 된다. 외향적인(수줍지 않은) 정비사 및 수학자 들은 회색으로 나타냈다. 우리는 증거와 일치하는 부분 모집단(즉, 수줍은 정비사와 수학자)에만 초점을 맞추기 때문이다. 위 그림에서 열 명의 수학자 중 다섯 명(50퍼센트)이 수줍은 성격이지만, 수학자는 총 510명의 대표 표본 중에서 겨우 열 명(2퍼센트 미만)일 뿐이다. 정비사들 중에서 비교적 낮은 비율이 수줍은 성격이긴 하지만(500명 중에서 50, 즉 10퍼센트), 총인구 중에서 정비사가 절대다수이므로(그림에서 510명의 아이콘 중에서 500), 수줍은 정비사의 수(50)가 수줍은 수학자의 수(5)를 훨씬 능가한다.

트(2만 5,000명의 수줍은 정비사)조차도 총인구의 거의 10퍼센트를 차지한다. 수줍은 정비사들(2만 5,000명)이 수줍은 수학자들(2,500명)을 10 대 1의 비율로 능가한다. 이로써 폴이 수학자보다는 정비사일 가능성이 훨씬 높으리라고 볼 수 있다.

이번에는 정비사 중에서 사교적으로 서툰 비율의 추산치를 낮춰 보자. 가령 수줍은 성격의 비율이 전체 정비사 중에서 고작 2퍼센트이고, 전체 수학자 중에서는 여전히 50퍼센트라고 하자. 그래도 정비사가 전체 집단에서 훨씬 더 큰 하위집단을 구성하므로, 수줍은 정비사가 수줍은 수학자보다 여전히 많다. 유념해야 할 점을 꼽자면, 새 증거 자체가 우리의 믿음에 이바지하는 유일한 요소가 아니다. 대신에 새 증거는 우리의 사전 믿음과 결합되어야만 사전 믿음을 수정할 수 있게 된다.

| 교훈 2 | 다른 관점을 고려한다

이 책의 앞에서 확증편향이 어떻게 우리를 그르칠 수 있는지 논의했다. 하지만 그런 현상의 인지적 토대는 베이즈 정리의 관점에서 생각하면 가장 깔끔하게 설명된다. 확증편향은 본질적으로 대안적 가설에 관한 우리의 사전 믿음에 큰 비중을 두지 않거나, 그렇지 않으면 대안적 가설의 가능성 – 대안적 가설을 지지하는 증거의 위력 – 을 과소평가하거나 또는 그 두 가지의 결합이다.

이런 상황을 가정해 보자. 여러분은 앓고 있는 만성 등 통증을 치료하려고 새 약을 시험하고 있다. 약을 복용한 지 일주일 후부터 상태가 나아지기 시작한다. 그 약이 등 통증을 낫게 했다고 분명 결론 내릴 수 있을 듯하다. 하지만 유념해야 할 게 있는데, 여기서 적어도 한 가지 대안을 더 고려해야 한다. 어쩌면 등 통증은 주마다 상당한 변동을 보이는데, 마침 여러분이 새 약을 복용하는 기간 동안 약해졌을지 모른다. 아마도 가능성이 덜하겠지만, 전혀 다른 요인 때문에 상태가 나아졌을지도 모른다. 가령, 잠자는 자세가 달라졌거나 이전과 다른 운동을 했거나. 우리는 이처럼 중요한 순간에 한 걸음 물러서서 다음과 같이 묻지 않을 때가 종종 있다. 만약 내가 틀렸다면 어쩌지? 대안적 가능성이 뭐가 있지? 사람들 말이 옳다면 앞으로 어떤 상황이 예상될까? 그게 현재 내가 여기는 정도와 얼마만큼 다를까? 다른 가설들을 고려해 그런 가설들에 현실적인 사전 확률을 설정해 놓지 않으면, 언제나 새 증거 하나만이 그런 효과를 가져온 명백한 원인이라고 여기고 만다.

한편으로 확증편향은 우리가 대안적 가설을 잘 알고 있으면서도, 기존의 믿음에 상반되는 증거를 찾지 못하거나 그 증거에 적절한 비중을 두지 못할 때도 생길 수 있다. 그러면 우리가 좋아하는 가설을 뒷받침해 주는 데이터의 가능성을 과대평가하고 대안적인 가설을 뒷받침하는 데이터의 가능성을 과소평가하게 된다. 트위터 등의 여러 소셜미디어는 많은 사용자가 일종의 메아리 방 내에서 존재하는 대표적인 플랫폼의 사례다. 사용자들의 현재 관점을 강화하는 게시물들만 받아들이는 바람에, 많은 트위터 사용자는 대안적 관점에 대한 접근이 막힌다. 처음에는 아주 조금만 다른 관점에서 시작한 사용자들도 자신들의 견해가 계속 강화되어 나중에는 기존 관점이 절대화된다. 이로써 소셜미디어 플랫폼과 현실 세계 둘 다에서 양극화와 패거리 의식이 심해진다.

안타깝게도 영국의 2016년 유럽연합 탈퇴야말로 내가 (그리고 다른 많은 사람이) 베이즈 방식으로 생각하는 데 완전히 실패한 대표적인 사례다. 내가 대화를 나눈 거의 모두는 유럽연합에 머무는 데 투표하겠다고 했다. 내가 트위터에서 상대한 대다수 사람도 마찬가지로 투표할 작정이었다. 실제 투표까지 탈퇴와 잔류 사이의 투표 여론이 여러 차례 바뀌었기에 양분된 의견에 대한 사전확률을 얻을 수 있었는데도, 나는 내가 모았던 일화적 증거에 너무 큰 비중을 두어 대안적 가능성을 뒷받침하는 증거를 제대로 찾아내는 데 실패했다. 2016년 6월 24일 아침에 일어나서, 영국이 52퍼센트 대 48퍼센트로 유럽연합을 탈퇴하기로 했다는 투표 결과를 보고서 나는 정말로 충격을 받았다. 사실은 놀랄 일도 아니었는데.

바로 앞 장에서 보았듯이, 어려운 결정에 직면할 때 대안적 가능성의 결과에 대한 우리의 느낌을 솔직하게 대면하는 데 무작위적인 수단이 도움을 줄 수 있다. 확증편향을 피하려면 이와 비슷한 수단이 필요하다. 즉, 한 걸음 물러서서 우리가 좋아하는 관점만이 아니라 모든 관점에 대한 증거를 열심히 찾아 공정하게 평가해야 한다. 우리 자신의 견해에 너무 사로잡혀 있어서 그걸 확인해 주는 정보만을 찾고 흡수하는 바람에 우리의 선입관과 맞지 않는 견해를 무시하면, 결국에는 틀린 결론을 내리고 잘못된 예측을 한다. 심지어 우리를 올바른 길에 올려놓을 수 있는 증거가 제시되었을 때조차도 그렇다.

| 교훈 3 | 점진적으로 바꿔나간다

베이즈 규칙은 단 한 번만 적용될 수 있는 도구로 설계되지 않았다. 새로운 증거가 하나 나오면 사전 믿음을 단 한 번 수정하는 용도가 아닌 것이다. 대신에 당구대를 대상으로 한 베이즈의 사고실험에서도 보았듯이, 각각의 새로운 정보를 사용해 표시의 위치에 대한 가장 최근의 믿음을 수정해 나간다. 수정된 사후 믿음은 다시 다음 라운드를 위한 사전 믿음으로 사용된다.

베이즈 정리를 지속적으로 재사용해 우리의 믿음을 수정하는 바로 이 능력 덕분에, 우리는 원래 믿음을 고수하는 자들의 반대를 물리치고 한 주제에 대한 사전 믿음을 고수하는 것이 비과학적이고 비객관적이라는 사실을 알 수 있다. 한 상황에 대한 정보가 아예 없는 경우라든가, 서로 비교해 가능성을 평가할 수 있는 첫 가정이 존재하지 않는 경우는 아주 드물다. 과학은 새 증거가 나오면 우리의 생각을 지속적으로 개선하고 수정해야 하는 활동이다. 가령 두 가지 가설 (인간에 의한 기후변화가 실제 현상이냐 아니냐) 중에서 하나를 결정하기와 같은 현대적인 연구들은, 이 두 가설에 동등하게 비중을 두지 말아야 한다. 지금까지 압도적 비중의 증거는 그것이 실제 현상임을 드러내 준다. 그런 편향은 마땅히 우리의 사전확률에 반영되어야 한다.

하지만 사전 믿음에 너무 큰 비중을 두는 것도 조심해야 한다. 자신의 믿음을 너무 크게 확신하면, 자신의 세계관을 의미심장하게 바꾸지 않는 사소한 정보 조각들을 무시하기 쉽다. 베이즈식 사고방식에 따라 사전 믿음 갖기에는 다음과 같은 이면이 있다. 즉, 적절한 새 정보가 나오면 그게 아무리 의미심장해 보이지 않더라도 우리의 의견을 그에 맞게 늘 바꿔나가야 한다. 만약 작은 증거가 다수 나오는데 그 각각이 인간에 의한 기후변화 가설을 조금씩 약화시킨다면, 우리는 기존 견해를 점진적으로 수정해 나가야 한다(정말이지 그럴 경우엔 반드시 수정해야 한다).

그림 4-7은 베이즈의 사고실험을 다시 실시한 결과다. 하지만 이번의 사전 믿음은 표시가 당구대의 왼쪽 측면으로 훌쩍 넘어가 있고 진짜 위치(가위표가 있는 0.7 위치)에서는 표시를 발견할 확률이 거의 없는 것으로 설정되었다. 단 하나의 새 증거는 베이즈의 사전 믿음에 거의 알아차릴 수 없는 차이를 가져올 뿐이다. 하지만 새로운 증거가 1,000개 나오자 베이즈는 공이 어디에 있는지 아주 잘 알게 된다. 작은 정보 조각이라도 충분히 많아지면 큰 차이를 이끌어 낼 수 있다. 만약 베이즈가 첫 정보 조각이 나왔을 때 자기 의견을 크게 바

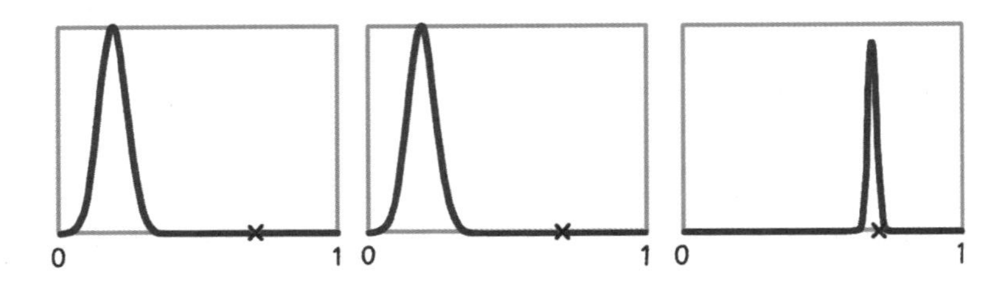

그림 4-7 사전 믿음이 틀린 위치에 과도하게 비중을 두고 있는 표시의 위치(0.7에 가위표로 표시된 지점)에 관한 베이즈의 추산치들이 변화해 나가는 과정. 여기서 베이즈의 사전 믿음은 공이 당구대의 왼쪽 측면에 매우 치우쳐 있다고 본다(왼쪽 그래프). 새로운 정보 한 조각으로는 원래의 인식이 별로 바뀌지 않는다(가운데 그래프). 하지만 점진적으로 증거의 효과가 사전 믿음에 축적되기 시작한다. 1,000개의 새로운 정보 조각이 고려되자, 베이즈는 표시의 위치를 훌륭하게 추산해 낸다(오른쪽 그래프). 이번에도 유념해야 할 점이 있는데, 수직 y축의 스케일은 그래프들마다 동일하지 않다.

꾸지 않는다는 이유로 그냥 무시했다면, 마찬가지 논리로 이후의 모든 정보 조각을 무시했을 테고, 사전 믿음은 결코 바뀌지 않았을 것이다.

솔직히 시인하는데, 나는 축구 선수 즐라탄 이브라히모비치Zlatan Ibrahimović가 2016년 잉글랜드에서 처음 활약했을 때 굉장히 과대평가되었다고 여겼다. 이미 축구계의 가장 화려한 선수 중 한 명이어서 유럽의 가장 큰 몇몇 클럽에서 활약한 선수인데도, 즐라탄의 업적을 가끔씩 접한 바람에 나는 그가 잉글랜드에서 새로 획득한 트로피를 죄다 대수롭지 않게 여겼다. 그래서 얼마나 많은 우승을 거둔 선수인지 잊고 말았다. 겉으로 드러난 모습만큼 대단하지 않은 선수라는 나의 사전 믿음이 너무나 강했던지라, 심지어 그가 2012년에 잉글랜드를 상대로 한 경기에서 보여준 굉장한 오버헤드킥에도 생각이 바뀌지 않았다. 나는 베이즈 사고방식에 따라 행동하지 않고 있었다.

하지만 이브라히모비치가 잉글랜드로 넘어와 맨체스터 유나이티드(내가 응원하는 축구 클럽인 맨체스터 시티의 가장 큰 경쟁팀)에서 활약하자, 나는 기존 견해를 점차 수정하지 않을 수 없게 되었다. 〈매치 오브 더 데이Match of the Day〉 방송에서 매번 골이 터지는 모습을 볼 때마다 이브라히모비치에 대한 내 의견은 서서히 우호적으로 바뀌기 시작했다. 분명 선수 경력의 황혼기에 있는 선수가 세 달 만에 18득점을 하고, 잉글리시 프리미어 리그 시즌에서 열다섯 골이 넘는 득점을 한 최고령 선수가 되는 모습을 보고서야 나는 처음의 견해에 비해 이브라히모비치를 상당히 높게 평가하게 되었다(그렇긴 해도 그가 스스로를 평가하는 정도에는 근처도 미치지 못한다).

차츰차츰 작은 증거 조각들이 한 사안에 대해 우리가 느끼는 방식을 바꾸기 시작한다. 별로 중요해 보이지 않아서 낱개로는 그런 증거를 무시했을지 모른다. 하지만 차츰 데이터 습득의 점진적인 판구조론에 의해 일어난 작은 위치 변화들이 축적됨으로써, 결국에 우리는 증거라는 산의 정상에까지 오를 수 있게 된다.

새로운 증거를 통해서 기존 견해를 바꾸기란 늘 쉬운 일이 아니다. 틀렸다고 순순히 인정하는 것은 영 내키지가 않고, 이전에 굳건하게 고수했던 믿음을 저버리기엔 꽤나 비겁한 느낌이 든다. 사실, 이전에 받아들인 견해와 상반된 견해를 채택해서 지지하려면 큰 용기가 필요하다. 정치판에서 의사결정자들이 새로운 증거의 관점에서 자신들의 마음을 바꾸는 것을 '손바닥 뒤집기'라느니 '변절'이라느니 호들갑을 떨며 조롱하기보다는 더욱 너그럽게 받아주는 분위기가 마련된다면, 아마 더 많은 정책결정자가 베이즈 사고방식을 도입해 증거 기반 정책을 내놓을 것이다. 원래 갖고 있던 비뚤어진 총을 고집해, 목표물보다는 자신들의 발을 정조준하는 사태를 맞는 대신에 말이다.

베이즈 정리로부터 우리는 다음 세 가지 경험 법칙을 슬며시 이끌어 낼 수 있다. 새 증거가 만능은 아니다, 기존과 다른 관점을 고려해 보아야 한다, 우리의 견해를 점진적으로 바꾸어야 한다. 이 셋 중에서 우리가 가장 본능적으로 할 수 있는 것은 세 번째다. 구체적으로 말하자면, 일상적으로 접하는 일을 바탕으로 우리의 견해를 수정하는 것이다.

안타깝게도, 베이즈 사고방식으로 경험에서 배우는 이 선천적 능력이 때로는 우리의 포부를 제한할 수 있다. 경험이 자신의 가치에 대한 스스로의 견해 – 보수를 얼마 받아야 하는지, 사장에게 어떤 대우를 받을 자격이 있는지, 이 세상에서 자신의 위치를 어느 정도라고 보는지 – 를 강화시켜서, 결국에는 그런 상태가 당연하다고 믿게 할 수 있다. 베이즈가 당구대 사고실험에서 표시의 위치에 대한 확신을 점점 키웠듯이, 우리의 현재 상태는 더욱 고착화된다. 이 상황은 거의 **자기실현적 예언**self-fulfilling prophecy이 된다(이 내용은 7장에서 더 자세하게 다룬다).

하지만 표시의 위치가 달라지면 어떻게 될까? 우리는 기존 견해를 강화시키는 경험적 정보를 아주 많이 갖고 있기에, 사전 믿음을 어떻게든 재설정하지 않는 한, 사후 믿음 – 세상 속 우리의 위치에 대한 견해 – 을 조정하려면 오랜 시간과 많은 증거가 필요하다.

이는 나 자신의 분야에서도 문제지만, 여성과 소수자 집단을 대변하려고 애쓰는 다른 업계에서도 특히 문제가 된다. 만약 여러분이 꿈 많은 흑인 수학과 학생인데 흑인 수학자를 만난 적이 없다면, 여러분 자신이 수학자가 될 확률에 대한 사전 믿음이 어느 정도가 될까? 아마도 0에 꽤 가까울 테다. 이처럼 사전 기대감이 낮으면, 특정 업계나 어느 주어진 위치에 속한 가장 전도유망한 학생들조차도 확신을 갖기가 어려워진다. 어느 정도 그런 까닭에 우리가 전통적으로 특정 사회 집단이 압도적으로 우세한 업계에서 다양성을 키우고자 한다면, 대표성 개선이 매우 중요하다.

불확실성에 대처하는 법

제대로 활용하면, 베이즈 정리는 우리의 선입관을 새 데이터를 통해 수정하는 위력적인 도구일 수 있다. 하지만 베이즈 정리도 우리가 애초에 사전 믿음을 어떻게 정할지 제안해 주진 못한다. 자신의 믿음을 100퍼센트 확신하는 사람들은 늘 있기 마련이다. 가령 종교적 근본주의자들, 백신 거부자들 또는 기후변화를 부정하는 사람들이 그렇다. 이런 상황에서 베이즈 정리가 알려주는 지혜는 다음과 같다. 즉, 아무리 강력한 증거라도 단 하나의 증거로는 이런 강경파들의 신념을 바꾸지 못한다는 것이다. 백신의 효과를 100퍼센트 확신하는 사전 믿음을 지닌 사람한테 0퍼센트의 사전 믿음을 고수하는 누군가와 토론하라고 해봤자 별로 소용이 없다. 서로의 마음이 바뀔 가능성이 전혀 없기 때문이다. 수세기에 걸쳐 일어난 많은 세속적 및 종교적 충돌에 대한 연구에서 분명히 드러나듯이, 막을 수 없는 힘이 요지부동의 대상과 만나면 그 결과는 대개 좋지 않다.

사회적 차원에서 꼭 이해해야 할 점이 있다. 바로, 많은 상황에서 무작위성이 본질적으로 예측 불가능함을 의미하진 않는다는 것이다. 처음엔 순전히 무작위성이 지배하는 것처럼 보이는 현실 세계의 많은 현상 – 가령 지진 빈도나 소득 분포, 충돌의 규모 – 이 사실은 전반적으로 볼 때 상당히 재현 가능한 법칙을 따른다. 우리는 이런 관계들을 이용해 미래를 대비해 예측을 할 수 있다. 개별 사건 자체의 정확한 시간이나 위치를 예측할 순 없지만 '무작위성'이 언제나 완전한 예측 불가능성을 의미하지는 않는다는 사실을 이해하면, 잡음에서 특징적인 신호를 추출해 낼 수 있게 되고, 누가 그런 신호들을 조작해 내는지 간파하거나 그런 신호를 이용해 미래에 대비할 수 있다.

다음 장에서는 경쟁 상황에서 상대에게 맞서기 위한 전략을 개발할 때, 무작위성을 어떻게 이용할 수 있는지 사례를 통해 살펴볼 것이다. 게임이론의 렌즈를 통해 전략적으로 사고하면, 상대가 무슨 생각을 하고 있는지 간파할 수 있다. 임의로 주어진 상황에서 개입의 규칙을 스스로 마련하면, 관련 상황에 대응해 나갈 가장 적절한 방식을 결정하는 데 도움이 되며, 심지어 모든 참여자를 위해 결과를 개선하는 쪽으로 게임의 규칙을 변경할 수 있는지 판단하는 데에도 도움이 된다. 또한 우리의 행동이 예측 가능해지는 것을 방지하고 적들을 바짝 긴장하게 만드는 이른바 '혼합 전략'을 어떻게 도입할 수 있는지도 살펴본다.

무작위성 – 우리가 줄곧 해석하려고 하는 이 세계에서 수동적으로 경험되지만 우리가 내리는 결정에서는 능동적으로 이용되는 것 – 은 인생의 한 진실이다. 인생에는 완전히 우리의 통제 안에 있는 것이, 설령 있다 해도 거의 없다. 원인을 아는 것이든 모르는 것이든 외부의 힘이 변덕스럽게 끼어들어, 미처 내다볼 수 없는 상황으로 우리를 몰고 간다. 우리가 늘 올바른 선택을 하거나 정확한 예측을 내놓거나 가장 근거 있는 견해를 갖지는 못한다는 점을 인정하면서도, 불확실성 앞에서 사고하는 기술을 터득하기야말로 한 가지 대응 방법이다. 결국 우리는 늘 예상하지는 못하더라도, 예상 밖의 것을 받아들이는 법을 배우고 나면 훨씬 더 행복해질 것이다.

5장

게임

최상의 전략과 최고의 이익

1950년 이후로 이집트가 통제하는 티란 해협은 이스라엘에 뱃길을 열어주지 않고 있었다. 시나이 반도와 아라비아 반도를 분리하고 있는 그 좁은 해상운송로는 이스라엘로서는 홍해로 그리고 홍해 너머 아라비아해와 인도양으로 나가는 유일한 접근로였다. 티란 해협 재개방을 강제한다는 일차적 목표하에 1956년 10월 이스라엘은 이집트를 침공했고, 이로써 제2차 아랍-이스라엘 전쟁이 시작되었다. 이스라엘의 공공연한 동맹국인 영국과 프랑스가 뒤따라 참전했다. 그즈음 국유화된 수에즈 운하에 대한 통제권을 이집트한테서 빼앗기 위해서였다. 이후 전개된 파괴적이지만 짧게 지속된 '수에즈 위기'는 침략을 감행한 세 동맹국 모두에게 크나큰 국제적 압력을 안겨주었다. 영국과 프랑스는 압박에 못 이겨 뒤로 물러났다. 이스라엘도 물러났지만, 티란 해협을 이스라엘에게 무기한 재개방한다는 핵심 양보안을 받아냈다. 국제연합UN이 이집트와 이스라엘 국경을 따라서 '긴급군Emergency Force'를 파병했지만, 양국 모두 긴장 완화를 위한 조치를 취하진 않았다.

시간을 11년을 당겨 1967년으로 가보자. 이스라엘과 주변 아랍국들 사이의 많은 사건이 지난 10년간 시끄럽긴 하지만 표면화되지 않았던 그 지역의 긴장을 다시 일깨웠다. 이스라엘과 시리아 사이의 비무장지대를 침범하게 되면서 두 나라 사이에는 소규모 군사 충돌이 벌어졌다. 이를 계기로 이스라엘은 시리아를 침공해 시리아 정부를 전복시키겠다며 당시로선 근거 없는 위협을 가하기 시작했다. 이런 격앙된 분위기 속에서 소련의 정보 보고서 한 건이 시리아와 이집트 정부로 흘러 들어갔다. 보고서에서 넌지시 흘린 내용에 따르면, 이스라엘 군대들이 시리아 국경에 결집해 임박한 침공을 준비 중이라고 했다. 사실 보고서에 담긴 정보가 수상쩍었는데도, 이집트 대통령 나세르는 가만히 앉아 당할 수는 없다고 여겼다. 그즈음 이스라엘의 시리아와 요르단 공격에 대응하는 데 실패한 이후로 그의 인기는 크게 약화되어 있었다. 자신의 권위를 보여주고자 1967년 5월 나세르는 이스라엘과 국경을 맞댄 시나이 반도를 재무장시키고 그 지역에서 유엔 평화유지군을 쫓아냈다.

이스라엘의 전략적 지위에 담긴 잠재적인 위협을 알아차리고서(그 나라의 석유 수출 물량의 90퍼센트가 티란 해협을 통과한다), 이스라엘 수상 에슈콜Eshkol은 자국의 수에즈 위기 이후의 입장을 되풀이했다. 즉, 자국의 선박에 대한 티란 해협 봉쇄는 전쟁 도발이라고 주장했다. 전쟁을 피할 수 없게 만드는 행동인 줄 알면서도 나세르는 그 해협을 봉쇄했고, 수로에 기뢰를 설치했다는 거짓 주장을 했다.

전쟁이 코앞에 다가온 상황이 되자, 양측 모두 선제공격이 이득임을 간파했다. 나세르가 이스라엘이 침략자로서 먼저 전쟁을 시작하길 원한다고 보는 견해도 있었지만, 당시 이집트의 육군 원수 아메르Amer는 5월 하순 휘하의 한 장군에게 이렇게 말했다. "이번에 전쟁을 시작하는 쪽은 우리가 될 것이다." 이집트 공군이 이스라엘의 항구와 도시, 비행장을 폭격하게 될 공격은 1967년 5월 27일로 계획되었다. 하지만 계획된 공격이 시작되기 겨우 몇 시간 전에 나세르는 소련 수상 코시긴Kosygin한테서 급보를 받았다. 이집트가 전쟁을 시작하면 크렘린이 이집트를 지지하지 않겠다는 내용이었다. 공격을 연기한다는 지시는 시간을 딱 맞춰 도착해서, 최종 공격 승인을 기다리며 비행기 안에 탑승해 있던 조종사들에게 전해졌다.

결국 9일 후인 6월 5일, 전쟁의 도화선이 된 불꽃은 이스라엘에서 나왔다. 이스라엘 군대는 무시무시한 속도와 파괴력으로 이집트 점령하의 가자 지구와 시나이 반도에 지상 공격을 가해, 이집트 군대를 불시에 제압했다. 동시에 광범위한 폭격으로 이집트 공군력을 거의 전부 쓸어버렸다. 요르단과 시리아 군대가 다른 전선들에서 이스라엘을 공격했지만, 이스라엘은 새로운 공격을 거뜬히 막아내고 단 며칠 만에 시나이 반도 전역을 정복했다. 이 적대 행위 동안 이스라엘은 1,000명 미만의 군인을 잃었는데 반해, 아랍 연합국들의 사망자 수는 그 스무 배를 넘었다. 이스라엘의 공격으로 심각한 타격을 입은 이집트, 시리아 및 요르단은 이스라엘의 적대 행위 개시 후 엿새 만에 정전 합의문에 서명했다. 이스라엘이 '6일 전쟁'에서 가졌던 '선제공격의 이점'은 결정적인 것으로 판명되었다.

게임의 규칙

돌이켜 보면, 그 전쟁은 나세르가 티란 해협을 봉쇄할 수밖에 없다고 여긴 순간부터 불가피해 보였다. 하지만 정말로 그랬을까? 협상을 통한 평화로운 해결책은 불가능했을까? 양측이 전쟁 발발로 인해 초래될 것으로 예상했던 손해와 비교해 모두의 이익에 부합하는 해결책에 도달할 수는 없었을까? 이에 대한 답을 얻기 위해 우리는 비교적 최근에 나왔음에도 많은 인기를 얻고 있는 미래 내다보기 수학 분야를 살펴보고자 한다. 바로 게임이론이다.

국제 분쟁처럼 중차대한 사태를 사소한 게임 분석을 통해 이해한다는 발상은 삐뚤어진 것처럼 보인다. 그런 적대행위의 결과는 여간 심각하지 않으니 말이다. 하지만 게임 이론은 수학적 모형화에 근본적으로 중요한 원리, 즉 단순화의 원리를 구현한다. 우리가 한 상황의 부차적인 내용을 최대한 많이 벗겨내면 남은 것, 즉 문제의 핵심에 집중할 수 있다. 충돌이 개입되는 많은 상황은 비교적 단순한 규칙 집합으로 환원될 수 있는데, 그런 규칙들의 기본적인 역학은 우리가 주방 식탁에 둘러앉아 하는 게임과 마찬가지다. 게임이론은 예측 과학 분야로서 자신의 가치를 거듭해 증명해 냈다. 핵심적으로 이 이론은 서로 경쟁하는 당사자들은 합리적이고 언제나 자신의 이익을 위해 행동한다고 가정한다. 믿거나 말거나, 서로 얽혀 있는 이 두 가정은 거의 언제나 타당하다.

겉보기로는 위의 근본 가정들을 부정하는 듯한 상황을 제시해, 게임 이론이 실제로 얼마나 유용한지 따져볼 필요가 있다. 주인공이 자기 이익을 최우선으로 삼아 행동하지 않는 듯 보이는 모든 상황을 떠올려본다. 만약 자살폭탄 테러범의 행동이 확실히 비합리적이라면 우리는 어떻게 게임이론을 이용해 그런 테러를 예측하고 방지할 수 있겠는가? 정신이 올바른 자라면 누가 다른 사람들의 목숨을 빼앗으려고 자신을 죽이겠는가? 죽는 마당에 도대체 무슨 이득을 얻을 수 있겠는가?

이 질문들에 답하려면, 우리 자신의 세계관에 너무 사로잡히지 않으려고 주의를 기울여야만 한다. 우리 대다수는 살인을 혐오하고 자신의 생명과 생계활동에 큰 가치를 두기 때문에, 자살폭탄 테러범의 행동을 비합리적이라고 잘못 파악하기 쉽다. 하지만 게임이론이 제공할 수 있는 혜택을 제대로 받으려면, 우리는 반드시 타인의 입장이 되어 세계를 타인의 관점에서 보려고 해야 한다. 임의로 주어진 게임에서 무엇이 참여자에게 동기부여가 되는지 이해하는 일은 게임이론을 현실 세계에 적용하는 데 근본적으로 중요하다.

가령 게임이론을 통해서 자살폭탄 테러범의 행동을 이해하려고 할 때 핵심적으로 중요한 점을 꼽자면, 그들의 테러 행위를 선택이라고 여겨야 한다. 즉, 서로 경쟁하는 여러 선택 사안이 저마다 상이한 비용과 보상, 이른바 이득pay-off을 갖는 상황에서 하나를 선택하는 행위라는 뜻이다. 선택 1로 생기는 이득이 선택 2보다 크면, 첫 번째 행동을 하는 것이 합리적이다. 자기를 죽이는 데서 얻는 개인적 이득은 단언컨대 0이라고 볼 수 있을지 모른다. 자살로 죽는 사람은 더 이상 이 세상에서 비용을 치르거나 보상을 얻지 못할 테니까. 자살에 내몰리는 개인은 자신의 일상적 경험을 고통스러운 것이라고 파악할지 모른다. 보상 대신에 비용만을 떠안는, 한마디로 마이너스 이득을 갖는 삶이라고 말이다. 이런 관점에서 보자면, 죽음이 가져다주는 0이라는 개인적 이득이 유일한 합리적 선택으로 보일 수 있다. 역사적으로 많은 문화에서 자살은 나쁜 건강, 불명예 또는 기타 다른 형태의 고통에 대한 합리적 반응으로 여겨졌다.[80] 비록 현대 서구사회에서는 보통 더 이상 그런 견해를 따르진 않지만 말이다.

또한 알아야 할 중요한 점이 있는데, 이득은 단지 개인 차원에서만 얻어지는 게 아니라 가족 구성원이나 심지어 친구 집단한테까지 확장될 수 있다는 것이다. 일부 동물 종의 경우(어떤 생물학자들은 모든 종이라고 주장한다), 자기 이득이 아직 존재하지도 않는 가족 구성원에게로 확장될 수 있다. 자살을 통한 번식 – 짝 중에서 하나가 자기 목숨을 희생하는 짝짓기 전략 – 을 행하는 동물들은 면밀한 계산을 통해, 자신들이 (또는 장담하건대 더 정확하게는 자신들의 유전자가) 여러 자식의 아비가 됨으로써 얻는 혜택을 위해서라면 죽음을 무릅쓸 가치가 있다고 판단한다. 이런 동물 수컷의 몸은 암컷의 생식 구멍에 붙은 채로 있는데, 본질적으로는 생식 구멍을 막고 있다. 덕분에 다른 수컷들은 이후 해당 암컷과 짝짓기가 어려워지기에, 이 암컷한테서 나온 새끼는 번식을 위해 자신을 희생한 수컷의 유전 물질을 지닐 가능성이 높아진다.[81] 예상되는 자손의 수를 늘리려고 자기 생명을 희생하는 일은 수컷 오브위버orb-weaver 거미한테는 시도할 가치가 있는 행동이다.[82]

어떤 집단의 경우 이득은 개인 차원을 넘어 이념적이거나 정치적인 조직에 대한 선택에서 나올 수 있다. 가령 적을 악마 취급하기는 군인을 세뇌시키는 단순한 방법으로, 공통의 목적의식을 조성하고 유지시켜 결과적으로 '더 큰 선'을 위한 행동을 부추긴다. 군인들은 나아가 비록 사후에 얻는 것이지만 훈장과 명예와 지위를 약속받고서 '궁극적인 희생'을 치르겠다는 확신이 들 수 있다. 정치적 활동가들도 '대의'를 위해 자기 목숨을 희생해서 얻는 사회적 보상이 살아 있음으로써 계속 얻을 개인적 혜택을 능가한다고 여길지 모른다. 어느 경우든, 해당 개인이 자기 목숨을 희생해서 얻으리라고 예상하는 이득은 자기가 살아 있어서 얻는 이득을 능가한다.

자발적이든 아니면 정치적, 이념적, 군사적 동기와 결합되었든 간에 '순교자'의 내세에 약속된 무한한 보상에 대한 믿음이, 예비 자살폭탄 테러범한테는 평온하게 살면서 받는 유한한 보상을 능가한다. 하마스의 신병 모집 담당자인 무하마드 아부 와르데Muhammad Abu Wardeh는 보석으로 만든 안락의자, 숙취가 없는 무제한의 와인, 맛있는 음식 그리고 잘 알려진 72명의 숫처녀 아내를 자랑스레 약속했다. 물론, 그들이 자살폭탄 테러를 실행하고 사후에 낙원에서 영원히 그런 보상들을 누리게 해주겠다는 말이다.

외부에서 보면 이런 극단적인 죽음의 결정을 내리는 사람들이 비합리적으로 행동하는 것처럼 보이겠지만, 결코 그렇지가 않다. 아주 어리거나 소수의 정신질환자들을 제외하고는 정말로 비합리적이라고 볼 수 있는 사람은 거의 없다. 정말이지 시도를 했지만 임무 수행에 실패한 자살폭탄 테러범들의 동기를 조사한 연구자들이 밝혀내기로, 그들 대다수는 심리적 장애가 없으며 테러집단에 의해 세뇌를

당하기 전에는 비교적 멀쩡한 사람들이었다.[83]

놀랄 것도 없이, 우리가 예상 이득을 극대화시키는 쪽으로 결정을 내린다고 보는 이론은 새로운 게 아니다. 17세기 프랑스 수학자 블레즈 파스칼은 심지어 그 개념을 이용해 신을 믿는 것이 합리적임을 논증했다. 오늘날 **파스칼의 내기**Pascal's gambit라고 불리는 사고실험에서 그는 신을 믿느냐 마느냐의 결정을 동전 던지기로 하는 내기에 비유했다. 만약 신이 존재하지 않고 여러분이 그걸 옳게 추측한다면, 이득은 여러분이 신을 두려워하는 경건한 삶을 살았더라면 누렸을 세속적인 즐거움보다 조금 더 큰 세속적 즐거움을 누리는 것일 뿐 그 이상은 아닐지 모른다. 반대로 신이 실제로 존재하고 여러분이 이에 돈을 건다면, 파스칼이 주장하기로 그 믿음을 유지하려고 어차피 죽을 인생에서 여러분이 한 희생은 천국에서의 무한한 보상에 비하면 아주 사소한 것일 테다. 그렇기에 파스칼의 추론에 따르면, 신이 존재할 확률이 아무리 낮더라도 그 결과가 사실일 경우의 무한한 이득과 곱하면 신을 믿었을 때의 예상 이득은 믿지 않았을 때의 유한한 예상 이득을 언제나 능가한다. 파스칼은 신을 믿는 편이 합리적인 결정이라고 결론 짓는다.

그런데 카를 마르크스는 이와 같은 예상 이득 논증이 여러 사회에서 조작되었다고 주장한다. 종교를 민중의 아편이라고 여긴 마르크스는 사후의 보상을 약속한다며 마음을 딴 데로 돌리게 하는 그런 주장이야말로 현실에서 운명을 개선하려고 사회적 불평등과 맞서 싸우려는 민중의 소망을 억누르고 대신에 현재 상태를 받아들이게 하려는 술책이라고 꼬집었다.

충돌에는 비용이 따른다

냉소적 게임 참가자들이 얻는 예상 이득의 관점에서 합리성의 개념을 살펴보았으니, 이젠 중동의 충돌 사례를 다시 분석해 보자. 서로 적대하는 국가가 단 **둘**이라고 상정하자(6일 전쟁으로 치닫는 상황에서의 이스라엘과 이집트를 생각해 보자). 단순한 설명을 위해, 이 '전쟁 게임'에서 그 두 나라를 각각 참가자 A와 참가자 B라고 부르자. 이 단순화된 게임의 참가자들은 영토, 자원 또는 전략적 요충지를 놓고서 싸우는 대신에, 총 판돈 100파운드를 놓고서 이 돈을 나누어 갖는다. 논의의 편의상, 그 돈을 놓고 싸우게 된다면 참가자 A가 판돈을 딸 확률이 60퍼센트고 B는 40퍼센트라고 하자.

그렇다면 참가자들은 싸울지 아니면 협상으로 해결할지 여부를 선택한다. 만약 둘 다 협상을 선택한다면 싸움 없이 원만한 합의에 이르려고 시도하겠지만, 한 당사자가 싸우기로 선택한다면, 둘 다 충돌의 상태 속으로 끌려 들어간다. 싸워서 해결하기의 문제점은 양측 모두에게 비용이 발생한다는 점이다.

논의의 편의상, 전쟁을 하게 되면 각 참가자가 10파운드의 비용을 떠안지만 협상을 할 경우에는 비용이 발생하지 않는다. 두 참가자의 승리 확률(A는 60퍼센트 B는 40퍼센트)을 감안할 때 참가자들이 전쟁을 하기로 결정한다면, A는 60파운드를 얻고 비용 10파운드를 잃을 것으로 예상돼 결과적으로 얻을 상금은 50파운드다. 참가자 B는 40파운드를 얻고 10파운드를 지출해 결국 30파운드를 얻을 것이다.

싸움 대신에 양측이 협상을 하기로 결정하면 어떻게 될까? (전쟁 치르기와 비교해서) 협상에 비용이 들지 않는다는 점은 양 참가자가 서로 싸우기로 했다면 얻게 될 금액보다 더 많은 돈을 챙길 절호의 기회가 있다는 뜻이다. 싸움에 드는 총 20파운드의 비용을 전쟁으로 허무하게 날리는 대신에 두 당사자가 나누어 가질 수 있다. 사실 이 여분의 현금은 양측 모두에게 유리한 합의가 나올 온갖 경우의 수가 있다는 뜻이다. 만약 A가 총 100파운드 중에서 50파운드에서 70파운드까지 어떤 금액이라도 챙긴다면, 싸워서 얻게 될 50파운드를 얻는 상황보다 낫다. 또한 그 경우에 B의 해결책인 50파운드에서 30파운드 사이의 임의의 금액도 싸운다면 얻게 될 30파운드보다 낫다. 아마도 양측 모두에게 가장 공정한 해결책은 벌이지 않기로 한 전쟁에서 이길 각자의 확률을 반영한 60 대 40으로 나누기일 것이다. 협상이냐 전쟁이냐에 대한 각자의 선택에 따라 두 참가자가 얻을 잠재적 결과는 표 2에 나온다.

벌어질 수 있는 많은 분쟁의 경우, 충돌로 인한 비용을 피하면서 전리품을 사전에 나눠 갖는 협상을 통한 해결책은 양측 모두에게 이로울 수 있다. 단순한 게임이론이 알려주는 교훈이다. 그런 까닭에 이혼을 바라는 부부들한테 중재가 거의 언제나 유리한 선택 사안이다. 양측 모두 체면(그리고 돈)을 잃게 되는 복잡하고 비싸고 오래 끄는 법정 소송보다는 말이다. 게임이 아니라 현실에서 참가자들이 고집을 부리는 상황 가운데 그런 평화로운 해결책을 실제로 찾아내는 능력은 다른 문제이긴 하지만 말이다.

이스라엘과 이집트는 나세르가 티란 해협 봉쇄라는 돌이킬 수 없

참가자 B / 참가자 A	협상	싸움
협상	60, 40	50, 30
싸움	50, 30	50, 30

표 2 게임이론에서는 두 참가자 사이에 생길 수 있는 결과들의 경우의 수를 이득 행렬을 통해 종종 기술한다. 행의 내용은 참가자 A의 행위를 열의 내용은 B의 행위를 기술한다. (두 참가자가 취할 수 있는 네 가지 경우의 수에 대응하는) 네 가지 '이득' 칸의 각각에서 첫 번째 수는 참가자 A가 해당 전략적 선택하에서 게임을 할 때의 예상 결과, 즉 이득을 나타내고, 두 번째 수는 참가자 B의 이득을 나타낸다. 그러므로 참가자 A와 B 둘 다 협상하기로 결정한다면, 왼쪽 위 칸의 내용대로 A에겐 60파운드, B에겐 40파운드의 합의 결과가 나온다. 협상 전략하에서 두 참가자의 예상 이득은 (상대방 참가자가 무슨 선택을 하는지와 관계없이) 적어도 싸움 전략하의 예상 이득보다는 높기 때문에, 그것이야말로 합리적 행위자들이 선택해야 할 전략이다.

을 것 같은 조치를 취한 뒤에라도 평화를 추구하는 편이 낫지 않았을까? 글쎄, 아마 딱히 그렇진 않을 것이다. 앞서 설명한 단순한 게임이 고려하지 못한 한 가지 중요한 요소는 누가 선제공격을 하는지가 큰 차이를 낳을 수 있다는 것일 테니까.

위에 제시한 과도하게 단순화된 게임에서는 상대방이 싸우고 싶어 할 때도 협상하기로 결정하는 쪽이 불이익을 받지 않는다. 만약 상대방의 계획과 무관하게 싸움을 선택한 쪽이라면 처음에 협상을 선택했을 때보다 더 나을 것이 없다. 위에서 정의된 게임에서는, 비록 상대방이 싸움을 선택하더라도 협상 전략이 싸움 전략보다 더 나쁠 건 없다. 한쪽이 싸움을 선택하는 한, 한쪽은 싸움에 끌려 들어가고, 그 결과는 처음에 협상을 선택했든 아니든 똑같다.

하지만 현실에서는 다르다. 한 국가가 전쟁을 시작하기로 결정하는데 상대방 국가는 준비가 되어 있지 않거나 순진하게 협상 테이블로 향하길 희망한다면, 의미심장한 **선제공격의 이점**first-strike advantage 상황이 마련될 수 있다. 선제공격을 선택하는 나라는 기습의 장점을 누리는 동시에 언제 그리고 어떻게 첫 전투를 벌일지 정할 수 있다. 잠재적인 선제공격의 이점이 전쟁의 비용에 비해 충분히 크다면, 이 요인이 게임의 판도를 바꿔 첫 공격이 시작되기도 전에 이미 전쟁은 불가피해질 수 있다. 그러면 상호 협상의 기회는 사라진다.

이 시나리오에 따라 다음과 같이 상상해 보자. 앞에서 고려했던 게임과 마찬가지로 게임의 총 판돈은 100파운드이며, 상대방을 불시에 선제공격하면 30파운드의 추가 이득이 생기고, 상대방은 양측이 원래 감당해야 하는 10파운드의 전쟁 비용에 추가해 5파운드의 비용이 더 들게 된다. 이 두 참가자 게임에서 생길 수 있는 결과의 네 가지 경우의 수가 표 3에 나와 있다.

만약 A가 선제공격을 선택하고 B는 화평교섭을 제안한다고 하자. 이때 A의 예상 이득을 살펴보면, 100파운드 중 60퍼센트의 자기 몫에다 선제공격 추가 이득 30파운드가 더해지고 전쟁 비용 10파운드가 빠지므로, 결과적으로 80파운드가 순이득이다. B의 예상 이득은 100파운드 중 40퍼센트의 자기 몫에서 10파운드의 전쟁 비용이

참가자 B / 참가자 A	협상	싸움
협상	?, ?	45, 60
싸움	80, 25	50, 30

표 3 한 참가자는 싸움을 선택하고 다른 참가자는 오락가락하는 게임의 이득 행렬. 두 참가자 모두 선제공격을 하면 유리하므로 협상을 통한 해결은 없다.

빠지는 데다가 선제공격을 당한 벌금 5파운드가 추가로 빠져서, 결국 25파운드의 이득만 남는다. 협상자와 공격자가 바뀌면, B는 60파운드를 챙기고 A는 45파운드만 챙긴다. 만약 둘 다 전쟁 준비를 완벽히 하고 서로 모든 화력을 동원한다면, 첫 번째 게임의 충돌 시나리오와 똑같이 50 대 30으로 나누어 챙긴다. 선제공격을 했을 때보다 A와 B **둘 다** 더 나은 협상 전략은 없다. 심지어 총 100파운드를 나누어 동시에 A에게 80파운드 넘게 주고 B한테 60파운드 넘게 주는 것도 불가능하다(80파운드와 60파운드는 각자 선제공격 시 얻는 이득). 선제공격에서 오는 순이득(이 경우 35파운드, 선제공격 당사자의 30파운드 보너스와 상대방의 5파운드 벌금)이 전쟁의 총비용(이 경우 20파운드, 양측에서 각각 10파운드씩)을 능가할 때, 협상을 통한 해결의 가능성은 사라진다. 만약 둘 중 어느 한쪽이라도 이 사실을 알아차리면, 먼저 행동을 취하는 편이 전략적으로 타당하기에 충돌은 불가피해진다.

또한 선제공격의 이점과 준비되지 않은 채로 충돌에 끌려 들어가서 치르는 비용은 양측에게 동등하지 않을 수 있다. 선제공격을 준비해 나가면서 최후의 시간에 이집트가 계산하기로, 소련의 지원이 철회될 수 있다는 점을 고려할 경우 더 이상 선제공격의 혜택이 이전에 생각했던 것만큼 크지 않다. 한편 이스라엘은 외부로부터 강한 제제를 받지 않은 데다가, 선제공격이 얼마나 결정적인지 잘 알고 있었기에 그런 거리낌이 없었다. 선제공격의 혜택이 매우 크다는 점을 알았기에, 그러지 않을 이유가 없었다. 실제로 계획대로 실행했더니 결과 역시 마찬가지였다. 단 6일 만에 적에게 굴욕적인 패배를 안겨주었다는 사실만 보아도, 방심한 상태의 적을 공격해서 이스라엘이 얻은 이득이 얼마나 막대했는지 알 수 있다.

6일 전쟁에서 이스라엘한테 막대한 이득을 주긴 했지만, 선제공격의 이점이 대단히 유리한 경우는 별로 없다. 장기간에 걸친 대규모 충돌의 예상 비용은 대체로 선제공격의 이점을 능가한다. 제2차 세계대전의 경우 나치 독일은 전격적 전략으로 막대한 선제공격의 이점을 누렸다. 덕분에 폴란드를 전광석화처럼 침략해 변변한 저항도 받지 않고 정복했다. 하지만 거의 6년 동안 끌게 된 전쟁의 최종 비용은 독일이 선제공격으로 거둔 일견 큰 이득을 거뜬히 능가했다.

협력과 배신 사이의 눈치 싸움: 죄수의 딜레마

지금껏 벌어진 대규모 충돌은 대체로 그릇된 짓인 듯하다. 상호 협상이 상호 다툼보다 양측 모두에게 더 나은 해결책을 안겨줄 잠재력이 있기 때문이다. 설령 선제공격의 이점이 존재하더라도 양측이 협상 테이블에 앉는 상황은 전쟁 비용을 피하게 해준다. 이는 양측 모두에게 전쟁에 끌려 들어가는 경우보다 더 큰 혜택을 준다. 사실 그런 그릇된 결과들은 게임 이론에서도 잘 알려져 있다. 6일 전쟁의 전략적 근거인 선제공격의 이점 시나리오를 수학적으로 기술하는 문제가 바로 모든 게임이론에서 아마도 가장 유명한 게임일 **죄수의 딜레마**prisoner's dilemma다.

이 게임은 대체로 악명 높은 두 범죄자가 처한 선택 사안의 관점에서 기술된다. 두 범죄자를 에이미와 벤이라고 하고, 둘은 경찰서에서 각자 다른 방에 갇혀 있다고 하자. 경찰은 두 용의자 모두에게 가벼운 범죄를 적용할 수 있는데, 이 경우 각자 감옥에서 1년의 징역을 살게 된다. 당연히 경찰은 두 용의자에게 이들이 저질렀다고 여겨지는 훨씬 더 무거운 죄를 적용하길 원하지만, 그 범죄로 유죄판결을 받아내기에는 증거가 부족하다. 자백을 받아내려고 경찰은 두 용의자에게 거래를 제안한다. 만약 에이미가 무거운 범죄를 자백하고 벤이 연루되었음을 밝히는데 벤이 입을 다물고만 있다면, 에이미에 대한 가벼운 범죄까지도 수사 협조에 대한 보상으로 면제받는다. 그러면 범죄에 대해 벤이 모든 책임을 지게 되어 10년의 징역을 산다. 벤도 에이미를 밀고하라는 똑같은 거래를 경찰한테서 제안받는다. 이 거래에서 뜻밖의 결과는 만약 두 용의자가 서로를 밀고한다면, 둘 다 무거운 범죄에 대해 처벌을 받아 각각 5년의 징역을 살게 된다는 것이다.

이 죄수의 딜레마에서 에이미와 벤이 채택하는 상이한 전략들의 조합에 대한 이득 도표가 표 4다. 이 거래에서 우리는 두 용의자가 입을 다무는 전략을 서로 간의 **협력**이라고 부르고, 다른 죄수를 밀고하

에이미 \ 벤	협상	싸움
협상	1, 1	10, 0
싸움	0, 10	5, 5

표 4 죄수의 딜레마 게임에 대한 이득 도표. 이 시나리오에서 두 용의자 모두 입을 다물고서 서로 협력하면 둘 다 배신하는 경우보다 더 나은 결과가 나오는데도, 공모자를 밀고하려는 유혹이 너무 커서 이겨낼 수가 없다.

는 것을 **배신**이라고 부른다. 상호 협력의 전략이 상호 배신보다 양 당사자에게 더 낫지만, 이 전략은 둘 중 어느 쪽도 순전히 수감 기간만을 고려해 따르기엔 합리적이지 않다.

이 상황을 에이미의 관점에서 살펴보자. 만약 벤이 협력을 선택한다면, 에이미는 배신을 선택함으로써 1년 징역을 선고받는 대신에 무죄로 석방될 수 있다. 배신은 합리적 선택이다. 반대로 벤이 배신하기로 선택한다면, 에이미는 배신을 함으로써 수감 기간을 10년에서 5년으로 줄일 수 있다. 벤이 무슨 선택을 하든, 에이미가 취할 최상의 대책은 늘 배신을 해서 밀고자가 되는 것이다. 합리적으로 행동한다면 벤도 똑같이 생각해서 최상의 선택이 배신임을 안다. 상호 협력을 선택하면 서로에게 이로운데도, 죄수의 딜레마 게임에서 유일하게 합리적인 해결책은 상호 배신이다.

이 결과는 전설적인 게임이론가 존 내시John Nash의 이름을 딴 명칭인 **내시균형**Nash equilibrium이라고 불린다. 존 내시의 삶은 수학자의 삶을 다룬 훌륭한 전기 영화 〈뷰티풀 마인드A Beautiful Mind〉를 통해 소개되었다. 내시균형이란 각 참가자가 선택하기에 최선이며, 만약 합리적으로 행동한다면 선택을 바꾸지 않을 전략들의 집합이다. 내시균형일 때 어느 참가자도 자신의 전략을 바꿔서 얻을 이득이 없으며, 게임이론가의 지독하게 냉소적인 표현으로 말하자면, 제시된 행동이 참가자의 최상의 이익이 아닐 때 참가자들은 그 행동을 하지 않는다. 죄수의 딜레마의 유일한 합리적 해결책은 서로 밀고하기다.

그렇다고 해서 모든 참가자에게 이로운 해결책, 즉 내시균형이 있는 게임이란 존재하지 않는다는 말은 아니다. 만약 상이한 전략에 대한 이득이 달라진다면, 진행되는 게임의 유형이 근본적으로 바뀔지 모른다. 위에서 설명한 죄수의 상황에서도, 상호 협력 전략이 유리해지는 다른 혜택이나 비용이 있을 수 있다. 범죄 정보 제공자는 감옥 안팎에서 나쁜 취급을 받기 때문에, 배신행위는 더 큰 비용을 초래하는 경향이 있다. 협력은 입을 닫는 것에 대해 보상을 받을 수도 있기에, 그 경우 상호 협력하는 전략에서는 이득이 더 커진다. 정말이지 지상에서 복잡한 생명의 진화는 이 문제에 대한 해결책 – 협력이 배신보다 개인(개체)들에게 더 이롭도록 이득 행렬을 바꾸는 (또는 게임을 더 급진적으로 바꾸는) 방법 – 을 찾는 데 달려 있다고 할 만하다.

때로는 일어나지 않은 사건들이 역사를 바꾼다

주어진 임의의 상황에서 택할 최상의 전략을 결정하려면 우리는 상대방이 어떻게 행동할지 알아야 한다. 그렇다고 상대방한테 어떤 계획을 갖고 있는지 그냥 물어봐서 될 일은 아니다. 현실에서 사람들은 거짓말을 하기 때문이다. 상대방은 이걸 하겠다고 말해놓고서 정작 실제로는 저걸 하기도 한다. 게임이론가의 임무는 겉에 드러난 얕은 속셈을 꿰뚫어 상대방의 진정한 비용-편익 상충 관계를 간파해 내는 일이다. 그러면 상대방이 장래에 무슨 짓을 할지 예측할 수 있고, 따라서 우리의 최상의 행동이 무엇이어야 하는지도 결정할 수 있다.

상대방의 속셈을 꿰뚫기란 여간 어려운 일이 아니다. 포커의 고수는 상대방의 행동을 관찰해 전략을 간파해 내기에, 상대방을 이길 방법을 잘 알아낸다. 반면에 숙련되지 않은 관찰자인 하수는 고수가 로열플래시 패를 내던지며 모든 판돈을 쓸어가는 마지막 과장된 동작을 보고서야 겨우 판세를 알게 된다. 이것은 승자가 돈을 따려면 어쩔 수 없이 드러내야 하는 진실이다. 그제야 우리는 상황을 알아차린다. 하지만 포커 선수들은 꼭 해야만 하는 경우가 아니라면 여간해선 진실을 드러내지 않는다. 대체로 그들은 아닌 척하거나 뻔뻔스럽게 허세를 부리는 방식으로 거짓말을 한다. 테이블에 정체를 드러낸 카드들이 유용한 정보를 주긴 하지만, 우리는 드러나지 않은 패에서 더 많은 정보를 읽어내야 한다. 즉, 더 나은 패를 쥔 사람들에게 위협을 가해 판에서 나가도록 만드는 허세 부리기와 고수가 손실을 줄여야 할 때를 알고서 판을 접는 상황을 읽어내야 한다.

과거에 얻은 정보를 통해 미래를 지배할 규칙을 추론하려고 할 때 흔히 하는 실수를 하나 들자면, 우리 하수들은 관찰되는 사건들만을 바탕으로 인과관계를 구성한다는 것이다. 우리는 포커 고수가 좋은 패를 이용해서 큰돈을 따는 모습을 멋지다고 여긴다. 우리 생각에 포커에서 이기려면 좋은 패를 받아야 한다. 어느 정도 맞는 말이긴 하지만, 여기서 우리가 잊고 있는 사실이 있다. 포커 고수가 좋은 패를 쥐고서 게임에 남아 있을 수 있는 까닭은 눈에 띄지 않은 채로 초반에 접어야 할 때와 낮은 승산을 좇다가 낭패를 보지 않아야 할 때를 알아서다. 포커에서는 보이는 패만큼이나 보이지 않는 패가 중요하다. 증거가 드러나지 않는 상황이 종종 우리에게 유용한 정보를 알려주기도 한다.

역사가의 임무는 왜 한 사건이 또 다른 사건을 초래했는지 그 이유를 제시하고 아울러 역사 기록에 등장하는 사건들로부터 교훈을 얻는 일이다. 과거 사건들에 대한 우리의 관점 대부분은 실제로 일어났던 사건들에 대한 이러한 인과적 추론에서 얻어진다. 이와 반대로, 게임이론가의 임무는 간극을 메우는 일이다. 즉 가지 않은 길, 만약의 상황what-if, 반사실反事實, 일어나지 않은 사건 그리고 이게 중요한데 일어나지 않은 이유를 생각하는 일이다. 가령, 전쟁을 되돌아보는 서술의 대부분은 이 드러난/드러나지 않은 편향에 지배를 받는다. 발생을 막아낸 많은 위기에 초점을 맞춘 교과서는 거의 없고, 대부분은 오히려 피하지 못한 소수의 위기에 중점을 둔다. 학교 역사 수업에서는 전쟁이 끝도 없이 이어지는 것 같지만, 주요한 충돌들은 사실 흔치 않은 사건이다. 이 장의 앞에서도 보았듯이, 전쟁에는 비용이 따르기 마련이라 전쟁은 일어나지 않는 쪽이 낫다. 때때로 역사의 경로를 극적으로 바꾸는 이야기들은 전혀 일어나지 않은 사건들이다.

스타니슬라프 페트로프Stanislav Petrov. 이 이름을 들어본 적이 있는가? 대다수 사람은 그렇지 않을 것이다. 하지만 그의 행동, 어쩌면 그가 하지 않은 행동이 세상을 엄청나게 뒤바꾼 결과를 초래했다. 그러니 정말이지 이 이름은 누구나 아는 이름이어야 마땅하다.

1983년 여름 미국과 소련 사이에는 긴장이 고조되고 있었다. 1970년대 후반에 비교적 평온했던 시기가 지나고 두 국가 간의 냉전적 적대관계가 새로 찾아왔다. 1980년 카터 대통령하의 미국은 모스크바에서 열린 올림픽 경기를 보이콧했다. 1979년 소련의 아프가니스탄 침공에 대한 항의 차원이었다. 1980년 후반에 미국 대통령 자리에 오른 로널드 레이건은 소련과의 핵무기 감축 논의에 참여하지 않기로 결정했다. 대신에 냉전을 끝내기 위한 자신의 전략은 '우리는 이기고 그들은 진다'임을 천명했다.

1981년 핵과학자회보Bulletin of the Atomic Scientists, BAS의 '지구종말 시계Doomsday clock'－은유적인 이 시계의 침은 인류가 핵 재앙에 근접했음을 나타내기 위해 상징적으로 자정에 가깝게 놓여 있다－는 23시 56분으로 맞춰졌다. 1960년 이후로 자정 무렵에 맞춰진 것 중에서 가장 자정에 가까운 시간이었다. 심지어 쿠바 미사일 위기 때보다도 더 가까웠다. 그 시계는 1984년에 자정에 1분 더 가까워진다. 1982년과 1983년 내내 미국은 심리작전psychological operation－사실상 국제적 규모의 위험천만한 허세 부리기－을 실시했다. 미국 폭격기를 소련 영공을 향해 곧장 날려 보냈다가 마지막 순간에 항로를 바꾸는 작전이었다.

1983년 9월 1일 민간 항공기 한 대가 우연히 자신의 항로를 벗어나 소련 영공으로 들어갔다. 뉴욕시 출발 서울 도착인 대한항공 여객기였다. 이 비행기는 소련 요격기에 금세 격추당했다. 이 사고로 조지아주를 대변하는 하원의원인 래리 맥도널드Larry McDonald 및 다른 268명의 승객 및 승무원이 목숨을 잃었다. 처음에 소련은 전혀 모르는 일이라고 잡아뗐지만, 미국은 그 사건을 계기로 NATO 동맹국들의 지지를 얻어내서 서독에 퍼싱Pershing II 탄도미사일과 그리폰Gryphon 순항미사일 시스템을 배치했다. 그러자 소련은 미사일 감시 능력을 강화했다. 소련은 미국의 핵 공격을 예상하는 데 만전을 기하고 있다가 유사시에 미사일이 자국 영토에 떨어지기 전에 반격을 가할 준비를 했다.

이런 가운데 소련 방공단의 스타니슬라프 페트로프 중령은 비밀 벙커 세르푸코프Serpukhov-15에 앉아 있었다. 그곳은 소련의 오코Oko 핵 조기경보 시스템의 지휘본부였다. 소련의 명시적인 정책은 이랬다. 조기경보 시스템이 자국으로 날아오는 미사일을 감지하면, 미국에 대한 보복 핵 공격을 즉각 실시해 양 초강대국의 상호확증파괴를 꾀한다. 그런 상황일 때, 페트로프의 임무는 보복 공격을 실행하도록 현황을 지휘계통에 보고하는 것이었다.

1983년 9월 26일 자정이 막 지났을 때, 페트로프는 자기 책상 앞에 있는 여러 대의 컴퓨터 화면에 표시된 정보들을 나른하게 살피고 있었다. 갑자기 사이렌이 울리자, 느긋하던 태도를 바꾸어 그는 바짝 긴장했다. 아드레날린이 핏줄 속을 내달리고 있을 때, 그의 앞에 있는 화면 중 하나에 빨간색의 큰 고딕체 글자로 '발사'라는 단어가 떴다. 사이렌은 갑작스레 울리기 시작했다가 또 어느새 뚝 멈췄지만, 화면에는 경고 문구가 계속 떠 있으면서 미국에서 미사일이 발사되었다고 알렸다. 조금의 과장도 없이 페트로프는 세계사에서 가장 중요한 단일 결정의 순간에 직면했다. 그 경고 신호를 지휘계통을 통해 상관에게 보고해야 했을까 아니면 가짜 경보이길 바라면서 그냥 앉아 있어야 했을까? 그 소식을 지휘계통을 따라 상부에 전달한다면, 지휘관들은 페트로프의 판단을 받아들여서 보복 공격에 나서리라고 그는 확신했다.

자기 어깨에 걸린 책임감의 크기를 계속 심사숙고하고 있는데, 다시 사이렌이 울렸다. 두 번째 미사일 발사가 감지되었고, 금세 세 번째와 네 번째 그리고 다섯 번째 경고 신호가 떴다. 압박감이 페트로프에게 산더미처럼 쌓여갔다. 빨리 행동에 나서야 했다. 그가 낭비한 1초 1초는 지휘관들이 보복 공격을 실행하는 데 드는 시간을 감소시킬 터였다. 그가 너무 오래 기다리면, 이 문제는 지휘관들의 손을 떠나고 말 것이었다. 눈앞의 컴퓨터 화면들에 표시된 메시지가 갑자기 '발사'에서 '미사일 공격'으로 바뀌었다.

여전히 페트로프는 계속 지켜보고만 있었다. 뭔가 앞뒤가 맞지 않았다. 그가 생각하기로, 미국에서 감행한 진짜 핵미사일 선제공격이라면 한두 대의 미사일이나 설령 순차적으로 발사된 몇 대 정도의 미사일로 이루어지는 게 아니라 한꺼번에 수백 개 미사일이 전부 날아왔어야 한다. 첫 번째 경고 후 2분이 지났는데도 지상 레이더는 여전히 미사일 발사를 확인해 줄 신호를 포착하지 못했다. 그렇기에 페트로프는 소련이 그즈음에 도입한 새 미사일 발사 감지 시스템에 더욱 믿음이 가지 않았다. 아직도 그는 자기 앞의 컴퓨터 화면에서 번쩍거리면서 대응을 촉구하고 있는 메시지를 믿어야 할지 말아야 할지를 놓고서 두 마음이 엇갈리고 있었다. 몇 분 더 망설인 끝에 그는 더 이상 기다릴 순 없다고 결심했다. 전화기를 들고서 육군본부에 있는 당직사관의 전화번호를 눌렀다. "대령님." 그는 상관에게 이렇게 말했다. "보고드릴 게 있는데…… 시스템 오작동이 발생했습니다."

전화를 끊고 나서도 그는 옳게 보고를 했는지 확신이 서지 않았다. 그때쯤엔 자신의 잘못을 누구라도 수정하기엔 어차피 너무 늦었을 테니, 그냥 기다리기로 했다. 그렇게 25분 동안 책상에 앉아 있었는데도 아무런 피해가 없자, 자신이 옳았음을 확신하게 되었다. 경보는 가짜 신호였다.

실제로, 대륙간 탄도미사일 꼬리의 불꽃을 감지하는 임무를 맡은 소련 위성이 노스다코다 상공의 높은 고도에 있는 구름들에서 반사되는 햇빛을 포착했다. 그날 밤 페트로프의 냉철한 행동이 사상 초유의 핵전쟁을 막는 데 거의 확실한 도움을 주었다.

●

◆ 누구도 무기를 쓸 수 없는 상황

흥미롭게도, 페트로프의 무대응은 미국과 소련 사이에 벌어지고 있던 게임에 대한 중요한 진실을 알려준다. 역사가들이 즐겨 하는 말에 따르면, 상호 무기 비축이 전쟁 발발 가능성을 높인다고 한다. 이 주장은 세상을 떠들썩하게 만든 몇몇 전쟁, 가령 제1차 세계대전 직전에 그런 무기 경쟁이 벌어졌다는 사실에 근거하고 있다. 하지만 이런 주장은 무기 경쟁 이후에도 적대 행위가 발발되지 않았던 다른 모든 상황을 무시하고 있다. 누구나 알 듯이, 가장 유명한 사례인 냉전은 수없이 많은 기회에도 실제 전쟁으로 이어지지 않았다. 냉전인 상태로 남은 이유는 바로 양측에 쌓인 엄청난 핵무기 때문이었다. 군사적 긴장이 만약 실제 전쟁으로 이어졌다면 그 손해는 너무나 막대했을 것이다.

상호확증파괴Mutually Assured Destruction란 말의 축약어인 MAD가 바로 그런 상황을 설명해 준다. 양측의 무기 경쟁이 어느 쪽도 무기를 사용할 수 없게 작용하는 상황 말이다. 제2차 세계대전이 끝나고 곧 두 초강대국은 대단히 파괴적인 핵무기를 비축해 나갔다. 어느 한쪽이 공격을 감행한다면 전부 공멸할 위험이 거의 확실할 정도로 많은 무기였다. 역설적이게도 이 위험이 너무 큰 바람에 어느 쪽도 자국의 무기를 사용할 수 없게 되었다.

두 초강대국의 선택은 두 참가자가 하는 게임의 관점에서 살펴볼 수 있다. 이 게임 속의 어느 임의의 순간에 소련과 미국은 둘 다 핵 공격을 할지 말지 여부를 결정한다. 게임의 이득 행렬은 표 5와 같은 모습이다. 양 당사자가 둘 다 공격하지 않는다면, 각각은 음의 이득 −100을 받는데, 이는 핵무기를 제작하고 유지하는 비용과 더불어 MAD로 중재되는 평화를 둘러싼 불편한 긴장이 초래하는 비용을 나타낸다. 하지만 이 비용은 공격을 할 때의 이득에 비하면 아무것도 아니다. 공격을 선택한다면, 결과적으로 양 당사자가 지구에서 소멸되는 상황, 즉 이득 −∞(무한대)로 어느 쪽으로서도 그보다 더 나쁜 결과는 있을 수 없는 상황이 확실해진다.

게임이 어떻게 흘러갈지 이해하려면, 각 초강대국이 상대방의 행동에 최상의 대응을 하려면 어떻게 해야 할지 생각해 보아야 한다.

미국 / 소련	공격 안 함	공격함
공격 안 함	-100, -100	-∞, -∞
공격함	-∞, -∞	-∞, -∞

표 5 상호확증파괴의 이득 도표. 만약 양측 모두가 동시에 공격하지 않기로 선택하면 작은 음의 이득을 얻는다. 하지만 공격하기로 하는 선택의 결과는 언제나 무한대의 손해다.

만약 어느 순간 소련이 공격을 하지 않기로 선택한다면 미국이 택할 수 있는 최상의 전략도 공격하지 않기다. 하지만 소련이 핵미사일을 발사하기로 결정한다면, 미국이 공격을 하지 않기로 결정했든 동시에 발사하기로 결정했든 중요하지 않다. 비록 미국이 공격하지 않기로 결정했는데도 그다음에 조기경보 시스템을 통해 소련의 미사일 발사가 감지된다면 즉시 미국도 핵무기를 발사할 테고, 그 결과는 상호확증파괴가 되기 때문이다.

죄수의 딜레마에서는 한 개인이 취할 수 있는 최상의 행동은 상대방이 무슨 선택을 하든지 간에 언제나 배신이다. 이와 달리 현재 사안에서 최상의 선택은 상대방이 무슨 선택을 하는지에 달려 있다. 만약 상대방이 공격하지 않기로 선택한다면 여러분도 공격하지 않기로 선택해야 하지만, 상대방이 공격한다면 여러분도 공격해야 한다. 한쪽은 공격하는데 다른 쪽이 공격하지 않는 것은 타당한 해결책 – 내시균형 – 이 아니다. 한쪽이 공격하지 않는다면 얻을 수 있는 최상의 결과는 다른 한쪽도 공격하지 않는 경우일 때 생기기 때문이다.

공격 안 함-공격 안 함과 공격-공격이 게임에서 실현 가능한 내시균형임을 감안할 때, 다음과 같이 가정하는 편이 합리적일 듯하다. 최종적으로 결정하게 될 전략은 세상의 종말을 가져올 공격-공격보다는 세계평화를 가져올 공격 안 함-공격 안 함일 것이다. 하지만 공격-공격도 받아들일 만한 해결책이다. 만약 어느 한쪽이라도 상대방이 공격을 받았을 때 보복하지 않으리라고 믿는다면, 공격을 억제할 이유가 순식간에 사라진다. 역설적이게도 완전한 파괴라는 위협이 평화 유지에 필수적이다.

냉전 동안 양 당사자는 상호확증파괴의 위협을 이해했고 그에 따라 게임을 펼쳤다. 억제 전략은 매우 효과적이어서 1945년 제2차 세계대전 이후 두 주요 세계열강 사이에서 단 한 번도 전쟁이 없었다. 두 초강대국 사이의 평화는 두 합리적 행위자한테 타당한 해결책이었다. 하지만 만약 한 나라가 자신들은 합리적으로 행동하지 않고 있다고 다른 나라가 믿게 할 수 있다면 어떻게 될까?

한 가지 전략만 고수하지 말 것

3장에서 우리는 나스카피 부족에 대해, 그리고 이들이 무작위성을 이용해 고착된 사냥 방식에 빠지는 걸 피한다는 것에 대해 배웠다. 사냥꾼들은 어느 한 지역에서 사냥에 성공하는 경험을 하면 같은 지역에서 장래에도 성공하겠거니 여기기 쉽다. 하지만 늘 똑같은 장소에서 사냥을 했다가는 예측 가능한 상태에 처한다. 즉, 게임의 다른 참가자들(이 경우, 사람들이 사냥하는 동물들)이 그런 기회를 이용해서 위기를 모면할 수 있다. 예측 가능한 상태를 피하기 위해 다양한 전략 가운데서 확률적으로 선택하는 행위를 가리켜 게임이론에서는 혼합 전략이라고 한다.

3장에서 보았듯이 가위바위보를 하는 사람들은 한 참가자가 매번 똑같은 모양을 낸다면, 상대에게 쉽게 간파당해서 지게 된다는 사실을 안다. 규칙적으로 바뀌는 패턴도 금세 읽혀서 쉽게 패하고 만다. 상대방의 수를 짐작할 수 없다면 최상의 전략은 세 가지 모양 중에서 완전히 무작위로 선택하는 것이다. 하지만 이미 배웠듯이, 패턴에 따라 사고하도록 훈련된 우리 뇌로서는 진짜 무작위성이 말이 쉽지 행하기는 어렵다.

축구에서 페널티킥을 차는 선수는 골키퍼가 공의 방향을 파악하지 못하도록, 골대의 상이한 부분들을 겨냥하는 혼합 전략을 사용한다. 정말이지 2002년 연구에서 밝혀지기로, 유럽의 두 최고 리그에서 페널티킥 차는 선수들은 골대의 어느 한쪽만을 일관되게 노리기보다 왼쪽, 오른쪽 또는 가운데 사이를 무작위로 선택했다.[84] 하지만 유념해야 할 점이 있는데, 그건 단순하게 양측을 교대로 바꾸는 것과는 다르다. 양측으로 번갈아 차기는 전적으로 비무작위적이며 쉽게 예측 가능한 전략이다.

정서적 예측 가능성의 효과에 대한 최근의 실험들에서,[85] 경영학과 학생들은 미리 규정된 규칙에 따라 한 사업을 주제로 서로 협상을 실시하라는 요청을 받았다. 한 시나리오에서는 협상자들이 무자비할 정도로 부정적인 감정을 표현하고 화를 내라는 요청을 받았고, 또 다른 시나리오에서는 긍정과 부정 사이를 빈번하게 오가며 감정 상태를 바꿔달라는 요청을 받았다. 정서적 예측 불가능성을 보인 상대방과 협상한 학생들은 자신들이 협상에 대한 통제력이 부족하다고 여겨서 양보를 더 많이 했고 요구사항에 대해 확고하지 못하고 우유부단했다.[86]

국제 외교의 맥락에서 볼 때, 한 가지 순수한 전략을 고수하기 – 임의의 주어진 상황에 대해 미리 정해진 대로 대응하기 – 는 상대방에게 허세를 부리거나 엄포를 놓거나 상대방을 조종할 능력을 감소시킬지 모른다. 반대로, 혼합 전략을 구사하는 폭군 – 가령, 한번은 핵무기 사용 위협을 가했다가 다음번에는 완전 비핵화를 지지하는 사람 – 과 협상할 경우, 상대방은 예측하기 쉬운 합리적 행동을 하는 사람을 대할 때보다 양보를 더 많이 할지 모른다. 하나의 특별한 혼합 전략이 1960년대 후반과 1970년대 초반에 리처드 닉슨의 외교정책의 근간이었다. 일종의 미치광이 전략으로서, 정치학에서는 **광인이론**madman theory이라고 부른다. 이 전략의 목표는, 이름에서 짐작할 수 있듯 공산주의자인 상대방이 닉슨이 조금 삐딱한 정도 이상이라고 믿게 만드는 것이었다. 닉슨이 생각하기로, 상대방이 그를 비합리적 행위자라고 판단한다면 자신의 수를 예상할 수 없을 테고 따라서 더 많은 양보를 하게 될 터였다. 그러면 닉슨이 우발적으로 보복에 나설 위기 사태도 방지할 수 있었다.

1969년 10월, 교착상태에 빠진 베트남전쟁을 끝내기 위한 협상을 할 때 닉슨은 광인 정책을 실행했다. 자신의 무모함을 소련이 알아차리고서 어쩔 수 없이 하노이에 영향력을 발휘하도록 고안한 계산된 행동에 따라 닉슨 대통령은 미군에 전면적인 세계대전 준비 경보를 내렸다. 10월 27일 미국 국민들 몰래 닉슨은 '거대한 작살Giant Lance' 작전을 실시했다. 열여덟 대의 B-52 폭격기가 세계에서 가장 강력한 핵융합 반응 무기(수소폭탄)를 싣고서 알래스카를 가로질러 베링해를 향해 시속 800킬로미터의 속력으로 발진했다. 닉슨은 소련 레이더가 일찌감치 폭격기들의 이동 경로를 포착하고서 위기 상황이 닥치고 있음을 알아차릴 것을 잘 알았다. 그 위협에 두려움을 느껴 소련이 베트남전 관련 요구사항을 수용하길 닉슨은 바랐다.

바로 그 무렵, 비록 닉슨은 몰랐지만, 소련은 여섯 달 동안 옥신각신 중이던 중국과 은밀한 국경 분쟁을 겪고 있었다. 소련인들은 그즈음 미국인들이 베이징을 향해 공감의 의사를 표시하는 것을 우려했다. 그해 초반부터 미국과 중국 간의 동결된 교역 관계가 해빙을 맞이하기 시작했기 때문이다. 따라서 소련인들이 닉슨의 행동을 삐딱한 대통령의 비합리적 행동이 아니라, 중국의 동맹국으로서 합리적이고 전략적인 선제 조치로 여겼을지 모를 매우 실제적 위험도 존재했다.

소련의 동쪽 국경에 접근했을 때 폭격기들은 속력을 늦추면서 항로를 틀었다. 소련 영공으로 들어가지 않기 위해서였다. 소련 서기장 레오니트 브레즈네프는 닉슨의 광인 작전을 크게 우려해, 소련 대사에게 긴급회의를 열라고 요구했을 정도였다. B-52 폭격기들은 사흘 더 소련 국경을 기웃대다가 지시를 받고서 돌아갔다. 이 또한 닉슨이 예측 불가능한 행동으로 받아들여지길 바랐던 조치다. 자신이 긴장을 고조시킨 것만큼이나 빠르게 긴장을 해소할 수 있음을 내보이려고 한 짓이었다. 그 작전은 처음에는 소련인들을 오싹하게 만들었을지 모르나, 닉슨의 게임이론에 따른 도박은 결국에는 계산착오였다. 불필요하게 핵전쟁 위험만 높이고 정작 하노이를 협상 테이블로 불러오지도 못했으며, 핵무기를 놓고 벌인 담력 겨루기 시합에서 굴복한 후 닉슨의 입지만 약화시켰기 때문이다.

삼인조 결투의 세계

미래를 예측하고 심지어 통제하는 게임이론의 위력을 예로 들어 설명할 때, 단순하게 설명하기 차원에서 이제껏 우리가 고려했던 모든 상황을 단 두 참가자의 게임으로 압축시켰었다. 하지만 현실에서 게임은 단 두 당사자보다 많은 당사자 사이에서 진행될 수 있다. 정말이지 게임이론에서 가장 많이 연구되는 시나리오 중 하나는 세 사람 결투, 즉 두 사람 간의 결투의 세 사람 버전이라고 알려진 대치 상황이다. 최고의 정확성과 가장 빨리 무기를 뽑는 사람이 이길 확률이 가장 크다고 예상되는 두 사람 간의 결투와 달리, 세 번째 총잡이가 추가되면 때때로 놀라운 결과가 나올 수 있다. 하지만 결과는 게임의 규칙에 크게 좌우된다.

세 사람 간의 결투는 영화에서 인기 있는 소재인데, 쿠엔틴 타란티노 영화에서만 해도 적어도 세 편에서 플롯 문제를 해결하는 데 사용되었다. 하지만 가장 유명한 사례는 시대를 통틀어 가장 유명한 영화 장면 중 하나에 나온다. 〈석양의 무법자The Good, the Bad and the Ugly〉의 클라이맥스에 가까워질 무렵, 영어 제목에 해당하는 세 주인공이 원형 광장의 둘레에 있는 삼각형에 서 있다. 셋은 총을 뽑을 준비 자세로 손을 허리춤 위에 두고 있다. 우리는 이 설정을 이용해, 우리 버전의 세 사람 결투 상황을 설명한다.

결투하는 세 사람 – 좋은 녀석, 나쁜 녀석, 흉악한 녀석 – 이 서로 대략 같은 거리에 서 있다고 상상하자. 그들 각자가 자신의 생존 가능성을 극대화하고 싶다고 우리는 매우 합리적인 가정을 한다. 첫 번째 시나리오로 셋이 흉악한 녀석, 나쁜 녀석, 좋은 녀석 순서로 차례차례 총을 쏘는데 모두 완벽한 사수이며 각자 총알은 한 발뿐인 상황을 고려하자. 이때 흉악한 녀석이 자신의 생존 가능성을 극대화하려면 어떻게 해야 할까?

만약 흉악한 녀석이 나쁜 녀석을 쏴서 죽이면, 그다음은 좋은 녀석의 차례여서 좋은 녀석이 흉악한 녀석을 쏴죽일 것이다. 흉악한 녀석은 나쁜 녀석 대신에 좋은 녀석을 겨냥해서 죽이더라도 똑같은 결과를 얻는다. 먼저 나서기가 흉악한 녀석에게 이득이 되지 않고, 이 상황에서 빠져나갈 방법도 찾을 수 없다면 늘 그의 죽음으로 끝나는 듯 보인다. 먼저 나서야 하는 흉악한 녀석의 문제에 대한 반직관적인 해결책은 나쁜 녀석도 좋은 녀석도 겨냥하지 않고 허공에 쏘기다. 그러면 흉악한 녀석은 잠재적 위협 인자에서 스스로 빠지게 된다. 그다음엔 나쁜 녀석이 좋은 녀석을 쏴죽일 테고 나쁜 녀석과 흉악한 녀석은 둘 다 살아남게 된다.

이제 조금 더 현실적인 시나리오로서 다음과 같이 상상해 보자. 총잡이들은 전부 능력이 제각각이고 각자 무제한의 탄환을 갖고 있기에, 결투는 셋 중 하나만 살아남을 때까지 계속된다. 좋은 녀석이 최고의 사수여서 열 번 쏘면 아홉 번 목표물을 맞힌다고 가정하자. 나쁜 녀석이 그 아래의 사격 실력이어서 열 번 중 일곱 번 목표물을 맞히며, 흉악한 녀석은 사격 실력이 제일 나빠서 절반만 목표물을 맞힌다. 승산을 고르게 하려고 사격 실력이 최악에서 최고인 순으로 총잡이들은 오직 마지막 한 명이 살아남을 때까지 차례로 총을 쏘는 데

합의했다. 그렇다면 이 수정된 시나리오에서 총잡이들은 어떻게 행동해야 할까?

게임이론에서 곧잘 제안하듯이, 우리는 총잡이들의 입장이 되어 보아야 한다. 각각의 총잡이는 사격 실력이 최고인 경쟁자를 가장 우려하는 편이 합리적이다. 좋은 녀석은 나쁜 녀석을 표적으로 삼아야 하고 나쁜 녀석은 좋은 녀석을 표적으로 삼아야 한다. 흉악한 녀석도 사격 실력이 최고인 총잡이를 제거해야 하므로 좋은 녀석을 표적으로 삼아야 한다. 만약 그런 전략들을 갖고서 게임이 진행된다면, 역설적이게도 처음부터 두 총잡이한테서 총을 맞게 될 좋은 녀석은 이길 확률이 고작 6.5퍼센트다. 두 번째로 사격 실력이 좋은 총잡이인 나쁜 녀석은 이길 확률이 56.4퍼센트며, 흉악한 녀석이 이길 확률은 놀랍게도 37.1퍼센트로 높다. 세 사람의 결투에서는 가장 사격 실력이 좋다고 알려지면 큰 불이익을 입을 수 있다. 다른 총잡이들이 그 한 명을 집중 공격할 수 있기 때문이다.

하지만 사실은 앞에서 나왔던 틀을 깨는 해결책에서 배웠듯이, 이번에도 흉악한 녀석은 초기 단계에서 허공에 쏘면 훨씬 더 나을 수 있다. 좋은 녀석과 나쁜 녀석은 서로를 제거하는 데 더욱 혈안이 되어 있는지라, 흉악한 녀석의 총알 '낭비'는 결과적으로 세 사람 간의 결투를 사격 실력이 더 나은 총잡이 두 명 간의 결투로 바꿔버린다. 그 둘 중 하나가 상대방을 제거하는 즉시, 흉악한 녀석은 앞의 생존자와 자신 간의 결투에서 먼저 쏘는 기회를 얻는다. 이 결투에서 선제 사격의 이점 덕분에 승부는 흉악한 녀석에게 유리해지는데, 사격 실력이 더 나은 두 명의 확률을 뛰어넘어 이길 확률이 57.1퍼센트가 된다(시작할 때 적극적으로 상대방에게 총을 쏘았을 때의 확률 37.1퍼센트에 비해서도 꽤 높아진다). 이제 좋은 녀석은 이길 확률이 (이전의 6.5퍼센트에서) 13.1퍼센트로 높아진다. 그래도 마지막 순서인 불이익이 더 크지만, 적어도 흉악한 녀석의 표적이 되진 않는다. 나쁜 녀석은 이길 확률이 (이전의 56.4퍼센트에서) 29.7퍼센트로 감소한다. 더 이상 흉악한 녀석이 좋은 녀석을 제거해 주는 도움을 받지 못하기 때문이다. 사실 비록 사격 실력이 제일 나쁜 총잡이가 먼저 쏘는 대신에 먼저 쏘는 사람을 제비뽑기로 결정하더라도, 흉악한 녀석은 좋은 녀석이나 나쁜 녀석이 서로를 제거하기 전에는 허공에 총을 쏘면 이길 가능성이 가장 높다. 사격 실력이 최고인 총잡이가 질 가능성이 가장 크고 최악인 총잡이가 이길 가능성이 가장 크다는 말은 미친 소리처럼 들리지만, 이 결과는 지금까지 다룬 인위적인 총싸움 시나리오에서만 생기진 않는다.

버지니아 주지사 선출을 위해 치러지는 2009년 6월의 민주당 경선을 앞둔 선거 운동 기간에 주 상원의원 크레이 디즈Creigh Deeds는 허둥거리고 있었다. 1월 여론조사에서 그는 고작 11퍼센트의 지지율을 기록했으니 말이다. 이후 네 달 동안 다른 두 후보 테리 맥컬리프Terry McAuliffe와 브라이언 모랜Brian Moran이 서로 선두자리를 번갈아 가며 차지하는 동안, 그는 딱 한 번 22퍼센트를 넘는 지지율을 기록한 적이 있었을 뿐이다. 디즈의 기부금 모금 캠페인도 주춤거리고 있었다. 2009년 1사분기, 즉 선거를 앞둔 중요한 기간에 그는 고작 60만 달러를 모았는데, 이에 반해 모랜은 80만 달러, 맥컬리프는 420만 달러를 모았다. 하지만 5월 중순이 되자 판세가 갑자기 변했다.

후보들은 자기에게 남은 자원을 홍보에 많이 투입하기 시작했다. 모랜은 주요 경쟁자 맥컬리프를 거칠게 몰아세우며, 사업가로서 그의 이력을 비판했다. 맥컬리프도 가장 큰 위협인 모랜에 대응해, 자기 홍보에 발벗고 나섰다. 자신의 사업가 이력을 긍정적으로 드러내고 아울러 모랜이 '민주당을 분열시키려고 한다며' 비난을 가했다. 그러자 모랜이 다시 반격했는데, 당시 재임 대통령 버락 오바마에 맞서 맥컬리프가 2008년 미국 대선 전에 열린 민주당 경선에서 했던 선거운동을 비난했다. 그렇게 하면 선거에 결정적으로 중요한 흑인 유권자들한테서 맥컬리프의 위상이 깎이겠거니 하고 모랜은 바랐다. 한편 두 상위 후보들이 서로의 평판을 깎아내리고 있을 때, 겸손한 약자 크레이 디즈는 자신을 알리는 홍보 전략으로 긍정의 씨앗을 뿌리고 있었다. 5월 후반에 《워싱턴 포스트》가 디즈를 지지하고 나서자, 많은 부동층 유권자가 그를 이전의 두 유력 후보를 대신하기에 적합한 인물로 보기 시작했다. 여론조사에서 디즈의 인기가 치솟았고 6월 초가 되자 40퍼센트가 넘는 지지율을 얻었다. 앞서 유력했던 두 경쟁 후보 각각은 버지니아 유권자들한테 서로 상대방 후보가 뽑혀서는 안 된다고 설득시킨 듯했다. 6월 8일 선거에서 디즈는 50퍼센트 남짓한 표를 얻어서, 26퍼센트를 얻은 맥컬리프와 24퍼센트를 얻은 모랜을 물리쳤다. 가장 약했던 후보가 압도적 득표를 이룬 셈이다.

삼파전으로 전개된 상황이 민주당 지지자들에게 피해를 끼쳤을지 모른다. 둘이 벌이는 경쟁에서는 한 후보의 인기도 하락이 다른 후보의 인기도 상승을 의미한다. 상대방 후보를 깎아내리기보다 자신의 이미지 향상을 꾀하기가 더 어렵다면, 후보들은 흑색선전으로 서로를 공격해서 유권자들이 어차피 그만그만한 두 사람 사이에서 선택하게 만드는 편이 더 유리하다. 하지만 삼파전일 경우, 흑색선전은 강한 두 유력 후보의 평판을 떨어뜨리게 해서, 가장 약한 후보가 득세하게 만들 수 있다. 이후 디즈는 주지사 선거에서 공화당 후보 밥 맥도넬Bob McDonnell에게 지고 만다. 반면에 여론조사 결과로 세 민주당 후보 중에서 가장 강했던 맥컬리프는 4년 후 선거에서 마침내 버지니아 주지사에 당선되었다. 민주당 지지자들이 경선에서 두 명만 서로 대결을 벌이도록 허락했더라면 자신들의 목적에 더 부합했을지 모른다.

정치를 벗어나서 보자면, 다자간 경쟁 게임의 약체 참가자에게 유리한 전략, 즉 강한 싸움꾼들이 결투를 벌이고 있을 때 뒤로 물러나 있기는 동물계에서 자연스레 거듭해 채택되었다. 많은 동물은 삶의 목표가 단순히 다음 두 가지뿐이다. 최대한 오래 생존하기 그리고 최대한 많이 번식하기. 사실 진화적 성공의 렌즈에서 보자면, 첫 번째 목표는 결과적으로 두 번째 목표가 달성될 가능성을 높이는 역할을 할 뿐이다. 오래 사는 동물일수록 번식의 기회가 더 많으니 말이다. 대다수 동물에게 정말로 중요한 일은 자신의 유전 물질을 다음 세대에게 전하는 것이다. 많은 종의 경우, 부모 중 암컷이 수컷보다 새끼들 각각에게 더 많은 투자를 하는데, 이는 암컷이 하나의 짝을 주의 깊게 선택해야 이롭다는 뜻이다. 반대로, 새끼들 각각에게 비교적 투자를 적게 하는 수컷은 최대한 많은 암컷과 번식을 하는 편이 이롭다. 그렇기에 수컷들은 종에 따라서 종종 한 암컷과 짝짓기를 하거나, 하렘을 지키거나 얻기 위해서, 또는 한 암컷의 난자를 수정시킬 확률을 최대한 높이기 위해서 서로 경쟁한다. 많은 종의 경우 수컷은 경쟁자와 싸움을 벌이고 때로는 싸우다가 죽기도 한다. 추산하기로 발정기의 붉은사슴 수컷들 중 최대 6퍼센트가 매년 영구적인 부상을 입으며, 그중 상당수가 부상으로 죽는다.[87]

무리에서 가장 센 둘이 싸우다가 서로를 죽이거나 부상을 입히고 있을 때, 다른 약한 수컷이 슬쩍 나타나서 해당 암컷과 짝짓기를 할 수도 있다. 동물계에서 아주 잘 규명된 행위인지라 이에 대한 명칭도 존재한다. 바로 클렙토가미kleptogamy다. 이 용어는 '훔치다'라는 뜻의 그리스어 단어 'klepto'와 '결혼', 더 구체적으로는 '수정'을 뜻하는 'gamos'에서 온 말이다. 자연선택에 의한 진화론에서 볼 때 오직 우두머리 수컷alpha male들만 번식에 성공한다면, 미래 세대에서는 적응 능력 면에서 수컷들의 다양성이 줄어들 것이다. 진화게임이론가 존 메이너드 스미스John Maynard Smith는 클렙토가미라는 이론적 개념을 내놓아, 광범위한 수컷 적응도가 어떻게 오랜 세월 동안 유지될 수 있었는지 설명한다. 비록 그와 동료 과학자들은 그 개념을 '교활한 성교자 전략'이라고 부르길 더 좋아하지만 말이다.[88] 그리고 일부 종에는 그의 가설을 지지해 주는 증거가 있다. 캐나다 연안의 세이블아일랜드Sable Island에 사는 회색바다표범grey seal의 짝짓기 습관을 연구한 결과에서 드러나기로, 우두머리 수컷이 지키는 암컷들의 36퍼센트가 사실은 우두머리가 아닌 수컷들에 의해 수정되었다.[89]

실제 총싸움의 경우, 총잡이들은 자기가 총에 맞을 위험을 무릅쓴 채로 상대가 한 행동의 결과를 우두커니 기다리고 있지 않는다. 대신에 세 총잡이는 누구를 쏠지 미리 마음을 정해야만 하며 사실상 동시에 행동에 나서야 한다. 그러면 게임의 역학이 크게 바뀌는데, 그래도 역시 게임의 구체적인 규칙에 따라 뜻밖의 결과가 생길 수 있다.

TV 퀴즈 프로그램 〈위키스트 링크The Weakest Link〉에서 참가자들은 일반상식 문제에 개별적으로 답을 내놓으려고 한다. 여러 라운드를 거치면서 정답을 내놓은 참가자는 보상으로 돈을 받는데, 이 돈은 전체 적립금에 저금해 놓을 수 있다. 각 라운드가 끝날 때 모든 참가자는 누가 '가장 약한 고리', 즉 다음 라운드가 시작되기 전에 퀴즈 프로그램에서 제외시키고 싶은 사람인지 적는다. 그다음에 참가자들은 자신들의 선택을 동시에 공개한다. 각 라운드에서 가장 많은 표를 받은 사람은 제외된다.

남은 세 명의 참가자가 벌이는 준결승 라운드가 끝나면, 세 참가자가 동시에 투표하는 상황을 맞이한다. 준결승 라운드에서 투표의 역학 관계를 이해하려면, 훌륭한 게임이론가처럼 우리는 다음에 뭐가 올지 고려해야 한다. 일단 단 두 명의 참가자가 남게 되면, 둘은 우선 정면대결을 벌이기 전에 협력해서 총 상금을 키운다. 둘의 정면대결에서 각 경쟁자는 상대방보다 더 많은 질문에 답해서 총상금을 차지하려고 한다. 이런 조건하에서, 준결승 라운드에서 투표할 때 세 참가자 각각에게 최상의 전략은 무엇일까?

만약 참가자들이 최종 금액의 크기에는 상관없이 오직 상금을 타는 데에만 관심이 있다면, 각 참가자가 택해야 할 전략은 이래야 한다. 마지막 결승 라운드에서 가급적 가장 약한 상대와 대결하는 전략이다. '가장 약한 고리라고 생각하는' 경쟁자에게 투표하라는 진행자의 지시와 반대로, 각 참가자는 가장 강한 경쟁자한테 투표해야 한다. 앞서 보았듯이, 이는 가장 강하다는 평판을 지닌 참가자가 불리할 수 있다는 뜻이다. 약한 두 참가자가 그들끼리 결승 라운드에서 대결하려면 가장 강한 참가자를 투표를 통해 제외시켜야 한다.

적절한 예를 들어보자. 이 TV 프로그램의 2001년 한 회에서 참가자 크리스 휴스Chirs Hughes(다른 퀴즈 프로그램인 〈매스터마인드Mastermind〉와 〈브레인 오브 브리튼Brain of Britain〉에서 우승한 적이 있는 인물)는 준결승 라운드가 끝날 때까지 줄곧 단 한 문제도 틀리지 않았다. 이전의 여섯 라운드 내내 가장 강한 고리, 즉 정답을 가장 많이 맞힌 참가자였기에 단연코 가장 강한 경쟁자였고 상대들도 그걸 알았다.

알고 보니, 그는 가장 강한 참가자로 알려지는 바람에 오히려 몰락을 불러오고 말았다. 약한 두 상대가 요령 있게 투표를 통해 그를 제외시켜 버렸기 때문이다. 퀴즈 프로그램에서 작별을 고할 때, 진행자 앤 로빈슨Anne Robinson은 적어도 자신이 의례적으로 하던 인사말을 하지 않았다. "당신이 가장 약한 고리입니다. 잘 가세요"란 말인데, 진행자가 참가자를 쫓아낼 때 하는 굴욕적인 작별 인사였다. 대신에 진행자는 크리스가 당한 곤란한 처지를 다음과 같이 요약했다. "크리스 씨, 당신은 어느 질문에도 틀리게 답하는 데 실패했습니다. 지금껏 〈위키스트 링크〉에서 모신 참가자 중 최고지만, 시머스와 마리한테는 너무 훌륭한 참가자였네요. 둘 다 투표를 통해 당신을 제외시켰습니다. 잘 가세요, 크리스 씨." 최종 라운드에서 시머스가 모든 돈을 갖고 퇴장했다. 그는 이전의 모든 라운드에서 셋 중 가장 정답을 적게 맞힌 참가자였다. 일반상식 실력은 최고가 아니었을지 모르지만, 게임이론만큼은 분명 제대로 간파하고 있었다.

하지만 대다수의 회에서는 남은 경쟁자 중 누가 가장 강한지가 충분히 명백하지 않거나 참가자들이 요령껏 투표할 만큼 똑똑하지 않았다. 영국 버전, 미국 버전 및 프랑스 버전의 〈위키스트 링크〉를 400회 가까이 분석한 한 연구에서 밝혀내기로, 참가자들의 투표 패턴에서 누가 가장 강한 경쟁자인가라는 판단은 전략적 고려(참가자 자신의 우승 확률을 최적화하는 투표)에서가 아니라 오히려 응징 – 이전 라운드에서 자기를 가장 약한 고리라고 투표한 참가자에 대한 앙갚음을 하는 투표 – 에서 나왔다.[90]

공동의 자원을 대하는 자세: 공유지의 비극

단 세 명이 벌이는 단순한 삼자 대결인데도 반직관적인 결과가 나오는 마당이니, 게임 참가자가 훨씬 더 많을 때는 얼마나 더 복잡한 상황일지 우리는 짐작해 볼 수 있다. 전 지구적, 국가적 및 지역적 상황에서 다수의 참가자가 제한된 자원을 놓고서 서로 경쟁하는 '게임'의 사례들을 생각해 보기란 어렵지 않다.

물고기 잡기야말로 그런 다자간 경쟁 게임의 고전적인 사례다. 이탈리아 탐험가 지오반니 카보토Giovanni Caboto가 1497년 뉴펀들랜드의 그랜드뱅크스Grand Banks라는 해양 지역에 도달했다. 거기서 그는 깜짝 놀랐다. 해양생명체가 너무나 빽빽히 들어차 있어서 그냥 바가지를 물속으로 넣었다가 빠르게 건져 올리기만 해도 물고기를 잡을 수 있었기 때문이다. 16세기에 바스크인 어부들이 호들갑스럽게 말하기로, 그 바다엔 생명체가 너무 많은지라 비유적으로 말해 사람이 '대구 등을 밟고서 바다를 건너갈' 수 있을 정도였다고 한다. 1600년대 초반에 그 지역에 도착한 영국인들도 해안 근처에 대구가 너무 많아서 '대구들을 뚫고 노를 저어 지나가기가 어렵다'는 과장된 보고까지 했다.

이런 소식이 알려진 후 수세기 동안 대구의 공급량은 사실상 무제한인 듯했다. 북아메리카 동부 해안의 그러한 전성기 시절에 부자가 되는 확실한 길은 어부나 더 좋게는 수산업계의 거물이 되는 것이었다. 400년 넘게 그 바다는 계속 주기만 했다. 1960년대 후반에는 소나 어군탐지 기술 및 거대한 냉동 저인망 어선들이 전 세계에서 몰려들었다. 그 바다 지역에서 물고기를 잡아 가는 일이 이전보다 더 효율적이게 되었다는 뜻이다. 그 결과 어획량이 해마다 계속 증가했다. 1960년부터 1975년 사이의 15년 동안 800만 톤의 대구가 그랜드뱅크스에서 잡혔는데, 이는 1600년에서 1800년까지 200년 동안의 총 어획량과 같았다. 1968년에는 기록적으로 80만 톤의 물고기가 이 비옥한 바다에서 잡혔다.[91] 하지만 이런 어획량이 무제한 유지될 수 있을까?

이 질문의 답은, 수산업계가 쓴맛을 보고 나서 알아낸 대로, 단연코 '아니요'다. 채 5년도 지나지 않아서, 이전과 동일한 어획 강도에도 어획량은 절반에 미치지 못했다. 어족 자원이 부당하게 착취당하고 있다고 여긴 캐나다 정부는 그 나라의 해안에서 최대 320킬로미터 거리까지의 바다에서 누가 조업할 수 있는지에 제한을 두는 법안을 채택했다. 해외에서 온 대규모 어선들은 쫓겨났지만, 이제 지역 캐나다 어부는 자기 몫을 챙기기를 원했다. 과학자들은 수산 자원 양이 회복될 수 있도록, 정부가 조심스럽게 어획량 한도를 낮게 잡도록 촉구했다. 과학자들의 요청은 그런 한도 설정이 단기적으로 어업 일자리를 망칠 것이라는 두려움 때문에 무시되었다. 대신에 캐나다 어부들은 자체 공장식 저인망선을 제작해 고갈된 바다에서 새로운 어획 강도로 조업하는 것이 허용되었다. 1980년대 내내 어획량은 어획을 위해 많은 노력을 했음에도 대략 안정적으로 유지되었다. 이는 물고기 개체군이 감소했다는 확실한 신호였다.

1994년이 되자 어획량이 거의 완전한 붕괴 수준에 이르렀다. 이 사태가 벌어지기 전 해에, 과학자들은 물고기 개체군이 회복할 기회를 주기 위해 극도로 엄격한 어획 한도를 제안했지만, 캐나다의 해양수산부 장관은 이들의 조언을 '미친 소리'라고 일축했다. 붕괴 수준에 이른 후, 번식 활동을 하는 개체군의 규모는 30년 전 수준의 고작 1퍼센트로 추산되었다. 이전에는 행동에 나서길 꺼리던 캐나다 정부도 이제는 동부 해안을 따라 영리를 위한 조업 활동을 하는 것에 거의 전면적인 금지 조치를 시행할 수밖에 없었다. 4만 5,000명이 수산업계와 직간접적으로 관련되어 일자리를 잃었다. 수십 년이 지난 지금도 그 바다의 대구 자원 양은 여전히 회복되지 않았다.

⁂

각 당사자가 자신의 이익을 위해 얻고 싶어 하는 공동의 유한한 자원 – 이 경우에는 바다의 물고기 – 을 놓고 벌이는 다자간 게임의 결과를 가리켜 종종 **공유지의 비극**tragedy of the commons이라고 한다. 자원을 최대한 많이 얻으면 개별 참가자의 단기적 이익에 부합하는 듯 보인다. 하지만 전부 이렇게 행동한다면, 자원이 고갈되어 결국에는 모두가 손해를 입는다. 이것은 거대한 규모로 벌어지는 죄수의 딜레마라고 할 수 있다. 각 당사자가 자기에게 단기적으로 가장 큰 이익에 따라 행동하면 결국에는 모두 위험해지는 결과가 초래되기 때문이다.

우리 모두가 그런 일에 책임이 있다. 상품 구매를 하기 전에 온라인에서 리뷰를 꼼꼼히 읽어놓고선 다른 이들이 같은 선택을 하는 데 도움이 될 리뷰를 직접 남겨놓지는 않은 사람이 얼마나 많은가? 자녀가 감기에 걸렸을 때 학교에 보내면 다른 아이들과 가족들을 감염시킬지 모른다는 사실을 뻔히 알면서도, 직장을 쉬고서 아이를 직접 돌보지 않고 학교에 보낸 부모가 얼마나 많은가?

공유지의 비극은 우리에게 과연 합리성이란 정확히 무슨 뜻인지 다시 묻게 만든다. 단기적으로 합리적인 행동이 장기적으로는 비합리적일 수 있고, 개인 차원에서 합리적인 행동이 집단 차원에서는 최적이 아닌 결과를 낳을 수 있기 때문이다. 이러한 겉보기상의 이분법을 잘 포착한 개념이 바로 **제한된 합리성**bounded rationality이다. 우리의 선택이 어떤 정보 지평선과 관련해 결정되며, 그 너머를 우리는 생각할 수 없다는 개념이다. 결정을 내리는 데 허용된 시간, 우리가 직면한 문제의 내재적 복잡성과 인간 두뇌의 한계 등으로 인해 일견 합리적인 사람들이라도 늘 최선의 선택을 내리지는 못한다.

공유지의 비극은 공동의 자원을 다수 당사자가 이용할 수 있는 상태면 어디에나 존재한다. 가령 학생 기숙사의 공동사용 주방에 있는 그릇이 한 예다. 거기서는 접시를 씻지 않은 채로 싱크대에 남겨 놓기가 정말 쉽다. 그렇게 하면 시간 이익을 얻고 하기 싫은 설거지를 하지 않아도 된다. 하지만 모두가 똑같이 그렇게 하면, 깨끗한 그릇은 금세 동나고 모두 피해를 입는다.

의료 분야의 경우 공유지의 비극은 생사가 달린 결과를 초래한다. 농장에서 감염을 예방하려고 항생제를 광범위하게 사용하면 농부의 가축들이 질병에 걸리는 걸 막고 동물의 성장을 촉진하는 단기적이고 개별적인 혜택이 생긴다. 하지만 늘 사용되는 항생제는 질병을 유발하는 박테리아성 병원체에 선택압을 가한다. 무작위적 변이를 통해 항생제를 피하는 데 잘 적응한 박테리아는 그런 환경에서 성장해 더 빨리 번식해서 금세 개체군의 대다수를 차지할 수 있다. 그러면 이런 박테리아가 처음 출현했던 환경 바깥으로 퍼져나가서, 인간과 동물 모두에게 광범위한 항생제 내성 질병이 발생할 수 있다.

백신 접종 여부도 자신의 이익이라고 믿는 행동을 하는 개인들이 공동의 목표를 크게 훼손할 수 있는 또 하나의 보건 개입 사안이다. 인구 중 충분히 높은 비율에 백신 접종을 하면 충분히 많은 사람이 면역력을 갖게 되어, 한 질병이 더 이상 집단 내에 발붙일 수 없게 될 수 있다. 이른바 이 **집단면역**herd immunity에 도달하기 위해 모두가 주사를 맞지는 않아도 된다. 그 질병은 퇴치될 수 있고, 백신을 맞을 수 없는 사람들 – 아마도 거부반응이 있는 사람들 – 도 집단면역을 통해 안전해질 수 있다. 이제 집단면역은 사람들이 이용하는 공동의 자원인 셈이다. 일부 사람들, 아마도 잠재적 부작용이나 신체 자율성 상실을 걱정하는 이들은 백신 접종을 하지 않으면서 그렇게 하는 충분히 많은 다른 사람에게 기댈 것이다. 따라서 이들은 자신들은 비용을 치르지 않으면서 전체 인구 차원의 집단면역에서 혜택을 볼 수 있다. 물론 모두 그렇게 생각한다면, 질병이 전체 인구에 자유롭게 퍼질 수 있기 때문에 집단면역은 결코 이룰 수가 없다. 모두가 피해를 입고 만다. 가령 영국의 경우 2022년 홍역 백신 접종률이 고작 85퍼센트로 10년 만에 최저였다. 집단면역의 전면적 혜택을 거두는 데 필요한 목표치인 95퍼센트보다 10퍼센트나 낮은 수치였다. 결과적으로 영국 인구 전체가 이 불쾌하고 치명적인 질병에 감염될 위험성이 더 커졌다.

누그러지지 않는 질병 감염 사태보다 더 큰 생존의 위협들도 존재한다. 하천의 오염, 화석연료의 남용, 규제받지 않는 벌목과 삼림 벌채로 인한 자연서식지의 파괴 모두 공유지의 비극의 교과서적 사례다. 하지만 장담하건대 가장 중요한 공유 자원은 지구의 대기다. 우리 자신의 단기적 이익에 따라 행동해 온실가스 배출 제한에 실패하는 바람에 세계 각국이 지구온난화에 이바지하고 있다. 슬프게도 만약 온실가스가 억제되지 않는다면, 지구 기후에 초래될 변화가 결국에는 이전엔 상상할 수 없던 규모로 죽음과 고통을 가져올 것이다. 우리가 환경 대재앙의 길에 들어섰다는 전 세계 과학자들의 합치된 의견에도, 세계 지도자들은 지금까지 단기적 관점의 개인적 이익을 넘어 인류에 의한 기후변화를 막아내는 데 필요한 장기적이고 전 지구적 해결책을 찾지 못하고 있다.

공유지를 지키기 위한 새로운 규칙

집단 전체에 장기적으론 해롭지만 단기적이고 개인적인 이득을 북돋우는 듯 보이는 현실의 상황들이 그런 식으로 무한정 지속되어야 하는 건 아니다. 게임 및 게임의 이득을 어떻게 구성할 수 있을지 주의 깊게 생각하면, 이러한 공유지의 비극을 피할 수 있다. 핵심은 협력이 상호 간의 이득이 될 수 있도록 규칙을 바꾸는 것이다. 그러면 집단 전체의 장기적 이익에 최선인 행동이 또한 개인의 단기적 이익에도 최선이 된다.

어쩌면 반직관적일지 모르지만, 이를 달성할 수 있는 한 가지 방법은 공유지를 사유화하기다. (공유지의 비극이라는 용어가 유래된) 공유지라는 구체적인 상황에서 보자면, 이는 땅의 구역들을 주말농장이나 텃밭으로 개인에게 넘겨준다는 의미일 수 있다. 사람들은 공동경작지를 돌보기보다, 독점적 사용이라는 혜택을 얻는 자기만의 텃밭을 돌보는 데 보통 꽤 많은 시간을 들인다. 사유화로 인해 공유 자원의 이점이 빼앗기는 듯 보일지 모르지만, 일부 공적인 이익은 여전히 지켜진다. 가령 일반 대중이 사유화된 텃밭을 사용할 수는 없지만, 개인 차원에서 이루어지는 그런 야외 공간의 유지와 관리 활동이

집단 전체 차원에서 서식지와 종 다양성, 탄소 포획 및 다른 환경적 이득을 유지시켜 줄 수 있다.

토지처럼 규정하기 쉬운 경계를 지닌 자원에는 잘 통하는 이야기일지 모르나, 모든 공유 자원이 이런 식으로 구분 지어지거나 사유화될 수는 없다. 어쨌든 그런 사유화가 언제나 바람직하지는 않다. 각 사용자가 이용할 수 있는 공유 자원의 양을 제한하는 규제 조치가 문제를 해결할 수도 있다. 가령 채굴 한계, 벌목 허용량 또는 수렵 한도를 초과하는 행위에 대한 처벌이 충분히 크고 엄격하게 시행된다면, 공유 자원을 남용하는 당사자들은 얻는 것보다 잃는 게 많아진다. 비용이 충분히 크다면, 공유 자원의 이용은 더 이상 개인한테 최상의 이익이 되지 못한다.

이와 달리, 좋은 행동에 대한 보상은 전 지구적으로 이로운 해결책을 촉진시킬 수 있다. 자전거 타기가 대표적인 예다. 자전거 전용도로와 안전한 주차 시설, 우선 교통신호 등 자전거 타는 사람들을 위한 기반시설을 개선함으로써, 코펜하겐은 자동차 운전보다 자전거 타기를 장려했다. 자전거 타기가 도시를 돌아다니는 가장 빠르고 저렴하고 안전한 방법이 되게 하면 공중보건의 상호 혜택, 오염 감소, 생산성 향상이 전부 한꺼번에 가능하다. 2009년 코펜하겐에서는 전체 차량 이동의 55퍼센트가 자전거로 이루어졌다. 1960년대만 해도 자동차에 압도당했던 코펜하겐이 자전거를 주요 교통수단으로 삼는 데 성공한 이유 중 하나는 사회가 나서서 좋은 실천을 북돋운 것이다. 도시 곳곳에 세워진 밝게 빛나는 신호등에 매일매일 자전거 타는 사람들의 수가 표시되어, 코펜하겐 시민들의 집단의식을 고취시켰다. 자동차 사용이 금지되지는 않았다. 그저 비용이 더 많이 드는 개인적 선택의 문제가 되었을 뿐이다.

하지만 이처럼 중앙에서 규제하는 해결책은 광범위한 감독이 필요하므로 언제나 가능하지는 않다. 더 나은 방법은 자율적이고 지역적으로 실시하는 해결책이다. 이 방법은 강한 사회적 규범을 지닌 소규모 공동체에 특히 적합하다. 만약 여러분이 모두가 서로를 아는 마을에 산다면, 쓰레기를 내다 버릴 가능성이 적다. 사회적 금기를 깨트렸다가 적발되었을 때 따라오는 비난이 두렵기 때문이다.

전체 인구 차원에서 공유지의 비극 문제들을 해결하려고 할 때, 게임이론적 관점은 여러 가지 창의적인 방식으로 우리의 전반적인 관점을 변화시키는 데 도움을 줄 수 있다. 놀랄 것도 없이, 또한 게임이론은 온갖 방식으로 일상적이고 개인적인 차원의 문제들을 우리에게 이로운 쪽으로 재구성하는 데에도 도움을 줄 수 있다.

최상의 자동차 구매 전략

게임이론에 관한 훌륭한 책 『프리딕셔니어Predictioneer』에서 저자 브루스 부에노 데 메스키타Bruce Bueno de Mesquita는 자신의 자동차 구매 전략을 이렇게 설명한다. 대리점으로 곧장 가는 방법을 그는 **값비싼 신호**costly signal라고 칭한다. 판매자한테 구매자가 자동차를 무척 사고 싶어 한다는 사정을 알려 협상에서 우위에 서도록 해주는 신호라는 뜻이다. 이때 데 메스키타는 모든 흥정을 전화로 한다.

우선 그는 사고 싶은 자동차의 정확한 사양을 결정한다. 제조사, 모델, 색상, 트림 등등. 그런 다음에 사양에 딱 맞는 차량을 판매하는 지역 대리점들을 알아낸다. 각 대리점이 제시하는 가격을 확인하고서 전화를 건다. 대리점마다 차례차례 전화를 걸어서 자신이 뭘 하고 있는지 하나도 숨김없이 밝힌다. 무슨 자동차를 구매하고 싶은지 알리고 지역의 여러 대리점에서 해당 차량을 판매하고 있다는 사실을 알아냈다는 걸 말해준다. 대리점 판매 직원한테도 그가 다른 대리점에 차례차례 전화해서 최저 가격을 물어볼 것이라고 알려준다. 누구라도 그에게 가장 싼값을 제시하는 쪽은 그날 오후에 매상을 올릴 것이라고 알리면서 이렇게 묻는다. "그래서 말인데, 여기서 최고로 좋은 가격이 얼마인가요?"

뛰어난 전략이다. 이 전략을 쓰면, 판매자는 여러분이 이미 조사를 했기에 자동차 구매에 진심임을 금세 알아차린다. 하지만 여러분을 솔직하게 대해야 하며 만약 정말로 좋은 가격 제안을 하지 않으면 매상을 날릴지 모른다는 부담감을 안게 된다.

데 메스키타는 때때로 직원들이 볼멘소리를 한다고 전해준다. 자신들이 제시한 '최상의 가격'을 그가 다음 대리점에 알려주면 그 대리점에서는 무조건 그 아래 가격을 대고 그 낮은 가격을 데 메스키타가 수락하는 거 아니냐고. "맞아요." 그는 직원들에게 이렇게 말한다. "그러니 50달러를 더 깎아줄 수 있으시면, 기회를 잡으시는 거겠죠." 때때로 대리점이 전화통화로 가격을 제시하지 않기도 한다. 차의 값이 얼마인지 들으려면 매장에 직접 오는 값비싼 행동이 필요하다고 우긴다는 말이다. 구매자의 선택 사안을 제한하고 협상에서 불리한 위치로 몰아넣는 판매자의 작전이다. 데 메스키타는 대리점 측이 가격을 대지 않는다는 것은 다른 대리점들이 제시하는 가격과 경쟁할 수 없는 처지임을 시인하는 짓이라고 여긴다. 그래서 그가 수집해 놓은 여러 대리점 목록에서 해당 대리점을 그냥 빼버린다.

데 메스키타는 이런 방식으로 적어도 자동차 열 대는 샀는데, 인터넷에 나와 있는 견적 가격에서 수천 달러를 아꼈다. 비전문가인 제자들 및 심지어 기자들까지 그의 자동차 구매 공식을 실제로 따라 했다.

협상의 전형적인 규칙을 바꾸면 서로 상생의 길이 열린다. 판매자는 시간과 에너지를 아껴서 이득이고, 자기가 감당할 수 있는 가격 아래로 팔지 않아서 이득이다. 반면에 구매자는 최대한 좋은 가격에 구매해서 이득이다. 모두가 이득인 셈이다. 전체 과정 동안 각 판매자에게는 자신의 차를 구매자에게 판매할 똑같은 가능성이 있다. 이는 여러분이 그중 한 판매자에게만 가서 가격 협상을 시도했더라면 얻지 못했을 기회다. 게임의 규칙 바꾸기의 핵심은 관련된 모두에 대한 결과가 나아지는, 서로 이로운 해결책의 가능성을 인식하는 것이다.

모두가 이기는 게임이 가능할까?

제로섬zero-sum 게임은 한 참가자의 손해가 다른 참가자의 이득이 되는 게임이다. 체스, 권투, 테니스, 포커 등의 많은 스포츠와 게임이 제로섬이다. (카지노 하우스가 일정 몫을 챙겨 가는 카지노에서의 포커 게임과 달리) 사람들끼리 하는 포커 게임의 승자가 따는 돈은 몽땅 걸었다가 지고 마는 불운하거나 실력 없는 사람들이 잃은 바로 그 돈이다.

제로섬 게임에서 이기는 재미를 부정할 순 없지만 패배의 괴로움을 무시할 수도 없다. 그리고 포커처럼 여러 명이 해서 단 한 명만 이기는 게임에서 대다수 사람은 결국 손해를 본다. 내가 아이들과 하는 제로섬 게임에서도 십중팔구 말다툼이 일어나거나 누군가는 (종종 나!) 언짢은 채로 끝이 난다. 우리가 가족끼리 하는 가장 즐거운 게임은 협력하는 게임인데, 여기서는 힘을 합쳐 모두가 이길 수 있다. 현실에서 너무나 자주 우리는 '게임'이란 으레 제로섬이라고 무턱대고 가정해 버리지만, 사실은 그렇지 않다. 한 사람의 이익이 곧 다른 사람의 손실이 되지 않는 게임 – 모두 다 행복해질 수 있는 게임 – 도 많다.

프리스비frisbee, 즉 날아다니는 원반 장난감은 1957년에 처음으로 미국의 일반 대중에게 판매되었다. 1960년대 초만 해도 프리스비 열풍이 영국에는 아직 불지 않았기에, 그 게임을 아는 영국인들이 거의 없었다. 실제로 프리스비를 갖고 노는 모습을 본 사람은 더 말할 것도 없었다. 로저 피셔Roger Fisher와 윌리엄 유리William Ury가 공저한 협상 지침서 『YES를 이끌어 내는 협상법Getting to Yes』에는 솔깃한 (하지만 어쩌면 묵시론적인) 이야기가 하나 나온다. 런던에서 아들과 함께 휴가를 보내는 미국인 아버지에 관한 내용이다. 둘이 하이드파크에 가서 프리스비 놀이를 하자, 일찍이 본 적이 없는 인상적인 게임에 홀려버린 영국인들이 작은 무리를 이루어 구경을 하게 되었다. 마침내 한 영국인이 용기를 내어 아버지한테 가서 물었다. "15분 동안 이 놀이를 구경했지만 알 수가 없네요. 도대체 누가 이기고 있죠?"

이 일화는 제로섬 게임의 마음가짐을 완벽하게 담아낸다. 무슨 게임이든 누군가는 이기고 누군가는 질 수밖에 없다고 여기는 태도가 잘 드러난다. 하지만 항상 그렇지는 않다면 어떨까? 게임의 규칙을 변경해 모두가 이기게 할 수 있다면 어떻게 될까? 모든 참가자가 이용하는 공유 자원을 늘리는 쪽으로 상황을 재설정하면 어떻게 될까? 바로 이것이 어류 남획과 같은 공유지의 비극 문제를 해결하는 핵심이다.

1980년대의 그랜드뱅크스 대구 어장 몰락 기간 동안 캐나다 정부가 한 걸음 물러서서 그 상황을 객관적으로 바라볼 수 있었다면, 해당 업계의 일자리를 지키려면 어족 자원 양이 회복 가능한 정도로 허용되어야 함을 깨달았을 것이다. 만약 어획량에 일시적 상한을 정하는 것이 장래에 모두에게 이익이 됨을 깨달았더라면, 어획량 감소가 멈췄을지 모른다. 장기적으로 볼 때, 그 바다에서 최대한 많은 물고기를 잡아서는 결코 물고기 잡기 게임에서 이길 수가 없다. 개체군의 규모를 최대한 크게 유지하고 제일 높게 잡아도 **최대지속가능생산량**maximum sustainable yield 만큼만 어획해야 한다. 대구 어족량이 고갈되지 않으면 어획량은 계속 높게 유지된다. 하지만 이 게임에서 부정행위를 하는 경우 큰 대가를 매우 엄격하게 치르게 해야 한다. 결과적으로, 허용된 어획 한도만큼 물고기를 잡아야 한 개인뿐만 아니라 전체를 위해서도 최상의 이익이 된다.

⁂

한편, 규칙에 비교적 사소한 변형만 가해도 게임이 완전히 달라질 수 있는 경우도 많다. 이론적으로 우리 대다수는 플라스틱, 특히 일회용 플라스틱의 사용을 줄여 환경 피해를 줄이려고 크게 신경 쓴다. 하지만 우리의 의도가 꼭 행동에 담기지는 않는다. 영국 슈퍼마켓에서 쇼핑용 비닐봉지를 무료로 나눠주었을 때는, 예전부터 사용하던 장바구니를 깜빡 잊고 슈퍼마켓에 가더라도 아무 손해가 없었다. 나는 그냥 계산대에서 새 비닐봉지를 받았고, 집에 와서는 찬장에 쌓아둔 엄청나게 많은 비닐봉지 위에 그걸 보탰을 뿐이다. 이런 게으른 비닐봉지 사용 습관은 내게만 있는 것이 아니었다. 2014년 한 연구 결과에 따르면, 평균적인 영국 가정에는 보통 40장의 비닐봉지가 나뒹굴고 있다고 한다. 우리의 좋은 의도에도 여차저차해서 그런 비닐봉지 중 다수가 결국에는 버려져 매립지로 가거나 더 나쁜 경우엔 바다로 흘러 들어간다. 모두들 필요한 개수보다 더 많은 비닐봉지를 이미 갖고 있는데도, 슈퍼마켓들이 무료로 주는 비닐봉지의 수는 2010년대 초반 내내 해마다 계속 증가했다. 하지만 이런 상황에서 단 한 가지 규칙 변경이 수백만 영국 소비자들의 태도와 습관을 하룻밤 새 극적으로 바꿔버렸다.

2015년 10월 5일 영국 정부는 법안을 하나 도입했다. 영국의 대형 소매업체 매장을 이용하는 고객이 비닐봉지를 하나당 5펜스에 구입하도록 강제하는 법이었다. 5펜스는 대다수 사람에게 큰돈은 아니다. 열 장을 구입해 봐야 구입한 물품 가격에서 50펜스를 더 낼 뿐이지만, 비닐봉지 재사용을 위한 이 작은 인센티브(또는 어쩌면 재사용을 하지 않을 경우에 대한 벌금)는 우리의 소비 방식을 거의 순식간에 엄청나게 변화시켰다.[92] 2014년 비닐봉지 구매 정책이 도입되기 한 해 전에, 고객들은 영국의 슈퍼마켓에서 비닐봉지를 76억 개 넘게 받았다. 영국의 모든 성인 한 명당 약 140개였다. 2019년이 되자 일회용 비닐봉지 총 판매 개수는 겨우 5억 6400만 개로 감소했다. 연간 1인당 열 개 미만이었다. 게다가 그 정책으로 인해 영국 전역의 자선단체를 위해 1억 8000만 파운드가 넘는 돈이 모였다. 모두가 승자가 된 셈이다.

비닐봉지 문제가 완전히 해결되지는 않았지만, 많은 사람이 (여전히 플라스틱이긴 하지만) 더욱 내구성이 높은 '생명을 위한 가방bag for life'으로 바꾸었다. 여러 번 재사용할 수 있으며, 다 닳으면 무료로 바꿔주는 비닐봉지였다. 이 무료 교체 방안은 소비자가 사실상 비닐봉지를 슈퍼마켓에서 빌려서 사용한다는 뜻이며, 많은 나라가 해양 폐기물 감소를 위해 도입한 보증금 방식을 닮았다. 가령 고객이 음료수의 구입 가격에 소액의 보증금을 지불한 뒤, 나중에 병을 돌려주면 그 보증금을 되돌려 받을 수 있는 방식과 마찬가지다. 고객은 병을 돌려주는 한 손해를 보지 않으며, 제조업체는 돌려받은 병을 재사용해 돈과 에너지를 아끼고, 다른 모든 사람도 그 결과로 인한 오염 감소와 천연자원 재사용 덕분에 혜택을 받는다.

만약 여러분이 행사를 조직해 본 적이 있다면, 병 보증금 방안에서 무언가를 배웠을지 모른다. 특히 수용인원 관리와 낮은 참석률 문제를 겪었더라면 더욱 그럴 테다. 예약을 했다가 장소에 나타나지 않는 사람들은 입장료가 무료인 행사에서 특히 문젯거리가 된다. 행사에 돈을 투자하지 않았다는 사실은 그 사람들이 행사장에 나타나지 않음으로써 참여하려면 들었을 돈과 에너지를 마음껏 아낄 수 있었다는 뜻이다.

지난번에 출간한 내 저서의 출간 기념 행사를 런던의 사우스워크 대성당에서 열었을 때 나도 그런 문제에 맞닥뜨렸다. 다행히도 행사 진행을 돕는 팀이 이러한 문제가 생길 수 있음을 미리 알고서, 신중하게 초과 예약을 한 덕분에 그날 밤에 정원을 다 채울 수 있었다. 그처럼 많이 잡아놓은 예약자의 수가 거의 완벽하게 통하긴 했지만, 불확실성 – 어쨌든 정원이 다 채워지기는 할지 아니면 정원보다 많이 오는 바람에 간절히 참가하려는 손님들을 돌려보내야 하는 건 아닌지 – 때문에 야간 개막 행사가 더욱 초조해질 수밖에 없었다.

돌이켜 보면, 그런 행사에서 통하는 단순하지만 실용적인 해결책은 입장권에 소정의 요금을 부과하는 것이다. 행사에 참석하면 입장권 가격을 환불해 주는 인센티브를 붙여서 말이다. 흥미롭게도 심지어 환불해 주지 않는 경우라도 소액의 입장권 가격이 참석률을 높인다고 밝혀졌다. 이런 참석률 향상의 이유는 다음과 같을 수 있다. 금전적 헌신이 없다면 참석 예정자들은 참석에 수반되는 비용, 즉 자신들의 시간과 노력에만 관심을 갖게 된다. 그리고 유료 입장권을 구매하지 않았기에, 참석하지 않음으로써 비용을 아끼려 하기 쉽다. 입장권 가격을 무료로 하는 방안은 등록자 수를 늘릴 수는 있지만, 실제 참석자의 총수를 줄이는 의도치 않은 결과를 가져올 수 있다.[93] 이것이 바로 **부메랑 효과** boomerang effect의 대표적인 사례다. 이 현상은 8장에서 더 자세하게 다룬다. 입장권에 돈을 지불한 사람들은 초기 투자액을 버리기가 어렵고, 행사를 앞두고 신중히 생각하며, 당일 참석할지 여부를 대충 판단하기보다 참석 계획을 세울 가능성이 높다. 많은 행사에서 약간의 입장료를 받게 되면, 실제로 참석한 관객들은 즉흥적으로 등록했거나 행사에 적극적으로 동참하지 않는 사람들이기보다 진짜로 관심 있는 사람들일 가능성이 크다.

우리가 창의적으로 생각하면, 모든 관련 당사자에게 서로 이로운 해결책을 내놓지 못할 상황 – 우리가 바꿀 수 없는 게임 – 은 지극히 드물다. 잠재적으로 가장 큰 공유지의 비극 문제인 기후변화만 하더라도, 우리가 어쩌지 못할 일은 아니다. 이 문제 해결에 실패했을 때의 대가는 모든 관련자에게 너무나 크다. 우리 세계의 초강대국들은 전 지구적 온도 상승의 방향을 되돌릴 능력이 있다. 이 나라들이 지구의 장기적인 최상의 이익이 되는 행동을 자국의 단기적인 이익이 되는 행동과 일치시키는 방안을 시행할 수 있을지는 지켜볼 일이다. 하지만 세계가 현재 직면한 문제를 게임이론을 이용해 재해석해서 게임의 규칙을 바꿀 새로운 방법들을 내놓을 순 있을 것이다. 그런 방법들이 지구의 미래를 밝게 해줄 것이다.

6장

커브볼

우리는 왜 자꾸 뜻밖의 상황에 놓일까?

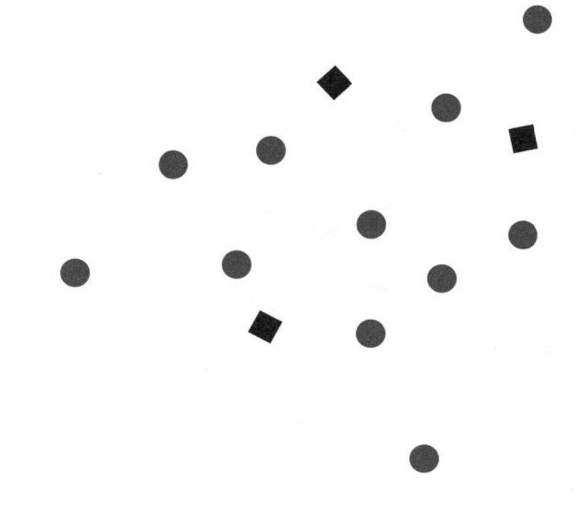

91세의 영국인 마거릿 키넌Margaret Keenan은 코로나19 바이러스 예방용으로 처음 승인된 백신을 접종받은 세계 최초의 인물이다. 그 시점까지 코로나 사태가 영국 경제에 미쳤던 엄청난 영향을 감안할 때, 당연히 모든 눈은 백신 접종 프로그램에 쏠렸다. 이제 관건은 바이러스와 백신 간의 경쟁인 듯했다. 마거릿이 백신을 맞은 지 3주 후인 2021년 1월 첫째 주에 영국에서는 한 주에 평균 30만 명이 백신을 접종하고 있었다. 충분히 많은 사람이 백신을 접종받아서 우리의 삶이 정상으로 돌아갈 수 있을 때가 (과연 그런 날이 온다면) 언제일지 모두들 알고 싶어 했다.

영국의 〈채널 4 뉴스Channel 4 News〉에서는, 현재 속도라면 영국의 성인 인구가 코로나 백신을 2차 접종까지 마치는 데 얼마나 오래 걸릴지를 두고 이렇게 전망했다. "그 속도로 (한 주에 30만 명) 계속 간다면, 2027년 10월까지 6년이 넘게 걸릴 겁니다." 실제로 영국이 전체 성인 인구에 대한 2차 접종을 끝낸 것은 2021년 7월 말이었다. 뉴스 프로그램의 비관적인 전망보다 6년 앞선 결과였다.

영국 언론이 이런 암울한 진단을 한 유일한 매체는 아니다. 2020년 12월 후반이 되자, 미국의 트럼프 정부가 그해 말까지 2000만 회 접종 분량의 백신을 배포한다는 목표를 달성하지 못할 것이 명백해졌다. 사실, 500만 명이 조금 넘는 미국인들이 12월 30일까지 1차 접종을 받았기에, 6월까지 모든 미국인에게 백신을 접종한다는 워프 스피드 작전Operation Warp Speed의 목표는 실현 가능성이 의심스러워졌다. 대통령 당선인 조 바이든도 조심스레 이렇게 말했다. "현재 백신 접종 과정이 진행되는 속도를 볼 때…… 미국인 전체에게 백신 접종을 하는 데는 여러 달이 아니라 여러 해가 걸릴 것입니다." 사실, NBC 뉴스의 분석에 의하면 거의 10년이 걸린다고 나왔다. 그런데 실제로 모든 미국인 성인은 10년이 아니라 열 달 안에 백신 접종을 받았다.

그렇다면 어째서 백신 접종 속도에 대한 입장들이 이렇게 크게 빗나갔을까? 간단한 답을 내놓자면, 그런 전망은 단순한 수학적 가정에 따라 예측되었기 때문이다. 하지만 주의를 기울이지 않으면, 수학 모형이 그런 예측에 사용되고 있다는 사실 자체를 모르고 지나가기 쉽다. 수식이 등장하지 않고 다만 '그런 비율로'나 '그런 속도로' 같은 문구만 나오기 때문이다. 이런 문구 뒤에는 미래에 대한 우리의 추론에 큰 영향을 미치는 편향이 깃들어 있다. 편향이 너무 깊게 뿌리박혀 있는지라 우리 대다수는 그런 사실 자체를 깨닫지도 못한다. 우리는 이 지름길을 늘 이용하면서도, 여태껏 한 번도 들어본 적이 없을지 모른다. 그것의 이름은 **선형성 편향**이다.

커브볼에 당황하는 이유: 선형적 사고

'선형적linear'이란 단어는 두 변수 – 한 입력과 한 출력 – 간의 특수한 관계를 나타낸다. 선형적 관계란, 한 변수가 고정된 양만큼 변하면 다른 변수도 늘 고정된 양만큼 변한다는 뜻이다. 이것은 현실에서 생기는 온갖 종류의 관계를 다루기에 좋은 모형이다. 환율이 고정되어 있을 때, 1파운드가 2NZD(뉴질랜드 달러)의 값어치라고 하자. 그러면 10파운드는 20NZD이고 100파운드는 200NZD이다. 교환하고 싶은 파운드의 금액을 올린다면, 돌려받는 뉴질랜드 달러의 액수는 그에 비례해 올라간다. 고정된 속력으로 운전할 경우, 두 배 거리를 운전하면 목적지에 도착하는 데 걸리는 시간이 두 배가 된다. 도착하는 데 걸리는 시간이 고정된 속력으로 이동하는 거리에 비례해 증가하기 때문이다. 만약 1파운드에 초코바 세 개를 살 수 있다면, 분명 2파운드로는 여섯 개를 살 수 있다. 살 수 있는 초코바의 개수는 지출할 준비가 되어 있는 금액에 선형적으로 비례해 많아진다. 선형성은 가령 세 물건을 두 물건 값만으로 판매하는 경우는 없다고 가정한다. 그리고 두 양 사이의 관계가 둘 다 0에서 시작한다면 – 즉, 파운드화가 아예 없으면 뉴질랜드 달러도 전혀 돌려받지 못하고, 시간을 전혀 들이지 않으면 이동 거리도 없다 – 한 양을 두 배로 할 때 다른 양도 두 배가 된다. 이를 가리켜 **정비례**direct proportion라고 한다.

하지만 선형적 관계라고 해서 꼭 정비례여야 하는 건 아니다. 널리 사용되는 두 온도 척도인 화씨와 섭씨 사이의 관계를 예로 들어

보자. 섭씨를 화씨로 변환하려면, 섭씨온도에 1.8을 곱한 다음 32를 더하면 된다. 정상 체온은 섭씨로 측정하면 약 37도다. 37도는 화씨로는 약 98.6(37×1.8+32)도다. 하지만 물의 어는점은 두 척도에서 똑같은 값이 아니다. 섭씨로는 0도, 화씨로는 32도다. 따라서 정비례 관계가 아니다. 그렇기에 섭씨온도를 5도에서 10도로 두 배 높인다고 해서 화씨온도가 두 배가 되진 않는다. 대신에 화씨온도는 41도에서 50도로 오른다. 그럼에도 관계가 선형성을 가지면 한 척도로 측정된 온도의 고정된 변화가 언제나 다른 척도로 측정된 온도의 고정된 변화에 대응한다는 뜻이다. 섭씨온도로 5도 상승은, 처음에 어떤 온도값에서 시작하더라도, 언제나 화씨온도로 9도 상승이다. 이런 선형적 관계에서 입력값이 주어질 때, 우리는 그림 6-1과 같은 출력값을 쉽게 그릴 수 있다. 이 관계는 직선으로 표현할 수 있는데, 물론 그런 까닭에 이를 선형적 관계라고 한다.

어쩌면 내가 이 선형적 관계에 대해 조금 반복적으로 자세히 설

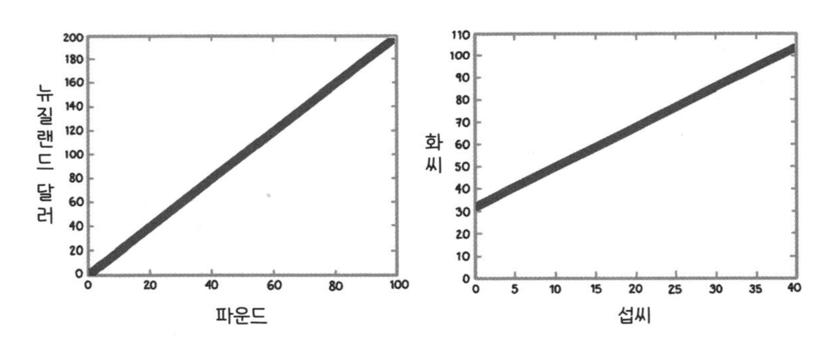

그림 6-1 교환받는 뉴질랜드 달러 액수는 교환하는 파운드의 액수와 정비례해 달라진다(왼쪽 그래프). 화씨로 표현된 온도는 섭씨온도와 선형적인 관계에 따라 변하지만, 정비례 관계는 아니다. 즉, 섭씨 0도는 화씨 0도가 아니라 32도다.

명했을지 모르는데, 그 까닭은 선형성이 특히 우리에게 너무나 친숙한 개념이라서다. 하지만 여기에 문제점이 있다. 즉, 선형성의 개념에 너무 익숙한 탓에 우리는 현실에서 관찰되는 데이터를 선형성이라는 기준틀에 놓고 보기 쉽다. 무언가가 바로 지금 진행되는 방식이 선형적인 것 같으니까 그 관계가 미래에도 계속 선형적이리라고 가정하는 것이다. 이것이 바로 가장 단순한 형태의 선형성 편향이다. 어떤 상황에선 그게 올바른 가정일 수 있다. 고정된 시간의 양으로 이동한 거리는 운전자가 일정한 속력으로 이동할 때 선형적으로 커질 테니 말이다. 하지만 많은 시스템은 이 단순한 선형적 관계를 따르지 않는다. 설상가상으로, 현실의 많은 관계는 처음엔 선형적인 듯 보이다가, 불현듯 예상 경로에서 크게 벗어나 버릴지 모른다.

이 현상을 가리켜 나는 종종 **커브볼**curveball이라고 부른다. 야구의 커브볼과 꼭 마찬가지로 그런 현상은 처음엔 한 방향으로 향하는 듯 보이기에, 이에 따라 우리가 그것의 미래 경로를 예측하게 한다. 하지만 이 커브볼은 어느 순간에 방향을 획 트는 바람에 우리가 예상한 곳으로 가지 않아 예측이 빗나가게 만든다. 그런 까닭에 우리가 현재를 단순히 연장하는 방식extrapolation(외삽하기)으로 미래를 예측하려고 할 때, 즉 두 변수 사이의 관계가 충분한 근거도 없이 선형적이라고 가정할 때 문제에 부딪히고 만다.

맷 프랭켈Matt Frankel은 사우스캐롤라이나에서 활동하는 공인재무설계사다. 그는 주식 투자와 더불어 블로그를 통해 자신의 금융 지식을 세계에 알려 생계를 유지한다. 2011년에 그는 큰돈을 벌어줄 잠재력이 있어 보이는 한 자동차 회사를 발견했다. 2010년 6월 그 회사는 흥미로운 기업공개를 통해 주당 19달러에 주식을 상장했다. 전도유망한 첫날에 주식가격이 23.89달러까지 가파르게 오른 후, 그다음 아홉 달 동안 주식은 23달러 주변에 머물렀다. 이때 맷이 기회를 잡았다. 인상적이긴 하지만 대체로 입증되지 않은 회사에 왕창 투자하고 나서, 어떻게 되나 지켜보았다. 확실히 주가는 안정적으로 오르기 시작했다. 모든 주식이 그렇듯 (그림 6-2에 나오는 굵은 보라색 선이 보여주는) 사소한 오르내림이 있긴 했지만, 가격은 평균적으로 연간 약 4.50달러의 비율로 차츰 상승했다(그림 6-2의 점선으로 확인된다). 괜찮긴 하지만, 재무설계사가 보기에 뛰어난 성장은 아니었다.

2년이 조금 지났을 때, 맷의 주식은 가치가 상승하긴 했다. 하지만 그의 포트폴리오에 있는 다른 투자 종목들만큼 실적이 좋지는 않

그림 6-2 테슬라의 주식가격(굵은 보라색 선)은 맷이 보유하고 있던 2년 동안 거의 선형적으로 변했다. 점선은 전반적인 주식가격에 최적으로 맞춘 직선이다. 이 직선의 기울기에서 보이듯이, 주식가격은 평균 연간 대략 4.5달러 상승했다.

았다. 그는 급기야 실적이 그만그만한 그 자동차 회사에서 돈을 빼서 수익률이 더 높은 다른 종목에 넣어야 할 때라고 결정했다. 2013년 3월 맷은 자신이 가진 모든 테슬라 주식을 팔았다.

맷이 몰랐던 것은 그때가 어쩌면 팔기에 최악의 시기였다는 사실이다. 테슬라의 주식가격은 전형적인 커브볼이었다. 그가 지켜본 느리지만 지속적인 성장의 비교적 안정된 기간에 주식가격은 시간에 따라 거의 선형적으로 증가해, 2년 만에 주당 23달러에서 40달러까지 올랐다. 하지만 2013년 10월 1일, 맷이 주식을 모두 판 지 6개월이 지난 시점에, (그림 6-3에 나와 있듯이) 주당 거의 200달러까지 치솟았다. 이 글을 쓰는 현재에는 맷한테 23달러였던 주식 한 주의 값어치가 3,000달러가 넘을 것이다.

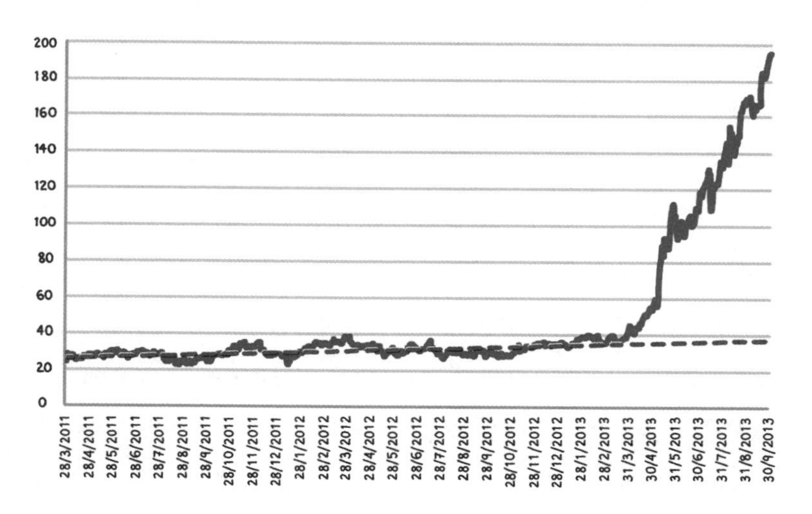

그림 6-3 테슬라의 주식가격은 맷이 주식을 판 직후부터 치솟았다. 2년 동안의 느리고 꾸준한 성장을 바탕으로 그어진 선형적 투영(점선)에서는 2013년 10월에 주식가격이 약 40달러라고 예상되었다. 실제로 그 시점에 주식가격(굵은 보라색 선)은 거의 200달러까지 올랐다.

2013년 3월까지 테슬라의 가격 상승의 첫 번째 그래프를 살펴보면, 점선(데이터의 변동을 평균화한 평균적인 추세를 보여주는 선)은 주식가격이 시간에 따라 선형적으로 상승하고 있음을 보여준다. 물론 주식가격이 똑같은 방식으로 계속 올라야만 한다거나 정말로 어쨌거나 계속 오른다고 믿어야 할 이유는 없다. 주식시장은 수백 가지 변수가 주식가격에 영향을 미칠 수 있는 복잡하고 비선형적인 계다. 상황이 똑같이 지속되거나 최근 추세가 미래에도 선형적으로 계속되리라고 가정하는 것은 위험하지만, 우리는 그런 가정을 하기 쉬운 성향을 이미 지니고 있다.

우리는 단기적인 추세를 바탕으로 장기적인 예측을 하는 경향이 있다. 1960년대에 과학자들이 인간의 예측 행동을 이해하려고 고안한 일련의 실험을 실시했다.[94] 한 전형적인 실험에서는 참가자들에게 한 쌍의 전등 중 어느 것에서 다음번에 불빛이 반짝일지 예측해 보라고 했다. 실험이 진행되는 동안 왼쪽 전등은 전체 횟수의 70퍼센트에 걸쳐 반짝이게 설정되었고, 오른쪽 전등은 나머지 30퍼센트에 걸쳐 반짝이게 설정되었다. 하지만 반짝임의 순서는 무작위로 결정되었기에 예측이 불가능했다. 여러 라운드에 걸쳐 실험이 실시된 후, 대다수 참가자들은 왼쪽/오른쪽 맞히기를 올바른 빈도로 (각각 70퍼센트와 30퍼센트로) 추측해 냈다. **빈도 맞추기**frequency matching라는 전략인데, 그렇다고 올바른 횟수를 꼭 추측할 수 있는 것은 아니다. 전등이 반짝이는 순서에 구분할 수 있는 패턴이 없을 경우, 이 전략의 의미는 왼쪽 전등이 반짝일 때 참가자가 그걸 전체 횟수의 70퍼센트로 옳게 추측하고, 오른쪽 전등이 반짝일 때 전체 횟수의 30퍼센트로 옳게 추측해 낸다는 뜻이다. 왼쪽 전등이 전체 반짝임의 70퍼센트를 차지하고 오른쪽 전등이 30퍼센트를 차지하므로, 이는 참가자들이 평균적으로 오직 58퍼센트(0.7×70%+0.3×30%)만 옳게 추측해 낸다는 뜻이다.

비슷한 실험에서 비둘기들은 매우 다른 접근법을 도입했다.[95] 한 신호가 다른 신호보다 훨씬 더 자주 뜬다는 걸 알고서, 이 실험실 동물들은 전략을 재빨리 최적화했다. 즉, 매번 어긋남 없이 더 자주 뜨는 신호를 선택해서 70퍼센트의 비율로 먹이 보상을 받았다. 인간의 성공률을 훨씬 앞지르는 결과였다. 인간 참가자들은 순서가 무작위로 생성되기에 예측 불가능하다고 들었는데도, 존재하지도 않는 패턴을 예측하고 싶은 마음에 차선책인 빈도 맞추기 전략을 계속 사용했다.

실험의 뜻밖의 결말은 이랬다. 마지막 라운드에서는 미리 정해놓은 순서로 전등이 반짝이는 대신에, 인간 참가자가 어느 전등을 예측해서 가리키든 간에 그 예측대로 전등을 반짝이게 장치를 설정해 놓았다. 이 마지막 라운드에서 인간 참가자들은 이전에 배웠던 빈도에 따라 계속해서 빈도 맞추기 전략을 사용했다. 하지만 이번에는, 실험 설계상 참가자들이 어느 전등이 반짝일지를 100퍼센트 옳게 예측했다. 마지막 라운드에서 완벽한 득점을 올릴 수 있었던 이유가 뭐라고 보느냐고 묻자, 참가자들은 자신들이 마침내 패턴을 알아냈다고 판에 박힌 대답을 내놓았다. 왼쪽과 오른쪽 전등의 반짝임에 관한 나름 정교하지만 허무맹랑한 순서를 늘어놓고서는, 그걸 자신들이 간파했기에 옳은 선택을 했다나 어쨌다나.

호락호락하지 않은 주식시장

전등 반짝이기 실험은 1장에서 나온 무작위적인 점수 얻기 실험(미신적 행동을 낳게 만들었던 실험)처럼 우리가 데이터의 패턴을 찾으려는 성향이 있음을 증명해 준다. 우리는 다음에 무슨 일이 생길지 예측하게 해주는 추세를 찾고 싶어 한다. 심지어 실제로 그런 추세가 없을 때에도. 주식시장 투자의 경우, 맷 프랭켈이 테슬라 주식을 처분하고서 혹독한 대가를 치르며 알아냈듯이, 지속될 근거가 없을지 모르는데도 단기적 움직임을 읽어내서 이를 미래에까지 연장하려는 우리의 성향이 나쁜 의사결정을 낳을 수 있다.

아마도 주식 투자 성공에 관한 가장 유명하고도 뻔한 말은 '저점에서 사서 고점에서 팔아라'일 것이다. 물론 말처럼 쉽다면야 누구나 그럴 것이다. 아마 덜 유명하지만 주식시장 예측하기의 어려움을 설명하는 데 더 적절한 말은 다음과 같은 우스운 조언이다. '어느 주식을 사서, 오를 때까지 기다렸다가 오르면 팔아라. 만약 오르지 않으면, 사지 말았어야 할 주식이다.' 나중에 보면 자명한 말이지만, 핵심은 주식가격이나 지표가 곧 바닥을 벗어나거나 고점에 이르게 될 때를 **미리** 아는 것이다. 자신들의 '전략'을 아무리 굳게 믿더라도, 이런 식의 초인적 예지력을 보이는 듯한 투자자들은 보통은 단지 운에 올라타고 있는 셈인데, 이런 기적과도 같은 업적은 반복되기가 어렵다. 보통 사람인 우리에게 솔깃한 대안은 단기적 추세를 이용하는 것이다. 즉, 상승세에 있는 듯한 주식을 사놓고서 내리막에 들어섰음이 확연할 때 파는 것이다. 그럴듯하긴 하지만, 이 **마켓-타이밍**market-timing 전략도 우리가 바라는 그리고 자주 언급되는 격언과 정반대의 결과를 낳을 수 있다. 즉, 고점에서 사서 저점에서 파는 바람에 돈을 잃게 될 수 있다.

주식가격은 시간에 따라 당연히 변동한다. 심지어 장기적으로 상승하는 주식가격도 단기간의 하락을 겪는다. 실용적인 마켓-타이밍 전략을 하나 들자면, 주식가격이 5퍼센트만큼 떨어지길 기다렸다가 팔고, 이후에 5퍼센트만큼 오르기를 기다렸다가 다시 사는 것이다. 하지만 이 방법을 여러분이 초기 투자금을 그대로 넣어둔 채로 상승과 하강을 타고 가는 전략과 어떻게 비교할 수 있을까? 두 전략의 효과를 비교하려면, 그림 6-4에 나오는 굵은 보라색 선처럼 변동하지만 장기적으로는 오른다고 예상되는 주식을 살펴보면 된다. 값이 하락할 때 주식을 팔면 손실을 막을 수 있다. 하지만 다시 오르기 시작할 때 다시 산다는 것은 상승 추세의 초기 단계를 놓친다는 의미다. 일반적으로 단기 시장-타이밍 전략을 추구할 경우, 막아낸 손실액은 주식가격이 전반적으로 오르고 있을 때 여러분이 놓친 상승분보다 적다. 단기적 움직임에 대응해 가격이 떨어지기 시작할 때 팔고 오르기 시작할 때 사는 이들은 애초에 투자를 결심한 이유를 기억하면서 평정심을 유지한 투자자들에 비해 장기적인 손실을 겪는 편이다. 정말이지 현업 펀드매니저들 – 고객을 대신해서 고객의 돈을 투자해 많은 수수료를 챙기며, 일반적으로 투자에 일가견이 있다고 알려진 사람들 – 의 실적을 연구한 자료가 일관되게 보여주듯이, 그들 중 대다수는 주식시장과 관련된 전반적인 지표들과 비교해 실적이 낮다.

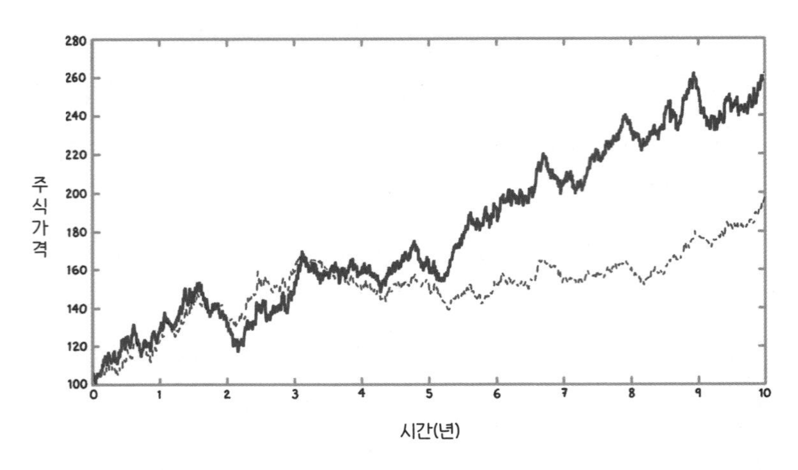

그림 6-4 한 가상 주식의 가격(굵은 보라색 선)이 10년의 기간 동안 상승한다. 마켓-타이밍 전략(회색 점선)이 특히 주식가격이 하락할 때 (이 그래프에서 3년째의 경우) 장기적 투자 전략보다 실적이 좋을 수 있지만, 장기적으로 상승하는 주식의 경우 마켓-타이밍 전략은 보통 장기적으로 투자자들에게 손해를 끼친다.

주식시장 마니아들은 효율적 시장을 이기기가 어렵다고 종종 토로한다. **효율적 시장 가설**efficient-market hypothesis에 따르면, 주식가격은 주식시장 내 모든 기업의 과거, 현재 및 미래의 잠재적 실적에 관한 입수 가능한 모든 정보를 반영한다고 한다. 그렇기에 '가격이 잘못 매겨진' 주식을 찾아내서 수익을 얻을 기회는 제한적일 수밖에 없다. 일부 경우, 효율적 시장이란 개념은 대중의 지혜에 기댄다. 이성적인 다수의 머리가 하나의 머리보다 나을 수 있다는 뜻이다. 하지만 5장에서 알아보았듯이, 최상의 자기 이익에 따라 행동하는 개인들이 늘 집단에게 최상의 이익이 되는 결과를 가져오진 않는다. 그리고 7장에서 살펴보겠지만, 대중은 놀라울 정도로 변덕스러울 수 있다.

집단의 지혜가 크게 칭찬을 받기도 하지만, 대중은 집단적 광기,

즉 패거리 의식으로도 악명이 높다. 주식 거래소에 다수가 참여하면 개개 회사의 주식이 해당 회사의 진짜 가치를 반영하는 효율적 시장이 형성된다는 생각은 대중 구성원들의 심리를 무시하는 처사다. 즉, 사람들이 종종 그릇된 정보를 듣고서 공포에 사로잡히거나 그 반대 심리 상태인 탐욕에 휘둘린다는 사실을 놓치고 있다. 회사에 관한 정보 자체보다는 시장의 상황에 반응하는 이 두 감정은 주식시장 변동성의 주요 원인이라고 널리 인정된다. 탐욕적 행동은 1990년대 후반의 닷컴 버블과 같은 투자 광풍을 일으킬 수 있고, 반면에 공포는 그런 버블의 붕괴를 초래할 수 있다.

인터넷 사용이 전 세계적으로 엄청나게 증가하는 시기에, 잠재적 투자자들은 온라인 회사들의 주식가격이 급등하는 모습을 지켜봤다. 나스닥(테크 산업 중심의 미국 주식시장)은 1995년 중반부터 2000년 봄까지 400퍼센트 넘게 올랐다. 다수의 초심자를 포함해 투자자들이 몰려와서, 수익을 거둔 이력이 없는 회사들 그리고 때로는 매출이 아예 없는 회사들의 주식을 사들였다. 가격이 오를수록 더 많은 사람이 주식 매수를 원했고, (7장에서 다시 만나게 될 유형의) 양의 되먹임 고리가 생겨나서 주식가격이 터무니없이 고평가된 회사들이 등장했다.

셜리 야네즈Shirley Yanez가 그런 투자자였다. 인력 채용 회사의 대표로 이미 상류생활을 누리던 셜리는 9만 파운드의 자금을 닷컴 주식시장에 투자하기로 결정했다. 비교적 늦게 판에 뛰어들었는데도, 셜리가 보유한 주식의 가치는 그 후 8개월 만에 250만 파운드가 넘었다. 1999년에 이 성공에 한껏 도취된 셜리는 집을 팔고 회사를 매각해서, 가진 돈을 닷컴 주식시장에 몽땅 넣었다. 버블의 정점에 있을 때 그녀는 수치상으로 재산이 650만 파운드가 넘었다.

2000년 봄, 여러 사건 – 미국의 금리 인상, 일본의 경기침체 진입, 가장 큰 두 테크 기업(야후와 이베이)의 합병 취소, 닷컴 기업들의 자금이 바닥나고 있다는 언론의 경고 등 – 으로 인해 고평가된 테크 기업들에 대한 확신이 무너졌다. 주가가 곤두박질쳤다. 하락을 버티기로 했던 많은 투자자는 막대한 금액을 잃었다. 회사들이 줄줄이 막다른 벽에 부딪혔기 때문이다. 2000년 3월의 사상 최고가에서 보자면 2001년 가을 나스닥은 70퍼센트 넘게 하락했다. 이로써 1990년대 후반에 올렸던 엄청난 수익의 대부분이 날아가 버렸다.

몇 달 만에 셜리가 투자한 주식들은 완전히 망해서, 사실상 휴지 조각이 되고 말았다. 셜리는 결혼 생활도 깨졌고, 급기야 집세를 내기 위해 소지품을 파는 신세가 되고 말았다. 절망의 구렁텅이 빠진 셜리는 우울증에서 자유로워지려는 필사적인 시도로 진통제를 과다 복용했다. 다행스럽게도 자살 시도에서 살아남은 그녀는 마침내 다시 잿더미에서 시작해 새 삶을 일궈낼 수 있었다.

재정적 붕괴로 인해 절망을 겪은 사람은 셜리만이 아니다. 금융 침체의 여파로 자살률이 증가하는 현상은 적어도 대공황을 촉발시킨 1929년의 주식시장 붕괴 이후로 줄곧 존재해 왔다. 2018년 연구자들이 밝혀내기로, 중대한 주식시장 침체가 발생한 해와 이듬해 기간 동안 선진국의 전체 인구에서 자살률이 결정적으로 증가했다. 남성과 여성 모두, 주식시장 붕괴와 은행 위기의 여파로 자살자의 수가 매우 크게 증가했다. 닷컴 붕괴 이듬해에 자살률은 버블 붕괴가 없었더라면 예상되었을 비율에 비해 남성은 20퍼센트 여성은 8퍼센트 더 높았다.[96]

주식시장 버블에 관한 장황한 설명에서 우리는 교훈을 하나 배울 수 있다. 매도를 결정할 때 주식가격의 변화만을 살피는 건 좋은 방법이 아니다. 물론 투자금을 회수하고 싶은 타당한 이유가 있다. 어쩌면 주식을 구매한 동기가 더 이상 유효하지 않거나 자금을 빼야 할 필요성이 생겼을지 모른다. 하지만 주식가격의 단기적 움직임으로 인한 두려움이 그 이유가 되어서는 안 된다.

자외선차단제와 반비례 관계

투자에서 상승과 하락에 대응하려고 할 때 우리의 의표를 찌르는 한 요소는 손실을 만회하는 데 필요한 수익의 비대칭성이다. 놀랍게도 주가의 작은 퍼센티지의 하락을 상쇄하는 데조차 언제나 더 큰 퍼센티지의 상승이 필요하다. 마찬가지로 일견 큰 퍼센티지의 상승으로 인한 수익도 그보다 작은 퍼센티지의 하락에 의한 손실에 날아가 버릴 수 있다. 언뜻 직관에 반하는 듯하지만, 닷컴 버블의 상승기 동안 나스닥 지수가 400퍼센트 넘게 올랐는데도 고작 70퍼센트의 하락만으로 이전 5년 동안 생긴 거의 모든 수익이 날아가 버렸다. 여기서 중요한 점은, 우리가 선형적인 방식으로 기대하듯이 퍼센티지의 상승과 하락이 산술적으로 더해지거나 빠지는 게 아니라는 사실이다(퍼센트(%)는 퍼센티지를 나타낼 때 쓰는 단위다. 따라서 어떤 양의 퍼센티지는 OO퍼센트라는 식으로, 퍼센트에는 바로 앞에 수치가 붙는다-옮긴이).

만약 우리가 한 회사에 100파운드를 투자했는데, 그 회사 주식가격이 10퍼센트 떨어지는 바람에 자산이 90파운드가 되었다고 하자. 그 위치에서 주식가격이 10퍼센트 오르면 우리의 자산은 겨우 다시 99퍼센트로 올라갈 뿐이다. 원래의 100파운드로 되돌려 놓으려면 11퍼센트가 조금 넘는 상승이 필요하다. 더 큰 퍼센티지의 손실일 경우, 만회에 필요한 상승분은 훨씬 더 크다. 주식가격이 4분의 1만큼 떨어진 경우, 이 손실을 회복하기 위한 상승률은 3분의 1이다. 50퍼센트 하락일 경우에는 주식가격이 두 배가 되어야, 즉 100퍼센트 상승해야 원래대로 돌아간다. 나스닥 지수가 400퍼센트 상승했을 경우, 80퍼센트 하락하면 가격을 원래대로 되돌리는 데 충분하다.

(그림 6-5에서 상이한 퍼센티지 손실별로 그려놓은) 이 관계는 확실히 비선형적이다. 이 경우를 가리켜 **반비례 관계**reciprocal relationship라고 한다. 보통의 경우 '상호적인'이란 뜻의 영어 단어 'reciprocal'이 여기서는 '역의' 또는 '역전된 관계'로 해석돼야 한다. 수 z의 역수는 1로 그 수를 나눈 것, 즉 z분의 1이다. 수학에서는 이를 가리켜 **곱셈의 역원**multiplicative inverse이라고 한다. 가령, 2의 역수는 절반, 즉 2분의 1이다. 역수 관계인 두 수를 곱하면 1 – 비유하자면, 다시 완전해진 상태 – 이 나온다. 주식가격에서 절반(2분의 1)의 손실(50퍼센트 하락)을 회복하려면, 주식가격은 두 배(×2, 100퍼센트 상승)가 되어야 한다. 이

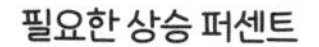

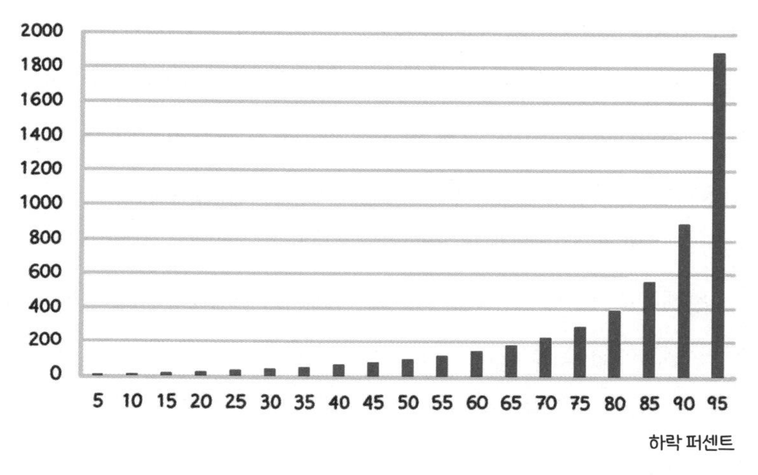

그림 6-5 손실 퍼센티지와 그걸 회복하는 데 필요한 이득 퍼센티지 사이의 비선형적인 반비례 관계.

것은 비선형적인 반비례 관계다.

이런 상황에서 선형적으로 사고하는 우리의 성향을 악용하는 것이야말로 금융 상품을 파는 회사들이 조작을 일삼는 방법 중 하나다. 그런 회사들은 다년간 평균한 수익 퍼센트를 보여줘서 실제보다 실적을 더 나아 보이게 만들 수 있다. 가령, 한 해에 50퍼센트 수익을 냈다가 이듬해에 50퍼센트 손실을 본 펀드는 2년이 끝나는 시점에는 본전이 아니다. 50퍼센트의 수익과 50퍼센트의 손실은 그냥 합쳐져서 상쇄되지 않는다. 대신에 상대적인 수익과 손실은 서로 곱해져야 한다. 150퍼센트의 50퍼센트는 100퍼센트가 아니라 75퍼센트이므로, 이는 2년이 지났을 때 25퍼센트의 손실에 해당한다.

또한 이런 종류의 속임수는 특정한 의제를 추진하려고 하는 조직이나 개인이, 드러난 사실들이 그 의제의 관점을 지지해 주지 않을 때 이용할 수 있다. 《스펙테이터Spectator》에 실린 '브렉시트로 인한 반등이 진행중이다' – 유럽연합 탈퇴가 영국 경제에 긍정적인 영향을 준다고 암시하는 내용 – 라는 제목의 기사에서 볼프강 뮌차우Wolfgang Münchau는 이렇게 주장했다. "……영국의 수출이 거의 완벽하게 회복되었다. 1월에 42퍼센트 감소한 후 2월에 46.6퍼센트 올랐다."

원래 상태로 복귀하기가 대다수 사람이 '반등'이라고 여기는 게 아니라는 사실은 별도로 하더라도, 뮌차우의 주장은 발생한 하락과 그걸 상쇄하는 데 필요하리라고 예상되는 상승 사이의 비선형적 관계를 악용하고 있다. 수출액의 46.6퍼센트 증가는 42퍼센트 감소보다 커 보인다. 실제로 영국 국가통계청에 따르면 수출액은 2020년 12월의 136억 파운드에서 2021년 1월에 79억 달러로 42퍼센트 감소했다. 그다음에 이 낮아진 기준으로부터 46퍼센트 증가해 2021년 2월에 116억 달러가 되었는데, 이는 2020년 12월 수치에서 총 15퍼센트 감소한 금액이다. 경제적인 측면에서 볼 때, 교역량의 15퍼센트 감소는 절대적으로 엄청난 규모다. 1월의 전례 없는 엄청난 하락 규모와 비교했을 때에만 약간 감소한 것처럼 보일 뿐이다. 분명 총 15퍼센트 감소를 '거의 완벽한 회복'이라고 부를 경제학자는 많지 않다.

비선형적인 반비례 관계는 다른 일상적 상황에서도 많이 생기는데, 그러면 대체로 선형적인 우리의 사고방식에 혼란을 초래할 수 있다. 가령 이런 상상을 해보자. 여러분이 큰 회사에서 IT 관리자로 막 일하기 시작했는데, 회사 사무실들이 여러 장소에 흩어져 있다. 여러분이 관리하는 장소 각각에서 보통 하루에 1,000기가바이트GBph의 데이터를 다운로드한다. 여러분의 목표는 동료들이 다운로드하느라 기다리는 시간을 최소화하는 것이다. 일을 시작하기 직전에 이전 관리자가 장소 절반의 다운로드 용량을 시간당 200GBph로 업그레이드시켜 놓았고, 나머지 절반은 원래대로 100GBph의 다운로드 속도를 유지하게 했다. 사장이 여러분에게 장소의 절반을 다시 업그레이드시킬 충분한 돈을 주면서, 다음 두 선택 사안을 명시했다.

A. 모든 200GBph 회선을 500GBph로 업그레이드

B. 모든 100GBph 회선을 200GBph로 업그레이드

둘 중 어느 것이 동료들이 다운로드를 기다리는 데 쓰는 총 시간을 줄일 더 나은 전략일까?

여러분이 나 같은 사람이라면, 아마도 직감적으로 A를 골랐을 테다. 절반의 장소에서 대역폭을 300GBph(선택 사안 A로 할 때 200GBph에서 500GBph로) 향상시키는 것이 장소의 나머지 절반을 고작 100GBph(선택 사안 B로 할 때 100GBph에서 200GBph로) 다운로드 속도를 향상시키는 것보다 더 나은 계획처럼 보인다. 게다가 선택 사안 A일 경우 다운로드 속도의 증가율이 2.5($\frac{500}{200}$)이고 선택 사안 B일 경우 다운로드 속도 증가율이 2($\frac{200}{100}$)이므로, 속도 증가율을 서로 비교했을 때에도 당연히 A가 답인 듯하다. 하지만 사실은 B가 더 나은 투자인데, 그것도 큰 폭으로 더 낫다.

대다수에게는 매우 놀라운 결과일지 모른다. 우리는 진지하게 생

각해 보지도 않고서 다운로드 시간이 다운로드 속도에 대한 단순한 선형적 함수라고 가정하기 때문이다. 만약 일정한 양만큼 시간당 기가바이트를 증가시킨다면, 다운로드 시간이 일정한 양만큼 감소하리라고 예상하지만(그림 6-6의 왼쪽 그림), 이는 빗나가도 단단히 빗나간 예측이다. 사실 다운로드 시간은 다운로드 속도와 비선형적인 반비례 관계를 갖는다. 다운로드 속도가 특정한 양만큼 증가할 경우, 이에 대응하는 다운로드 시간의 감소는 다운로드 속도가 어떤 값에서부터 시작하는지에 크게 의존한다(그림 6-6의 오른쪽 그림).

전임자가 장소 절반의 용량을 100GBph에서 200GBph로 업그레이드했을 때, 그런 장소에 새로 설치된 빠른 회선들은 다운로드 시간을 절반만큼 감소시켰다. 하루 열 시간을 다섯 시간으로 줄였으니, 하루에 다섯 시간을 줄인 셈이다. 선택 사안 B를 선택하면, 현재 100GBph 회선을 지닌 장소들에서 똑같은 속도 향상을 얻게 된다.

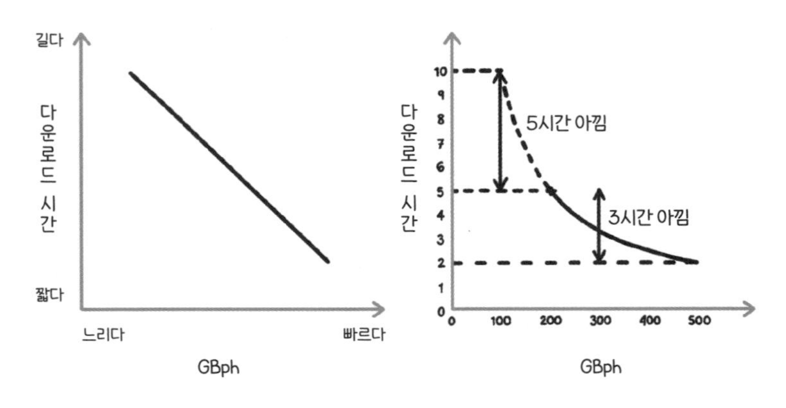

그림 6-6 다운로드 시간이 다운로드 속도에 대해 보일 것으로 우리가 예상하는 선형적 변화(왼쪽 그래프) 그리고 실제로 다운로드 시간이 다운로드 속도와 반비례하면서 달라지는 방식(오른쪽 그래프). 다운로드 속도의 고정된 변화는 처음의 다운로드 속도에 따라 다운로드 시간에 상이한 변화를 일으킨다.

선택 사안	현재	업그레이드 후	절약
A	5시간	2시간	3시간
B	10시간	5시간	5시간

표 6 각각의 선택 사안에 따라 업그레이드될 장소 한 곳의 다운로드 시간(1,000GB를 다운로드하는 데 걸리는 시간). 100GBph 회선을 200GBph 회선으로 대체하면(선택 사안 B) 200GBph 회선을 500GBph 회선으로 교체하는 것(선택 사안 A)보다 훨씬 더 시간을 많이 절약할 수 있다.

그건 도표 2의 두 번째 줄에 나와 있다. 200GBph 회선을 지닌 장소들에서 총 다운로드 시간은 애초에 다섯 시간뿐이므로, 이 장소들을 업그레이드해 똑같은 시간을 절약하려면 다운로드 시간이 전혀 들지 않아야 한다. 즉, 다운로드 속도가 무한대가 되어야 한다. 도표 2의 첫 번째 줄에서 보이듯이, 200GBph 회선을 500GBph 회선으로 교체해서 얻는 다운로드 시간 감소는 고작 세 시간이다. 200GBph 장소에서 업그레이드된 회선이 아무리 빠르다 해도–1,000GBph이든 심지어 1,000,000GBph이든–100GBph 장소의 회선을 200GBph 회선으로 교체하는 게 언제나 합리적이다.

내 아내와 딸은 둘 다 빨강머리다. 우리 가족 모두는 햇빛에 무방비로 노출되어 생기는 피부 화상과 피부암의 위험을 똑똑히 알고 있다. 지표면에 도달하는 자외선의 두 가지 유형인 UVA와 UVB 중에서 UVB가 두 질환을 일으키는 데 가장 큰 역할을 한다. 휴가 때나 정원에서 (내 고향 맨체스터에는 1년에 햇빛 짱짱한 날이 별로 없는데도) 대체로 무방비로 다년간 햇빛을 쬔 결과, 내 아버지는 기저세포암이 침습성이 되기 전에 정기적으로 피부에서 제거해야 한다. 그러다 보니 당연히 나는 가족과 놀러 나갈 때, 설령 영국 내에서 휴가를 보내더라도 차단지수 50인 자외선차단제를 챙긴다.

자외선차단제에 표시된 자외선차단지수sun protection factor, SPF는 우리에게 혼란을 줄 수 있다. 수치가 높을수록 해로운 UVB 자외선이 더 많이 차단되긴 하지만, 병에 표시된 수치가 차단되는 자외선의 양과 정비례하진 않는다. 가령, 차단지수 50이 차단지수 25에 비해 UVB 자외선 차단 효과가 두 배인 것은 아니다. 마찬가지로 차단지수 30이 차단지수 10에 비해 UVB 차단 효과가 세 배인 것은 아니다. 올바르게 사용된다면 차단지수 10인 자외선차단제는 모든 UVB 자외선의 90퍼센트를 차단한다. 차단지수 30은 97퍼센트 조금 넘게 차단하고 차단지수 50은 98퍼센트를 차단한다. 수치가 올라갈수록, 우리가 보호받는 차단율 상승의 정도가 줄어든다. 반비례 관계로 인해 이득이 감소하는 또 다른 사례인 셈이다. 따라서 SPF가 10에서 30으로 올라갈 때는 여러분이 보호받는 정도가 7퍼센트가 조금 넘게 높아지지만, 수치상 증가 폭이 동일한 30에서 50으로 올라갈 때에는 추가되는 자외선차단 효과가 1퍼센트도 채 되지 않는다. 차단지수 30이 대체로 피부과의사들이 권장하는 SPF의 기준선이다. 그보다 낮으면 보호의 수준이 급격하게 떨어지기 시작한다.

SPF가 어떤 의미인지는, 상이한 차단지수별로 허용되는 노출 시간이 다르다는 식으로 종종 설명된다. 구체적으로 말해 여러분의 피부가 아무런 보호 없이 화상을 입기 전까지 10분간 노출될 수 있다면, SPF 10은 그 시간을 열 배인 100분까지 연장시키고 SPF 50은 그 시간을 50배인 500분까지 연장시킨다는 개념이다. 기본적인 수학으로 노출 시간을 노출되는 자외선 세기와 곱해서 총 UVB 자외선 노출 정도를 구할 수 있다는 뜻이다. SPF 50을 바른다면, 이론적으로 화상을 입지 않고 햇빛 속에서 보낼 수 있는 시간의 길이가 50배로 늘어난다. 따라서 자외선차단**지수**('factor'에는 ~배라는 뜻도 있다–옮긴이)라고 하는 것이다. 총 노출 정도가 똑같아지려면, 이 늘어난 시간을 보상하기 위해 자외선의 세기가 동일하게 50배 감소해야 한다. 이 관계는 선형적이지 않다. 지수 10인 자외선차단제는 자외선의 10분의 1만 통과시키고 10분의 9, 즉 90퍼센트를 차단한다. 마찬가지로 지수가 50인 자외선차단제는 자외선의 50분의 1, 즉 2퍼센트만 통과시키기에, 지수 50에서 98퍼센트의 자외선 차단 효과가 나오는 것이다. 이동하는 데 드는 시간과 속력 사이의 관계에서와 똑같이, 자외선 세기와 자외선 차단 지수도 서로 반비례 관계다.

by a factor of 50

수학은 제쳐두고서라도, 햇빛 속에서는 조심하는 편이 현명하다. SPF가 알려주는 내용이라고는 대다수의 피부암과 화상을 일으키는 UVB 자외선을 보호하는 수준뿐이다. 더 깊숙이 투과하는 UVA 자외선에 대한 보호 정도는 알려주지 않는다. UVA 자외선은 주로 조기 피부 노화에 책임이 있지만, 일부 피부암을 유발할 뿐만 아니라 피부 화상에 어느 정도 원인이 된다. 대다수 피부과의사는 자외선차단제를 두 시간마다 다시 바르라고 권고한다. 차단제가 시간이 지날수록 피부에서 벗겨지거나 마르거나 닦이는 바람에 보호 수준이 감소할 수 있기 때문이다. 차단 효과보다는 SPF와 연장된 노출 시간 사이의 선형적 관계(차단지수 10은 열 배의 시간만큼 햇빛 속에 있을 수 있다는 개념)를 언급함으로써, SPF에 대한 기존의 설명은 오해를 낳는다. 바로 자외선차단제가 닳아버리는 탓에 차단 효과가 시간이 흐르면서 감소하기 때문이다. 그 결과, 우리는 얼마나 오래 햇빛 속에서 안전하게 머물 수 있는지에 관해 잘못 이해하고 만다.

더 빠른 인터넷 회선의 혜택, 자동차 연비 또는 심지어 자외선차단제의 차단 지수에 관해서 전향적인 결정을 내리려고 할 때, 우리 대다수는 이런 반비례 관계로 인해 우리의 예상과 차이 나는 결과가 발생하리라는 사실을 간파하지 못한다. 이로 인해 결국 우리는 비선형적인 이득 감소를 초래하게 되는 선형적인 가격 상승에 취약해지고 만다.

역시, 아는 것이 힘이다

양이 선형적으로 변한다고 가정하게 되는 이유 중 적어도 일부는 우리에게 선형적 관계가 깜빡 속아 넘어갈 만큼 익숙하다는 것에서 생긴다. 어린아이 시절부터 일찌감치 우리는 직선의 규칙을 배운다. 두 점 사이의 최단 경로는 두 점을 잇는 직선이다. 만약 무언가가 직선이라면 보기만 해도 쉽게 알 수 있으며, 마찬가지로 다른 누군가에게 손쉽게 그 모양을 정확하게 설명할 수 있다. 휜 물체는 그렇지가 않다. 초창기의 수학 수업 시간에 우리가 푸는 문제들도 직선이다. 만약 제인이 자몽 열 개를 5파운드에 산다면, 50파운드로는 자몽을 몇 개 살까? 할인이 적용되지 않는 이상화된 선형적 수학 세계에서라면, 여러분이 자몽을 100개 살 때 아무도 의아해하지 않는다.

사실 마음의 선형적인 틀에 이끌리는 우리의 성향은 이런 직선 관계에 대한 어릴 적의 경험을 훌쩍 뛰어넘는다. 훨씬 더 깊숙이 마음에 새겨져 있는 성향이기 때문이다. 믿거나 말거나 두 양(입력과 출력) 사이의 관계를 생각할 때, 우리는 나름의 선입관에 따라 입력이 어느 정도이면 출력이 얼마만큼일 것이라고 예상한다. 그런 예상들은 **반복함수학습** iterated function learning 이라는 실험 기법을 통해서 밝혀낼 수 있다.

함수는 각각의 입력 x에 대해 하나의 출력 y를 표시하는 단순한 그래프라고 볼 수 있다. 이 그래프 집단의 가장 단순한 구성원은 상수함수로서, 입력과 무관하게 똑같은 출력만 내놓는다. 상수함수는 (그림 6-7의 맨 왼쪽 그래프처럼) 지면을 가로지르는 수평선을 그린다. 상수함수는 이른바 '천 원 가게' 내에 있는 물건들의 크기와 가격 사이의 관계를 나타내는 데 사용될 수 있다. 입력(여러분이 사고 싶어 하는 물건의 크기)이 무엇이든 간에, 출력(가격)은 언제나 똑같이 1,000원이기 때문이다.

그다음으로 단순한 경우는 아마도 출력이 입력에 선형적으로 달라지는 함수다. 이 함수는 그래프로 나타내면 대각선 모양이다. 만약

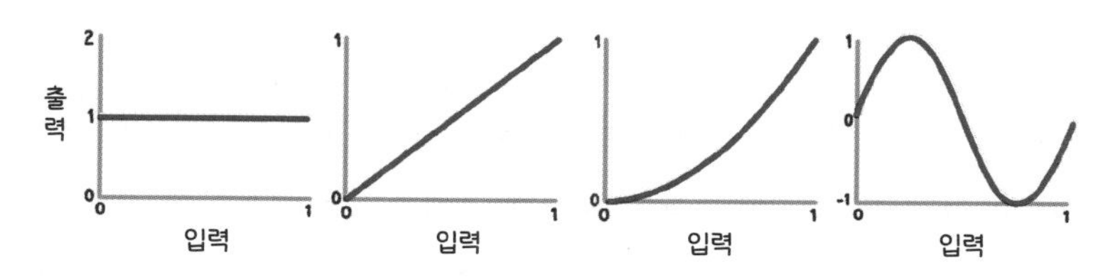

그림 6-7 상이한 함수는 한 주어진 입력에 대해 상이한 출력을 나타내면서 상이한 곡선의 그래프를 그린다. 왼쪽에서부터 오른쪽 순으로: 상수함수, (정비례 관계를 표현하는) 선형함수, 이차함수, 사인함수.

선형적 관계가 정비례라면, 직선은 0, 0 점을 지나며 그래프의 왼쪽 맨 아래에서부터 오른쪽 꼭대기까지 이어진다(그림 6-7의 두 번째 그래프). 이런 유형의 함수는 여러분이 장거리 자동차 여행에 연료가 얼마나 필요할지 계산하는 데 유용할 수 있다. 만약 여러분 자동차에서 예상되는 리터당 주행 거리를 알고 있다면, 이동 거리가 입력으로 주어질 때, 선형함수(일차함수)를 이용해 필요한 연료의 양을 출력으로 계산해 낼 수 있다.

이차함수는 출력이 입력의 제곱으로 나타나는 함수인데(그림 6-7에서 점점 더 가파르게 증가하는 곡선 형태인 세 번째 그래프), 이것 역시 운전자에게 유용하다. 바로 그런 관계가 어떻게 제동거리(브레이크를 일정한 힘으로 작동한 순간부터 차량이 완전히 멈출 때까지 이동하는 거리)가 속력에 따라 증가하는지 설명해 준다. 이와 관련해 특히 초보 운전자가 이해해야 할 중요한 내용이 있는데, 속력이 두 배일 경우 제동거리가 두 배가 아니라 네(2^2) 배라는 사실이다.

또 하나의 더욱 복잡한 함수는 **사인함수**다. 입력이 증가할 때 출력이 오르락내리락하며 진동하는 곡선을 그리는 함수다(그림 6-7의 네 번째 그래프). 사인함수는 예를 들어, 일광 시간이 한 해 동안 어떻게 변하는지 대략적으로 기술하는 데 사용될 수 있다. 일광 시간을 춘분에서부터 보면 점점 증가하다가 하지에 최대가 되고, 이후로는 감소해 추분에 이르고 더더욱 감소해 동지에서 최소가 되며, 이후 서서히 다시 증가해 다음 춘분에 시작했던 지점으로 되돌아온다.

함수에 관한 사람들의 내재적인 편향이 무엇인지 이해하기란 쉬운 과제가 아니다. 반복함수학습 실험은 실험실에서 진행되는 일종의 통제된 귓속말 잇기Chinese whisper 게임이다. 우선 첫 번째 참가자한테 무작위로 선택된 다수의 입력 점에 대한 출력들을 화면상에 순차적으로 번쩍 나타나게 해서 보여주는데, 이 출력들은 해당 입력 점들을 한 주어진 자극 함수에 넣었을 때 나온 결과다. 순차적으로 나타나는 출력이 전부 끝나면, 첫 번째 참가자는 입력 점들의 규칙적 집합에 대한 출력들을 재현해 내려고 시도한다. 이런 식으로 첫 번째 참가자는 다음 참가자를 위해 출력들을 재현하고, 다음 참가자는 자기가 본 결과를 그다음 참가자를 위해 재현해 내는 것이 계속된다. 이 과정은 뒤로 가면서 참가자들이 나타내는 결과가 엇비슷해질 때까지 반복된다.

추상적으로 말해, 이 반복 실험에서 수렴되는 최종적인 답은 자극이 무엇인지에 관한 참가자들의 사전 믿음 내지 편향을 반영한다. 초기 자극이 어느 한 함수일 경우, 실험은 아무런 정보를 받지 않았는데도 자극 함수가 어떤 모습일지에 관해 (인정하든 인정하지 않든) 사람들이 미리 품은 생각에 수렴한다. 최초의 자극 함수 형태와 무관하게 거의 보편적으로, 이 수학적 귓속말 잇기 게임을 아홉 번(종종 이보다 더 적게) 반복하고 나면, 수렴되는 함수는 정비례하는 직선이 되고 만다.[97] 서로 다른 네 가지 최초의 자극 함수의 형태에 대해 실험이 어떻게 진행되는지는 그림 6-8에서 볼 수 있다. 각각의 상이한 최초의 자극 함수에 대해, 직선에 거의 근접하는 관계가 수렴된다. 실험 조건하에서 이 선형함수가 거의 언제나 최종 결과가 된다는 사실은 두 양 사이의 관계가 선형적일 것이라는 사람들의 내재적인 선호 내지 사전 기대를 고스란히 드러낸다.

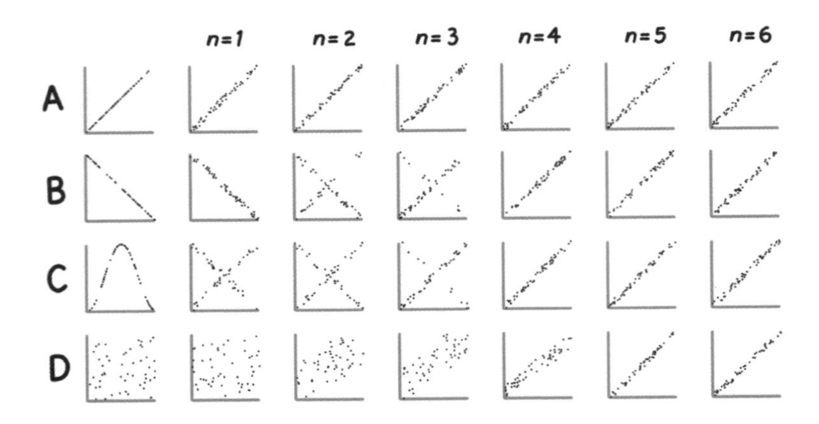

그림 6-8 반복함수학습 실험의 출력이 어떤 모습일지에 관한 사례. 최초의 함수가 다음 네 가지, 즉 (A)양의 기울기를 가진 선형함수 (B)음의 기울기를 가진 선형함수 (C)사인함수 (D)점들의 무작위적 집합인 경우인 것과 무관하게, 정비례하는 선형적 관계로만 수렴되는 경향이 있다. 첫 번째 세로줄 이후 각각의 세로줄은 각 세대의 학습자가 바로 왼쪽 세로줄에서 본 출력을 바탕으로 재현해 낸 출력이다. 가장 왼쪽에 나오는 그래프들은 첫 번째 참가자한테 보여준 최초의 자극 함수들이다.

우리는 이런 타고난 수학적 지름길을 이용해 (장래의 백신 접종 속도에 관해 추산하기에서 보았듯이) 미래를 내다보거나, 누락된 데이터가 있는 정보의 빈틈을 메꾼다. 이 선형적 모형은 옳을 때도 있고 앞서 보았듯이 틀릴 때도 있다.

선형적 사고로 이어지는 무의식적인 기질이 함수 학습 연구를 실시하는 성인들에게 깊이 심겨 있다. 이런 편향의 기원에 대한 다른 조사들에서 드러나기로, 선형성을 가정하는 성향은 우리가 학교를 떠나기 훨씬 이전부터 존재한다.[98] 이런 연구들은 학생들이 어떻게 반응하는지 보기 위해서 선형성이 올바른 해결책이 아닌 문제들을 제시한다. 한 가지 극단적인 예를 들자면, 이러한 이른바 **유사-선형성 문제**pseudo-linearity problem는 다음과 같은 형태일 수 있다. '로라는 달리기 선수다. 그녀의 100미터 최고 기록은 13초다. 그렇다면 로라가 1킬로미터를 달리는 데는 시간이 얼마나 걸릴까?'

이 문제 속의 정보로 정답을 확실히 내놓기란 불가능하다. 하지만 대다수 학생은 선형적 해법을 여전히 시도한다. 그런 기본적인 가정이 비현실적임을 전혀 개의치 않고서 말이다. 학생들은 거리가 열 배 길어진 것에 맞춰 100미터 달리기에 걸리는 시간을 열 배로 늘려서, 1킬로미터를 달리는 데 130초가 걸린다는 답을 내놓는다. 분명 이것은 실제 시간보다 낮게 잡은 값일 수밖에 없다. 어느 육상선수도 100미터를 달릴 때의 최상의 페이스를 1킬로미터 내내 계속 유지할 수 없다는 사실을 고려하지 않은 결과이기 때문이다. 정말이지 선형적으로 얻은 답으로 보자면 로라는 2분 11초로 1킬로미터 세계신기록을 세우게 된다.

다른 유형의 문제가 있는데, 여기서는 정답을 충분히 알아낼 수 있다.[99] 하지만 그러려면 문제에서 한 걸음 물러나서, 선형적인 정비례 관계를 가정하려는 직감이 옳지 않다는 것이 명백해져야만 가능하다. '빨랫줄에서 말리는 데 수건 세 장에 세 시간이 걸린다. 수건 아홉 장을 말리는 데는 시간이 얼마나 걸릴까?'

많은 학생은 비례라는 익숙한 개념에 기대서, 수건 개수가 세 배이므로 말리는 시간도 세 배라고 생각한다. 하지만 실제로는 수건 아홉 장을 동시에 늘어놓고 말리면 세 장을 말릴 때보다 시간이 더 걸리지 않는다.

선형성 편향은 어느 정도 선형적 관계를 무턱대고 떠올리는 습관에서 비롯된다. 선형적 관계가 해당되지 않는 상황이 존재한다고 알려주는 공식 교육을 받았는데도, 대다수 학생한테 그런 식의 직관적 개념은 자명했고 거의 강압적으로 떠오르는 속성이었기에, 선형적 관계를 사용해도 된다고 무턱대고 확신했다. 일부 연구에서는 선형성 편향이 너무나도 매력적인 나머지 심지어 연구자들이 연구 내내 정답을 제시해 주었을 때조차 많은 학생이 자신들의 원래 답을 버리길 꺼렸다.[100]

선형성에 우리가 과도하게 의존하는 성향을 설명해 줄 가장 중요한 근거는 수학 교실 자체에서 나온다. 대다수 학교 수학 수업을 받는 동안 선형성이 너무나 깊게 각인되어서 우리는 그것이 어디에서나 보일 것이라고 예상한다. 선형성이 중요한 개념이긴 하지만, 이 '모든 것이 선형적이다'란 접근법이 선형성에 대한 환상을 조장해, 학생들은 선형적 모형이 모든 문제에 적합하다고 믿는다.[101] 우리는 1킬로미터를 걷는 데 20분이 걸린다면 2킬로미터를 걸으면 40분이 걸리는 게 확실하다고 배운다. 만약 아니라면 무언가 수상쩍은 일이 벌어지고 있다고 여긴다.

하지만 이처럼 선형성이 강화되기 때문에, 우리는 적절하지 않은 때조차 우리가 좋아하는 이런 규칙을 무턱대고 사용하고 만다. 현실 세계는 보통의 경우 수학 문제처럼 단순하지 않음을 인정하지 않는다는 데 상황을 어렵게 만드는 요인이 있다. 가령 '편지 한 통을 맨체스터에서 코벤트리까지 130킬로미터 보내는 데 1파운드가 든다면, 편지 한 통을 맨체스터에서 런던까지 260킬로미터 보내는 데 얼마가 들까?'라는 질문에 답하기 위해 우리는 선형성 원리에 기대지 않고, 보통 한 국가 안이라면 편지를 어디에서 어디로 보내든 대체로 동일한 요금이 든다는 현실 세계의 상식에 기댄다.

⁕

선형성에 대한 우리의 과도한 의존을 파헤치기 위해 사용되는 또 한 가지 질문 유형은 이것이다. '농부 존스는 한 변의 길이가 100미터인 정사각형 밭을 가는 데 한 시간이 걸린다. 한 변의 길이가 300미터인 정사각형 밭을 갈려면 몇 시간이 걸릴까?'

내놓기에 아주 솔깃한 답은 세 시간이다. 밭의 변의 길이의 비율대로 시간을 늘리면 그만인 듯싶다. 정말이지 13~14세 학생의 90퍼센트가 넘게 그리고 15~16세 학생의 80퍼센트가 넘게 이 기만적인 선형성 논리에 먹잇감이 되었다.[102] 사실은 밭을 가는 데 드는 시간은 밭의 넓이에 비례한다고 보아야 타당하므로, 변의 길이만큼 시간을 몇 배로 하는 게 아니라 변의 길이의 **제곱**만큼 몇 배로 해야 한다. 정답은 마땅히 아홉 시간이다. 변의 길이가 세 배인 밭은 넓이가 아홉(3^2) 배이기 때문이다.

추상적인 수학 문제가 결코 아니지만, 이런 식의 넓이 비율 확대에 관한 오해는 현실 생활 어디에서나 등장하는데, 우리는 그걸 유리한 쪽으로 이용할 수 있다. 여러분이 세 명의 친구와 함께 피자를 테이크아웃하고 싶다고 하자. 여러분은 한 조각에 10파운드짜리 8인치 지름 피자 네 조각을 갖기로 결정한다. 만약 여러분이 친구들과 똑같은 토핑을 올릴 수 있다면, 20파운드짜리 16인치 피자 조각 하나를 갖는 게 더 나을지 모른다. 16인치 피자의 지름은 8인치 지름 피자의 두 배고 가격도 두 배다. 하지만 가격이 피자의 지름에 따라 선형적으로 오르는 반면에, 피자의 넓이는 지름의 제곱에 따라 커진다(원의 공식 πr^2에 따라서. 여기서 r은 반지름으로서 피자 지름의 절반이다). 즉, 가격은 고작 두 배인데 얻는 피자의 크기는 네 배라는 뜻이다. 피자의 넓이는 지름의 증가량의 제곱으로 커져 네 배가 되지만, 가격은 지름의 증가량만큼 커져 두 배가 될 뿐이다. 그리고 빵 껍질을 싫어하는 사람들에게는 좋은 소식이 더 있다. 빵 껍질이 있는 둘레의 길이는 지름에 따라 선형적으로 커지므로(원둘레 공식 $2\pi r$에 따라서), 빵 껍질의 폭이 일정하다고 가정할 때 더 큰 피자라면 빵 껍질 대 토핑 비율이 더 괜찮다. 꿩 먹고 알 먹는 셈이다.

2014년, 당시 미국의 국영라디오에서 그래픽 에디터로 일하던 쿽트렁 뷔Quoctrung Bui가 피자가 돈에 합당한 가치가 있는지를 전면적으로 조사해 보기로 마음먹었다. 그는 미국 전역의 피자 가게 3,678곳에서 7만 4,476가지 피자의 가격 정보를 모았다. 그래서 알고 보니 피자 가격은 그림 6-9에 나오듯이 정말로 피자 지름에 따라 선형적으로 변하는 듯했다. 정확하게는 폭이 8인치가 넘는 피자의 경우, 지름 1인치당 1달러가 조금 넘게 가격이 오른다는 사실을 알아냈다.

그렇다면 당연히 (그림 6-10에 나오듯이) 제곱 인치당 가격은 지름에 따라 감소하게 된다. 피자가 커질수록 넓이가 가격보다 더 빠르게 증가하기 때문이다. 돈에 합당한 가치가 있는지의 측면에서 볼 때, 피자의 경우 무조건 큰 것을 사는 편이 수지가 맞는다.

피자에 다음과 같은 흥미로운 수학이 있다는 사실을 나는 미처 몰랐다. 어쨌든 원기둥의 부피 $\pi \cdot r^2 \cdot h$(r은 반지름이고 h는 높이)를 이

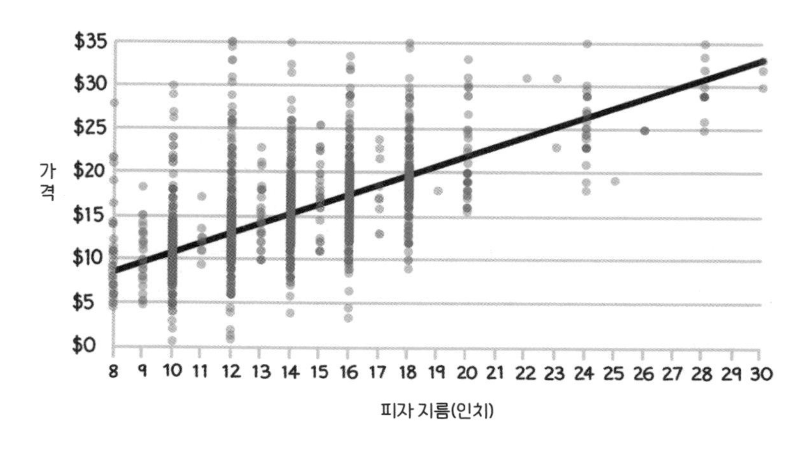

그림 6-9 피자의 가격은 피자 지름에 따라 대략 선형적으로 오른다(어쩌면 나는 그냥 이런 관계를 내세우는 기질일 수도 있다). 회색 점들은 특정한 지름의 출처가 서로 다른 피자들의 가격을 보여주며, 검은 직선은 회색 점들을 통과하는 최적선最適線이다. 평균적으로 지름이 1인치 늘어날 때마다 가격이 1달러 조금 넘게 오른다.

용해, 우리는 반지름이 z이고 두께가 a인 피자의 부피를, pi·z·z·a를 계산할 수 있다!

때때로 직관에 반해 보이는 이 관계는 결코 새로운 것이 아니다. 전설에도 나오듯이, 뛰어난 수학적 재능으로 유명한 고대 그리스인들이 비슷한 속성을 잘못 이해해서 생긴 실수의 희생자가 되었다. 세월이 흐르면서 개작된 한 이야기에 따르면, 델로스섬 사람들이 아폴로 신이 일으킨 전염병과 싸우고 있었다. 그 사람들은 사절단을 보내 이 문제를 놓고서 델포이(아폴로 신전이 있는 곳)에서 신탁을 받아보았다. 1장에서 이미 보았듯이, 신탁은 귀에 걸면 귀걸이 코에 걸면 코걸이 식이며, 모호하고 불확실한 답을 내놓는다. 이 경우 신탁 사제가 답을 내놓기로, 아폴로 신을 달래려면 정육면체 형태의 제단 크기

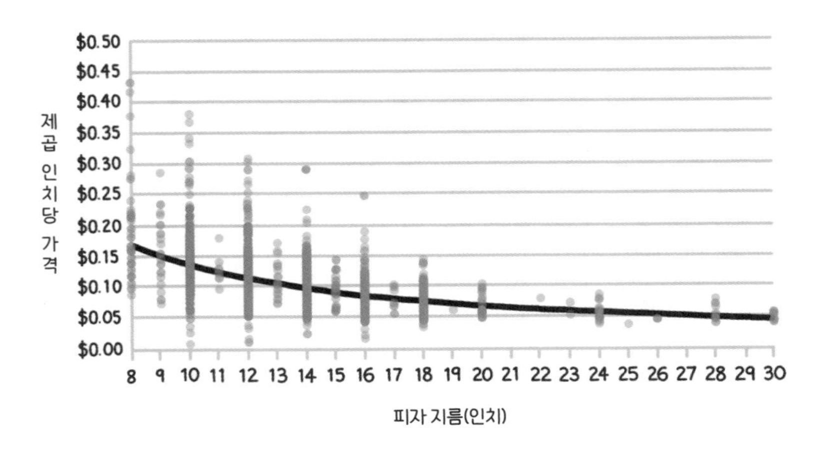

그림 6-10 제곱 인치당 가격은 지름이 커질수록 감소한다. 넓이는 지름의 제곱에 따라 커지는 반면에, 가격은 대략 지름에 따라 선형적으로 오르기 때문이다.

를 두 배로 만들어야 한다고 했다. 그들은 때맞춰 델로스섬으로 돌아와서 가로, 세로, 높이를 두 배로 한 큰 제단을 지었다. 안타깝게도 이렇게 해서 만든 제단은 원래 것보다 부피가 두 배가 아니라 여덟 배 컸다. 정육면체의 각 차원을 두 배로 하면 부피가 여덟(2^3) 배가 되기 때문이다. 아폴로 신은 훨씬 큰 제단을 받긴 했지만, 자기가 낸 문제를 델로스 사람들이 제대로 해결하지 못해 실망이 이만저만이 아니었는지, 전염병이 계속 만연하도록 내버려 두었다.

플루타르크가 전한 또 다른 이야기에서는 전염병이 나오지 않고 다만 델로스의 정치적 긴장 상황이 나온다. 이 버전에서 때때로 **델로스 문제**Delian problem라고도 불리는 정육면체를 두 배로 만들기 문제는 플라톤이 제안한 세 수학자의 도움으로 제대로 해결되었다. 에우독소스, 아르키타스 그리고 메나이크모스가 그 셋이다. 신탁의 교훈은 아마도 델로스 사람들한테 기하학에 에너지를 집중해, 정치적 권모술수에 관심을 두지 말라는 뜻이었으리라. 하지만 그런 의도가 썩 좋은 결과를 내놓지는 못했다.

더 클수록 더 세게 떨어진다: 제곱-세제곱 법칙

아마도 우리가 자주 마주치는 가장 중요한 비선형 관계 중 하나는 **제곱-세제곱 법칙**square-cube law일 것이다. 한 물체가 각각의 차원에서 고정된 배수로 크기가 증가할 때, 그 물체의 표면적은 해당 배수의 제곱으로 증가하고 부피는 세제곱으로 증가한다. 가령 델로스의 제단처럼 상자 형태일 때, 변의 길이가 두 배로 증가하면 면적은 네(2^2) 배로 증가하고 부피는 여덟(2^3) 배로 증가한다.

(그림 6-11의 맨 오른쪽 그래프에 나오는) 이 단순한 비선형적 크기 변화 규칙은 우리가 생명체로서 지구에서 진화해 나가는 데 흥미로운 제한을 가한다. 아마도 가장 중요한 생물학적 제곱-세제곱 법칙을 들자면, 몸무게가 생명체의 부피에 크게 좌우되는 반면에 힘은 뼈와 근육의 단면적에 대체로 좌우된다. 한 동물이 있을 때 각 부분이 고르게 커진다면, 몸 전체의 부피는 뼈들과 근육들의 면적보다 더 빠르게 커지므로 큰 동물일수록 자신의 몸무게를 지탱하기가 더 어려워진다. 지금껏 지구에 살았던 가장 큰 동물들이 해양 동물이라는 사실은 우연이 아니다. 물의 부력 덕분에 해양 동물의 뼈는 몸무게를 덜 지탱해도 되므로, 해양 동물은 동일한 크기의 육상 동물이 겪는

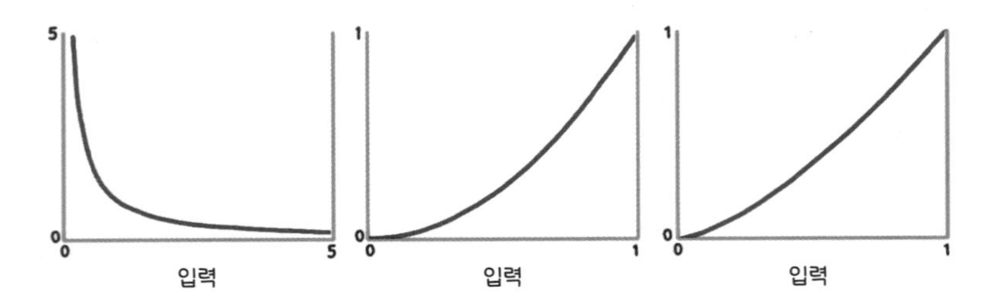

그림 6-11 일상생활에서 우리를 혼란스럽게 하는 몇 가지 비선형적 관계. (왼쪽부터 오른쪽 순으로) UVB 자외선 차단 능력이 어떻게 자외선차단지수에 따라 달라지는지를 기술하는 반비례 관계, 피자의 양이 반지름에 따라 어떻게 달라지는지를 기술하는 2차 관계, 얼마만큼 우리가 무언가를 부수지 않고서 크기를 키울 수 있는지에 제한을 가하는 제곱-세제곱 관계.

어려움 없이 더 커질 수 있다. 사실 많은 해양 동물에게 단단한 뼈로 된 골격은 그다지 많을 필요가 없다. 심지어 바다에서 가장 큰 일부 동물들은 체구를 지탱할 뼈 자체가 없기도 하다. 가령 상어는 삶의 장소인 물의 부력을 십분 활용하고자, 단단한 뼈 대신에 더 유연하고 약한 연골(물렁뼈)을 갖고 있다. 연골 덕분에 상어는 뼈를 지닌 엇비슷한 다른 해양 동물보다 가볍기에, 다른 많은 어류가 부력을 조절하려고 사용하는 성가신 부레가 없어도 된다. 이처럼 연골이 몸무게도 줄여주는 데다 유연하기도 하므로, 상어는 대단히 민첩하다. 사냥할 때 큰 이점이 아닐 수 없다.

제곱-세제곱 법칙을 잘못 적용해서 해로운 결과를 낳는 가장 악명 높은 사례로 체질량지수body mas index, BMI를 꼽을 수 있다. BMI는 몸무게(부피에 비례하는 값)를 키의 제곱으로 나눈 비율이다. BMI를 진단의 수단으로 적용하는 경우, 건강한 범위에 해당하는 BMI 값이 정해져 있다는 설이 있다. 만약 여러분의 BMI가 너무 낮거나 너무 높으면, 건강하지 않은 사람으로 분류될 수 있다. 하지만 왜 부피(길이의 세제곱)에 대략 비례하는 몸무게가 키의 제곱(길이의 제곱)에 따라 커지거나 작아져야 하는가? 한 사람이 다른 사람에 비해 몸의 전체 차원이 두 배라면 부피가 여덟 배라고 볼 수 있기에, 모든 상황이 동일하다면, 몸무게도 여덟 배라고 볼 수 있다. 하지만 키의 제곱은 고작 네 배이므로, 더 큰 사람은 BMI가 작은 사람의 두 배라고 볼 수 있다. 둘 다 자신의 크기에 비해 더 뚱뚱하거나 마른 상태가 아닌데도 말이다. 이렇게 볼 때, 몸무게를 키의 제곱 대신에 세제곱으로 나누어야 맞지 않나 하는 생각이 든다.

하지만 이 주장 역시 그다지 옳지는 않다. 키가 더 큰 사람은 키 작은 사람을 단지 확대해 놓은 것이 아니라 키에 비해서 체구가 더 좁은 경향이 있다. 실제로 옥스퍼드대학교의 응용수학자 닉 트레페텐Nick Trefethen이 몸무게를 키의 제곱이나 세제곱으로 나누는 대신에 그 사이의 무언가 – 키의 2.5제곱 – 로 나누어야 한다는 의견을 내놓았다. 그렇게 하면, BMI로 인해 생기는 문제 – '키 작은 사람 수백만 명이 실제보다 더 말랐다고 여기거나 키 큰 사람 수백만 명이 실제보다 더 뚱뚱하다고 여기는' 문제 – 에 해결책이 될 것이라면서.

심지어 체지방이 동일한 퍼센티지인 사람들이라도 키에 따라 값이 달라지는 문제점이 있기에, 당연히 BMI는 심장대사 측면의 훌륭한 건강 지표가 아니다. BMI 때문에 건강한 사람이 과체중이나 저체중으로 잘못 분류될 위험성이 있다. 로버트 워들로Robert Wadlow는 지구상에 살았던 가장 키 큰 사람으로서, 키가 2.72미터에 몸무게가 200킬로미터 남짓이었다. 마른 체구였는데도 가장 키가 컸을 때의

BMI는 27kg/㎡이어서, 오늘날의 기준으로 분명 '과체중' 부류에 속했다. 배경 설명을 하자면 워들로가 사망한 1940년대에 전 세계의 평균 BMI는 대략 20kg/㎡였다.

비록 BMI 계산에 사용될 때처럼 사람의 건강을 알리는 지표로서는 썩 효과적이진 않지만, 제곱-세제곱 법칙을 근사적으로 활용해서 체중과 체력 간의 상충 관계를 잘 파악해 낼 수 있다. 사람은 평균보다 훨씬 크게 자라면 바로 그 이유 때문에 여러 건강 관련 문제가 생긴다. 로버트 워들로의 경우에도 그랬는데, 일례로 다리와 발에 감각을 잘 느끼지 못했다. 또한 걸을 때 다리 보조 기구와 지팡이가 필요했다. 실제로 잘못 끼운 다리 보조 기구가 결국에는 워들로를 죽게 만들었다. 보조 기구가 피부 마찰을 일으키는 바람에 발목에 물집이 잡혔는데도 감각 상실로 인해 알아차리지 못했기 때문이다. 급기야 물집이 균에 감염되었고, 결국 패혈증에 걸리고 말았다. 그래서 스물두 살의 나이로 세상을 떠났다.

세상에서 가장 키가 큰 스무 명 중에서, 단 두 명만이 50세 넘게 살았고 60세를 넘긴 사람은 한 명도 없었다. 세계 최장신 기록의 다른 보유자들도 알려지기로 척추측만증(척추가 휘는 증세)을 포함해 온갖 유형의 등과 관절 통증을 앓았으며, 기본적으로 사고의 충격에 특히 취약했다. 현재 살아 있는, 세계에서 두 번째로 키가 큰 사람인 모르테자 메르자드셀라카니Morteza Mehrzadselakjani도 고작 열다섯 살 때 자전거 사고로 심각한 골반 부상을 당했다. 그 결과 한쪽 다리가 성장을 멈추는 바람에, 현재 왼쪽 다리가 오른쪽 다리보다 15센티미터쯤 더 길다.

큰 사람일수록 비교적 무해한 사고를 겪고서도 신체에 큰 손상을 입을 수 있다. 걸음마 단계의 아기들은 넘어져서 걸핏하면 몸에 충격을 받더라도, 몸에 입는 손상이 별로 심각하지 않다. 몸무게에 비해 비교적 뼈가 두껍기 때문에 설령 최대 속력을 내더라도 몸에 큰 손상을 입을 정도로 에너지가 모이지 않는다. 하지만 성인은 증가된 몸무게 때문에(설상가상으로 키가 더 큰 상태에서 넘어질 뿐만 아니라 신경자극이 더 멀리 이동해야 한다는 사실로 인해), 넘어질 때 훨씬 더 센 힘으로 땅에 부딪힌다. 몸무게와 뼈의 강도는 서로 비선형적 관계인데 성인이 비록 걸음마 단계의 아기보다 수치로만 보자면 뼈가 더 두껍지만, 증가된 몸무게로 인해 받는 더 큰 충격을 보상해 줄 만큼 두껍지는 않을 수 있다. 똑같은 이유로, 키가 큰 사람은 작은 사람보다 넘어져서 생기는 부상 – 가령 골반 골절 – 을 더 많이 입는다.

●

◆ 너무 커서 쓸모없어진 탱크

1962년 1월 어느 어둡고 비바람 심한 날 밤에 32세의 프레인 셀락Frane Selak이 사라예보에서 출발해 두브로브니크로 가는 기차에 타고 있었다. 기차가 협곡을 지나갈 때 선로 고장으로 인해 기차가 탈선했다. 셀락이 탄 객차는 선로와 나란히 흐르던 차디찬 강으로 내던져졌다. 객차가 차가운 물에 빠질 때 셀락은 의식을 잃었다. 깨어보니 그는 팔이 하나 부러지고 가벼운 저체온증에 걸려 있었다. 낯선 이가 목숨을 구해준 덕분에 셀락은 회복했지만, 다른 열일곱 명의 승객은 물에 빠져 죽었다. 셀락의 이야기가 사실이라고 친다면, 이것은 그때부터 수십 년 동안 그가 겪은 일곱 번의 죽을 뻔한 사고의 첫 번째일 뿐이다. 버스 충돌, 자동차 화재와 폭발을 겪고도 살아남아 그는 '세계에서 가장 불운한 사람'이란 이름을 얻었다. 하지만 매번 살아남아 자신이 겪은 사건을 알릴 수 있었기에 어쩌면 정반대 이름이 딱 어울린다. 하지만 이런 나중에 겪은 구사일생의 사건들은 그의 가장 아찔한 탈출에 비하면 시시해 보인다.

1963년, 기적과도 같이 강에 빠진 객차에서 탈출했을 때로부터 1년이 조금 넘은 시점에 셀락은 어머니가 큰 병에 걸렸다는 사실을 알았다. 비행기를 타본 적이 없었는데도 그는 자기 집이 있는 자그레브에서 어머니가 사는 리예카로 가는 비행기를 타기로 했다. 공항에 도착해 보니, 바로 다음 비행편은 예약이 꽉 차 있었다. 어머니가 위독한 상황에서 공항 대기실에서 죽치고 기다리기보다는 항공사 직원을 설득해 비행기 뒤쪽의 비좁은 승무원 칸에 탑승하고자 했고, 간신히 탈 수 있었다. 비행하는 내내 대부분 별일이 없었는데, 어느 순간 엔진들이 갑자기 동시에 고장 나고 말았다. 비행기 고도가 떨어지기 시작하면서, 실내 기압 저하로 인해 뒤쪽 문 중 하나가 오작동을 일으키는 바람에 셀락과 그 옆의 여승무원 한 명이 공중으로 빨려 나갔다. 셀락은 2003년 《데일리 텔레그래프》에서 이렇게 밝혔다. "우리는 차를 마시고 있었는데 느닷없이 문이 뜯겨버렸어요. 여승무원이 공중으로 빨려 나갔고, 곧이어 저도 그렇게 되었지요." 고장 난 비행기는 비상 동체착륙을 할 수밖에 없었는데, 그 와중에 승객 열일곱 명과 조종사 두 명이 사망했다. 먼저 빨려 나간 여승무원도 그 사고로 사망했지만, 셀락은 이번에도 매우 낮은 확률을 뚫고 살아남았다. 자유낙하를 한 다음 건초 더미에 떨어지는 바람에 충격이 완화되었다. 건초 더미 속을 뚫으면서 추락함으로써, 추락 직전 속도에서 멈출 때까지의 감속 과정이 지면에 바로 충돌할 때보다 훨씬 더 긴 시간에 걸쳐 분산되어 일어났다. 그 결과 바로 지면과 충돌할 때 동반되는 힘을 거의 받지 않았기에 누가 봐도 확실했던 죽음을 모면했다.

이후 셀락의 주장이 진실한지를 놓고 의혹이 제기되었다. 그도 그럴 것이, 1963년에 크로아티아 어디에서도 비행기 추락사고 기록이 없었기 때문이다. 하지만 2장 및 정말로 큰 수의 법칙에서 배웠듯이, 충분히 많은 기회가 주어진다면 여러 번 사고에서 살아남는 일과 같이 믿을 수 없을 정도로 불가능해 보이는 일련의 사건도 정말로 벌어질 수 있다.

이 기상천외한 자유낙하 생존 이야기가 사실이든 아니든, 비록 드물지만 낙하산 없이 높은 데서 떨어졌다가 살아남은 사람들에 관한 증거가 아예 없지는 않다. 가령 1971년 크리스마스이브에 율리아네 쾨프케Juliane Koepcke가 페루의 수도 리마에서 푸칼파로 향하는 비행기에 엄마와 함께 탑승해 있었다. 도중에 이 비행기는 번개에 맞았다. 비행기는 공중에서 두 동강이 나면서 승객과 승무원, 수하물을 페루 정글로 내동댕이쳤다. 좌석에 묶인 채로 당시 10대였던 율리아네는 3,000미터 넘게 낙하해 밀림 속으로 떨어졌다. 놀랍게도 추락으로 인해 고작 찰과상과 타박상을 입었고 한쪽 쇄골만 부러졌다. 부상을 당하고서도 그녀는 정글 속에서 냇가와 강을 따라 이동하면서 열하루를 견뎠다. 마침내 어부들한테 발견되어 문명사회로 돌아와서 아버지와 재회했다. 당시엔 몰랐지만 그녀의 어머니도 추락에서 살아남았다. 하지만 어머니는 며칠 후에 부상 때문에 사망했다. 정말이지, 최대 열네 명의 승객이 처음 추락하고서도 살아남았다가 구조대가 도착하기 전에 사망했다고 짐작된다. 불가능한 확률을 뚫은 생존자들이 세상을 떠들썩하게 만든 이런 극적인 이야기가 없지는 않지만, 낙하산 없이 비행기에서 추락하고도 살아남아 생존 이야기를 전하는 경우는 지극히 드물다.

물론 비행기에서 스스로 몸을 내던지는 용감무쌍한 스카이다이버는 자유낙하 연구에 유용한 사례다. 진공 속에서 모든 물체는 중력으로 인해 똑같은 비율로 가속된다. 시작 높이와 시간이 똑같다고 할 때, 진공 속에서 볼링공과 깃털을 떨어뜨리면 똑같이 땅에 닿는다. 하지만 스카이다이버는 진공 속에서 떨어지지 않는다. 대신에 공기저항의 효과를 크게 받는다. 더 빠르게 떨어질수록 공기로 인해 받는 저항은 더 커지다가, 어느 지점에 이르면 공기저항으로 인해 위쪽으로 받는 힘이 중력으로 인해 아래쪽으로 받는 힘과 균형을 이룬다. 이 지점에서 스카이다이버는 **종단속도**terminal velocity에 도달한다. 공기저항으로 인한 위쪽 힘은 스카이다이버의 단면적에 좌우된다. 수직 자세일 때는 표면적이 작아서 종단속도가 더 빠르다. 반대로 수평 자세일 때는, 공기저항으로 인해 중력에 반대되는 힘을 세게 받기 때문에, 종단속도가 느리다.

아래쪽 힘(중력)은 스카이다이버의 몸무게에 비례해 커지는 데 반해서, 중력에 거스르는 위쪽 힘(부력)은 표면적에 비례해 커진다. 제곱-세제곱 법칙에 따르면, 키 큰 사람의 표면적은 키 작은 사람과 비교해 여분의 몸무게, 즉 부피에 비례하는 값으로 인한 중력을 상쇄할 만큼 충분히 크지 않으므로, 결국 종단속도가 더 크다. 더 짧게 말해서, 체구가 클수록 더 세게 떨어진다. 낙하산이 안 펼쳐지면 어쩌나 고민하는 스카이다이버한테 줄 수 있는 하나마나한 경박한 조언은 '작아라'다. 체구가 작을수록 부피에 대한 표면적 비율이 보통 더 커서 종단속도가 더 느리다. 프레인 셀락이 건초 더미에 떨어진 경우처럼 '부드러운 것 위로 떨어져라'도 그럴듯한 조언이다.

경험으로 아는 내용인데, 곤충은 설령 자기 키의 수백 배 높이에서 떨어져도 바닥에 닿을 때 사실상 손상을 입지 않는다. 곤충은 부피 대비 표면적이 크기 때문에 종단속도가 비교적 느리다. 심지어 작은 포유류에서도 그런 경우가 많이 있다. 가령, 생쥐는 어느 높이에서 떨어져도 대체로 무사하다. 하지만 3장에서 보았듯이, 높은 데서 떨어진 고양이의 생존율을 살펴보면 큰 체구의 포유류는 한계가 있다. 존 홀데인J. B. S. Haldane이 논문 「알맞은 크기에 관하여On Being the Right Size」에서 썼듯이, '생쥐mouse를 100미터 남짓 높이의 수직갱도에서 떨어뜨리면, 바닥이 꽤 부드러울 경우 바닥에 닿았을 때 생쥐는 가벼운 충격만 받고 멀쩡할 수 있다. 반면에 쥐rat는 그냥 죽고, 사람은 부서져 죽으며, 말은 터져 죽는다.'

또한 제곱-세제곱 법칙은 과거에 엔지니어들한테 큰 걸림돌을 안겨주었는데, 가장 대표적인 사례가 제2차 세계대전 동안의 나치 건축가들과 설계자들이었다. 1941년 소련 침공 이후 재빨리 유리한 고지에 오르긴 했지만, 독일 군대는 이후 여러 달 동안 동부전선에서 확실한 승리를 거두지 못하고 있었다. 양측의 대치 상황이 1942년으로 넘어가자 소련 탱크들이 전선에 도착해 독일군을 상대로 이기는 전투에서 결정적인 역할을 하기 시작했다. 전세를 독일군에게 유리하게 바꾸려면, 독일군이 이전의 어느 탱크보다 더 크고 더 무장을 많이 한 탱크를 만들어서 전력을 키워야 한다는 사실이 점점 더 분명해졌다.

이런 도전과제에 부응해, 역설적인 명칭인 '마우스Maus(쥐)'라는 대담무쌍한 아이디어가 나왔다. 이 거대한 탱크는 설계상으로 길이가 10.2미터, 높이가 3.71미터, 폭이 3.71미터였다. 완성했을 시 무게는 188톤이 될 터였다. 크기 비교를 하자면, 그 시점까지 운용 중인 가장 무거운 독일 탱크인 티거Tiger 1 – 길이 6.3미터, 폭 3.56미터, 높이 3미터 – 은 그 무게의 대략 3분의 1인 57톤밖에 되지 않았다. 마우스의 장갑은 가장 두꺼운 부위가 200밀리미터 두께로 설계된 반면, 티거는 최대 장갑 두께가 120밀리미터였다. 마우스는 다른 어느 탱크와 비교해 봐도 완전히 스케일이 달랐다.

거의 가장 초기 프로토타입 정하기 단계에서부터 문제가 있었다. 외부 장갑의 무게가 크게 늘어난 탓에 기존의 엔진들은 마우스가 움직이게 할 만큼 강력하지 못했다. 결국 이 거대한 탱크의 내부 부피의 절반 이상이 엔진에 사용되는 바람에 전체 무게가 더 늘어났다. 내부 공간을 아주 많이 희생해야 하는 큰 불편을 감수했는데도, 마우스의 최고 속력은 여전히 느릿한 시속 19킬로미터로서, 티거의 쌩쌩한 속력인 대략 시속 45킬로미터의 절반도 안 되었다. 마우스의 무게가 티거에 비해 세 배 넘게 증가했는데 반해, 바닥의 단면적은 그

양의 절반쯤 증가했다. 탱크가 걸핏하면 땅속으로 빠지지 않게 하려고 궤도는 1.1미터 폭으로 만들어졌다. 두 궤도가 차지하는 폭이 탱크 전체 폭의 절반을 훌쩍 넘었다. 그런데도 가끔씩 마우스는 땅이 아주 단단하지 않은 경우라면 땅속으로 빠졌고, 달리는 도로를 찢어 놓기도 했다. 설계자인 페르디난트 포르셰Ferdinand Porsche는 또한 그 탱크 무게를 지탱할 만큼 튼튼한 서스펜션을 제작하느라 애를 먹었다. 다리를 건너기엔 너무 무거웠기에 마우스는 강을 건널 수 있도록 특수하게 개조를 해야 했다. 만약 물에 완전히 잠길 경우에 승무원들에게 공기를 제공할 수 있도록 스노클 장치도 부착했다.

이런 설계상의 어려운 점들 탓에 이 탱크는 개발이 지연되었다. 마침내 처음 나온 두 프로토타입을 가동하기 위한 미세 조정을 할 때가 이미 1944년 중반이었다. 그 무렵에 주축국 군대들은 비틀거리기 시작했고 도처에서 점령지를 내놓고 있었다. 완성한 지 얼마 지나지 않은 시점에, 소련이 마침내 동부전선에서 독일을 물리칠 것이 확실해지자, 나치는 군사비밀을 보호하려고 두 마우스 프로토타입을 폭파시켰다. 그래서 어느 프로토타입도 실전에서 사용되지 못했다. 역설적이게도 두 탱크는 너무 단단해서 완전히 파괴할 수가 없었기에, 소련은 두 탱크를 다시 조립할 수 있었다. 그중 하나는 지금까지도 모스크바 근처 쿠빈카Kubinka에 있는 한 박물관에 전시되어 있다.

과도한 크기의 건축에 경솔하게 집착하는 히틀러의 태도가 드러난 가장 명백한 사례는 베를린 재건설 계획이다. 히틀러가 가장 아끼는 건축가 알베르트 슈페어Albert Speer한테 입안하도록 맡긴 프로젝트다. 게르마니아Germania라고 개명한 이 거대한 크기의 도시는 제3제국 – 대독일제국Greater Germanic Reich – 의 수도이자 중심지 역할을 하게 될 터였다. 재설계의 전체적인 방향은 도시를 가로질러 북쪽에서 남쪽으로 이어지는 5킬로미터 남짓한 '영광의 거리Avenue of Splendours' 주위로 진행되었다. 그 거리의 가장 북쪽 끝, 거대한 '그랜드 플라자'의 북측에는 히틀러가 직접 설계한 건물인 '폭스할레Volkshalle' 즉 '국민회관' 건설이 예정되었다. 로마에 있는 히드리아누스 황제의 판테온에서 히틀러가 얼마간 영감을 받은 그 거대한 돔형 회관은 18만 명이 넘는 사람들을 수용할 계획이었다. 하지만 실제로 건설이 시작조차 되지 않았는데도, 그 건물은 작가 로버트 해리스Robert Harris의 『당신들의 조국Fatherland』이라는 가상 세계에서 자체 날씨를 가진 곳으로 묘사되었다. 즉, 18만 명 넘는 사람이 내뿜는 숨이 돔 천장에서 응결되어 구름을 형성할 정도였다고 한다.

영광의 거리 남쪽 끝은 도시의 두 번째 중심지로 예정되었다. 여기에 놓기로 계획한 개선문은 너무나 큰 나머지, 파리의 에투알 개선문 전체를 그 안쪽 입구 속에 집어넣을 수 있을 정도였다. 당시에 너무 큰 규모와 제곱-세제곱 법칙이 가하는 제한 때문에 이 두 건축물 – 폭스할레와 개선문 – 중 어느 것을 베를린의 조금 부드럽고 불안정한 땅 위에 실제로 지을 수 있을지가 논란이 되었다. 실현 가능성을 검증하기 위해 1941년 슈페어는 콘크리트 원기둥 하나를 만들었는데 폭이 21미터, 높이가 14미터에 무게가 1만 2,650톤이었다. 그 원기둥을 땅에 박힌 높이 18미터, 지름 11미터의 콘크리트 기초 위에 올려놓았다. 그 후 이 전체 건축물이 땅속으로 꺼지는지 오래도록 지켜보았다. 만약 땅속으로 꺼지는 깊이가 6센티미터 미만이라면,

더 이상 보강 조치 없이 개선문을 세우기에 충분할 만큼 땅이 견고하다고 볼 수 있었다. 하지만 알고 보니 원기둥은 2년 반 만에 20센티미터 남짓 가라앉았다. 비선형적인 제곱-세제곱 법칙에 따르면, 계획상 그 개선문은 파리의 에투알 개선문 크기의 세 배이므로, 질량은 스물일곱(3^3) 배지만 바닥 단면적은 고작 아홉(3^2) 배다. 따라서 에투알 개선문에 비해 세 배의 압력을 밑에서 떠받치는 땅에 가하게 된다.

이 콘크리트 원기둥은 인생의 진실을 상징적으로 담고 있다. 소망했으나 끝내 이루지 못한 히틀러의 승리가 그 스스로 파놓은 구멍 속으로 꺼져 버렸으니 말이다.

비선형적 세상

나는 아이들과 카드 게임을 하기 시작했다. 숫자가 적힌 열 장의 카드가 있고 얼굴이 나오는 세 장의 카드가 있는데, 아이들은 그 각각이 네 가지로 이루어진 카드의 구성을 이해했다. 우리는 상대방 카드 전부 따오기beggar-my-neighbour, 트웬티원twenty-one, 휘스트whist, 러미rummy와 같은 단순한 카드 게임들을 한다. 특히 트웬티원의 경우 아이들은 게임을 실행할 전략을 세우는 단계를 거친다. 처음에 나온 두 카드를 받아서 합이 11이면 잘 나온 패라는 걸 아이들은 안다. 트웬티원에서는 10의 값을 지닌 카드들(10, 잭, 퀸, 킹)의 수가 다른 값의 카드들의 네 배다. 대략 말해서(물론 비록 이미 받은 카드에 따라 다르긴 하지만), 11를 받고 시작하면 12부터 20까지를 받고 시작하는 경우보다 다음 카드로 21을 맞힐 가능성이 네 배 높아진다. 더 간단히 설명하자면, 전체 카드에서 10의 값을 지닌 열여섯 장의 카드 중 하나를 뽑을 확률이 다른 값을 지닌 네 장의 카드 중 하나를 뽑을 확률의 네 배라는 말이다. 만약 규칙이 조금 달라서 10과 잭과 퀸만 값이 10이고 킹은 11이라고 한다면, 값이 10인 카드를 뽑을 확률은 다른 카드를 뽑을 확률의 겨우 세 배가 된다.

이것이 바로 선형적 정비례성의 핵심이다. 확률이 우리가 선택하길 바라는 상이한 카드 종류의 개수와 정비례하기 때문이다. 정비례성은 어디에서나 목격된다. 카드 게임을 하는 대신에 내가 아이들과 빵을 만들고 있다고 하자. 우리가 레시피에서 제시한 개수의 두 배만큼 큰 컵케이크를 만들고 싶다면, 각각의 재료도 두 배씩 필요하다. 각 재료가 선형적으로 합쳐져서 두 배의 혼합물이 나온다. 당연한 소리같이 들린다. 두 배 개수의 컵케이크를 만드는 데 각 재료를 세 배씩 사용해야 한다면 타당하지 않을 것이다. 정비례의 경우 전체는 각 부분의 합 이상도 이하도 아니다. 부분들을 두 배로 하면 전체도 두 배가 된다.

하지만 세상의 모든 현상이 그렇다고 말했다가는 창발적 현상의 존재와 마법을 부정하게 되고 만다. 가령 물의 젖는 성질은 H_2O 분자 하나가 만들어내지 않고, 찌르레기 떼가 이루는 아름다운 군집 현상은 한 마리가 혼자 안무를 펼쳐서는 생겨날 수 없으며, 눈송이의 독특한 프랙털 구조는 낱개의 결정이 합쳐져서가 아니라 하나의 복잡한 초구조로 인해 형성된다. 이처럼 미묘한 복잡성이야말로 지상 모든 생명체의 본질이기에, 생명은 물질적 구성 요소인 원자들과 분자들의 단순한 결합보다 훨씬 더 큰 무엇이다.

대체로 우리는 알아차리지 못하지만, 일상에서 겪는 가장 중요한 관계 다수가 비선형적이다. 하지만 선형성의 개념이 아주 일찍부터 너무 깊이 우리 안에 박혀 있는지라, 때때로 우리는 다른 관계가 존재할 수 있음을 잊고 만다. 반복함수학습 실험에서 보았듯이 이런 생각이 너무나 뿌리박힌 나머지, 두 변수 사이의 관계란 으레 서로 정비례한다고 우리는 무의식적으로 상정해 버린다. 선형적 관계가 너무나 익숙한지라, 비선형적인 일이 발생할 때 우리는 예상을 벗어난 상황에 대책 없이 허둥댈 수 있다. 입력이 출력에 비례해 선형적으로 커지거나 작아진다고 암묵적으로 가정하는 바람에, 예측이 빗나가고 계획이 면전에서 어그러지는 상황에 처하기 쉽다. 우리는 비선형적인 세계에서 산다. 하지만 우리 뇌는 직선적으로 사고하는 데 너무나 익숙해 그런 현실을 종종 알아차리지 못한다. 우리는 모든 상황에 선형적 관점을 들이대는데, 시간이 흐르면서 상황이 현재와 대략 같은 비율로 계속 변하거나 노력을 두 배로 들이면 언제나 보상이 두 배가 되겠지 하고 가정하기 때문이다.

물론 우리의 과도한 직선적 사고방식을 낙관적으로 해석하려는 마음가짐도 존재한다. 가령 그다지 심각하지는 않은 상황에서 우리의 예상이 빗나갈 때, 우리는 놀라운 결과에 즐거움을 느낄 수 있다. 우리가 놀라운 계시를 맛볼 때는 선형적인 스케일에서 벗어난 현상이 일어나 우리의 사고방식이 재구성되는 순간이다. 긍정적으로 보자면, 두 변수 사이의 관계가 직선을 이용해서 묘사될 수 있다는 우리의 선입견이 경이와 놀라움의 여지를 만들어낸다. 그런 감정은 비선형적 상황이 펼쳐지겠거니 하고 우리가 뻔히 짐작할 수 있다면 느낄 수 없을 것이다.

아이들과 카드 게임을 마쳤을 때 그리고 빵을 만든 후 정리를 할 시간이 되었을 때, 가끔씩 나는 아이들의 선형적 예상을 짓궂게 이용해 먹는다. 아이들한테 에이스부터 킹까지 아무거나 두 종류의 카드를 말해보라고 한다. 가령 아이들이 퀸과 5를 골랐다고 하자. 그러면 이렇게 말해준다. 카드를 섞은 다음에 카드를 전부 훑어봐서 만약 그 두 종류의 카드가 서로 이웃한 경우가 있으면(즉, 퀸 옆에 5가 나오는 경우가 있으면) 아이들이 식기세척기에 그릇을 넣기로 한다고. 만약 그런 경우가 없으면 내가 맡기로 하고 말이다. 단 두 종류의 카드 - 전부 여덟 장 - 를 고를 때 아이들의 예상으로는, 꽤 합리적이게도, 섞인 카드들 속에서 그 두 종류의 카드가 옆에 붙어 있을 확률을 매우 낮게 보리라고 나는 생각한다. 사실 그 확률은 대략 50퍼센트로 놀라울 만큼 높다. 뜻밖에도 꽤 자주 아이들은 결국 식기세척기에 그릇을 올려놓게 된다. 2장에서 만났던 생일 문제와 똑같이, 수학은 개별 카드보다는 카드 쌍이 관건이다. 비선형적 관계라는 것은 두 종류의 카드가 네 장씩 - 퀸이 네 장 그리고 5가 다섯 장 - 있으면 열여섯 가지 쌍이 가능하다는 뜻이다. 각각의 쌍이 다른 순서로 나올 수 있기에, 둘이 이웃해서 나올 확률은 여러분이 언뜻 드는 생각보다 높다. 내 아이들은 카드들을 훑어서 그런 쌍이 나오면 언제나 놀란다. 결과에 전적으로 기뻐하지는 않지만 말이다.

이번 장에서는, 가격 대비 피자의 가치와 자외선차단지수에서부터 주식시장에서의 수익과 손실 관계에 이르기까지, 일상적인 비선형적 관계 몇 가지를 만나보았다. 이런 관계들은 우리의 예상을 빗나가서 우리로 하여금 그릇된 결론이나 그릇된 예측을 하게 만들 수 있다. 이 책의 마지막 세 개의 장에서는 우리가 주위 세계를 이해하려고 의존하는 언어의 선형성 문제를 다룬다. 언어 사용에서도 선형적 관점으로 인해 비선형적 가능성을 무시하게 되면, 역효과, 되먹임 고리, 카오스 그리고 기타 여러 충격적인 비선형적 효과가 생길 수 있다.

7장

눈덩이

작은 눈뭉치가 순식간에 거대해지는 과정

2020년 초반 신종 코로나바이러스가 중국의 후베이성에서 전 세계 각국으로 퍼졌다. 이탈리아는 1월 29일 자국의 최초 코로나바이러스 발병 환자를 격리시켰다. 3월 11일이 되자 이탈리아는 중국 바깥에서 가장 많은 감염자 수를 보고하게 되었다. 나머지 유럽인 및 다른 서양인 다수가 이탈리아에서 펼쳐지는 상황을 경악하며 지켜보고 있었다. 똑같은 운명이 자기 나라에는 닥치지 않기를 간절히 바라면서. 하지만 차례차례 거의 모든 나라가 자국민의 발병 건을 알아차리기 시작했다. 패턴은 대체로 동일했다. 감염자 수가 최초 보고에서는 한두 명쯤으로 작았다가, 최초 환자한테서 종종 직접 감염되거나 이보다 더 우려스럽게도 간접적으로 감염되어 소수의 감염자가 나오더니, 거기서부터 감염자 수가 눈덩이처럼 불어났다.

3월 9일이 되자, 이탈리아의 상황은 이미 너무 심각해져서, 주세페 콘테Giuseppe Conte 수상이 어쩔 수 없이 국가 봉쇄를 시행했다. 3월 중순엔 이탈리아의 많은 병원이 압도당하고 말았다. 치료가 필요한 코로나 환자들이 엄청나게 쏟아져 들어와서 감당할 수가 없었기 때문이다. 많은 영국인도 그런 장면을 안타까움과 긴가민가하는 마음으로 지켜봤을 뿐, 똑같은 상황이 몇 주 만에 자신들의 뒷마당에서 펼쳐질 거라고는 절대적으로 확신하지는 못했다. 영국의 발병 건수는 이탈리아보다 어쨌든 훨씬 적었기 때문이다. 아마도 영국인들은 비교적 큰 피해 없이 빠져나갈 수 있겠거니 바랐을 테다. 분명 자국의 코로나 통계를 바탕으로 영국 정부는 3월 중순까지만 해도 바이러스 확산을 막기 위한 전국적인 봉쇄를 단행할 이유가 없다고 보았다.

3월 15일, 이탈리아의 코로나 사망자 수의 7일 평균치가 무려 206명에 달했다. 똑같은 날 영국의 코로나 사망자 수의 7일 평균치는 고작 열다섯 명이었는데, 그 전날보다 다섯 명 늘어난 숫자였다. 이 작은 수치로만 보면, 영국이 곧 이탈리아가 직면하고 있는 상황과 똑같아지리라고 짐작하기는 어려웠다. 설령 영국의 일일 사망자 수가 매일 똑같은 양(5)만큼 계속 증가한다 해도, 7일 평균 사망자 비율이 이탈리아와 같아지려면 5주가 넘게 걸릴 터였다.

많은 사람이 보기에, 영국은 경제를 망치는 봉쇄 정책을 시행할 긴급한 필요성이 없었다. 정말이지 일부 사람이 주장하기를, 수치가 너무 낮아서 대중들한테 그런 극적인 조치의 필요성을 설득시키기가 어렵지 않겠느냐고 했다. 아마도 상황이 어떻게 될지 지켜봐도 괜찮지 않을까 싶은 상태였으리라. 하지만 호주와 뉴질랜드 같은 다른 나라들의 증거가 시사하듯이, 전체 인구가 봉쇄를 진지하게 받아들이기 위해 꼭 재앙이 눈앞에서 벌어져야 하는 건 아니다.

지난 장에서 보았듯 우리의 선입관에 따른 가정과 달리, 사망자 수는 선형적으로 – 매일 똑같은 양만큼 – 증가하고 있지 않았다. 사실은 **지수적으로** 증가하고 있었는데, 이 경우엔 지수적 증가의 초기 상태를 반영하고 있었다. 영국은 고작 12일이 지나자 이탈리아의 3월 15일의 일간 사망자 수치를 뛰어넘어, 3월 27일에 7일 평균 사망자 수가 240명을 기록했다.

지수적 증가는 우리 다수가 직관적으로 파악하지 못하는 또 하나의 비선형적 현상이다. 수학적으로 정의하자면, 어떤 양이 현재의 크기에 비례하는 속력으로 증가한다면 그 양은 지수적으로 증가한다. 무슨 뜻이냐면, 어떤 양이 증가함에 따라 그 양이 커지는 속력 또한 증가하는 현상이 지수적 증가다. 가령 한 질병 발생의 초기 단계에서 감염자가 더 많을수록, 더 많은 사람이 앞으로도 감염되고 발병 건수도 더 커지게 된다. 지수적 증가가 결정적 역할을 하는 다른 상황들로는 다단계 방식 – 신규 투자자의 수가 기존 투자자의 수에 비례해 많아지는 방식 – 에서부터 핵무기 – 앞으로 분열하게 될 우라늄 원자의 수가 현재 분열 중인 우라늄 원자의 수에 비례해 많아지는 경우 – 까지 다양하다.

지수적 과정의 증가 속력을 과소평가하는 성향, 즉 실제보다 느리게 증가하리라고 가정하는 태도를 가리켜 **지수적 증가 편향**exponential-growth bias이라고 한다. 많은 사람의 경우에 이 편향은 우리가 바로 앞 장에서 만났던 선형성 편향의 일종이다. 실제로는 지수적으로 증가하는 현상을 선형적으로 증가한다고 가정하기 때문이다. 이 현상을 연구한 자료에서 밝히기로, 소득이나 교육 수준이 더 높다고 해서 지수적 증가 과소평가하기의 덫에 덜 빠지게 되는 것은 아니다.[103] 정말이지, 복리複利 계산과 같은 상황에서 이미 지수적 증가를 접해보았던 사람들조차도 다른 상황에서는 그 현상을 알아차리지 못하는 일이 흔하다.[104]

2016년의 한 연구에서 경제학자 매튜 레비Matthew Levy와 조슈아 태소프Joshua Tasoff는 실험 참가자들에게 이런 질문을 했다. '자산 A는 초기 가치가 100달러이고 한 주기마다 10퍼센트의 이율로 불어나며, 자산 B는 초기 가치가 X달러이고 불어나지 않습니다. 두 자산이 20주기 후에 가치가 똑같아진다면, X의 가치는 얼마입니까?' 이 질문과 더불어 참가자들이 자신들의 대답을 얼마만큼 확신하는지도 등급을 매겨달라고 부탁했다.[105]

우리가 이런 질문에 정확하게 답할 수 있는지 여부는 미래에 갖게 될 의미 면에서 현재 내린 금융 관련 결정이 타당한지 여부를 가늠하는 데 크나큰 영향을 미친다. 계산기를 꺼내서 여러분도 직접 계산해 보기 바란다. 계산 후에 얼마만큼 확신이 드는지도 알아보면서.

정답을 알아내려면 자산 A의 총액을 20번의 주기마다 10퍼센트씩 증가시켜야 한다. 처음의 100달러를 $\frac{110}{100}$으로 곱해야, 즉 단순화시켜서, 100달러를 1.1로 20번 곱해야 한다. 결과적으로 $100 \times (1.1)^{20}$이 답이다. 계산기에 이 식을 넣으면 X의 값은 672.75로 나온다. 계산기를 옆에 두고서도 대다수 실험 참가자는 정답을 내놓지 못했다. 3분의 1이 300달러를 답으로 내놓았는데, 이 값은 증가가 순전히 선형적이어서 매번 10달러(초기 투자금액의 10퍼센트)라는 고정된 양만큼 늘어날 때의 결과다. 이 참가자들은 너무 선형적으로 생각하고 있었다. 아마도 이 연구에서 가장 놀라운 점은 실험에서 가장 나쁜 성적을 낸 사람들이 자신의 답을 가장 확신했다는 사실일 것이다.[106] 그리고 우리 중 다수는 자신이 지수적 증가 편향을 모른다는 사실 자체를 모르고 있다.

복리의 장기적 영향을 과소평가했다가는 금융 면에서 심각한 결과를 초래할 수 있다. 소비자들은 특정한 액수의 돈이 얼마나 빨리 복리로 불어나는지 과소평가하는 바람에 그 금액의 미래 가치를 과소평가하고 만다. 그래서 저축을 덜 매력적이라고 여긴다. 사람들은 미래에 투자하기의 유용성을 평가절하하는 바람에 노후 대비를 적절하게 하지 못한다.[107] 또한 지수적 증가를 잘못 이해하면 빚을 지는 행위에 더 매력을 느끼고 만다. 상환할 금액의 규모를 과소평가하게 되기 때문이다. 현실에서 이 사안을 연구한 결과에 따르면, 지수적 증가 편향이 있는 사람은 없는 사람에 비해 소득 대비 채무 비율이 두 배 가까이 높아지기도 한다.[108]

이처럼 지수적 증가를 올바르게 인식하고 해석하는 능력이 없으면, 전염병을 통제할 효과적인 전략을 실시하는 데에도 크게 방해가 될 수 있다.[109] 전염병 초기 단계에 초점을 맞춘 2020년에 나온 연구에서 밝혀지기로, 지수적 증가 편향을 더 많이 보이는 사람일수록 마스크 사용이나 사회적 거리 두기와 같은 코로나 예방 조치를 따르는 정도가 낮았다. 질병 전파의 속도를 올바르게 짐작해 낼 수 없는 사람들은 질병 통제 조치들의 중요성을 간파할 수가 없기에, 그런 조치에 따라 행동하기가 어려웠다.[110]

트럼프 대통령이야말로 지수적 증가를 이해하는 데 젬병인 아주 유명한 사례일 것이다. 그는 코로나바이러스 발병 초기 단계에 미국의 낮은 절대 발병 건수만 너무 강조한 나머지, 그 숫자가 얼마나 빨리 치솟을 수 있을지 알아차리지 못하는 것 같았다. 아니나 다를까 트럼프 행정부는 지속적으로 상황의 심각성을 축소시켰는데, 그러다 보니 바이러스를 통제하는 데 필요한 완화 조치를 실행하지 않고 미적거렸다.

'지난해에 미국인 3만 7,000명이 독감으로 사망했다. 독감으로 인한 사망자는 한 해 평균 2만 7,000명에서 7만 명 사이이다. 봉쇄는 없으며, 일상과 경제도 유지된다. 현시점에서 확인된 코로나바이러스 발병 건수는 546건이며, 사망자 수는 22명이다. 이걸 생각해 보시라!' 트럼프가 2020년 3월에 올린 트윗 내용이다. 트럼프가 독감에 관해 인용한 수치는 과장이었다. 미국 질병통제예방센터CDC에 따르면, 2018에서 2019년의 독감 시즌 동안 대략 3만 4,000명이 독감으로 사망했다. 하지만 CDC는 2010년 이후 연간 독감 사망자 평균 수치를 1만 2,000명에서 1만 6,000명 사이로 두었는데, 트럼프가 주장한 수치보다 훨씬 낮다. 어쨌든 코로나 관련 수치는 얼추 옳게 내놓았지만(그날 트럼프가 공식 발표하기로, 미국에서 확인된 발병 건수는 총 594건이며 사망자 수는 22명이었다), 상황이 얼마나 빠르게 심각해질지는 감을 잡지 못했다. 2021년 1월 20일 재임 기간이 끝났을 때는, 몇 가지 완화 조치가 실행되었는데도, 미국의 총 발병 건수가 2450만 건이고 사망자 수는 40만 명이 넘었다. 트럼프가 과장해서 내놓은 독감 사망자 수를 초라하게 만들 정도였다. 실제로 이 연구에서 코로나 완화 조치를 준수하는 데 지수적 증가에 관한 이해도가 얼마나 중요한지 살펴본 자료에 따르면, 미국의 보수층은 진보층보다 코로나 사태의 절대적인 진행 속도를 과소평가하기 쉬웠다.[111]

하지만 이 연구가 밝혀낸 긍정적인 소식이 있는데, 데이터 표현 방식을 상이하게 해 코로나 완화 조치를 따르게 하는 데 더 극적인 효과를 볼 수 있었다는 점이다. 구체적으로 말해, 그래프보다는 처리하지 않은 수치를 이용해 증가의 규모를 알려주자 상황이 훨씬 나아졌다. 사람들이 전염병의 진짜 증가율을 더 잘 이해하자, 위험에 대한 인식이 높아졌고 보건 당국이 제시한 예방 조치를 더 잘 따르게 되었다.[112]

심지어 어느 과정이 지수적 증가를 따른다는 사실을 아는 사람들조차도 급격한 변화의 잠재력을 과소평가하기 쉽다. 정말이지 영국인들이 이탈리아에서 펼쳐지는 상황을 지켜보고 있던 2020년 3월에 바로 그런 일이 벌어졌다. 정부에 관련 지식을 알리는 과학자들이 발병 건수의 증가가 지수적임을 알고 있었는데도, 증가 속도를 대단히 과소평가한 것이다.

3월 12일, 다우닝가에서 진행된 생방송 프로그램을 통해 영국인들은 이렇게 들었다. "그래프상으로 볼 때, 우리는 발병 규모 면에서 (이탈리아보다) 4주쯤 뒤처진 듯합니다." 그 시점에 영국의 총 발병 건수는 590명이었고 이탈리아는 1만 5,000명이 넘었다. 3월 12일 영국에서 코로나로 인한 신규 사망자 수는 고작 두 명이었지만, 이탈리아는 189명이었다. 발병 건수가 그처럼 크게 차이 나고 일일 사망자 수도 낮았기에, 영국인 대다수는 4주쯤 시간상으로 유리하다고 무턱대고 믿었다.

지수적 증가란 급속한 증가라고 흔히들 오해한다. 하지만 늘 그렇진 않다. 전염병의 발생 초기 단계에서 지수적 증가는 우리를 방심시킬 정도로 느릴 수 있다. 발병 건수가 적을 때는 증가하는 정도도 낮다. 하지만 금세 상황이 믿을 수 없을 정도로 속수무책이 될 수 있다. 만약 여러분이 실제 상황보다 여유가 넉넉하다고 여긴다면, 그런 사태는 특히 위험하다.

지수적 과정이 얼마나 빠르게 증가하는지 이해하는 데 가장 중요한 수치는 이른바 '배가시간doubling time'이다. 전염병 발병의 초기 단계에서 이것은 발병 건수, 입원 건수 또는 사망자 수가 두 배로 늘어나는 데 걸리는 시간을 의미한다. 고정된 시간 간격마다 그런 숫자가 일관되게 두 배가 되는 현상이 지수적 증가의 특징이다. 3월 16일 보리스 존슨 당시 영국 수상은 언론에 이렇게 말했다. "……과감한 행동을 취하지 않는다면 발병 건수는 5~6일마다 두 배가 될 수 있습니다." 이 수치는 전염병 문제에 관해 정부에 자문을 해주는 과학기구인 영국의 긴급과학자문단Scientific Advisory Group for Emergency, SAGE의 회의록에 나와 있는 값이다. 3월 18일의 회의록에는 배가시간이 '5~7'일로 적혀 있다.

이 배가시간 때문에 '4주'라는 수치가 나왔다. 배가시간이 6일(SAGE 추산치의 중간 수치)일 경우, 영국의 총 발병 건수 590명에서 이탈리아의 1만 5,000명(둘 다 3월 12일에 보고된 수치)으로 늘어나는 데 걸리는 시간은 28일, 정확히 4주가 된다.

하지만 이 5~7일의 배가시간은 틀렸다. 틀려도 단단히 틀렸다. 영국의 코로나 사태 초기 단계의 더 정확한 배가시간을 계산해 보니 대략 3일이었다. SAGE의 배가시간 추산치와 두 배 차이가 날 뿐이어서 크게 나쁘진 않아 보이지만, 전염병의 무시무시한 지수적 확산은 이 오차가 복리가 된다는, 즉 며칠마다 두 배씩 늘어난다는 사실을 의미한다. 3일의 배가시간으로 예측하면, 영국은 3월 12일 이탈리아의 총 발병 건수 1만 5,000명에 2주 후쯤 도달하게 될 것이다. 이 추산치는 실제로 맞아떨어져, 영국은 3월 28일에 발병 건수 1만 7,000명에 도달했다. 고작 16일이 걸렸을 뿐이다.

실제보다 더 시간이 많으며 전염병이 실제보다 더 천천히 증가할 거라는 영국 정부의 생각은 엄청난 잠재적 파장을 초래했다. 이 그릇된 안전 의식이 코로나 사태를 억제하는 조치의 실행을 지연시켜, 결과적으로 영국의 코로나 1차 충격 동안 살릴 수 있었던 수만 명의 목숨을 앗아가고 말았다.

●

◆ 양의 되먹임 고리와 전염병

전염병 발병 초기에 보이는 지수적 증가는 더 일반적인 현상인 **양의 되먹임 고리**positive feedback loop의 한 극단적인 사례다. 양의 되먹임 고리는 어떤 한 신호가 하나의 반응 내지 일련의 반응을 촉발시켜 고리를 이루어가면서 결국 첫 신호가 엄청나게 증폭되는 현상이다. 가령 전염병 사태에서 한 감염자가 취약한 사람들과 접촉해 더 많은 감염자가 생기게 하고, 이 감염자들이 더 많은 사람과 접촉해 다시 더 많은 사람들을 감염시키는 식으로 진행된다.

양의 되먹임 고리는 처음에는 작았던 양을 예상치 못한 크기로 증폭시킬 수 있다. 그 때문에 양의 되먹임 고리의 효과를 가리켜 종종 **눈덩이 효과**snowball effect라고 한다. 비유하자면, 언덕을 굴러 내려가기 시작하는 작은 양의 눈덩이는 계속 구르면서 더 많은 눈을 뭉쳐 크기가 커진다. 더 커질수록 더 많은 눈이 뭉치므로, 처음에 작았던 눈덩이는 결국 엄청나게 커져 통제 불능 상태가 된다. 하지만 눈덩이 효과는 단지 비유일 뿐이다. 양의 되먹임 고리가 산에 쌓인 실제 눈에 적용되면, 그 결과는 거대한 눈덩이가 아니라 종종 수만 세제곱미터의 눈을 산비탈로 쓸어내리는 치명적인 눈사태로 변한다. 슬프게도 인도 북부에 있는 히마찰프라데시Himachal Pradesh의 키나우르Kinnaur 산악 지구 주민들은 양의 되먹임 고리의 효과를 뼈저리게 잘 알고 있다.

히마찰프라데시에서 7월은 우기의 시작이다. 2021년 7월 17일 인도 기상청은 해당 지역에 주황색 강수 경보를 발령했다. 우기에 히마찰프라데시 방문이 위험하다는 사실은 관광객들에게 잘 알려져 있는데도, 많은 이들이 인도의 코로나 규제 조치 완화 이후인 7월에 그 지역에 몰려들었다. 이런 열성적인 관광객 중 한 명이 디파 샤르마 박사Dr Deepa Sharma다. 여성권리 옹호자로 큰 존경을 받던 샤르마 박사는 자이푸르Jaipur에서 출발해 그 지역에 찾아왔다. 7월 25일 12시 59분 그녀는 치트쿨Chitkul(베트남과의 국경 바로 밑에 있는 인도의 최북단 마을)에서 찍은 셀카 사진을 트위터 팔로워 수만 명과 공유했다. 이후 불과 반시간도 안 돼서 양의 되먹임 고리의 결과가 그녀의 목숨을 앗아갔다.

언뜻 짐작하기에 별일 아닌 땅의 작은 진동, 한바탕 바람 또는 산비탈의 물방울 하나라도 표토를 느슨하게 만들지 모르는데, 이로 인해 조약돌이 구르다가 약간 큰 돌을 때리고, 이 돌이 더 큰 돌을 이동시키게 되고, 급기야는 큰 바위들이 산비탈을 맹렬하게 굴러 내려간다. 굴러 내리는 이 바위들의 진동이 더욱 주변 지반을 무르게 만들어서 더 많은 잔해가 연쇄적으로 쏟아져 내리다가 결국 아래 계곡은 치명적인 산사태에 휩쓸려 나간다. 산비탈에서 이동하는 아주 작은 덩어리인 첫 신호는 양의 되먹임 고리에 의해 극적으로 증폭될 수 있다. 폭우가 내리면 땅의 가장 위쪽 층이 미끄러워지는 데다 무게를 더해 산사태의 위험을 크게 높일 수 있다.

샤르마 박사가 히마찰프라데시에 간 당일에는 비가 내리지 않았지만, 이전 여러 날 동안 많은 비가 내렸다는 사실은 키나우르의 상글라 계곡 위쪽 산비탈에 산사태가 날 조건이 무르익었다는 뜻이었다. 산사태를 담은 휴대폰 동영상을 보면, 거대한 바위들이 산비탈 아래로 쏟아져 내려온다. 일부 바위들은 산비탈의 짧은 경사로를 타고 공중으로 치솟은 다음 도저히 불가능할 정도로 오래 날아가 아래쪽의 바스파 강으로 빠진다. 떨어지는 바위 하나는 강을 가로지르는 스테인리스스틸 다리와 정면충돌하는데, 다리는 마치 성냥개비인 듯 부서지고 만다. 13시 25분, 낙석을 일으킨 양의 되먹임 고리의 마지막 결과물로서 튀어나온 한 바위가 관광버스를 강타했다. 그 결과 버스에 타고 있던 샤르마 박사를 포함해 총 아홉 명의 승객이 즉사했다.

제어 불가능한 눈덩이

양의 되먹임 고리는 충분히 큰 규모로 진행되면, 실제적이고 치명적인 결과를 초래할 수 있다. 실제로 우리 종이 겪게 될 가장 치명적인 재앙 중 하나인, 인간 활동에 의한 지구온난화가 극단적인 기후 상태, 식량 생산 감소 그리고 이미 연간 1만 5,000명의 목숨을 앗아간다고 알려진 전염병 전파 패턴의 변화를 초래하고 있다. 지구온난화의 가장 우려스러운 측면 중 하나는 예측된 온도 상승 사안 중 다수가 양의 되먹임 고리의 효과를 통해 이미 제어 불가 상태에 진입했다는 점이다. 그런 고리 하나로 **얼음-알베도 되먹임**ice-albedo feedback을 들 수 있다. 알베도는 지표면에 닿았다가 다시 우주로 반사되는 태양 복사선의 양이다. 빙하, 빙상 및 바다 얼음은 흰색이어서 쏟아져 들어오는 태양 복사선의 많은 비율을 반사하는 경향이 있다. 지구 온도가 상승하면, 이런 얼음 중 일부가 녹기 시작한다. 얼음이 녹으면 지구의 알베도가 변해서, 상당히 짙은 땅과 바다의 많은 부분을 노출시키는데, 이렇게 드러난 부분은 태양 복사선을 더 많이 흡수하게 된다. 그러면 온도가 더 오르게 되어 다시 얼음을 더 녹게 만들고, 이로써 알베도를 낮추어 위의 과정이 계속해서 진행되게 한다. 양의 되먹임 고리가 작동하는 바람에, 설령 지금 우리가 탄소배출량을 적극적으로 감소시키는 조치에 나서더라도 지구 온도가 최소 1.5도는 상승할 가능성이 높다.[113]

덜 해로운 예로, 우리 중에는 마이크를 들고서 스피커에 가까이

다가갔을 때 고음의 날카로운 소리를 들은 사람이 많을 것이다. 이러한 '청각적' 내지 '음향적' 되먹임 고리는 마이크가 포착한 신호가 스피커로 유입되어 생긴 결과다. 마이크는 증폭된 소리를 받아서 다시 스피커로 되돌려 보낸다. 이런 식으로 고리가 계속된다. 우리 중 대다수는 청각적 되먹임을 고음의 날카로운 소리와 연관시키지만, 되먹임을 훨씬 낮은 진동수에서도 만들어낼 수 있다. 가장 세게 진동하는 진동수, 그래서 우리가 듣는 소리를 지배하는 진동수는 스피커와 마이크의 상대적인 위치와 더불어 실내의 자연적인 음향 조건 및 스피커 자체의 속성에 따라 다르게 정해진다. 많은 스피커는 저주파 소리보다 고주파 소리를 더 효과적으로 내는데, 그런 까닭에 우리는 저음 소리보다 고음의 날카로운 소리를 더 잘 듣는 편이다.

1960년대와 1970년대에, 전자기타 되먹임이 의도적으로 사용된 덕분에 그레이트풀데드Greatful Dead, 벨벳언더그라운드Velvet Underground, 제프 벡Jeff Beck, 후Who와 같은 아티스트가 나름의 독특한 사운드를 창조하기 위해 사용할 수 있는 장비의 범위가 넓어졌다. 이 양의 되먹임 효과로 톡톡히 덕을 본 가장 유명한 예술가는 아마도 지미 헨드릭스일 것이다. 그가 만들어낼 수 있었던 특이한 사운드는 생전에 내놓은 많은 작품과 거의 동의어라 해도 무방하다.

우리 대다수한테는 아리송하게 들리겠지만, 이런 종류의 양의 되먹임 고리는 6장에서 만났던 주식시장 거품에서도 목격된다. 이 경우 되먹임 고리에는 두 가지 주요 구성 요소가 있다. 바로 투자자 그리고 투자자가 투자하는 주식의 가격이다. 가격 움직임에 영향을 받는 투자자는 그 자신이 가격에 영향을 주는 행위를 한다(유념해야 할 점이 있는데, 회사와 회사의 실적은 안타깝게도 그런 가격 움직임에 미미한 역할을 한다). 한 회사가 실적이 아주 좋아서 주주에게 배당금을 줄 수 있다고 가정해 보자. 그러면 꽤 자연스럽게 주식가격이 오를지 모른다. 주식가격의 이러한 움직임은 수량이 한정되어 있는 주식에 대해 더 많은 투자자를 끌어모을지 모른다. 수요가 공급을 초과할 테니, 주식가격이 더 오를 수 있다. 그러면 또다시 더 많은 투자자가 이 나선형으로 오르는 가격을 좇아 유입된다. 문제는 되먹임 고리가 한 회사의 주식가격을 실적과 분리시킬 수 있다는 점이다. 가격의 작은 변동은 그런 변동이 생긴 이유에 맞는 적절한 정도를 훌쩍 넘어서 증폭될 수 있다. 이로 인해 해당 회사는 물론이고 심지어 전체 산업 부문이 엄청나게 과대평가될 수 있다.

지금껏 이번 장에서 이야기한 양의 되먹임의 모든 사례(질병 확산, 지구온난화, 음향적 피드백 및 금융 거품)에서는 한두 가지 양(가령 감염자 수, 떨어지는 바위 질량, 온도, 거래량이나 주식가격)의 급격한 또는 통제 불가능한 증가가 주로 관여한다. 따라서 '양의 되먹임'에서의 **양**positive이란 개념을 해당 양quantity의 **증가**와 연관시키기 쉽다. 하지만 이런 오해는 바로잡아야 하며, 그림 7-1에서 설명했듯이 양의 되먹임은 주가를 올리는 것만큼이나 내리게 할 수도 있다!

얼음-알베도 되먹임 고리가 최근에 관측되는 지구 온도 상승 사안 중 일부에 책임이 있을지 모르지만, 더 먼 과거에는 그 현상이 온도가 크게 떨어지는 데에도 책임이 있었다. **눈덩이 지구 가설**Snowball Earth hypothesis[114]에 의하면, 6억 5000만 년 전쯤에 (바다를 포함해) 지구

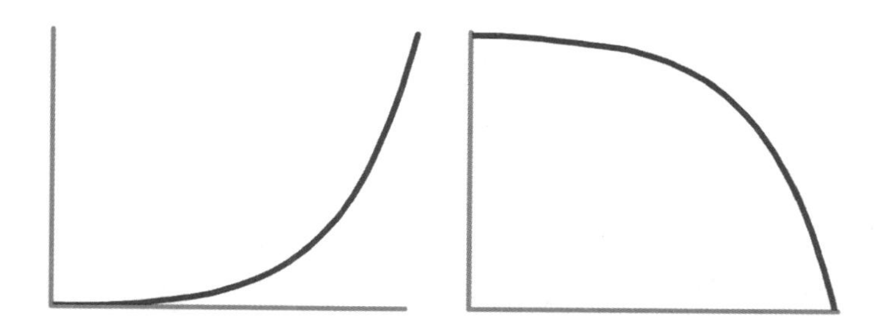

그림 7-1 양의 되먹임을 따르는 양은 커질 수도 있고(왼쪽) 감소할 수도 있다(오른쪽).

전체(또는 거의 전체)는 얼음 층으로 덮여 있었다고 한다. 이 이론의 주창자들이 제시하기로, 지구 온도의 감소로 인해 바다 얼음의 양이 늘어났고, 그래서 지구의 알베도가 증가하는 바람에 더 많은 태양 복사선이 우주로 반사되어 지구 온도가 더 차가워졌다. 이 냉각 나선은 양의 되먹임 고리의 또 하나의 예지만, 이번에는 오늘날 지구온난화에 대단히 큰 역할을 하는 것과 정반대 방향으로 작동한다. 이 가설에 붙은 '눈덩이 지구'란 명칭은 이중으로 적절한데, 급속냉동을 일으킨 눈덩이 효과 양의 되먹임 고리뿐만 아니라 과정의 끝 지점 – 얼음과 눈으로 이루어진 거대한 공 – 을 잘 설명해 주기 때문이다.

주식시장에서 주식가격 상승을 일으킨 양의 되먹임 고리는 반대 방향으로도 작동할 수 있다. 가령 충분히 많은 사람이 한 주식이 과대평가되었다고 여기면, 주식을 사려는 사람들보다 팔려는 사람들이 더 많을 것이다. 즉, 공급이 수요를 초과할 것이다. 이처럼 주식을 많이 내놓게 되면 가격이 떨어지는데, 가격이 떨어지는 바람에 더 많은 사람이 손절하려고 주식을 매도하게 된다. 그러면 더더욱 팔려는 주식이 많아져서 가격은 더 떨어진다.

―――― ※ ――――

양의 되먹임 고리는 다른 금융 상황에서도 강력한 영향을 미칠 수 있는데, 이 영향은 크게 성공한 투자자들의 세계를 벗어나 평범한 사람들의 삶까지도 파고든다. 2007년 여름 영국의 은행인 노던록Northern Rock은 잉글랜드 북동부 사람 다수에게 경제적 자긍심의 원천이었다. 그 지역은 수십 년 동안 산업 쇠퇴와 높은 실업률을 보였는데, 그 은행 덕분에 북동부를 위한 금융 서비스 시장에서 한몫을 챙길 가능성과 더불어 런던이 중심이던 금융 분야의 경쟁에 뛰어들 수 있는 능력이 생겼다. 지역공동체와 자선 활동을 통해 노던록의 정체성은 북동부 그리고 특히 뉴스캐슬이라는 도시와 급속도로 동의어가 되어가고 있었다. 그 은행은 다수의 유명한 지역 스포츠팀의 주요한 셔츠 스폰서(회사 로고를 경기복에 붙이는 조건으로 운동선수나 팀을 후원하는 기업-옮긴이)였다. 스포츠팀은 가령 다음과 같다. 더럼 카운티 크리켓 클럽, 뉴캐슬 팰콘스 럭비 클럽 그리고 가장 중요하게는 뉴캐슬 유나이티드 풋볼 클럽.

노던록은 2000년대 초반에 국제 금융시장에서 돈을 빌리는 공격적인 정책을 통해 영국의 선도적인 100개 회사로 이루어진 FTSE 지수에서 중요한 위치에 올라섰다. 그렇게 빌린 돈 덕분에 자사의 담보대출 사업을 야심차게 확대해, 대출액 점유율 면에서 영국에서 네 번째로 큰 은행이 될 수 있었다. 노던록의 사업 모델은 자사의 영국 기반 담보를 국제시장에 되팔아서 대출금 상환을 위한 돈을 마련하는 구조였다. 금융적으로 실현 가능하고 전례가 없지도 않았지만, 이 전략은 은행의 많은 달걀을 언젠가 망가질지 모르는 하나의 바구니에 담는 방식에 의존했다.

미국의 서브프라임모기지 위기가 2007년 여름 동안 커지면서, 노던록의 담보에 대한 국제적 수요가 급감했다. 급기야 9월 13일 노던록은 어쩔 수 없이 영국 정부에 단기 유동성 지원을 신청했다. 분명 바람직하지 않고 당혹스러운 상황이긴 하지만, 그 자체로 사업에 크나큰 재앙은 아니었다. 긴급 자금지원이 재빨리 이루어졌기에, 이론적으로 노던록은 여전히 사업을 지속할 수 있는 상태였다. 하지만 영국은행에서 받은 전례 없는 이 구제조치를 둘러싼 여론이야말로 은행이 타격을 입게 된 진짜 이유였다.

이 복잡한 금융 상황을 다룬 언론 보도에서는 복잡한 여러 사정에 대한 설명이 어쩌면 당연히 빠져 있었다. 많은 언론매체가 영국 정부가 '최종대부자lender of last resort, LOLR'라고 보도했는데, 결코 확신을 심어줄 표현은 아니었다. 전문가들이 지적하기로, 만약 은행이 도산할 경우 현재 법률상 고객의 저축은 최대 3만 3,000파운드까지만 보장되었다. 이 위기를 다룬 《데일리 메일》 기사의 표제는 이랬다. 〈노던록: 탐욕과 어리석음이 바위를 그을리게 만들었다crocked the rock〉. 노던록에 자금을 예치한 대중들에게 이 메시지는 그 은행이 위태로우며 어쩌면 망하기 직전인 상태라고 분명히 알려주었다.

이튿날 저금을 인출하길 바라는 고객들이 전국에 있는 노던록 지점 바깥에 줄지어 늘어섰다. 은행의 웹사이트는 접속량 증가로 다운되었으며 전화선도 금세 포화되고 말았다. 유동성 문제가 있는 은행으로선, 자금을 인출하려는 예금자야말로 은행이 마지막까지 지켜야 할 대상이다. 은행의 주식가격은 당일 개시 가격의 32퍼센트가 하락했다. 수많은 사람이 예금을 인출하려고 시도하는 모습을 다룬 언론 보도 내용에다, 자꾸만 길어지는 사람들의 줄을 포착한 영상들이 보태져 불안감을 조장하는 바람에 위기는 더더욱 심해졌다. 은행이 모든 예금자에게 맡긴 돈을 내줄 수 없다는 점이 금세 확실해졌다. 당연히 그런 사정은 자기 돈을 인출하려는 예금자들의 열의를 전혀 꺾지 못했고, 그들은 돈이 고갈되었는데도 대기 줄에 서 있는 신세가 되지 않기를 저마다 간절히 바랐다. 부정적인 뉴스 표제가 더 많이 쏟아진 것도 한몫하는 바람에 예금 인출 소동은 나흘이나 더 계속되었다. 재무장관이 나서서 정부가 노던록의 모든 예금을 보장해 주겠다고 공개적으로 선언했는데도 은행은 회복하지 못했다. 거금을 투자한 수천 명의 주주가 2008년 2월 노던록이 국유화되었을 때 평생 모은 돈을 잃었다. 널리 퍼진, 은행이 곤경에 처했다는 소식이 드디어 현실이 되었다.

은행 예금 인출 소동은 자기실현적 예언이라는 되먹임 고리의 한 특수한 사례다. 어떤 예측이나 제안, 믿음 또는 보도가 나오고, 이에 대한 반응 때문에 그것이 결국 실현되는 경우다. 시간이 지난 뒤 영국은행 총재 머빈 킹Mervyn King은 노던록에 대한 금융 지원을 비밀리에 하고 싶었다고 밝혔다. 확신을 약화시키는 공개적 발표 때문에 파국적인 소용돌이가 생기는 사태를 막기 위해서라고 했다. 하지만 금융 관련 규정 탓에 그런 비밀은 허용되지 않았다. 노던록이 어려움에 처했다는 사실이 공개되지 않았더라면, 파국적인 뱅크런이 일어나지 않았을 가능성이 높다.

이름과 직업의 상관관계: 자기실현적 예언

앱트러님aptronym은 어떤 사람의 직업이나 기타 결정적인 특징과 관련이 있는 까닭에 그 사람에게 특히 잘 맞는 이름을 가리킨다. 한때 나는 오랜 친구랑 주고받은 이메일에서, 우리가 야생에서 만났던 그런 사람들의 사례만을 거의 전적으로 다루었다. 많은 사람에게 익숙할 더욱 유명한 사례를 몇 가지 들어보자. 세계에서 가장 빠른 달리기 주자, 우사인 볼트Usain Bolt('bolt'에는 번개라는 뜻이 있다-옮긴이), 전직 세계 랭킹 1위의 테니스 선수, 마거릿 코트Margaret Court, 배관공이자 변기 설계자인 토머스 크래퍼Thomas Crapper. 세간의 믿음과 달리, 토머스 크래퍼는 자기 이름의 축약 형태를 배변을 뜻하는 한 속어 단어에 실제로 주지 않았다(배변을 뜻하는 영어 'crap'이 이 사람의 이름에서 나왔다는 소문이 있었다-옮긴이).

아마도 덜 유명하겠지만 장담하건대 훨씬 더 적절한 사례는 자메이카의 코카인 밀매자 크리스토퍼 코크Christopher Coke, 영국의 판사인 이고르 저지Igor Judge 그리고 미국의 칼럼니스트이자 1985년부터 1989년까지 세계에서 가장 높은 IQ의 소유자로 기네스북에 올랐던 메릴린 보스 사반트Marilyn vos Savant('savant'는 학자, 석학이란 뜻-옮긴이)일 것이다. 새러 블리저드Sara Blizzard, 댈러스 레인스Dallas Raines, 에이미 프리즈Amy Freeze는 모두 텔레비전 기상 캐스터였고('blizzard', 'rain', 'freeze'는 각각 눈보라, 비, 얼다라는 뜻-옮긴이), 러셀 브레인Russel Brain은 영국의 신경과학자였으며, 마이클 볼Michael Ball은 전직 프로 축구선수였다. 이런 사례는 계속 들 수 있다. 이런 사례 중 일부는 너무 딱 들어맞아서 우연히 생겼다고 보기 어려울 정도다. 2장에서 살펴보았듯이, 이와 같은 뜻밖의 연관성과 마주칠 때 우리는 인과적 관련성을 가정하기 쉽다. 그런 사람들이 자신들의 특정한 전문 분야에서 유명해진 까닭은 분명 어릴 적부터 자신들이 가진 이름의 영향력 때문이 아니었을까? 그런 인과적 관련성이 존재한다는 가설이야말로 자기실현적 예언의 또 하나의 예인데, 이를 가리켜 **명목 결정론**nominative determinism이라고 한다.

누군가의 이름이 그 사람이 살면서 얻는 직업에 영향을 미친다는 생각은 그냥 무시해 버리기 쉬워 보이는데도, 많은 과학자가 그것을 믿고 싶어 한다. 사람들이 자기 이름과 들어맞는 직업에 끌리게 되는지를 설명하려고 제시된 이유로서, **암묵적 자기중심주의**implicit egotism라는 심리 현상을 들 수 있다. 이것은 사람들이 자신과 연관된 것을 종종 무의식적으로 선호하는 태도를 보인다는 추측이다. 생일이 똑같은 사람과 결혼하게 된다든지, 자기 이름의 머리글자로 시작하는 명칭의 선한 명분에 기부를 한다든지, 자기 이름과 관련이 있는 직업에 끌린다든지 하는 형태로 이 현상은 나타날 수 있다. 이 개념을 지지하는 사람인 제임스 카운슬James Counsell은 우여곡절 끝에 결국 법정 변호사가 된 자신의 직업 이력을 놓고서 이렇게 되뇌었다('counsel'에는 변호인이라는 뜻이 있다-옮긴이). "무의식이 얼마만큼 작용했는지 말하기는 어렵지만, 이름이 비슷하다는 사실은 다른 이름의 직업보다 특정 직업에 더 많은 관심을 보이게 되는 이유일지 모른다."

명목적 결정론이 실제 현상이라는 증거를 내놓았다고 주장하는 연구는 건수가 제한적이다.[115] 아마도 그중 가장 웃기는 연구[116]가 2015년에 의사들 및 곧 의사가 될 사람들로 이루어진 가족에 의해 실시되었다. 바로 크로스토퍼 림Christopher Limb을 비롯한 그의 가족 리처드Richard Limb, 캐서린Catherine Limb, 데이비드David Limb였다. 이 네 사람 모두는 부속기관에 관련된 그들의 이름 때문에 해부학과 관련 있는 직업에 끌리게 되었는지 알아내는 데 지대한 관심을 보였다('limb'은 팔다리, 사지라는 뜻-옮긴이). 그도 그럴 것이, 데이비드 림의 직업은 정형외과의사(전문 분야는 어깨와 팔꿈치 수술)였다. 넷은 더욱 구체적인 질문을 하기로 결심했다. 즉, 의사의 이름이 의료 전문분야 선택에 영향을 줄 수 있는지를 조사해 보기로 했다.

영국의 일반의료협의회General Medical Council의 기록을 분석해 그들이 알아내기로, 의학 및 의학의 전문 분야들과 관련된 이름의 빈도는 우연히 생겼으리라고 예측되는 정도보다 훨씬 높았다. 신경과의사 스물한 명마다 한 명꼴로 의학과 직접 관련이 있는 이름 – 가령 워드Ward나 큐러Kurer('ward'는 병동, 'curer'는 치료자라는 뜻-옮긴이) – 이 있었지만, 특정 전문 분야와 관련된 이름은 훨씬 더 적었다(가령 헤드Head나 파킨슨Parkinson이라는 이름은 없었다). 그다음으로 의학과 가장 관련이 있는 이름을 가진 전문 분야는 비뇨생식기의학과 비뇨기의학이었다. 이런 전문 분야에 있는 의사들 또한 자신들의 분야와 직접 관련이 있는 이름일 비율[117]이 가장 높았다. 가령 볼Ball, 코흐Koch, 딕Dick, 콕스Cox 그리고 발루치balluch('ball'에는 고환이란 뜻이 있고, 'dick'는 남성의 성기를 가리킨다. 코흐와 콕스는 남성 성기를 뜻하는 비속어 'cock'를 연상시킨다-옮긴이)가 있었다. 심지어 워터폴Warerfall(폭포라는 뜻-옮긴이)도 있었다.

네 사람이 논문에서 지적했듯이, 그런 결과가 나오는 까닭은 이런 의학 전문 분야들에 해당되는 해부학적 부위들을 가리키는 용어가 폭넓게 존재하기 때문일지 모른다. 역설적이게도 이 현상을 뒷받침한다고 제시되는 증거에도, 넷 중에서 어린 두 명(아래쪽 사진?)이 부모(위쪽 사진?)의 뒤를 잇는 직업을 선택했다는 사실은 직업 결정에서, 적어도 의학 분야에서는 가족의 영향이 강하다는 점을 넌지시 알려준다.

2002년 메릴랜드에 있는 몽고메리컬리지의 연구자들이 이름과 직업과의 관련성을 담은 온갖 데이터베이스를 샅샅이 뒤졌다. 그렇게 해서 밝혀진 가장 흥미로운 결과 중 하나는 치과dentistry 분야에 데니스Dennis라는 이름의 남성이 그 분야의 다른 이름들에 비해 유별나게 많다는 사실이었다.[118] 그 이유가 데니스라는 이름이 다른 많은 이름보다 흔해서가 아님을 입증하려고 연구자들은 월터Walter – 1990년 인구조사에서 데니스 다음으로 가장 흔했던 이름(그리고 우연의 일치로 영국의 만화 〈개구쟁이 데니스Dennis the Menace〉에 나오는 데니스의 최대 라이벌의 이름) – 라는 이름의 치과의사의 수도 분석했다. 그 결과 월터는 데니스보다 치과의사로서 훨씬 덜 흔한 이름임을 알아냈고, 암묵적 자기중심주의로 인한 명목적 결정론이 이 현상의 근본적인 이유라고 제시했다.[119] 비판자들은 이 비교가 공평하지 않다고 주장했다.[120] 데니스와 월터라는 이름 둘 다 오랜 세월에 걸쳐 인기가 감소하긴 했지만, 월터는 1892년에 아기 이름으로 인기가 정점에 올랐던 반면 데니스는 1946년까지는 정점에 오르지 않았다. 1990년 인구조사 데이터에서는 전반적으로 고르게 나타나긴 했지만, 이름이 월터인 사람들이 데니스인 사람들보다 상당히 나이가 있었다.[121] 즉 어느 직업 분야든, 이름이 데니스인 남성이 월터인 남성과 비교해 더 많이 나올 가능성이 애당초 높았다. 월터는 은퇴자인 경우가 많았기 때문이다.

이런 비판을 고려해 메릴랜드의 연구자들은 연구 방향을 새로 잡았다.[122] 1940년 미국의 인구조사 데이터를 사용해 그들은 다음 결과를 알아냈다. 열한 개 직업의 종사자 – 제빵사, 이발사, 푸주한, 집사, 목수, 농부, 십장, 석공, 광부, 페인트공, 짐꾼 – 은 성에 따른 직업에 종사할 가능성이 무작위적인 우연에 따른 경우보다 평균적으로 15퍼센트 더 높았다. 자세한 인구조사 데이터 덕분에 그들은 인종이나 교육적 성취와 같은 혼란을 주는 요인을 이유에서 배제할 수 있었다. 1880년 미국 인구조사와 1911년 영국 인구조사에서도 명목적 결정론을 지지하는 비슷한 증거가 나왔다.[123]

우리의 이름이 향후의 인생길에 영향을 줄 수 있다고 믿을지 말지 결정하기 전에, 2장과 3장에서 배웠던 교훈 몇 가지를 돌이켜 보는 게 중요하다. 열한 가지 이름과 직업과의 상관관계는 주목할 만하지만 아처Archer, 테일러Taylor, 비숍Bishop, 스미스Smith(각각 궁수, 재단사, 주교, 대장장이라는 뜻–옮긴이)처럼 직업 종사자와 분명한 상관관계가 없는 이름들도 아마 많았을 것이다. 만약 상관관계가 있었다면 이 이름들도 포함되었을 테니까. 주목을 받은 이름들은 일종의 보도편향 때문이었을 수 있다. 어쩌면 연구에서 열한 가지 이름이 과도하게 많이 나온 까닭은 순전히 우연이며, 논문에서 그 이름들을 부각시켜 그 주위로 표적을 그려나간 것은 우리가 2장에서 만났던 텍사스 명사수의 오류의 한 예일 수 있다. 그리고 유념해야 할 점으로, 상관관계가 곧 인과관계를 의미하지는 않는다. 〈개구쟁이 데니스〉 사례에서 보았듯이, 혼동을 안겨준 요인들이 있을지 모른다. 그런 요인들을 세밀하게 살펴보지 않는 바람에, 이름과 직업 간의 상관관계가 진짜로 있다고 잘못 판단했을 수 있다. 명목적 결정론이 정말로 자기실현적 예언이든 아니든 간에, 앱트러님의 사례를 찾는 일은 여전히 나로선 재미있다. 가령 변호사 수 유Soo You('당신을 고소한다'라는 뜻의 'sue you'와 발음이 같다-옮긴이), 워싱턴의 뉴스 방송국장 윌리엄 헤드라인William Headline, 프로 테니스 선수 테니스 샌드그렌Tennys Sandgren 또는 소설가 프랜신 프로즈Francine Prose('prose'는 산문이란 뜻-옮긴이) 같은 이름들이 그런 예다.

자기실현적 예언은 또한 인기 있는 문학적 표현이기도 하다. 고대에는 그런 예언들이 **돌이킬 수 없는 운명**inexorable fate – 피할 수 없는 미리 정해진 미래라는 개념 – 을 나타내기 위해 흔히 쓰였다. 이 예정된 운명은 헬레니즘 세계관의 근본 요소였는데, 아마 그런 까닭에 자기실현적 예언이 고대 그리스의 신화와 전설에 그렇게나 자주 나왔을 것이다. 그 문명에서 가장 유명한 사례를 꼽자면 오이디푸스 왕의 이야기일 테다.

그가 태어나기도 전에, 델포이의 신탁 사제는 오이디푸스가 아버지를 죽이고 어머니와 결혼할 것이라고 예언했다. 이 운명을 피하고자 부모인 테베의 왕과 왕비는 갓난아기를 죽으라고 어느 산비탈에 내버려 둔다. 거기서 아이는 마침내 구조되어 다른 가정에서 자란다. 성인이 되자 마음의 불안을 느낀 오이디푸스는 똑같은 신탁 사제를 찾아가기로 하는데, 이번에도 사제는 똑같은 예언을 해준다. 사랑하는 양부모를 진짜 부모라고 믿었던 그는 예정된 운명을 피하려는 마음에 테베로 가서 새로운 삶을 시작하기로 마음먹는다.

도중에 그는 길에서 만난 낯선 사람과 다투다가 그 사람을 죽이게 된다. 나중에 알고 보니 그 사람이 친부였는데, 이로써 자기도 모른 채로 예언의 첫 부분을 실현하고 만다. 테베에 도착해서는 도시를 괴롭혀 온 끔찍한 괴물인 스핑크스로부터 시민들을 구해낸다. 이에 대한 보상으로, 최근에 과부가 된 테베의 왕비, 즉 친모와 혼인하게 된다. 예언의 두 번째 부분을 완성하는 결혼을 한 후, 끔찍한 진실이 마침내 드러나고 둘의 의도하지 않은 근친상간 소식은 오이디푸스나 어머니한테도 좋게 작용하지 않는다. 이야기 속의 등장인물 대다수는 (죽거나) 비참한 종말을 맞는데, 다만 의기양양한 신탁 사제만은 등장인물들의 삶에 끼어들어 또 하나의 예언을 실현시키는 데 성공한다. 이 이야기는 너무나 큰 영향을 끼쳤기에 유명한 과학철학자 칼 포퍼는 학계에 큰 영향을 끼친 초기 저서에서 자기실현적 예언을 가리켜 '오이디푸스 효과'라고 불렀다.[124]

더욱 최근의 예로서, 자기실현적 예언 장치는 J. K. 롤링에 의해 베스트셀러 『해리 포터』 시리즈에 도입되었다. 이 시리즈의 최고 악당인 볼드모트는 주인공 해리 포터가 태어날 때 나온 예언에 광적으로 사로잡히게 된다. 해리에 대한 설명에 어울리는 아이가 볼드모트의 몰락을 가져올 힘을 가지게 된다는 예언이었다. 그래서 볼드모트는 태어난 지 얼마 되지 않은 아기 해리를 죽이려고 시도한다. 하지만 해리를 죽이는 데 실패하고 대신에 해리의 부모를 죽이는 바람에, 해리에게 강한 복수심만 불어넣고 만다. 실패로 끝난 암살 시도 동안 볼드모트는 또한 우연찮게 자신의 힘 중 일부를 해리에게 전해준다. 이 때문에 (내용을 너무 많이 누설하면 안 되겠지만) 해리는 뛰어난 마법사가 되어 볼드모트를 처치할 능력을 갖춘다.

SF 작품에서 주로 이용되는 예정 역설predestination paradox은 시간을 거슬러 올라가는 자기실현적 예언과 비슷하다. 가까운 과거의 무언가를 변화시키려고 주인공은 더 먼 과거의 시간으로 이동하지만, 결국에는 그가 피하려고 했던 사건을 일으키고 만다. 가령, 여러분이 알렉산드리아 대도서관 화재를 막으려고 과거로 갔다고 하자. 들키지 않으려고 어두운 밤에 침입하려다가 여러분은 우연찮게 등불을 건드려 떨어뜨리는데, 이로써 애초에 여러분이 시간여행을 하는 계기가 되었던 그 화재를 초래하고 만다. 이런 유형의 문학적 장치들은 과거 사건의 근본적으로 변화시킬 수 없는 속성을 설명하기 위해 고안된다.

〈12 몽키스12 Monkeys〉란 영화에서 주인공 제임스 콜James Cole은 과거로 보내진다. 수많은 사람을 죽음으로 내몬 치명적 바이러스의 유출을 막기 위해서다. 불행히도 바이러스를 소탕하기는커녕, 우연히 콜이 급부상하는 반체제 과학자들을 만난 것이 계기가 되어, 온 세상에 무시무시한 홀로코스트를 촉발시키자는 아나키스트적 발상이 싹트고 만다. 콜의 시간여행은 결국 자신이 막고자 시도하는 바로 그 사건을 실현시키는 원인이 된다.

심리학자들은 개인에게 영향을 미칠 수 있는 자기실현적 예언의 두 가지 유형을 구분한다. 바로 **자기 부과형**self-imposed과 **타인 부과형**other-imposed이다. 자기 부과형 예언에서는 자기 자신의 예상이 되먹임 고리를 촉발시켜, 그런 예상을 현실로 만드는 일련의 사건들이 일어난다. 가령, 브리티시컬럼비아대학교의 한 연구에서 알아내기로, 사람들은 직장 내에서 자신들이 가십의 희생자나 모욕을 받는 존재가 될 때, 어떤 행동(가령 도청이나 스파이짓)에 나설 가능성이 높고, 이런 행동으로 인해 그들이 동료들한테 거부를 당하게 될 가능성이 높아진다.[125] 직원 자신의 피해망상이 동료들의 예상된 배척을 일으키게 만드는 촉매제가 된 셈이다.

사회적 상호작용과 더불어 자기 부과형의 자기실현적 예언도 건강에 영향을 미칠 수 있다. 최근에 한 중국인 친구와 점심을 먹으며 대화를 나누던 중에 생일이 주제로 나왔다. 나는 내 생일이 4월 4일로 숫자가 반복되어서 기억하기가 특히 쉽다고 말했다. 이 날짜를 듣더니 그녀는 얼굴이 어두워지면서, 그런 불길한 날에 태어나서 어쩌냐며 위로의 말을 건넸다. 나는 내 생일이 불운하다고 생각하지 않으며, 오히려 그날이 특별하다고 늘 여겨왔다고 그녀에게 털어놓았다. 그녀의 설명에 따르면, 중국 그리고 정말이지 많은 동아시아 나라에서는 테트라포비아tetraphobia(4자 금기)가 비교적 흔한 미신이라고 했다. 그 이유 중 하나는 숫자 '4'의 발음이 그 나라들에서 죽음을 뜻하는 단어와 똑같지는 않아도 비슷하다는 데 있었다. 이 미신이 아시아 여러 나라에 퍼져 있기에, 고층건물이나 병원에서 층수가 3에서 5로 건너뛸 때가 종종 있기도 하고, 군용 항공기와 선박들이 이름에 그

수를 피하며 결혼식장에서 식탁의 번호를 붙일 때도 4를 건너뛴다. 내 생일인 네 번째 달의 네 번째 날은 지극히 불운하다고들 여겨서 회의 날짜와 약속 날짜로 삼지 않을 때가 많다.

이 공포증은 너무 깊이 각인되어 있는지라, 1973년부터 1998년 사이 미국의 사망률 통계를 조사해서 나온 결과를 볼 때, 중국과 일본 혈통의 미국인들은 매달 4일에 심장 문제로 사망할 가능성이 다른 날보다 더 높았다.[126] 혼동을 초래할 수 있는 여러 요인을 통제하고 이루어진 연구에서 입증된 바에 따르면, 4에 관한 널리 퍼진 미신의 결과로 인해 이 인구 집단에서 겪는 과도한 스트레스가 사망률을 증가시키는 바람에, '불운한 숫자 4' 예언이 맞아떨어졌다고 한다.

플라세보, 치료받고 있다는 믿음만으로도

의학 분야에서 가장 유명한 자기실현적 예언은 플라세보 효과다. 플라세보는 진짜 치료처럼 보이지만 실제로는 그렇지 않은 약이나 의료 처치를 말한다. 설탕 알약이 대표적인 플라세보다. 진짜 약처럼 보이게 만들 수 있지만, 대체로 약효를 갖는 물질이 들어 있지 않다. 플라세보 효과는 플라세보 치료가 환자의 증상을 실제로 개선하거나 더 좋게 느끼도록 할 때 생긴다. 그런 치료가 통하리라는 자기실현적 기대가 어느 정도 작용해서 생긴 결과다. 그렇다 보니 플라세보 효과를 가리켜 때때로 '자신을 실현시키는 거짓말'이라고 한다.

18세기 후반 미국인 의사 엘리샤 퍼킨스Elisha Perkins가 자칭 '퍼킨스 트랙터perkins tractor'라고 부른 의료 장치를 개발했다. 그의 주장에 의하면, 금속막대 쌍이 병원성病原性의 '전기적 유체'를 인체에서 뽑아냄으로써 감염, 류머티즘, 두통 등의 다양한 질환을 치료할 수 있다고 했다. 정말이지 퍼킨스의 막대를 사용한 사람들은 그가 막대로 콕콕 찌르거나 막대를 공중에서 움직인 결과 증상이 나아졌다고 보고했다. 그의 장치로 인한 듯 보이는 이러한 증상 개선 효과를 바탕으로 퍼킨스 트랙터는 1796년에 의료 특허를 받았다. 미국 대통령 조지 워싱턴도 크게 감명을 받아 한 세트를 구입했다고 한다(하지만 그의 죽음이 사혈 – 또 하나의 유사과학적 치료 – 로 인해 앞당겨졌음을 감안할 때, 그가 퍼킨스 트랙터를 애용한 것이 얼마만큼 가치가 있는지는 의심스럽다). 퍼킨스의 환자들이 느낀 효과가 정말로 막대의 치유력의 효과인지 아니면 자신들의 증상이 호전되리라고 믿는 바람에 그런 기대가 스스로 실현되어서인지는 도무지 알 길이 없다. 당시에는 자기실현적 플라세보 효과를 정량화할 방법이 없었으니까.

치료받고 있다는 사실만으로도 측정 가능한 효과를 내놓을 수 있다는 사실이 지금은 잘 알려져 있기 때문에, 새로운 치료법의 임상시험은 대체로 치료군과 대조군으로 나뉘어 진행된다. 치료군에 속한 환자들은 감독하에 치료제를 투여받는 반면에, 대조군에 속한 환자들은 동일한 치료제의 위약, 즉 플라세보 버전을 처방받는다. 플라세보 버전은 보기에도 식감으로도 진짜 치료제와 동일하지만, 진짜 치료제의 바탕을 이루는 핵심 속성이나 성분이 없다. 치료군과 대조군 간 결과의 차이는 (두 집단 모두 경험하는) 치료 전후에 행하는 의식 때문에 생겨난 자기실현적 기대보다는 치료 자체의 효과라고 볼 수 있다. 만약 치료군의 환자들이 대조군의 환자들과 비교해서 반응에 차이가 없다면, 그 치료는 플라세보보다 더 낫지 않고 뚜렷한 효과가 없다.

만약 플라세보가 대조군에게 처방되지 않았고 치료군의 환자들이 치료를 전혀 받지 않은 환자들에 비해 증상이 나아졌다면, 그게 진짜 치료 효과 때문인지 아니면 단지 치료받기라는 연극에 대한 치료군의 반응 때문인지 분간해 내는 게 불가능할 테다. 바로 이것이 엘리샤 퍼킨스의 트랙터에 벌어졌던 일이다.

퍼킨스 트랙터는 대서양을 건너가서 엄청난 인기를 끌었는데, 5기니의 터무니없는 가격(오늘날의 돈으로는 500파운드가 넘는 가격)에 팔렸다. 배스Bath-세월이 흘러, 내가 근무하는 대학교가 들어서게 되는 도시-는 이미 '치유의' 광천수와 온천 등 '대안' 치료로 유명했다. 따라서 퍼킨스 트랙터는 그 도시에서 딱 맞는 시장을 형성했고 그야말로 대박을 쳤다. 하지만 존 헤이가스 박사Dr John Haygarth는 이 새로운 질병 지휘봉에 대단히 회의적이었다. 퍼킨스 트랙터의 진정한 효과를 알아내기 위해 헤이가스는 가짜 트랙터 한 벌을 개발했다. 나무로 만들었지만 진짜와 똑같이 보이도록 칠한 가짜 트랙터였다. 이 나무 트랙터는 원래의 치료를 제공하는 듯 보였지만, 전기가 통하지 않았기에 진짜와 동일한 메커니즘으로 작동할 수 없었다.

실제 실험에서 헤이가스는 다섯 사람을 '진짜' 금속 트랙터로 치료했고(치료군), 다섯 사람은 가짜 트랙터로 치료했다(대조군). 그랬더니, 가짜인 나무 트랙터도 진짜 트랙터와 효과 면에서 차이가 없었다. 흥미롭게도 그는 트랙터가 효과가 없다고 결론 내리지는 않았다.

사실, 그가 알아내기로 진짜 트랙터와 가짜 트랙터로 치료한 환자들이 놀라운 증상 개선을 보이는 듯했다(하지만 놀랍게도 실험에서 그는 비교를 위해 필요한 치료를 전혀 받지 않은 대조군을 포함시키지 않았다). 나중에 그는 자신의 저서에서 이렇게 감탄했다. "미처 짐작조차 하지 못했지만, 질병에 관한 대단히 강력한 영향력이 단지 상상만으로도 생겨난다." 이 말이 자기실현적 플라세보 효과의 특징을 처음으로 규정한 내용이다.

플라세보 효과는 자기 부과형이거나 타인 부과형 또는 이 둘의 결합일 수 있다. 자기 부과형 플라세보 효과에서는 피실험자 자신의 기대가 증상 개선의 촉매인데, 설령 그들이 받는 치료가 효과가 없다고 알려져 있더라도 (비록 그들이 직접 아는 건 아니지만) 그렇다. 효과의 자기 부과형 측면은 환자가 플라세보 치료를 받고 있음을 알아차리면 감소한다. 그런 이유로, 반드시 환자는 자신이 어느 실험군에 속하는지 '몰라야' 한다. 그렇기에 헤이가스의 가짜 트랙터가 퍼킨스의 진짜 트랙터와 똑같아 보이게 하는 게 대단히 중요했다. 조금이라도 차이가 난다면 실험을 망칠 것이다. 환자들에게 가짜 치료를 받고 있다고 알려주는 바람에 환상을 깨버려 대조군 내에서 플라세보 효과의 세기를 감소시킬 수 있을 테니까.

하지만 나무와 금속의 밀도가 다른지라, 헤이가스가 감출 수 없었던 것은 어느 트랙터가 진짜고 어느 트랙터가 가짜인지를 그 자신이 안다는 사실이었다. 그리고 알고 보니 이게 중요한 요소였다. 바로 플라세보 효과의 '타인 부과형' 측면 때문이었다. 이른바 단일 눈가림single-blind 실험에서 피실험자는 자신이 어느 군에 속하는지 모르기에, 피실험자의 기대가 결과에 영향을 미칠 수 없다. 하지만 실험을 실시하는 사람이 그걸 안다면, 환자들에게 무의식적으로(또는 더 나쁘게는 의식적으로) 영향을 미쳐 결과를 이런저런 방향으로 편향시킬 수 있다. 실험 참가자들한테 실험자가 미치는 무의식적 영향을 가리켜 **관찰자 기대 효과**observer-expectancy effect라고 한다. 아마도 이 효과의 가장 유명한 사례는 클레버 한스Clever Hans의 기적과도 같은 이야기일 것이다.

정보를 차단하는 게 더 낫다?

20세기에 들어서면서, 일반 대중은 물론이고 과학계에서도 동물 지능의 범위와 한계가 큰 관심사로 대두했다. 당시에 지능이 가장 뛰어난 동물은 한스라는 이름의 독일 말이었다. 말 주인인 전직 수학 교사이자 신비주의자 빌헬름 폰 오스텐Wilhelm von Osten이 한스를 훈련시켰다. 폰 오스텐이 주장하기를, 클레버 한스는 수에 관한 능력이 뛰어나서 사칙연산과 더불어 분수 계산도 할 수 있고, 시간을 말할 수 있으며, 독일어를 읽고 철자를 대고 이해할 수도 있다고 했다. 가령 '6에 2를 곱하면 얼마냐?'고 폰 오스텐이 말에게 물으면, 대답으로 말이 발굽을 열두 번 친다고 한다. 여러 가지 변형으로 제시된 이런 식의 질문들에 정답을 내는 모습을 보고서, 수많은 구경꾼 거의 모두가 그 동물의 비범한 두뇌 능력을 완전히 확신하게 되었다.

독일교육위원회가 폰 오스텐의 주장을 과학적으로 조사해서 한스가 정말로 '똑똑한clever'지 알아내기 위한 위원회를 꾸렸다. 놀랍게도 위원회가 알아내기로, 클레버 한스는 정답을 내놓을 수 **있었다**. 설령 폰 오스텐 이외의 다른 사람한테 훈련을 맡겨 질문을 하더라도 말이다. 이로써 폰 오스텐이 구경꾼을 속이기 위해 부정직한 술책을 고의로 사용하지 않았으며, 한스가 진짜로 인간과 비슷한 지능을 가진 말일 수 있는 가능성이 드러났다. 하지만 후속 실험에서 다시 위원회가 알아낸 바에 따르면, 한스가 정답을 내놓을 수 있는 경우는 오직 질문을 내는 사람도 정답을 알 때만이었다. 폰 오스텐 자신도 정답을 모르는 질문에 대해서는 한스가 답을 맞힐 확률이 겨우 6퍼센트에 불과했다.

한스의 능력을 평가한 후에 위원회는 관심을 폰 오스텐에게로 돌렸다. 위원회가 알아낸 진실은 이랬다. 한스가 말발굽을 두드리는 횟수가 정답에 가까이 다가갈 때, 폰 오스텐은 부지불식간에 얼굴 표정과 자세를 바꿨다. 매번 말발굽을 두드릴 때마다 거의 알아차리지 못할 정도로 표정과 자세에 긴장이 더 심해지다가, 말발굽 울리는 횟수가 정답에 도달하면 그런 긴장이 확 줄어들었다. 한스는 자신이 언제 멈추기를 주인이 기대하는지를 알아차릴 수 있었다. 그렇기에 말에게 눈가리개를 씌워서 더 이상 주인을 볼 수 없게 하면, 질문에 답을 내놓을 수가 없었다. 자신도 전혀 모른 채로 폰 오스텐이 한스에게 정답을 줄곧 알려주었던 셈이다. 어쩌면 당연하게도 폰 오스텐은 자신이 애초에 그러고 있었다는 사실을 전혀 깨닫지 못했기에, 한스의 능력을 계속 믿었다. 덕분에 전국을 돌아다니며 한스를 전시해서 훨씬 더 많은 군중을 불러모았다.

똑같은 현상이 마약탐지견에게도 일어날 수 있음을 시사하는 증거가 있다.[127] 가령 마약탐지견이 사람들을 대상으로 마약을 소지하고 있는지 살필 때, 탐지견의 조련사들이 무의식적으로 미묘한 신호를 줄지 모른다. 이 신호로 인해 탐지견이 용의자에 대한 편향성을 갖게 되어 엉뚱한 사람을 잘못 잡아낼 수 있다.

1960년대 초반 심리학자 로버트 로젠탈Robert Rosenthal과 커밋 포드Kermit Fode는 실험실의 동물을 더 똑똑하게 키울 수 있는지 궁금했다.[128] 연구 대상인 쥐의 경우, 얼마나 빨리 미로를 지나 먹이를 찾을 수 있는지로 지능을 측정했다. 결정적인 실험을 실시할 준비를 마쳤을 때, 두 사람은 쥐들이 든 한 우리에 '미로-똑똑한'이라고 이름표를 붙여놓았다. 가장 똑똑한 족보의 후손들로서 가장 지능이 높은 쥐들, 즉 각 세대마다 미로를 가장 빠르게 푼 쥐들이라고 적어둔 셈이다. 두 번째 우리에는 '미로-멍청한'이라고 이름을 붙여놓았다. 이전 세대들에서 가장 지적으로 느슨한, 즉 미로를 가장 느리게 푼 쥐들의 후손이라고 적어둔 셈이다. 학생 조수 한 무리가 쥐들의 기량을 알아보았더니, 정말로 '멍청한' 쥐들은 미로 풀기 시간이 느리고, '똑똑한' 쥐들은 더 빠르다는 결과가 나왔다. 더 흥미로운 점을 말하자면, 똑똑한 쥐를 다룬 학생들은 그 쥐들이 더 호감이 가고, 다루기 쉬우며, 함께 놀거나 애완용으로 삼기에 더 재미있다고 밝혔다. 이 결과는 지능과 기질 사이의 관련성에 관해 흥미로운 질문을 제기할 수 있지만, 그런 후속 연구는 실시하기가 불가능했다.

이 이야기의 반전은, 여러분도 지금쯤 눈치챘을지 모르지만, 두 우리에 든 쥐들 간에는 차이가 전혀 없었다는 사실이다. 겉으로 드러난 사육 프로그램은 몽땅 가짜였다. 쥐들은 로젠탈과 포드에게 무작위로 선택되었는데도 우리에 그런 이름표를 붙인 까닭은, 학생 조수들에게 쥐들 사이에 능력의 차이가 있다는 인상을 주기 위해서였다. 두 집단 간 실력의 차이는 순전히 조련사 성향의 결과물이었다. 이것은 로젠탈과 포드가 **실험 효과**experimental effect라고 칭한, 타인 부과형 자기실현적 예언의 한 사례다.[129] 지능은 우리가 기대하기만 하면 설령 실험실 동물한테서도 보이기 마련이다. 이 효과를 사람을 대상으로 삼는다면 얼마나 위력적일지 상상해 보라.

이 기념비적 쥐 연구로부터 몇 년 후 로젠탈은 초등학교 교장 레노어 제이컵슨Lenore Jacobson과 팀을 이뤄 또 하나의 선구적인 실험을 실시했는데, 이번에는 제이컵슨의 학생과 교사를 대상으로 삼았다.[130] 둘은 먼저 가짜 실험을 하나 고안했는데, 여기선 그 실험을 실시한 학생들의 장래 능력을 예측하는 실험이라고 교사들에게 알려주었다. 둘은 이 실험의 '결과들'을 이용해 교사들을 다음과 같이 설득했다. 학급 내의 확인된 일부 학생은 재능이 있으며, 조만간 둘의 연구에서 평균 이상의 성적 향상을 보일 것이라고 말이다. 교사들은 누군지 모르는, '곧 실력이 만개할' 이 학생들은 사실 학급에서 완전히 무작위로 선택한 아이들이다. 학년 말에 로젠탈과 제이컵슨이 그 학생들을 평가했더니, 정말로 이 미리 정해둔 학생들의 실력이 만개해 있었다. 이 제자들에 대한 교사들의 높아진 기대감이 실제로 학생들의 학업 성취도를 높이는 효과를 가져온 것이다.[131]

✻

동물이든 사람이든 다른 이의 지식이나 편향을, 비록 그 지식이나 편향이 사전에 공유되지 않았다 해도 포착해서 반응할 수 있다는 사실로 인해 이른바 **이중 눈가림**double-bolind 시험의 필요성이 대두된다. 피실험자는 물론이고 치료 행위를 하는 실험자도 어떤 치료가 어떤 환자에게 제공되는지 모르게 하는 설정이 이중 눈가림 시험이다. 알약 형태의 약을 시험하는 경우에는 시험 방법이 꽤 단순하지만, 더욱 공격적인 일부 대안 치료를 시험하려고 할 때는 복잡해진다. 가령 침술은 가느다란 바늘을 몸의 특정 지점에 꽂게 되는데, 이 경험을 가짜 치료를 받는 환자를 대상으로 재현하기는 어려운지라, 환자를 속여서 이러한 플라세보 치료를 처방하기란 거의 불가능하다.

일부 임상시험은 한술 더 떠서 환자와 연구자뿐만 아니라, 해당 연구를 감독하는 연구 위원회와 같은 관계자까지 시험에 관한 정보를 모르게 할 수 있다. 정보가 부주의하게 연구자한테 전해지고, 거기서 다시 환자에게로 옮겨가는 것을 막기 위해서다. 이런 시험을 가리켜 **삼중 눈가림**triple-blind 시험이라고 한다. 이론적으로, 지식 전달의 이런 부주의한 연쇄 작용은 무한정 이어질 수 있기에, 환자를 진실로부터 더 철저하게 숨기려면 더더욱 높은 수준의 눈가림이 필요하다. 실제로는 현실적인 여건으로 인해 시험이 삼중 눈가림보다 더 높은 수준으로 가는 경우는 드물며, 보통 이중 눈가림이면 충분하다고 본다.

퍼킨스 트랙터의 문제점을 폭로한 우리의 영웅 존 헤이가스는

『신체 질환의 원인이자 치료제로서, 상상에 관하여Of the Imagination, as a Cause and as a Cure of Disorders of the Body』란 책을 썼다. 여기서 그는 자기실현적 플라세보 효과의 영향을 통제하기 위해 정보 차단의 필요성을 처음으로 증거를 통해 제시했다. 아울러 결과적으로 상상이 질환의 치료제로 작용할 뿐만 아니라 원인으로도 작용할 수 있다고 가정했다. 플라세보 효과의 악의적인 사촌 격이지만 그것보다 덜 유명한 효과는 바로 **노세보 효과**nocebo effect다. 노세보 효과란 어떤 치료를 받는 환자의 증세가 악화되거나 다른 위태로운 건강상의 영향이 나타나긴 하지만, 그 결과가 치료 자체에서 기인하는 것이 아니라 치료가 부정적 영향을 끼칠지 모른다는 환자의 예상 때문인 것이 특징이다.

2019년 미국 공화당의회위원회National Republican Congressional Committee, NRCC 연설에서 트럼프 대통령은 신재생에너지를 강하게 반대할 기회를 얻고서, 풍력터빈에서 나오는 소음이 암을 일으킬 수 있다는 말을 흘렸다. 풍력터빈 근처에 살면 두통, 어지럼증, 현기증, 메스꺼움, 심장 두근거림 등의 광범위한 건강상의 문제가 초래된다는 주장이었다. 수많은 연구에도 풍력터빈이 이런 건강 문제 중 어느 하나라도 일으킨다는 증거는 발견되지 않았다.[132] 대신에 지금껏 밝혀지기로, 그런 증상을 가장 크게 보이는 지역은 풍력발전기의 위태로운 영향에 관해 가장 부정적인 정보에 노출되었던 곳들이었다.[133] 참가자들에게 풍력 발전기의 소음을 들려준 실험실 연구에서 밝혀진 바로는, 피실험자가 보고하는 증상(또는 증상의 부재)은 잡음을 둘러싼 논의의 틀 짜기framing에 크게 좌우되었다.[134] 해로운 영향을 예상하도록 준비를 시키지 않은 피실험자들은 소음에 영향을 받지 않은 반면에, 해로운 영향을 예상하고 있던 피실험자들은 노출 이전 수준에 비해 증상의 강도와 개수가 크게 증가했다고 보고했다.[135] 이 결과가 강하게 시사하듯, 풍력터빈 증후군이라는 명칭에 포함되는 건강 관련 주장 중 다수는 진짜 인과관계보다는 노세보 효과로 가장 잘 설명될 가능성이 높다.

생각이 일으키는 감염

플라세보 효과와 노세보 효과는 암시의 힘이 얼마나 강한지 잘 보여준다. 만약 여러분이 더 나아지리라고 예상하면, 많은 경우에 그렇게 될 것이다. 반대로 고통스러운 부작용에 관한 경고를 들으면, 어떤 치료를 받고서 더욱 불편해질지 모른다. 암시의 힘을 보여주는 사례를 여러분 집에서 혼자 경험해 볼 수 있다(그리고 내가 여러분에게 이걸 알리게 되어 못내 미안하다).

밝혀지기로, 만약 여러분이 가려움에 관한 글을 읽거나 누군가가 긁는 모습을 보면, 여러분도 가려움을 느껴 긁게 될지 모른다. 그리고 여러분의 가려움을 보여주는 바람에 다른 누군가도 가려워질 수 있다. 가려움이라는 전염병은 물론 옴이나 수두처럼 가려움을 일으키는 질병으로 퍼질 수도 있는데, 이는 물리적 운반체가 있는 경우다(옴의 경우는 옴진드기Sarcoptes scabiei라는 진드기, 수두의 경우는 수두-대상포진 바이러스varicella-zoster virus라는 바이러스가 운반체다). 하지만 가려움은 다른 방식, 즉 **사회적 감염**social contagion으로 퍼질 수 있다. 나는 서재에 앉아 여러분이 몇 달이나 몇 년 후에 읽을 글을 씀으로써, 지구 반대편에 있는 여러분에게 가려움을 일으킬 수 있다(그리고 고백하자면 나도 다음 문단을 쓰고 자료를 준비하는 동안 몇 시간에 걸쳐 가려움을 느꼈다). 물리적으로 발현되기도 하지만, 가려움은 어떤 생각이 지닌 강력한 개념적 감염의 잠재력을 갖고 있다.

2001년 가을은 미국에서 극단적인 긴장과 고조된 감정이 만연한 시기였다. 9월 11일 공격은 세상이 일찍이 겪어보지 못한 치명적인 테러 사건으로, 사망자가 3,000명 남짓이었고 부상자는 그보다 수천 명 더 많았다. 고작 일주일 후, 뉴욕의 바로 옆 주인 뉴저지의 대학 도시인 프린스턴에서, 별것 아닌 듯한 편지 다섯 통이 우편함 속으로 던져졌다. 며칠 후 이 편지들은 뉴욕과 플로리다의 뉴스 방송국에 도착했다.

보도사진가 밥 스티븐스Bob Stevens는 안경을 쓰고 있지 않았기에, 플로리다주 보카레이턴Boca Raton에 있는 《내셔널 인콰이어러National Enquirer》의 사무실로 온 편지를 읽으려고 얼굴을 가까이 댔다. 초점이 잡히자 눈에 들어온 내용은 이랬다.

> 2001년 9월 11일. 그다음에 일어날 일이다. 지금 연필을 집어라. 미국에게 죽음을. 이스라엘에게 죽음을. 신Allah은 위대하시다.

편지를 개봉하고 며칠 후, 노스캐롤라이나로 떠난 가족여행에서 스티븐스는 몸 상태가 나빠지기 시작했다. 열이 나고 얼굴이 화끈거렸다. 자동차를 몰고 플로리다로 돌아오는 길에 증상이 더 악화되었고, 10월 2일 아침 입원했다. 고작 며칠 후 그는 사망했다. 미국 역사상 최악의 생화학 테러 공격으로 발생한 다섯 명의 사망자를 포함해 총 68명의 피해자 가운데 첫 번째 사망자가 되었다. 스티븐스는 몰랐지만, 편지지에 적힌 글을 이루는 블록체 대문자들과 더불어 편지 봉투에도 발신자가 악의적으로 뿌린 미세한 가루, 즉 탄저균 포자가 발려 있었다. 이 두 가지의 중대한 테러 공격이 벌어지자, 많은 미국인은 뭐든 평소와 다른 일만 벌어지면 대단히 민감히 반응하게 되었다. 탄저균 허위 신고가 그해 가을 미국 전역에 걸쳐 수천 건 접수되었는데, 인디애나주 한 곳에서만도 그런 신고가 1,200건이나 되었다.

10월 4일 플로리다주에서 발생한 스티븐스의 탄저균 감염 소식이 전 세계의 주목을 받게 된 그날, 또 하나의 원치 않는 의료 문제가 인디애나에서 벌어지고 있었다. 3학년 학생 한 명에게 가려움 발진이 생겼는데, 금세 교실 내의 다른 학생들한테 퍼졌다. 그 발진은 보통 얼굴이나 얼굴 근처에서 시작되어 피부의 다른 노출 부위들로 퍼졌다. 그 질환의 증상은 매일 학생들이 하교하면 사라졌다가 다시 교실에 돌아오면 재발했다. 따라서 학교의 환경이 질환과 상당히 결정적인 관련성이 있어 보였다. 그런데 이상하게도 감염된 아이들의 가족 구성원들은 감염성인 듯한 그 질환으로 인해 곤경에 처한 적이 없다고 밝혔다. 대다수 부모는 공개적으로 우려하지는 않았지만, 마음 한구석으로는 그 집단 발병이 미지의 생물학적 요인으로 생겼을지 모른다는 생각을 약하게나마 품고 있었다. 광범위한 조사를 벌였지만 발진이 일어난 결정적인 이유는 결코 밝혀지지 않았다.

첫 발병이 있은 지 한 달 후, 그 수수께끼 같은 가려움증에 걸린 열여덟 번째이자 마지막 학생이 마침내 긁기를 멈췄다. 이 불가사의한 전염병이 인디애나에서 소진되자, 가려움 발진의 또 다른 집단 발병이 수백 킬로미터 떨어진 버지니아주 북부의 마스텔러중학교에서 일어났다. 이번에는 그 학교의 모든 학급에 걸쳐 약 40명의 학생 및 교직원이 감염되었다. 학교는 어쩔 수 없이 문을 닫았고, 그사이에 조사관들이 원인을 찾아 나섰다. 공공의료 요원들이 방진복을 입고서 질병을 일으킬 만한 학교의 환경적 원인을 파헤쳤지만, 어떤 원인도 드러나지 않았다. 학교 관계자들은 (비유로서가 아니라 말 그대로) 머리만 긁적일 뿐이었다. 철저한 소독을 마친 후에 학교 문을 다시 열자마자 수백 명의 학생이 이 증상을 더 앓게 되었는데, 그중 일부는 이미 무서운 가려움증에 걸렸던 아이들이었다. 세간의 관심이 폭증하자, 발진에 걸린 7학년 학생 중 한 명의 부모인 데비 파일스Debbie Files가 전국 신문에 이런 우려의 목소리를 실었다. "저기요, 지금 제일 먼저 드는 생각이 탄저병이잖아요." 최근의 사건으로 인해 그런 우려가 고조되긴 했지만, 탄저병은 재빨리 그리고 확정적으로 제외되었다.

크리스마스 휴가 기간 동안에 학생들이 오래 학교를 비우게 되자 마스텔러중학교 학생들의 발진 소식은 마침내 잦아들었다. 하지만 1월에 학교가 개학하면서, 또 다른 새로운 발병 소식들이 오리건, 코네티컷 및 펜실베이니아에서 나왔다. 이후 몇 달 동안 학교와 관련된 가려움 질환이 전국 구석구석까지 퍼졌다. 여름이 되자, 수수께끼 같은 발진의 발병은 27개 주의 100군데가 넘는 학교에서 보고되었다. 심지어 이웃 나라인 캐나다에서도 나왔다.

발진에 열이나 구토와 같은 증상이 동반하는 경우는 극히 드물었다. 그랬더라면 더욱 확정적인 진단이 가능했을 텐데 말이다. 발진과 열을 일으킬 수 있는 제5병(감염성 홍반)과 같은 질환에 대한 검사 결과가 양성으로 나온 경우가 가끔 있긴 했지만, 보통 각각의 집단 발병 사태에서 그런 진단은 기껏해야 한두 건뿐이었다. 어떤 발병 사태에서 학부모들은 오래되고 축축한 학교 건물에 생긴 곰팡이 탓이라고 했고 또 다른 발병 사태에서는, 수상하기 그지없다며 그릇된 켐트레일chemtrial(화학물질이나 농약 등으로 만들어진 비행운-옮긴이) 음모론이 거론되기도 했다. 한 학교의 발병 사태를 놓고서, 일부 학부모는 먼지투성이의 오래된 수학 교과서와 관련시키기도 했다. 이처럼 온갖 이유가 제시되었지만, 논란만 키웠을 뿐 모든 발병 사태를 함께 엮을 공통의 실은 없는 것 같았다. 다만, 가려움 발진이 갑자기 집단적으로 발생했다가, 감염된 학생들이 학교에서 멀어지면 증상이 감소한다는 설명이 고작이었다.

다른 가능한 이유들을 제외하고 나자, 그 발병 사태 대부분을 조사한 공공의료 관리들이 내릴 수밖에 없는 결론은 발진의 대다수가 심인성이라는 것이었다. 즉, 미국 전역에 퍼져서 수많은 학생을 감염시킨 그 막대한 규모의 가려움 증상이 단지 일종의 **집단 히스테리** mass hysteria였다고 결론 내릴 수밖에 없었다. 그런 진단은 별로 인기가 없었다. 순진하게 보자면, 숨겨진 환경적 위협 요인이 없다는 말을 들을 때 감염자들이 안심하게 될 듯하다. 하지만 많은 사람에게 그 진단은 감염자들이 신경증과 과민증의 소유자란 뉘앙스로 다가온다. 특히 '히스테리'라는 단어로 인해 환자와 그 가족은 이렇게 느낄 수 있다. 즉, 세상만사 모르는 게 없는 의사들이 모든 게 환자의 머릿속에서 나왔다고 하는 바람에 환자들의 진짜 증상은 가볍게 취급되고 있다고 말이다. 더 의심이 많은 사람은 또 이렇게 여긴다. 즉, 자신들의 합리적 우려가 광범위한 음모론의 일부로 치부되어 무시당하고 있다고 말이다. 심인성 질환은 보통 배제 진단diagnosis of exclusion이므로, 발병 원인을 결정하는 임무를 맡은 사람들은 당연히 다른 모든 가능성이 배제되기 전까지는 말을 아낀다. 어느 관계자도 위험한 독성물질을 놓치거나 전염성 바이러스를 빠트리는 위험을 감수하고 싶어 하지 않는다. 특히 학생들에 관한 문제일 때는 더욱 그렇다.

이처럼 선뜻 내리기 어려운 판단임에도, 오직 집단 히스테리만이 독립적으로 발생한 엄청난 규모의 발진 사태들을 설명할 유일한 결론이었다. 잘 알려져 있듯이 피부는 스트레스에 민감하다. 많은 사람은 긴장할 때 목에 혈관이 확장되며 화끈거리는 느낌이 올라온다. 습진도 불안감으로 유발되거나 악화될 수 있다. 스트레스는 두드러기를 일으킬 수 있다. 결론적으로, 탄저균 감염의 두려움에 떨고 있던 학생들을 대상으로 가려움이 전염될 잠재력이 있었던 데다가 불가사의한 발진에 관한 전국 언론의 보도까지 겹치면서 그런 집단 발병이 일어난 듯하다.

그런 발병 사태는 **집단 심인성 장애**mass psychogenic disorder, **집단 사회성 질환**mass sociogenic illness, **전염성 히스테리**epidemic hysteria 또는 집단 히스테리 등 여러 이름으로 불린다. 보통 이런 사건들의 특징은 한 사회 집단의 구성원들 사이에서 급속히 확산되며, 증상에 대해 알려진 뚜렷한 발병 이유가 없고 물리적인 감염 요인이 확인되지 않는다. 집단 심인성 질환에 관해 가장 먼저 기록된 몇몇 사례는 중세 유럽에 있다. 잉글랜드에서부터 이탈리아에 이르기까지 온갖 버전의 무도병dancing plague이 어린 학생들, 교회 신도들 또는 심지어 마을 전체를 덮쳤다. 이 춤추기는 한 번 발병하면 몇 주 동안 지속될 수 있으며, 피해자가 부상을 당하거나 지쳐서 또는 죽어서 쓰러져야지만 멈추었다. 가장 대규모이자 가장 유명한 무도병 사태 중 하나는 스트라스부르의 알자스 마을에서 1518년 7월에 벌어졌다. 처음에는 단 한 명만 춤을 추기 시작했지만, 광기가 점점 커져서 한 달 후에는 마을의 400명이 넘는 사람들이 가세했다. 피해자들이 '춤으로 광기를 떨치도록' 돕자는 그릇된 시도를 하는 바람에 마을의 관리들은 음악가들을 고용했고, 흥겹게 노는 사람들이 에너지를 소진시키기 좋도록 엄청나게 큰 무대까지 세워주었다. 당연히, 마을에 울려 퍼지는 음악 소리와 무대에서 흥청거리는 사람들의 모습으로 인해 더 많은 사람이 자꾸만 모여 들었다. 춤이 최고조에 달했을 때는 하루에 열다섯 명이 쓰러져 죽었다고 하는데도 춤은 계속되었다. 그러다 어느 날 뚜렷한 이유도 없이 갑자기 춤이 중단되었다.

히스테리성 감염hysterical contagion 건으로서 기록이 잘 남아 있는 사건은 사우스캐롤라이나의 스파턴버그Spartanburg라는 직물제조 도시에서 일어났다. '불가사의한 질병'이 발생해 도시의 직물 공장 한 곳이 폐쇄되었다는 보도가 1962년 6월의 어느 뜨거운 수요일 저녁 6시 뉴스를 통해 처음으로 대중의 관심을 끌었다. 그 보도에 따르면, 적어도 열한 명이 입원했는데, 환자들의 증상은 신경과민, 피부 발진, 마비, 메스꺼움, 기절 등이었다. 운송된 옷감에서 빠져나온 곤충이 발병 요인으로 짐작되었지만, 정확히 어떤 유형의 곤충인지는 아무도 확신할 수 없었다.

이후 날이 갈수록 더 많은 공장 노동자가 그 정체불명의 질병에 걸렸다. 주말이 되자 환자 수는 62명에 달했다. 곤충학자를 데려와 범인인 곤충을 특정해 내려고 시도했고, 공장에 소독도 실시했다. 공장 내에서 여러 종의 곤충과 진드기를 찾아내긴 했지만, 그중 일부가 노동자들을 가볍게 물 수 있는 정도였을 뿐, 어떤 곤충 하나만이 입원을 요하는 심각한 증상을 초래할 수 있는 발병 원인으로 확인되지는 않았다. 공장을 조사한 해충 구제업자 한 명은 이렇게 말했다. "여기에 뭐가 있었든, 지금은 없습니다."

사실, 공장의 노동자를 면담한 사회학자들이 알아낸 내용은 이랬다. 누가 아플지 알려주는 주된 요인은 성장 배경상 불안의 정도, 초과 노동 시간의 양 그리고 가계 소득의 상당 비율을 벌어야 한다는 책임감이었다.[136] 비슷한 시기에 그 병에 걸린 사람들의 무리는 대체로 서로 사이가 매우 가까운 편이었다. 짧게 말해서, 사회학자들은 히스테리 감염에 딱 맞는 고전적인 조건들(성장 배경상의 불안 요소 및 긴밀한 사회적 유대)을 찾아냈다. 그들이 내린 결론에 따르면, 곤충이 일부 환자들한테 가려움 발진을 일으킨 요인일 수도 있지만, 나머지 증상들은 심인성일 가능성이 높았다. 공장 폐쇄의 원인이 되었던 기절과 메스꺼움 증상은 사회적 감염의 결과일 가능성이 높았다. 물리적 질병 운반체보다는 심리적 감염력에 의해 퍼진 질병일 가능성이 높다는 말이었다.

❊

이 장의 서두에서 만난 양의 되먹임 고리의 한 예로서 코로나 발병 건수를 지수적으로 증가시킨 물리적 행위자는 SARS-CoV-2 바이러스였다. 하지만 질병은 바이러스나 박테리아 같은 운반체가 아니더라도 생각이나 감정에 의해서 퍼질 수 있기 때문에, 감염된 공동체나 개인에게는 엄연히 실제로 걸린 질병이 된다. 전염되는 질병의 폭발적 시작을 설명하기 위해 사용된 것과 똑같은 수학이, 생각으로 인한 전염병 발병concetagion도 설명할 수 있다. 과학자들이 제안하기로, 호기심에서부터 폭력 행위 그리고 친절함에서부터 실업까지 매우 다양한 사회적 현상이 사회적으로 전염될지 모른다. 어떤 과학자들은 심지어 완전히 원점으로 돌아와서, 비만과 불면증처럼 대체로 비전염성 질병으로 여겨지는 것조차도 전염성 질병처럼 퍼질 수 있는 강한 사회적 구성 요소를 지닐지 모른다는 의견까지 내놓았다. 일부 과학자가 주장하듯 10대 임신이 정말로 사회적으로 전염되는지 여부가 여전히 뜨거운 논쟁거리지만 말이다.

하지만 분명한 사실을 하나 짚자면, 생각이 매개하는 전염은 확산을 일으키는 운반체가 더 유형적인 경우보다 더욱 없애기 어려울 수 있다. 수백 년 동안 잠자고 있던 생각조차도 되살아날 수 있으며, 양의 되먹임 고리를 통해 사람에서 사람에게로 증폭될 수 있기 때문이다. 비유적으로 말해, 그런 생각은 상투적인 악당 과학자가 의심하고 있지 않아 당하기 쉬운 사람들에게 퍼뜨리려고 실험실에 남겨둔 천연두 바이러스 약병인 셈이다.

생각의 힘과 수명 그리고 마음을 사로잡는 능력을 과소평가했다가는 관련 상황이 어떻게 펼쳐질지 오판하거나 오해하게 될 수 있다. 코로나 사태 내내 오정보가 흘러넘치던 상황을 생각해 보기만 해도, 위험천만하게 그릇된 생각들 – 안전하고 효과적인 백신의 위험성 과장하기, 코로나 바이러스 감염과 관련된 위험성을 과소평가하고 검증되지 않은 치료법의 효과 들먹이기 – 이 초래할 수 있는 피해가 얼마나 큰지 알 수 있다. 소셜미디어를 통해 급속히 확산하는 바람에, 이런 오정보는 거의 순식간에 광범위하게 도달할 수 있어서 결과적으로 대처하기가 지극히 어려워진다. 위험천만한 거짓들이 눈덩이처럼 불어나는 현상을 우리는 과소평가한다.

사람들이 이런 식의 거짓 때문에 죽었다는 말은 과장이 아니다. 정말이지 누구든 오정보를 통해 피해를 입을 수 있는 상황에서는, 충분히 높은 백신 접종률을 통해 없앨 수 있는 홍역과 소아마비와 같은 예방 가능한 질병조차도 활약의 발판을 마련할 수 있기 때문이다.

우리는 불로써 불과 싸우는, 또는 눈덩이로써 눈덩이와 싸우는 법을 배워야 한다. 진실을 가로막으려는 가짜뉴스만큼 진실을 매력적이고 전파 가능한 것으로 만들어야 한다는 말이다. 백신의 효과를 폄하하는 자극적인 소식을 퍼뜨리기보다 백신의 효과를 뒷받침하는 증거를 널리 퍼뜨리기란 더 어려울지 모르지만, 그게 우리의 능력이다. 소셜미디어에 '좋아요'를 누를 때나 심지어 친구와 이웃과 대화할 때에도 믿을 만한 정보원을 공유하고 우리가 알아낸 가짜 뉴스에 문제를 제기하는 자세가 대단히 중요하다.

정치적인 상황일 경우, 생각의 확산을 마치 액션 영화 속의 괴물처럼 칼로 베기는 불가능하다. 이념은 그 운동의 우두머리를 처단한다고 근절할 수가 없다. 서구사회가 값비싼 대가를 치르며 거듭거듭 다시 알아차리고 있듯이 말이다. 가장 최근에는 알카에다와 ISIS를 물리치려고 시도할 때 드러났듯, 한 우두머리를 제거하면 또 다른 우두머리가 슬그머니 두각을 드러내며 전임자를 대체하고 만다. 그 대신에 더욱 매력적인 새로운 이념을 풀뿌리에서부터 길러, 현재 상태를 극복하고 바꿔나가야 한다. 사람들에게 새로운 가치들을 일시적으로 들이밀어서는 통하지 않는다. 아프가니스탄에서 일어난 탈레반의 부활이라는 비극적 결과에서 우리가 이미 보았듯이 말이다.

정말이지 그런 시도들은 지대한 영향을 가져오는 반작용을 초래할 수 있다. 적절한 사례를 들자면, 민주주의를 억압하려는 지속된 시도들이 오히려 한 나라씩 차례차례 독재자를 내쫓는 도미노 효과를 낳았다. 이른바 2011년 '아랍의 봄' 사태다. 그때 한 나라가 성공하면 용기를 얻은 그다음 나라도 행동에 나섰는데, 일종의 양의 되먹임 고리가 작용한 결과다. 다음 장에서 살펴보겠지만, 한 이념이나 운동을 억압하려는 시도가 오히려 번번이 관심을 되돌리게 해서 해당 주제를 더욱 두드러지게 하기도 한다.

8장

부메랑

당신의 예상이 빗나가는 이유

리얼리티 TV 쇼를 통해 10여 년 전에 처음으로 세상의 주목을 받은 이후로, 카다시안Kardashian 가족은 하나의 제국을 건설했다. 카다시안-제니퍼 자매 각자가 수백만 달러 가치의 퍼스널브랜드personal brand를 일구며 기존 언론과 소셜미디어 모두에서 꾸준히 높은 관심을 받고 있다. 그들은 완벽성의 구현자로서 나이를 불문하고 수백만 여성에게 우상으로 숭배받는다. 그들은 추종자들이 염원해 마지않는 건강과 부유함과 아름다움이라는 꿈을 판다.

아마도 이 자매 중에서 조금 덜 주목받긴 하지만 그녀 자체로서 굉장히 인기 있는 사람은 클로에Khloe일 테다. 그녀는 자기 몸 긍정주의body positivity와 신체 단련을 중심으로 퍼스널브랜드를 일구었다. 그녀가 출연한 리얼리티 TV 쇼 속편인 〈리벤지 바디Revenge Body〉는 '보통' 미국인들이 자기 이미지에 대해 갖는 불안감을 떨쳐내도록 힘을 실어준다. 그녀는 '신체 인정 표현하기representing body acceptance'를 슬로

건으로 삼는 데님 의류 브랜드를 갖고 있으며, 그녀의 운동 비디오는 헬스 제품군을 밀어준다. 그녀의 모든 사업 활동은 용의주도하게 마련된 소셜미디어 캠페인에 의해 북돋워진다. 그런 캠페인에서 그녀는 자기 몸의 이미지를 멋지게 과시해, 추종자들에게 만약 관련 제품을 구매하면 그들도 그녀와 같은 상태에 도달할 수 있으리라는 꿈을 심어준다.

정말이지 화장품, 옷, 심지어 식욕억제용 막대사탕을 팔려고 이용되는 거의 불가능에 가까운 신체 이미지들이 카다시안 브랜드의 핵심이다. 근래에는 매의 눈을 한 추종자들이 그런 이미지 중 다수가 과도하게 조작되었음을 시사하는 증거를 점점 더 많이 수집하고 관심을 기울이게 되었다. 카다시안들이 마치 실현될 수 있을 듯한 꿈의 브랜드를 판다는 사실을 점점 더 많은 팬들이 알아차리게 되었는데도, 카다시안들의 마케팅 파워는 여전히 건재하다. 그런 완벽함에 대한 환상만 전달되어도 팬들한테는 충분한 것 같다. 그런 허상들이 디지털 조작을 통해 치밀하게 마련된 도달 불가능한 완벽성을 표현한들 뭐가 문제냐는 듯이.

완벽하게 다듬은 이미지의 카다시안 브랜드가 중요시되는 현실을 감안할 때, 2021년 4월 초 부활절 주간 동안 클로에 카다시안의 무편집 사진이 온라인에 나타났다는 보도는 가히 충격적이었다. 카다시안들이라고 하면 으레 연상되는 구릿빛의 미끈하면서도 탄탄한 체격에다 도저히 있을 수 없을 듯한 얇은 허리를 지닌 외모와는 동떨어진 모습이었는데도, 그 이미지 – 클로에가 표범 무늬의 끈 비키니를 입고서 수영장 옆에 서 있는 모습 – 가 어울리지 않는다고 본 사람들은 거의 없었을 것이다. 그 자매들의 전형적인 마케팅 수법에서 한참 벗어난 듯 보였지만, 클로에의 이 조작되지 않은 이미지는 단점마저도 그녀의 자기 몸 긍정주의 메시지와 일맥상통하는 것 같았다.

하지만 곧 밝혀진 대로, 그것은 마케팅 수법이 아니라 그냥 실수였다. 인터넷에 사진이 뜬 지 몇 시간 만에 카다시안 법률팀은 재빨리 사진을 회수하려 나섰다. 그 사진을 복사해서 다른 웹사이트에 올린 게시물들은 법적 조치를 할 것이라는 위협하에 강제로 내리게 했다. 카다시안 진영은 그 이미지가 '한 조수의 실수로 허락 없이 소셜미디어에 올라갔다'는 성명을 발표했다. 하지만 나중에 알고 보니 이런 대응이야말로 중대한 실수였다.

4월 6일 성명이 발표된 지 고작 몇 시간 후, 유명인사 뉴스와 가십 웹사이트인 페이지식스닷컴Pagesix.com이 자신들이 그 사진을 다시 올렸다는 유출 소식을 알렸다. 이후 스물네 시간 동안 'Khloe Kardashian'을 찾는 구글 검색이 이전 수준의 25배나 많아졌다. 그 후 이틀이 지나자 '데일리 메일(전 세계에서 방문자가 가장 많은 영어 뉴스 웹사이트)'을 포함해 미 전역의 언론사들이 그 사진의 복사본을 뉴스거리로 다루고 있었다. 그 인플루언서를 구글로 검색한 건수는 성명 발표 이전 수준의 50배가 되었다. 평소 같았으면 그 사진을 마주칠 일이 없었을 사람들도 그 사진을 자신들의 뉴스피드에 집어넣었다. 덕분에 나도 그 이야기를 처음 접했다. 다른 사람들도 그 이야길 찾아내려고 열심히 검색을 하고 있었다. 평소대로라면 나는 전 세계의 많은 사람처럼 그런 사진을 결코 볼 일이 없고 사진의 존재 자체도 몰랐을 것이다.

물론 이미지 유포를 막겠다는 시도가 진심이었을지는 모르지만, 그 또한 카다시안 팀의 영리한 마케팅 술책이 아니라고 장담하기는 어렵다. (거의) 뭐든 알리기만 하면 좋은 홍보인 세상에서, 그런 '유출'로 인해 생겨난 검색 활동의 급증과 눈에 띄는 신문 표제기사들은 훌륭한 마케팅 기법의 의도적인 결과임을 결코 배제할 수 없다. 카다시안 진영에서 그걸 추진한 이는 **스트라이샌드 효과**streisand effect를 너무나 잘 알고 있었을 것이다.

스트라이샌드 효과는 정보를 삭제하거나 검열하려는 시도로 인해 오히려 해당 정보에 대한 대중의 관심이 증가하는 현상을 가리키는 용어다. 2002년 환경보호 활동가인 케네스 아델만Kenneth Adelman과 가브리엘 아델만Gabrielle Adelman이 해안 부식을 기록으로 남기려고 캘리포니아 해안선 전역을 사진으로 촬영하는 기념비적인 활동에 착수했다. 이 일을 마친 후 둘은 1만 2,200장의 사진을 자신들의 웹사이트에서 공개적으로 이용할 수 있도록 했다. 하필 사진 중에 바바라 스트라이샌드의 말리부 저택이 들어 있었다. 스트라이샌드는 자기 집의 사진이 인터넷에서 마음껏 이용되는 상황을 참을 수가 없어서 아델만 내외를 고소하기로 결정했다. 고소장을 제출했을 당시 그 사진은 여섯 건 다운로드되었다. 그중 두 건은 스트라이샌드의 변호사들이었고, 한 건은 그녀의 이웃이었다. 고소 후 한 달이 지나자, 평소대로였으면 별로 주목을 받지 못했을 아델만의 웹사이트에 50만 명이 방문했다. 정작 스트라이샌드는 소송에서 졌고, 어쩔 수 없이 소송비용으로 15만 5,000달러를 내야 했다.

보도 금지super-injunction 소송 당사자와 책 홍보 문구를 통해 밝혀졌듯이, 무언가에 대한 관심을 끌어올리는 데 그걸 금지하기보다 더 나은 방법은 거의 없다. 애플도 스트라이샌드 효과의 희생자가 되었다. 어느 책이 출간된 후, 그 회사가 '다수의 기업 비밀'을 누설했다고 주장하며 그 책의 저자에게 고소장을 제출했을 때였다. 소송이 세간의 조명을 받고 나자, 톰 사도프스키Tom Sadowski(독일, 호주 및 스위스의 애플 앱스토어 전직 총괄 책임자)가 쓴 『앱스토어 컨피덴셜App Store Confidential』은 초판 4,000부가 금세 동이 났다. 책 속의 폭로를 '별것 없는 뻔한' 내용이라고 묘사한 비평들이 나오긴 했지만, 애플의 소송 제기 때문에 대중들은 거대 테크기업이 정확히 무엇을 그토록 우려하는지 알고 싶어졌다.

이번에는 정치적인 상황을 살펴보자. 2019년의 한 연구에서 알아내기로, 사우디아라비아 정부가 그들을 온라인에서 비판하던 사람들을 투옥해 버렸는데, 투옥한 사람들의 반대 활동은 막아냈지만 다른 사람들의 반대를 막는 데에는 별 효과가 없었다.[137] 실제로, 투옥된 반대자들의 소셜미디어 팔로워들은 그런 투옥 소식에 자극받아서 정부 개혁과 체제 변화를 요구하는 목소리를 더 크고 강하게 내놓았다.

사이언톨로지 교회Church of Scientology도 스트라이샌드 효과의 희생자가 되었다. 톰 크루즈가 사이언톨로지에 대해 앞뒤가 맞지 않는 말을 하는 동영상이 2008년 1월 인터넷에 유출되었을 때, 그 교회는 영상을 내리려고 재빨리 저작권 소송을 걸었다. 이 억압 시도는 조회수를 상당히 높이고 비디오 복사본의 확산에 이바지했을 뿐만 아니라, 열성적인 사이언톨로지 반대 캠페인이 벌어지도록 만들었다. 정치적, 사회적 동기로 활동하는 국제 해커 집단인 어나니머스Anonymous는 그 교회의 행위를 인터넷 검열 시도로 해석해, 사이언톨로지를 인터넷에서 내쫓겠다는 목표를 천명하고 나섰다. 이 자경단의 직접적인 행동들에는 사이언톨로지 교회 웹사이트를 일시적으로 접속할 수 없게 만든 분산 서비스 거부Distributed Denial of Service, DDoS 공격과 더불어 사이언톨로지 측에서 훔친 것으로 추정되는 사문서 유출하기 등이 있었다. 교회의 검열 시도가 없었더라면, 해당 동영상에 대한 관심이 금세 식었을 가능성이 매우 높고, 어나니머스한테서도 공격을 받지 않았을 것이 거의 확실하다.

이번 장은 부메랑이 무엇인지 그리고 부메랑을 어떻게 포착하는지 다룬다. 부메랑은 의도는 좋았을지 모르지만 잠재적 결과를 제대로 고려하지 않는 바람에 예상을 크게 벗어날 수 있는 행동이다. 문제를 더 낫게 만들기는커녕 더 악화시킨 '해결책' 또는 미래를 변화시켜 스스로를 무효화시킨 예측이다. 가장 극단적인 경우, 부메랑은 원래 방향에서 180도를 돌아 여러분 머리를 강타할 수 있는데, 때로는 여러 번 그렇게 할 수 있다. 여러분이 부메랑을 던졌다는 사실조차 모르다가 나중에 알게 되었을 때는 이미 너무 늦어버린 경우도 있지만, 유심히 살폈더라면 어김없이 미리 나타났을 신호들이 있다. 부메랑의 특징적인 신호를 알아차리면, 이러한 자살골을 막아내거나 방향을 틀게 할 수 있다. 또는 이보다 더 낫게, 약간의 예지력이 있다면 애초에 부메랑을 집어 들지 않는 법을 배울 수 있다.

스트라이샌드 효과가 딱 그런 사례다. 이 효과는 **반발**reactance이라는 심리 현상에서 비롯된다. 달리 말해서 **부메랑 효과**라고도 하는 이 반발 심리는 사람들이 자신의 선택이 제약을 받고 있다거나 자유가 줄어든다거나 원치 않는 것을 하도록 설득을 당한다고 여길 때 발생한다. 반발은 여러분의 관점을 누군가에게 설득하기 어렵게 할 수 있고, 심지어 여러분이 전하고 싶은 관점과 반대의 관점을 상대방이 받아들이게 할 수 있다. 내가 내 아이들에게 "장담하는데, 너희들은 5분 안에 위층에 올라가서 잠잘 준비를 하지 못할 거야"라고 말할 때, 내가 믿는 구석이 바로 반발 심리다. 반발은 **반대 심리**reverse psychology의 핵심에 위치한다.

반발에 관한 한 쌍의 연구의 일환으로서, 실험에 참가한 학생들은 건강 관련 메시지[138]를 받았다. 하나는 치실을 권장하는 내용이고 하나는 술을 마시지 말라는 내용이었다. 이 메시지들은 치실을 사용하지 않거나 흥청망청 술 마시기가 건강에 미치는 부정적 결과를 경고하면서, 그런 결과를 피하기 위해 행동을 바꾸는 법을 제안했다. 일부 학생들한테 준 메시지는 강한 어조로 치실 사용을 새로 시작하거나 계속 유지하도록 만들거나 흥청망청 술 마시기를 완전히 금하게 유도하는 내용이었다. 다른 학생들한테 준 메시지는 조금 약한 어조로 그런 행동 변화를 단지 권장하거나 제안하는 정도였다. 강한 메시지를 받은 학생들은 약한 메시지를 받은 학생들보다 반발과 관련된 특성들을 더 많이 보였다(자신들의 자유에 더 큰 위협이 가해진다고 여겼고, 더 부정적인 생각을 갖게 되었으며 더 강한 분노의 감정을 느꼈다). 피실험자가 자신의 자유가 위협받는다고 느끼는 정도야말로 반발의 세기를 알려주는 중요한 지표다. 피실험자가 위협을 극복하고 자유를 되찾는 가장 명백한 방법은 금지된 태도를 취하거나 하지 말라는 행동을 하는 것이다. 요약하자면, 이 연구가 시사하듯이 결과적으로 더 큰 반발을 낳는 강한 메시지를 받은 학생들은 흥청망청 술을 마시고 치실을 사용하지 않을 가능성이 더 높았다.

또 다른 연구에서는 학교 수영장의 얕은 쪽에 새로 설치한 '다이빙 금지' 표지판의 효과를 살펴보았다.[139] 얕은 쪽에서 다이빙한 이력이 있는 고등학생들은 그 표지판을 더 잘 알아보았을 뿐만 아니라, 표지판이 없을 때보다 있을 때 금지된 입수를 더 많이 반복한다고 밝혔다.

위의 연구에서 학생들의 행동은 많은 공공보건 캠페인의 실패 이유를 드러내준다. '영국 정부의 경고: 흡연은 건강에 해로울 수 있습니다'라는 지침이 영국의 담배 광고에 미치는 영향을 연구해 과학자들이 알아낸 바에 따르면, 그런 메시지는 대상자들의 흡연 욕구를 오히려 키웠다.[140] 마찬가지로 미국 과학자들이 밝혀내기로, 사춘기 청소년에게 '공중위생국장의 경고: 지금 금연하면 건강에 미치는 심각한 위협이 크게 줄어듭니다'와 같은 담배 경고 문구를 노출시키면, 그런 문구에 노출되지 않은 10대에 비해 흡연율이 상당히 증가했다.[141] 일부 공공보건 심리학자들이 내놓은 견해에 따르면, 알코올 남용이나 흡연의 위험과 같은 주제의 공공보건 캠페인을 실시할 때 반대 행동과 태도를 낳아 생기는 비용이 그런 메시지를 통해 얻는 소비자 지식의 보잘것없는 편익을 초과할지 모른다.[142]

코브라와 양귀비와 기차 선로: 왜곡된 유인

일반적으로 반발에 기인하지 않는 또 다른 부류의 부메랑은 **왜곡된 유인**perverse incentive이라는 유형에 속한다. 이런 유인책은 특정한 목적을 달성한다는 목표하에 제시되지만 뜻밖에도 의도한 효과와 정반대 효과를 낳고 만다. 흔히 사용되는 또 다른 명칭은 **코브라 효과**cobra effect다. 영국령 인도제국British Raj 시대로 거슬러 올라가는 이야기에서 나온 이름이다.

델리의 관료들은 도시에 독을 지닌 코브라가 많아서 골머리를 앓았다. 문제 해결을 위해 그들은 코브라 한 마리당 현상금을 걸었다. 사람들이 관리에게 코브라 사체를 가져오면, 한 마리당 얼마씩의 금전으로 교환해 갈 수 있게 했다. 이 소식이 발표된 직후, 죽은 코브라가 수없이 많이 쏟아져 들어오기 시작했다. 정책이 크게 성공한 듯 보였다. 하지만 모든 상황이 꼭 예상대로만 흘러가지는 않았다.

나가서 힘들게 코브라를 잡기보다 일부 사업가 성향의 사람들은 현금을 짭짤하게 벌어들이는 코브라 사육 활동에 나섰다. 영국이 코브라 사체를 계속 사들이자, 델리 거리의 코브라 개체 수는 적어졌다. 하지만 영국 정부는 그 사육 술책을 풍문으로 듣자마자 현상금 정책을 철회했다. 사기꾼 코브라 농부들한테 그릇된 유인을 주지 않기 위해서였다. 당연히 소득원이 없어지자 일시적인 코브라 사육자들은 이제는 쓸모없어진 동물들을 먹여 살릴 수가 없었다. 그래서 코브라를 대량으로 방출하기로 결정했다. 그 결과, 한동안 잠잠했던 코브라 문제는 이전보다 더 악화되었다.

여러분은 영국이 이 일을 통해 교훈을 얻었을 거라고 생각하겠지만, 2002년 아프가니스탄에서 또 비슷한 실수를 저질렀다. 2000년 당시 아편이 수지맞는 소득원이었는데도 탈레반의 지도자 물라 오마르Mullah Omar가 아편을 반이슬람적이라고 규정했다. 탈레반의 명령을 어겼다가 큰 봉변을 당할까 겁났던 아프가니스탄 농부들은 2000년에서 2001년 사이에 이윤이 많이 남는 양귀비 수확을 90퍼센트 남짓 줄였다. 2001년 미국 주도의 침공으로 인해 탈레반 정권이 무너진 후, 아프가니스칸 농부들은 금세 양귀비 재배를 다시 시작했다. 참고로 양귀비의 수액은 모르핀과 헤로인의 핵심 원료다. 미군이 오사마 빈 라덴을 포함한 알카에다 표적을 사냥하는 쪽으로 관심을 돌린 사이에, 부시 대통령은 나토 동맹국들에게 그 나라에서 되살아나는 아편 제조 문제를 해결하는 데 협조해 달라고 요청했다. 영국이 재빨리 나서서 이 협조 요청에 응했다.

전직 탈레반 지도자들이 행사하던 강제력이 없는 상태였기에, 영국은 그 문제를 채찍보다 당근으로 공략하기로 했다. 아프가니스탄 농부들은 양귀비 농장을 없애면 1에이커당 700달러를 받게 되었다. 이 금액은 다수의 가난한 양귀비 농부들한테는 큰돈이었기에, 그들은 금세 그 방안을 수락했다. 양귀비 수만 에이커가 그 방안의 일환으로 제거되었다. 하지만 안타깝게도 그들은 더 많은 양귀비를 심어서, 사라진 농장을 대신했다. 많은 농부가 양귀비 농장을 없애기 전에 아편 수액을 수확했다. 이중의 수익을 거두기 위해서였다. 영국이 마침내 아프가니스탄에서 철수할 무렵에는 이 왜곡된 유인책이 도입되기 이전의 네 배에 이르는 땅이 양귀비 재배에 사용되고 있었다.

물론 이런 종류의 실수가 영국이 타국을 점령하면서 벌어진 불운하고 특수한 사례는 아니다. 다른 정부들도 자국 내에서 비슷한 실수를 저질렀다. 가령 1860년대에 미국 정부는 철도 회사 두 군데를 통해 대륙횡단철도를 제작하고 있었다. 센트럴퍼시픽철도Central Pacific Railroad 회사는 새크라멘토에서 출발해 동쪽으로 철도를 제작하는 반면에, 유니언퍼시픽철도Union Pacific Railroad 회사는 오마하에서부터 서쪽으로 나아가서, 중간 어딘가에서 두 선로를 만나게 할 계획이었다. 연방정부는 설치되는 선로의 길이에 따라 두 회사에 보상을 해주는 실수를 저질렀다. 그 방침은 두 회사 모두 빙 둘러가는 너무 긴 선로를 제작하게 만드는 동기가 되었는데, 예상대로 두 회사는 그렇게 했다. 두 회사는 또한 다음 사실도 알았다. 한 회사가 어느 한 방향으로 설치하는 선로가 길면 길수록 다른 회사가 반대 방향으로 설치하는 선로가 짧아진다는 것. 이런 점이 선로를 더 빠르게 더 많이 설치하기 위한 작업 경쟁을 부추겨, 종종 부실 작업이 이루어졌다. 두 선로가 유타에서 서로 가까워지기 시작하고 거리당 받는 수익이 고갈될 것처럼 보이자, 두 회사는 서로의 선로를 지나 나란히 철도를 놓는 작업을 계속하자고 은밀히 합의했다. 두 선로가 결국에는 만나게 된 후에도, 경로 변경을 마무리하고 서비스 가능 상태로 만들기 위한 수리를 실시하는 데 몇 년이나 걸렸다.

무분별한 목표는 부메랑이 된다

순진하게 마련된 유인 체계는 바람직하지 않은 결과가 무심코 따라올 수 있는 대표적인 방식이다. 특히 문제의 근본 원인을 공략하는 대신 해당 사안의 주변만을 건드리는 목표 설정은 역효과를 불러올 수 있다.

수십 년 동안, 콜롬비아 정부들은 줄곧 좌익 콜롬비아무장혁명군 Fuerzas Armadas Revolucionarias de Colombia, FARC 게릴라 집단과 싸워왔다. 냉전 시기에 막스-레닌주의 원리에 입각해 반제국주의와 농부들의 권리 옹호를 목적으로 설립된 FARC는 몸값, 불법 채굴, 불법 약물의 갈취와 제조 및 유포를 통해 군 활동 자금을 댔다.

줄곧 격화되어 왔던 내전이 30년 넘게 이어지고 있던 2000년대 초반, 콜롬비아 정부군은 FARC에 대한 공격을 강화하기로 결정했다. 기본 계획은 지지 세력을 없애서 게릴라 집단의 활동을 유지할 수 없게 만들자는 것이었다. 그 목적을 위해 성적표와 보상 체계를 고안했다. 고위 군 장교들은 적 전투원들의 사망, 생포 내지 항복 인원수에 따라 순서대로 부대에 등급을 매겼다. 살상이 우선순위가 제일 높았다. 생포는 보상이 없었다.

2007년 육군 7사단이 그다음 3년 동안 실시할 작전 계획을 발표했다. 계획 문서에 명시적으로 적힌 바에 따르면, 그 사단의 부대들은 우선적으로 적군의 사망자 수로 평가받게 될 터였다. 군대의 전반적인 전략상 더 적합한 목표일 수 있는 테러 사건 수의 감소는 부차적인 목적으로만 제시되었다. 개인 수준에서 보자면, 적군을 많이 죽인 지휘관과 병사들은 돈, 휴가 및 특별 포상을 보상받았다. 2006년부터 2008년까지 '마리오 몬토야 장군의 정책'이라는 명칭의 군대 문서가 유출되었는데, 여기서 마리오 몬토야는 군대 총사령관이었다. 이 문서에서는 다음을 강조하고 있다. '살상은 가장 중요한 사안이 아니라 유일한 사안이다.'

그 결과 엉뚱하게도 많은 부대가 살상자 수를 늘리기 위해 민간인을 살해하는 쪽으로 가닥을 잡았다. 잡기 어렵고 잘 훈련된 반군 병사들을 찾아내 제거하기는 어려웠기 때문이다. 종종 가난한 집안 출신의 젊은 남자가 일자리를 주겠다는 꾐에 빠져 집을 떠났다 냉혹하게 살해당했다. 그 문제가 얼마나 만연했던지, 2002년부터 2008년 사이에 콜롬비아 군대가 6,000명이 넘는 자국민 - 파견된 군대가 보호해 줬어야 할 바로 그 사람들 - 을 죽였다고 알려졌다. 무고한 사람들, 즉 '거짓 양성' 사례로 알려지게 될 사람들을 생포하거나 투항 권유를 하기보다는 살상한다는 이 무분별한 목표 때문에 군인들은 사망자들을 좌익 반군으로 치부해 버릴 수 있었다. 만약 목표가 적 전투원 생포하기였더라면 그렇게 하기가 훨씬 어려웠을 것이다. 군인들의 말마따나, 죽은 자는 말이 없다.

콜롬비아 정부군에게 준 왜곡된 유인이야말로 **굿하트의 법칙**Goodhart's law의 대표적인 사례다. 이 법칙에 의하면, '한 측정치가 목표가 될 때, 그것은 더 이상 좋은 측정치가 되지 못한다.' 목표가 설정되기 이전, 그러니까 민간인 살해가 유인책이 되기 이전에는 군대에서 행한 살상 대상의 대다수는 아마 FARC 반군이었을 것이다. 다른 모든 상황이 똑같았다면, 살상자 수치는 부대가 얼마나 잘하거나 잘못하고 있는지 알려주는 좋은 측정치였을 수 있다. '목숨 빼앗기'가 목표가 되자마자, 그게 누구의 목숨인지와 무관하게 그런 체계를 이용할 분명한 유인이 생겼다. 이제 사망자 수는 더 이상 부대의 성적을 나타내는 좋은 측정치 역할을 하지 못하게 되었다.

우리는 성적표의 세계에 산다. 우리는 아이들이 다니는 학교와 대학교에서부터 가장 취약한 이들이 보살핌을 받게 될 병원에 이르기까지 모든 것에 등급을 매긴다. 성적표는 일련의 측정 기준을 바탕으로 작성될 수 있다. 만약 그런 측정 기준들이 적절하게 선택되었다면, 등급은 한 조직의 자질에 대해 유용한 통찰력을 줄 수 있다. 덕분에 우리는 상위에 속한 자들에게는 보상을 주고 뒤처지는 이들한테는 지원을 제공할 수 있다. 하지만 실적을 알려주는 지표가 매우 주의 깊게 선택되지 않는다면, 조직들은 자신들의 실적을 그런 측정 기준이 나타내려는 진정한 목표보다는 겉으로 보이는 기준에 맞는 쪽으로 최적화할지 모른다.

학교가 적절한 예다. 우리가 학교에서 진짜로 평가하고 싶은 것은 가르치고 배우는 기회의 질이다. 그것이야말로 학교의 교육적 자질을 재는 근본적인 측정 기준이다. 하지만 이런 자질의 평가는 노동집약적이기 때문에, 학교는 보통 학생들의 시험 성적, 즉 가르치기의 질을 대략적으로 알려주는 대체 기준으로 평가된다. 이렇게 하는 근거는 분명하다. 즉, 더 잘 가르칠수록 학생들의 시험 성적이 더 낫기 마련이라는 것이다. 물론 함정도 있다. 시험 성적은 가르치는 능력을 향상시키지 않고서도 올릴 수 있으니 말이다.

바로 이 문제로 인해 2015년 애틀랜타 교육 시스템 내의 교사와 교장 34명이 부정행위로 기소되었다. 전국적인 교육개혁 조치로 인해 미국의 주들은 높은 시험 성적과 직접적으로 관련되어 있는 연방 지원금을 받으려고 서로 경쟁했다. 이런 상황에 압박감을 느낀 주의 교육 행정가들은 구역 학교 관리자들에게 성적을 올리라고 종용했다. 그러자 이 관리자들은 개별 학교 및 개별 선생에게 경제적 보상을 주겠다고 하거나 처벌 위협을 가하면서 시험 점수를 조작하도록 강요했다. 이런 압박에 내몰린 교육자 무리가 자기들 학교의 순위를 올리려고 표준 시험의 결과를 바꾸기로 공모했다. 결국 열한 명의 교사가 미국에서 일어난 최악의 시험 성적 부정행위로 인해 유죄판결을 받았다. 옛 속담대로, '당신이 무엇에 보상을 주는지 조심하라. 반드시 그 과보를 받게 될 테니까.'

이 격언이 학교에서만 통하는 건 아니다. 경쟁하는 기관들에 등급을 매기는 데 목표치가 사용되는 어느 분야에서든 통한다. 불행하게도 그런 목표치 기반의 구별이 만연한지라 측정치 조작을 통해 더 나은 성적표를 얻기 쉬운 분야 중 하나가 바로 의료다. 측정 대상이 극도로 주의 깊게 선택되지 않으면, 재앙적인 결과가 따를 수 있다. 베트남 참전용사 월터 새비지Walter Savage가 자기 몸을 망치며 알게 된 내용이다.

81세의 월터는 심하게 넘어진 후, 차가운 12월에 오리건의 밤 속을 절뚝거리며 걸어서 환하게 불이 켜진 로즈버그보훈병원 응급실로 들어갔다. 넘어져서 생긴 탈수, 영양실조 및 갈비뼈 골절을 앓는 그에게 의사는 입원해야 한다고 말했다. 하지만 그날 저녁 침상이 많이 남아 있었는데도, 병원 관리자들은 그가 입원할 정도로 아프지는 않다고 판단했다. 힘겹게 아홉 시간을 기다린 후 의사들이 관리자들에게 월터의 질환이 심각하다고 주장했는데도 결국 그는 내쫓겨 집으로 혼자 돌아갔다. 이튿날 그는 병원에 다시 갔다. 이번에도 입원하기 위해 몇 시간을 기다려야 했다. 마침내 담당의는 관리자들의 안 된다는 답변을 거부하고서 월터를 입원시켰다. 그러자 담당의를 잠시 만나보고 나서, 병원 관리자들은 24시간 이내에 월터를 요양원으로 이송시켜야 한다고 일렀다.

월터가 처음에 거부당하고 그다음에도 이송을 하게 된 이유는 아프지 않아서라거나 응급 의료 처치가 필요 없어서가 아니었다. 오히려 그 반대였다. 병원 관리자들은 월터의 사례가 병원에 오점을 남길까 염려했다. 2년 전에 병원은 미국 보훈부의 등급 체계에서 병원 점수를 높이기 위해 위험도가 가장 낮고 치료가 가장 간단한 환자들을 우선순위에 두는 정책을 시행했다. 참전용사들은 최대한 빨리 다른 병원으로 옮겨졌는데, 병원이 가장 심각한 환자들을 치료하기에는 '너무 작다'는 표면적인 이유에서였다. 병원에서 근무하는 한 의사가 주장하기로, "숫자 게임이에요. (아픈 게) 덜한 환자들을 진료하는 편이 병원에 실제로 더 좋다는 걸 병원 지도부가 간파했어요." 틀린 말이 아니었다. 이 정책하에서 로즈버그보훈병원은 등급이 높아져서 '의료 질이 가장 빠르게 개선된 병원들' 중 한 곳이 되었다. 그 측정 기준과 지도부가 받게 될 보너스 사이의 직접적인 연관성 때문에 지도부가 등급 사다리를 오르려는 열정은 결코 줄어들지 않았다.

보훈병원 시스템에서 등급 관련 스캔들이 터진 경우는 이번이 처음이 아니었다. 1990년대 후반 보훈부는 수술합병증을 병원 측정 기준 목록에 포함시켰다. 수술합병증이 더 많이 나올수록 병원 등급이 낮아지게 되는 거였다. 이 정책은 통한 듯했다. 놀랍게도 1997~2007년 사이에, 수술합병증 보고 건수가 절반 남짓 줄어들었다. 하지만 실제로는 병원 관리자들의 강요로 많은 의사가 가장 복잡하고 고위험인 수술을 단지 맡지 않았을 뿐이다. 당시 그런 시스템 속에서 일했던 한 의사는 그 정책 때문에 목숨을 잃은 환자들이 있다고 시인했다. 평가하는 자질에 관한 측정 기준이 조작될 수 있는 상황에서는 크게 보상해 주는 정책이 결과를 향상시키기보다 오히려 악화시킬 수 있다.

딥러닝 알고리즘의 허점

우리는 규칙 내의 허점을 악용하는 행위가 인간의 본능 탓이라고 여기기 쉽다. 시스템을 악용하는 데 끌리는 자들의 동기는 자만심, 탐욕, 허영 내지 당혹감 때문이라고 상상하기 쉽다. 하지만 알고 보니, 우리가 종종 교묘한 인간의 계략에 물들어 있지 않았을 거라 여기는 알고리즘 – 과제를 수행하기 위한 명령어들의 목록 – 도 우리 인간처럼 그런 편법을 저지르기 쉽다.

근래에 딥러닝이 발전하면서 인공지능 분야를 둘러싼 열띤 흥분이 촉발되었다. 딥러닝 알고리즘은 한 행위나 과제를 훌륭하게 수행하기 위해, 인간의 뇌가 학습하는 방식의 기반이 되는 생물학적 과정을 대략 모방하도록 설계된다. 이미지 구별을 위해 알고리즘은 한 벌의 알고리즘을 입력받는데, 일부 사진들에는 검색 대상이 들어 있고 다른 사진들에는 검색 대상이 들어 있지 않을 수 있다. 가령 이미지 내에서 풀을 뜯는 동물을 찾아내려고 시도할 때, 딥러닝 방식은 양, 소, 말 등이 들어 있는 '긍정적인' 사진들과 더불어 자동차나 소화전, 신호등 또는 다른 현실 세계 장면들의 전반적인 배합이 들어 있는 '부정적인' 사진들을 통해 훈련을 받게 될지 모른다.

이 **훈련용 데이터세트**training data set에 대해 알고리즘한테 뭐가 뭐다라는 설명을 해주면, 알고리즘은 확인하려는 대상을 잘 나타내 주는 이미지 내의 특징들을 분석하고 찾아낼 수 있다. 이상적으로 보자면, 대상을 가장 잘 드러내는 특징들, 즉 형태, 색깔, 명암 대비 또는 덜 명확한 다른 속성들을 갈고닦을 것이다. 대상과 관련 있는 특징을 포착하는 일이 알고리즘한테 맡겨진다. 가령, 소가 들어 있는 이미지들은 알고리즘에게 대조되는 흑백 무늬가 있는 둥그스름한 대상을 찾으라고 가르친다. 이미지 내의 중요한 특징을 알아내는 자유도야말로 딥러닝을 대단히 강력한 기법으로 만드는 요인이다. 임의의 식별 요소라도 포착해 낼 수 있는 능력은 알고리즘이 인간 조련사에게서 배우지 않은 측정치를 이용해 이미지들을 구분할 수 있으며 아울러 인간의 눈으로는 확실치가 않거나 심지어 알아차릴 수도 없는 이미지도 식별할 수 있다는 뜻이다.

세상에 공개하기 전에 알고리즘은 보통 **시험용 데이터세트**testing data set로 검증을 거친다. 이 두 번째 이미지 집합은 알고리즘의 인간 창조자한테는 올바른 구분이 알려져 있지만 알고리즘한테는 알려지지 않았기에, 과학자들은 해당 알고리즘이 요청되는 작업을 하도록

'학습'이 얼마나 잘되었는지 또는 잘못되었는지를 결정할 수 있다.

그 분야는 근래에 대단한 성공을 거두었는데, 바둑의 고수를 이기는 알고리즘이나,[143] 프로 포커 선수를 완패시키는 알고리즘이 개발되기도 했다.[144] 딥러닝이라는 도구는 이미 상업적으로도 이용되고 있다. 가령 페이스북과 같은 회사들은 업로드된 사진 속의 사람들에게 태그를 다는 데 딥러닝 기술을 이용하고, 구글은 100개가 넘는 언어를 번역하는 데 딥러닝 기술을 이용한다. 의료 분야에서 딥러닝 알고리즘은 X선 영상을 통해 암을 찾아낼 수 있게 되었는데, 그 정확도가 인간 방사선 전문의의 수준에 필적한다.[145] 딥러닝 알고리즘의 잠재적 응용 범위는 무한하다.

하지만 알고리즘이 인간이 부과한 목표를 달성하려고 지름길을 택한 나머지, 신흥 기술에서는 당혹스러운 실패를 겪는 경우가 많았다. 컴퓨터비전의 한 분야인 이미지 자동 자막 생성하기는, 이론적으로 볼 때 검색 엔진이 가장 적절한 이미지 검색 결과를 내놓아서 이미지 접근성을 향상시킬 수 있는 굉장히 유용한 도구다. 하지만 안타깝게도 알고리즘이 어떻게 입력 데이터를 사물의 유형과 연관시킬지 지시하는 아무런 규칙이 나오지 않았기에, 인공지능 알고리즘은 그냥 지름길에 의존하기가 너무나 쉽다. 가령 한 알고리즘은 풀을 뜯는 동물을 식별하는 훈련을 받아서, 훈련용 이미지들에서 더 식별하기 어려운 동물 자체를 찾기보다는 드넓은 초록 풀밭이 있는 이미지를 골라서 그런 동물을 찾는 법을 배웠다.[146] 그래서 많은 빈 풍경이 잘못 식별되어 '풀을 뜯는 양'이나 '소 떼'와 같은 자막이 달리는 최종 결과가 나오고 말았다. 검색을 했더니 자막이 잘못 붙은 이미지가 나오면 살짝 언짢긴 하겠지만, 큰 문제는 아닐 것이다. 그러나 위에 나온 지름길 찾기 방식으로 기계학습 알고리즘이 작동되는 다른 분야들에서는 똑같이 말할 수 없다.

의료 분야에서 이러한 인공지능 알고리즘을 가장 이용하고 싶은 과제 중 하나는 직원의 과도한 업무 부담을 덜어주는 일이라고 할 수 있다. 특히 방사선 전문의는 X선에서부터 CT 스캔 자료까지 의료 영상의 많은 상이한 유형을 살피고 해석하는 일을 하는데, 알고리즘의 도움으로 큰 혜택을 볼 수 있다. 물론 그들의 업무 부담이 적어지려면, 알고리즘이 내린 식별의 정확도 수준이 우리가 인간이 행한 식별을 믿는 것과 비슷한 정도까지 높아질 수 있어야 한다. 안타깝게도, 내부 메커니즘을 알 수 없는 알고리즘이 예상대로 언제나 잘 작동할지 우리들이 완전히 확신하기란 어려울 때가 많다. 정말이지, 사람들의 생명이 걸린 자율주행 자동차에서부터 의료 진단에 이르기까지 여러 분야에서 인공지능을 사용하는 문제에 관해 많은 사람이 불편함을 느끼는 큰 요인은 그런 알고리즘의 내부 작동 과정이 꽤 불투명하다는 사실이다. 많은 기계학습 과정은 알고리즘 설계자조차도 안에서 무슨 일이 벌어지는지 모르는 이른바 **블랙박스**black box다. 어떤 조건에서는 올바르게 작동하는 것 같다가도, 다른 비슷한 상황에서는 왜 그런지 짐작할 아무런 단서도 없이 끔찍한 오작동이 일어날 수 있다.

훨씬 더 곤란한 점이 또 있다. 어떤 부류의 문제들이나 개별 상황에서 알고리즘이 고장 날지 예측하기가 그런 상황이 처음 나타나기 전까진 아예 불가능할 수 있다. 예를 들어 사람의 말에 배경 잡음이 더해지면 음성인식 시스템이 착오를 일으켜 유령 같은 단어나 문구를 들었다. 그리고 작은 스티커 몇 장만 붙였는데도, 자율주행 자동차용 컴퓨터 비전 알고리즘은 운전자한테 '멈춤'이라고 알렸을 경고 표지판을 속력제한 표지판으로 잘못 읽었다.[147] 현실에서 그런 알고리즘이 출시되었더라면, 끔찍한 재앙이 벌어졌을 수 있다. 일부 딥러닝 알고리즘의 내부 작동은 기본적으로 블랙박스이기에, 그런 알고리즘이 목표 달성을 위해 지름길을 택하지 못하도록 막을 수가 없다. 그런 지름길 덕분에 해당 알고리즘이 훈련받은 데이터로 빠르고 확실하게 과제를 수행할 수는 있겠지만, 이러한 지름길은 알고리즘의 설계 목적인 일반적인 부류의 문제들을 공략하는 데 필요한 진짜 경로와는 아마도 관련이 없을 것이다.

실제로 폐렴 진단용으로 설계된 한 딥러닝 알고리즘이 정확히 그런 덫에 걸렸다.[148] 훈련용 폐 X선 사진들로 오랫동안 학습한 다음에 검증용 데이터세트에 맞춰보았더니, 이 컴퓨터 비전 알고리즘은 폐렴이 있는 폐와 폐렴이 없는 폐를 구분하는 작업을 훌륭하게 해냈다. 결코 완벽하지는 않았지만, 인간의 수준에 비하면 그런대로 괜찮았다. 이 알고리즘을 실제 의료 현장에서 가동하기 전에, 개발자들이 몇 가지 간단한 테스트를 실시했다. 알고리즘의 작동 방식을 더 잘 이해하고 개선할 수 있는지 알아보기 위해서였다. 알고 보니 그 테스트는 정말 잘한 일이었다. 알고리즘이 평가를 내릴 때 일차적으로 집중하는 X선 이미지의 부위를 살펴보았더니, 희한하게도 각 환자의 어깨 주위 영역에 가장 많은 가중치를 두었고, 폐 자체는 거의 완전히 무시했다. 그렇다면 어떻게 폐를 살펴보지도 않고서 폐렴을 알아내는 작업을 그런대로 해낼 수 있었을까? 폐의 감염 여부가 폐렴의 정의인 마당에.

폐와 같이 대략적으로 대칭적인 신체 부위를 촬영할 때 종종 방사선 촬영기사는 시야의 어디쯤에 L이나 R 모양의 윤곽이 있는 금속 원반을 놓는다. 이미지의 왼쪽과 오른쪽을 구별할 수 있도록 하기 위해서다. 그 알고리즘이 기적과 같은 진단 능력을 보였던 까닭은 사실 훈련용 및 검증용 데이터가 나온 병원 두 곳이 서로 폐렴 발생률이 꽤 달랐기 때문이다. 폐렴 발생률이 꽤 달랐을 뿐만 아니라 두 병원은 서로 다른 왼쪽/오른쪽 식별 표시를 사용했는데, 바로 그걸 알고리즘이 구별해 낼 수 있었다. 폐에 생긴 염증을 나타내는 표시를 찾는 대신에 알고리즘은 상이한 왼쪽/오른쪽 구별 표식(보통 X선 사진의 한쪽 구석, 환자의 어깨 가까이에 있는 표식)의 윤곽을 포착해 내, 그걸로 병원을 식별한 다음에 해당 병원의 폐렴 발병률에 관해 학습한 자료를 이용해 폐렴을 식별해 낼 수 있었다.[149]

기계학습의 큰 장점 – 기술된 목표에 부합하도록 데이터를 해석하는 가장 적절한 방법을 찾는 알고리즘의 자유도 – 은 또한 큰 약점이기도 하다. 이러한 알고리즘은 바라는 결과와 진정한 관련성이 없을지 모르는 지름길이나 과도하게 복잡한 측정 기준을 택할 수 있어서, 일반화를 잘하지 못하는 문제점이 있다. 알고리즘이 그 내부에서 하고 있는 일은 입력 데이터를 원하는 결과와 관련시키는 모형을 세우는 것이다. 지금까지 논의한 맥락에서 볼 때, 단순한 모형이 복잡한 모형보다 낫다는 주장에는 나름의 근거가 있는 셈이다.

그렇다면 어떤 모형이 가장 적절한가

더 넓게 보자면, 한 모형을 훈련용 데이터에 익숙해지도록 만들 때, 알고리즘은 그런 데이터의 특징에 관심을 많이 기울일 수도 아니면 적게 기울일 수도 있다. 너무 적게 관심을 두면 모형은 중요한 기본적 경향을 놓칠 수 있으며, 반대로 너무 많이 관심을 두면 무작위적 변동이나 오류를 유의미한 패턴이라고 잘못 해석할 수 있다. 이 문제를 가리켜 각각 과소적합underfitting과 과대적합overfitting이라고 한다.

일부 훈련용 데이터세트에 대해서는 가장 적절한 모형이 명백하다. 가령 3, 5, 7, 9로 이어지는 수열에서 그다음 수를 맞혀보라고 하면, 답이 11이라고 타당하게 예상할 수 있다. 처음 몇 항을 보면 단순한 패턴이 등장한다. 한 항에서 다음 항을 구하려면 2를 더하면 된다. 암묵적으로 우리가 이 데이터에 맞춘 모형은 선형적이다. 다음 항으로 갈 때마다 고정된 양만큼 증가한다는 뜻이다. 공식 $2 \times n+1$이 수열의 n번째 값을 알려준다. 이 공식에 의하면, 수열의 첫째 항은 (n이 1인 경우) $2 \times 1+1$, 즉 3이다. 둘째 항은 (n이 2인 경우) $2 \times 2+1$, 즉 5다. 이후 항도 이런 식으로 계속된다. 그렇기에 우리는 수열의 다섯 번째 항이 $2 \times 5+1$이므로 11이라고 예측할 수 있다. 이것은 완벽하게 타당한 가정이며, 데이터와 들어맞는 가장 단순한 모형이다.

하지만 $13 \times n^4 - 23 \times n^3 + 17.5 \times n^2 - 5 \times n + 0.5$라는 공식의 더 복잡한 모형은 훈련용으로 그다지 좋지 않다. 이 공식에서 n에 1을

대입하면, 수열의 첫째 항은 13−23+17.5−5+0.5, 즉 3이 나온다. n에 2를 대입하면, 수열의 두 번째 항은 5가 나온다. 이후의 항도 이런 식으로 계속된다. 하지만 특정되지 않은 수열의 다섯 번째 항을 찾기 위해 n에 5를 대입하면, 11이 아니라 23이라는 답이 나온다. 우리가 직관적으로 예상했을지 모를 답과 크게 다르다. 23이라는 답이 틀리진 않지만, 아무래도 데이터를 지나치게 복잡하게 만들어버린다. 우리는 저 답을 저절로 떠올릴 리가 만무한데, 지나치게 복잡해 보이는 모형을 통해 나온 값이기 때문이다. 그림 8-1의 왼쪽 그래프는 단순한 선형적 모형을 나타내는 반면에, 더 복잡한 모형을 나타내는 곡선이 오른쪽 그래프에 나온다. 선형적 모형은 단순한 직선이 처음부터 네 번째까지의 점들을 지나도록 적합시키는 반면에, 복잡한 모형은 점과 점 사이를 예상치 못한 방식으로 삐뚤삐뚤 지나간다.

모형화의 일반적 규칙은 **오컴의 면도날**Occam's razor이라고 알려져 있다. 현재 논의의 맥락에서 이 규칙은 다음 격언이 잘 요약해 준다. '데이터를 설명해 주는 최대한 단순한 모형을 사용하라.' 그림 8-1의 왼쪽 그래프에 나오는 선형적 모형이 바로 그 규칙대로 하고 있는 반면에, 오른쪽 그래프에 나오는 모형은 확실히 그렇지 않다. 오컴의 면도날 적용하기는 원리적으론 단순해 보이지만, 현실의 데이터에서는 무엇이 진짜 경향인지 무엇이 데이터 속의 잡음인지 언제나 분명하지는 않다. 단순한 모형은 잡음noise을 무시하려다가 그만 진짜 신호까지 놓치는 바람에 예측을 잘못할 수도 있다. 반대로 복잡한 모형은 잡음에 너무 큰 관심을 쏟는 바람에 훈련 데이터 내의 진짜 신호에 가중치를 너무 작게 줄지 모른다.

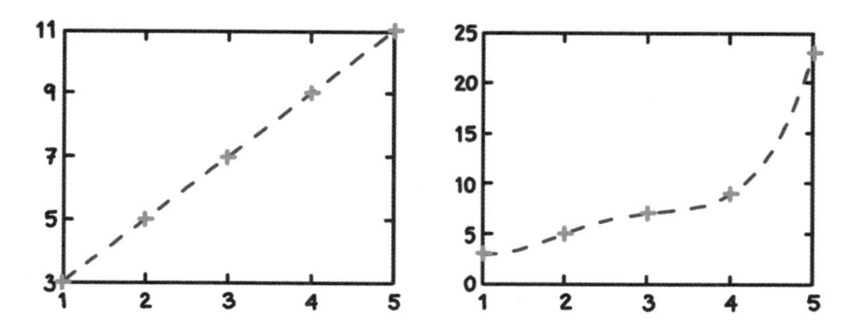

그림 8-1 (왼쪽 그래프에 나오는) 선형적 모형은 직선이 첫 번째부터 네 번째까지의 데이터 점들을 지나도록 적합시켜, 다섯 번째가 11이라고 예측한다. (오른쪽 그래프의) 더 복잡한 모형은 비선형적 곡선이 첫 번째부터 네 번째까지의 데이터 점들을 적합시켜, 다섯 번째에 대해 매우 다른 예측 값을 내놓는다. 어느 모형도 객관적인 의미에서 '옳다'고 할 순 없지만, 선형적 모형이 단순성 면에서 더 낫다고 볼 수 있다.

한 모형의 단순성이나 복잡성을 이야기할 때, 우리는 해당 모형이 가진 **매개변수**parameter의 수 또는 **자유도**degree of freedom를 종종 언급한다. 매개변수는 다만 모형의 특성을 알아내기 위해 데이터에서 추출해야 하는 양이다. 예를 들어 설명하자면, 선형적 모형에는 매개변수가 두 개다. 직선의 기울기 그리고 직선의 높거나 낮은 정도(이 두 번째 매개변수는 직선이 수직인 y축을 지나는 높이로 결정되며, 이를 가리켜 y절편이라고 한다)는 매개변수가 많은 모형일수록 데이터에 적합시킬 때 유연성이 더 높다. 하지만 매개변수가 많을수록, 제한된 훈련용 데이터만으로는 모형이 데이터 점들을 옳게 적합시키는지 확신하기가 더 어렵다.

그림 8-2에서 나는 1790~1900년 동안 매 10년마다의 인구조사 데이터에서 얻은 미국 인구의 크기를 점으로 찍었다. 복잡성이 점점 커지는 세 가지 상이한 모형을 훈련용 인구 데이터에 적합시켰는데,

인구가 20세기에 어떻게 변해가는지 예측하는 것이 목적이었다. 가장 왼쪽 그래프에 나오는 '기본적인' 선형적 모형은 매개변수가 두 개다. 가운데 그래프에 나오는 '향상된' 모형은 매개변수가 세 개며, 가장 오른쪽 그래프에 선보인 '복잡한' 모형은 매개변수가 일곱 개다.

기본적인 모형은 훈련용 데이터를 잘 따라가지 못한다. 인구가 증가하고 있다는 사실을 기술해 주긴 하지만, 증가율 자체가 커지고 있다는 사실을 파악해 낼 만큼 자유도가 크지 않다. 매개변수가 하나 더 많은 향상된 모형은 대다수의 데이터 점을 꽤 잘 적합시키며, 한두 개 점만 조금 어긋난다. 복잡한 모형은 충분히 많은 매개변수를 지녀서, 거의 모든 데이터 점을 훌륭하게 적합시킨다.

그림 8-3에서 각 모형이 하는 예측을 살펴보면, 예상대로 기본적인 선형적 모형은 1900년 이후 인구가 점점 더 급격히 증가하는 현상을 예측해 내지 못한다. 향상된 모형은 1900년 이후의 검증용 데이터세트에서 보이는 인구 변화를 잘 추적해 낸다. 놀랍게도 훈련용 데이터를 아주 잘 적합시켰던 복잡한 모형은 가장 나쁜 결과를 보였는데, 급격한 인구 감소에 이어 1900년대 중반이면 인구가 소멸된다고 예측했다. 복잡한 모형은 향상된 모형보다 훈련용 데이터를 더 잘 적합시켰지만, 그러기 위해 데이터의 변화 양상에 너무 큰 관심을 기울이는 바람에 일반적이고 근본적인 경향을 놓치고 말았다. 이렇듯 더 복잡한 모형이라고 늘 더 좋지는 않다.

모형을 현실 데이터에 적합시킬 때, 모든 데이터 점을 완벽하게 일치시키길 기대할 수는 없다. 정말이지 그러길 바라서는 안 된다. 대신에 우리는 기꺼이 받아들일 허용오차를 정해야 한다. 모형을 최대

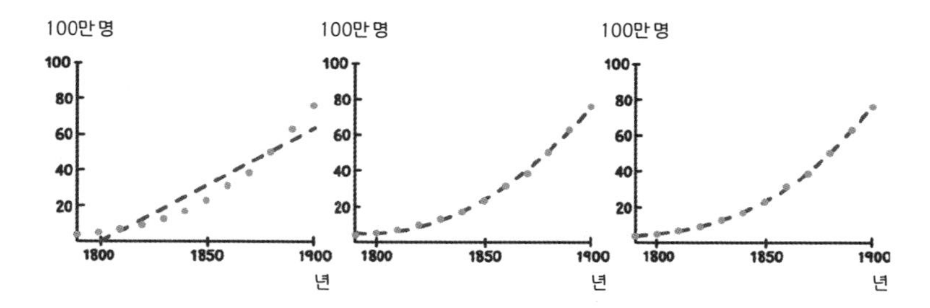

그림 8-2 1790년에서 1900년까지 미국 인구 데이터(점)에 대한 상이한 모형 적합(점선)들. 제일 왼쪽 그래프의 선형적 모형은 훈련용 데이터를 과소적합시킨다. 가운데 그래프의 세 매개변수 모형은 훈련용 데이터를 훌륭하게 적합시키지만, 몇 개의 데이터 점은 근소하게 빗나간다. 제일 오른쪽 그래프의 일곱 파라미터 모형은 훨씬 더 적합을 잘 시켜서, 점선이 거의 모든 훈련용 데이터를 지나간다.

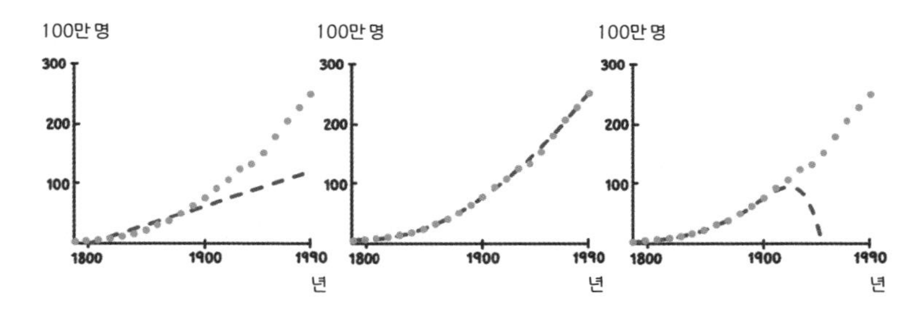

그림 8-3 기본적인 선형적 모형(왼쪽 그래프)은 검증용 데이터를 잘 예측하지 못한다. 매개변수가 너무 많은 복잡한 모형(오른쪽 그래프)은 훨씬 나쁘다. 매개변수가 세 개인 향상된 모형(가운데 그래프)이 20세기의 미국 인구를 가장 잘 예측한다.

한 단순하게 하자는 오컴의 면도날 규칙에서 볼 때, 매개변수가 세 개인 향상된 모형이 훈련용 데이터세트를 타당한 허용오차 내에서 적합시키는 가장 단순한 모형이다. 따라서 그것이 우리가 선택할 모형이어야 한다. 고작 열두 개의 데이터 점들로 일곱 개의 매개변수를 결정해야 하므로, 복잡한 모형은 과잉이라고 볼 수 있다. 매개변수가 많은 복잡한 모형이 훈련용 데이터를 훌륭하게 적합시킨다고 해서 놀랄 일은 아니다. 그 모형의 예측이 현실에서도 맞아떨어져야만 진짜로 놀랄 일이 된다. 바로 그런 이유에서 유명한 수학자 존 폰 노이만은 이렇게 경고했다. "매개변수 네 개로 나는 코끼리를 만들 수 있고, 다섯 개가 있으면 코끼리가 코를 씰룩거리게 할 수 있다."

바이러스의 확산을 막은 '틀린 예측': 자기파괴적 예언

인구 증가 예측은 위험성이 농후하다. 1968년 저서 『인구폭탄The Population Bomb』에서 미국 생물학자 폴 에얼릭Paul Ehrlich은 급격한 인구증가로 생길지 모를 식량 부족을 고민하며 이렇게 썼다.[150] "모든 인류를 먹이기 위한 전투는 끝났다. 현재 시작된 비상조치에도 불구하고 1970년대에 수억 명의 사람이 굶어죽을 것이다. 이미 늦어버린 그 시점엔 아무것도 전 세계 사망률의 실질적 증가를 막을 수 없다." 그는 나아가 정량적인 예측을 내놓았다. "사망률은 다음 10년 동안 적어도 매년 1, 2억 명이 굶어죽을 때까지 증가할 것이다."

가장 절망적으로 기록된 역사책을 보더라도 이 묵시적 예언은 실현되지 않았다. 교육 기회가 늘어나고 출산 억제와 낙태로 인해 전 세계의 인구증가율이 이후 50년 동안 꾸준히 감소해, 1970년에 매년 2퍼센트 이상이던 증가율은 오늘날에는 약 1퍼센트가 되었다. 녹색혁명이 정점에 달해 식량 생산이 증가했는데, 특히 개발도상국에서 더욱 두드러졌다. 심지어 오늘날에도 인구가 상당히 증가하긴 했지만 전 세계는 모두를 충분히 먹여 살리기에 충분한 식량을 생산할 수 있다. 식량의 분배가 늘 적절하게 이루어지진 않지만 말이다. 이는 기근을 (완전히 없애지는 못했지만) 감소시켰는데, 기근이 현재 남아 있는 까닭은 전 세계의 식량 생산 부족보다는 대체로 정치적 불안정 때문이다. 1960년대에는 세계 인구 100만 명당 500명이 식량 부족으로 사망했다. 1990년이 되자 이 숫자는 100만 명당 고작 26명으로 줄었다. 전 세계의 사망률은 에얼릭이 제시한 것처럼 극적으로 증가하지 않았고, 대신에 꾸준히 감소해 1965년에 1,000명당 열세 명에서 오늘날에는 1,000명당 여덟 명이 되었다.

40년이 지나, 자신이 쓴 글을 읽고서 에얼릭은 책에서 했던 예측 중 다수가 실현되지 않았음을 시인했다. 그러면서도 예측이 빗나간 이유가 자신이 어느 정도 강한 어조로 글을 쓴 덕분에 그 문제를 크게 부각시켜 해결책을 찾도록 자극했기 때문이라고 보았다. 예측이 실현되지 않았음을 알고서도, 에얼릭은 지금 자신이 '너무 낙관적'이었다고 믿는다. 그래서 한 다큐멘터리의 인터뷰에서 이렇게 말했다. "『인구폭탄』에서 제 언어가 너무 종말론적이었다고 생각하지는 않아요. 오늘날 제 언어는 훨씬 더 종말론적일 테니까요." 사실상 에얼릭이 보기에, 자신은 더 심하게 주장했어야 하며 『인구폭탄』에서 밝힌 생각은 어느 정도 **자기파괴적 예언**self-defeating prophecy이었다.

자기파괴적 예언은, 명칭에서도 암시하듯 바로 앞 장에서 나온 자기실현적 예언의 덜 알려진 사촌이다. 한마디로, 스스로 실현되지 못

하게 막는 예언이다. 자기실현적 예언보다는 덜 흔하게 쓰이지만, 자기파괴적 예언도 이야기 소재로 흔히 나온다. 자기파괴적 예언이 등장하는 가장 유명한 이야기 중 하나는 구약성경 속의 예언자인 요나의 이야기다. 「요나서」는 하나님이 주민들의 교만과 잔인함과 부정직함을 벌하기 위해 니느웨(니네베)시를 어떻게 멸망시키기로 했는지 들려준다. 하나님은 요나에게 그 도시로 가서 멸망을 예언하라고 명령했다. 자비로운 하나님이 니느웨 사람들을 어쨌거나 회개시켜 멸망을 막아주겠거니 – 예언을 자기파괴적인 것이 되도록 하겠거니 – 여긴 나머지, 요나는 니느웨에 가서 굳이 곤경에 처하는 대신에 도망치기로 마음먹었다. 1장에서 보았듯이, 도망친 요나는 결국 사흘 밤낮을 큰 물고기의 배 속에서 지내게 된다. 요나가 회개하고 도시의 몰락을 예언하려고 니느웨에 가겠다고 하자, 하나님은 그 물고기한테 요나를 뱉어내라고 명령해 요나가 즉시 사명을 수행하게 했다. 요나가 간절하게 전한 소식을 듣고서 니느웨 사람들이 회개하자, 하나님은 들끓던 분노를 거두었다. 그 결과 자신의 예언이 하나님의 자비로 인해 빗나가길 바라던 요나의 소망이 결실을 맺었다. 유효하지만 자기파괴적 예언을 함으로써 거짓 예언자가 될 위험성을 가리켜 종종 **예언자의 딜레마**prophet's dilemma라고 한다.

필립 K. 딕의 단편소설이자 톰 크루즈가 출연한 동명의 영화 〈마이너리티 리포트〉는 거의 완벽히 범죄가 사라진 가까운 미래의 워싱턴 DC를 배경으로 한다. 살인을 예측할 수 있는 세 명의 인간 '예언자'의 협조와 존 앤더슨(톰 크루즈)의 지휘하에, 경찰청 '범죄예방국'은 미리 개입해 대다수 살인 사건을 방지할 수 있었다. 그러므로 예언자가 예측할 수 있는 범죄는 자기파괴적인 예언인 셈이다. 사전범죄 범법자가 실제로는 자신의 체포 이유인 해당 범죄를 저지르지 않는다는 사실로 인해, 법무부 관리들은 그 프로그램의 윤리를 의심하게 된다. 자신이 범법자로 나오는 예측을 목격하고 나서는, 영화의 나머지 내용 대부분이 체포를 피하려는 앤더슨의 이야기 중심으로 흘러간다. 결국 그는 자신이 저지른다고 예측된 살인을 저지르는 것을 가까스로 피한다. 그 예측은 또 하나의 자기파괴적 예언이었던 셈이다.

현대 세계에서 자기파괴적인 예언은 의미심장한 결과를 낳을 수 있다. 코로나 바이러스 사태의 초기 단계야말로 자기파괴적 예언의 가장 논쟁적인 사례라고 할 수 있다. 2020년 3월 16일 닐 퍼거슨Neil Ferguson 교수가 이끄는 임페리얼칼리지의 과학자들은 지금은 악명 높은 제9보고서Report 9를 발표했다. 20페이지짜리 문서를 빛냈던 그래프와 그림 가운데 유독 눈에 띄었던 두 건의 예측이 있었다. 그 과학자들이 내다보기로, 만약 바이러스 확산을 줄이기 위한 조치가 전혀 이루어지지 않는다면, 영국인 50만 명이 목숨을 잃게 되어 있었다. 당시 영국 정부의 주된 확산 **완화** 전략하에서도 그들은 25만 명이 코로나 바이러스 때문에 사망한다는 의견을 내놓았다.[151] 그런 암울한 전망을 접하자 영국 정부는 과감한 행동에 나서지 않을 수가 없었다. 일주일 후 보리스 존슨 수상은 전국 텔레비전을 통해 영국 국민들에게 집 밖에 나가지 않기와 학교 폐쇄를 비롯한 다른 여러 제한 조치를 알렸다. 즉, 추후 **봉쇄**lockdown라고 불리게 될 조치를 시행했다.

유례없는 사회적 제한 조치를 시행하자마자 코로나 바이러스의 일일 발생 건수가 거의 즉각적으로 떨어지기 시작했다. 사람들끼리의 접촉이 극적으로 줄었기 때문이다. 영국의 발병 건수가 가장 낮았을 때인 2020년 7월에는 하루 발병 건수가 평균 대략 600건이었고 총 사망자 수는 5만 5,000명쯤이었다. 완화 조치가 없었을 때 예측된 수준의 약 10분의 1이었다. 많은 사람이 지속적인 제한 조치의 시행 및 치명적인 바이러스에 대한 사람들의 행동 변화로 인해 생긴 낮은 발병률을 영국 코로나 사태의 종료라고 착각했다. 많은 비주류 언론은 물론, 심지어 주류 언론매체들까지도 임페리얼칼리지의 예측을 비웃기 시작했다. 퍼거슨은 '프로페서 록다운Professor Lockdown'이라는 경멸적인 이름으로 낙인찍혔다. 그가 이끄는 연구팀의 틀린 예측만을 바탕으로 실시된 불필요한 제한 조치의 주범으로 내몰린 셈이다. 2020년 가을 《스펙테이터》는 임페리얼칼리지 과학자들이 '죽게 될 사람들의 수를 과대평가했다'고 비판하는 기사를 내면서, 그 예측치를 '최악의 코로나 데이터 실패 사례 열 가지' 중 으뜸가는 실수라고 비난했다.

2020년 겨울이 되자, 아직도 대체로 백신 접종을 하지 않은 영국인들한테서 코로나 발병 건수가 다시 급등했다. 1차 대유행에서 발생한 유럽 최다 사망자 수에 다시 9만 5,000명이 더해졌다. 심지어 2021년 가을 영국의 총 사망자 수가 15만 명이 넘었을 때에도 《메일 온 선데이Mail on Sunday》는 '코로나 멸망 소문 전파자들은 자신들이 틀렸음을 **결코** 시인하지 않을 것인가?'라는 제목의 기사에서 계속해서 주장했다. 퍼거슨의 50만 명 사망 전망은 그가 예측을 부풀려서 내놓았기 때문에 실현되지 않았다고 말이다. 그 신문이야말로 제한 조치 실시 및 그 이후의 안전하고 효과적인 백신 접종으로 인한 사망자 감소를 올바르게 평가하지 못한 산증인이었다. 몇 주 후 이 신문은 어쩔 수 없이 그 기사를 철회하고 사과문과 함께 이렇게 시인했다. '51만 명이라는 수치는 통제 조치가 실시되지 않은 상황을 가정했음을 우리는 명확히 밝혀야만 했습니다.' 자기파괴적 예언을 고의적이든 아니든 예측의 실패라고 잘못 이해한 언론매체가 《메일 온 선데이》만은 아닐 것이다.

어쩌면 당연하게도 정책 시행의 기본 정보로 이용되는 수학적 모형을 제작할 때는 결코 실현되지 않는 예측을 하게 될지 모른다. 특히 중차대한 결과가 걸린 사안일 땐 더욱 그렇다. 끔찍한 결과를 막아야 한다고 알려주는 예측이기 때문이다. 그 모형의 바탕이 된 가정이 달라졌다는 사실이 원래 예측이 틀렸다는 의미는 아니다. 정말이지, 바이러스 확산을 억제하는 완화 조치가 실시되고 백신 접종이 이루어졌는데도 2022년 여름까지 영국의 총 사망자 수가 19만 5,000명이 넘었다는 사실은 원래 예측의 중대성을 뒷받침해 준다. 퍼거슨도 밝혔듯이, 그는 오히려 자신의 예측이 과소평가된 값이라고 여겼다. 속수무책이었던 의료 서비스의 영향을 고려하지 않았기 때문이라고 이유를 대면서, 만약 바이러스가 완화 조치 없이 확산되었더라면 의료 기관들은 환자에게 더 열악한 치료를 제공했으리라고 말했다.

과학기술의 여러 분야에서 이루어진 예측들에서도 비슷한 자기파괴적 효과들이 존재했다. 밀레니엄 버그로 생길지 모를 피해를 두려워한 나머지 잠재적인 날짜 계산 결함을 해결하기 위해 수천억 달러가 컴퓨터 시스템 업그레이드에 쓰였다. 2000년 1월 1일에 큰 재앙이 생기지 않자, 많은 사람은 큰 문제가 벌어지지 않은 까닭이 그 문제가 애초에 과장되었기에 때문이라고 보았다. 하지만 실제로 발생했던 소수의 사안들을 통해, 그 문제가 진짜였음이 밝혀졌다. 미리 심각한 결과를 널리 경고하지 않았더라면 훨씬 더 나쁜 결과가 벌어졌을지 모른다. 밀레니엄 버그가 피해를 줄 수 있다는 경고가 자기파괴적 예언 역할을 해서 그 문제가 해소된 셈이다.

또한 남극 상공의 오존층에 구멍이 커지는 현상이 어떤 결과를 초래할지 이해하기 시작했을 때, 과학자들은 재빨리 그 현상이 전 지구의 농업 및 인간의 건강에 미칠 영향을 경고했다.[152] 그런 예측이 실현된다면 생길 여파가 너무나 심각했기에, 전 세계의 지도자들은 1987년에 함께 모여서 몬트리올 의정서에 서명했다. 오존층에 구멍을 만드는 염화불화탄소CFCs의 사용을 줄이자는 목표로 맺은 협약이었다. 요즘엔 오존층의 구멍을 이야기하는 사람들이 거의 없는데, 그런 조치들이 충분히 강력해서 더 이상의 피해를 막고 이미 일어난 피해도 많이 복구했기 때문이다. 문제 발생을 내다본 예측이 전 세계에 큰 충격을 주는 바람에, 다 같이 힘을 합쳐서 끔찍한 예측이 실현되지 못하게 막은 덕분이다.

몬트리올 의정서는 전 지구적 공해를 줄이려는 명시적인 목표를 지닌 첫 국제조약이었다. 내가 이 글을 쓰고 있는 지금, 우리는 또 하나의 전 지구적 환경 재난의 문턱에 서 있다. 점점 더 커지고 있는 지구온난화의 위협이 바로 그것이다. 우리는 다만 기후변화가 초래할 심각한 결과에 대한 현재의 예측이 큰 자극을 주어 정치 지도자들로 하여금 유의미한 행동에 나서게 하기를 바랄 뿐이다. 그래서 대기에 배출되는 온실가스의 양이 감소함으로써 지구 온도가 상승하고, 이에 수반해 환경과 인간에 큰 피해가 생기리라는 예측이 자기파괴적인 예언으로 바뀌길 희망할 뿐이다. 슬프게도 5장에서 보았듯이 이런 다자간 국제적 '게임'에 대한 해결책은 우리의 희망처럼 그렇게 늘 단순하지만은 않다.

언더독, 승자가 되다

정치인들도 자기파괴적 예언에서 면제되어 있지는 않다. 2016년 미국 대통령 선거 투표가 개시되기 고작 몇 시간 전에, 로이터스/입소스 '스테이츠 오브 더 네이션States of the Nation' 여론조사에서는 힐러리 클린턴이 이길 확률이 90퍼센트로 나왔다. 한편, 취합된 여론조사 데이터를 이용해 통계학자 네이트 실버Nate Silver의 '파이브서티에이트닷컴fivethirtyeight.com' 웹사이트가 2008년 선거에서 50개 주 가운데 49개 주의 결과를 맞혔고, 2012년 선거에서 50개 주 선거 결과를 전부 맞혔다. 2016년 이 웹사이트는 클린턴이 선거인단 투표에서 302표를 얻어 235표를 얻은 트럼프한테 이긴다고 예측했다. 놀랍게도 이전에는 대단히 예지력이 높았지만 이번만큼은 실버의 예측(그리고 다른 공식적인 거의 모든 여론조사)이 한참 빗나갔다. 실제로, 트럼프가 선거인단 투표에서 클린턴보다 무려 77표를 더 많이 획득했다.

선거 유세 과정에서 트럼프가 성적이 좋지 않았던 이유는 여러

가지겠지만, 한쪽으로 치우친 여론조사 결과가 최종 선거 결과에 큰 영향을 미쳐 사실상 예측의 실현을 방해했다고 볼 수 있다. 승리를 확신하는 바람에 많은 클린턴 지지 활동가들은 판에서 발을 뺐고, 일부 민주당 지지자들은 투표장에 나가지 않았다. 반대로 열악한 여론조사 결과는 트럼프 지지자들을 분발시켰고 부동층에게 공화당에 투표하도록 북돋웠다.

트럼프의 뜻밖의 승리는 **언더독 효과**underdog effect의 사례다. 한쪽은 우세해서 안일해져 있고 다른 쪽은 열세여서 결사적으로 나서는 경우, 확률이 균등해지면서 인기가 적은 경쟁자가 뜻밖에도 당선 확률이 올라갈 수 있다. 가령 이솝 우화에서 토끼는 승리를 너무 확신해서 달리기를 멈추고 낮잠을 잤지만, 열세였던 거북이는 느리지만 꾸준히 결승전을 향해 나아갔다. 영화 〈록키 발보아Rocky Balboa〉에서 있었던 실베스터 스탤론이 연기한 록키 발보아와 무패의 챔피언 아폴로 크리드Apollo Creed와의 월드타이틀 시합에서 아무도 록키 발보아가 이길 가능성이 없다고 보았다는 사실이 그에게 언더독 역할을 할 동기로 작용했다. 크리드가 무사안일한 태도로 위협이 되지 않는다고 여긴 경쟁자와의 시합인지라 아무 준비도 하지 않는 바람에 자신의 존재를 증명하는 데 결사적이었던 록키가 크리드를 공략해 낼 수 있었다. 이전에는 어느 누구도 해내지 못했던 업적이었다.

언더독 이야기는 허구의 세계에만 국한되지 않는다. 위대한 언더독 사건 다수가 스포츠계에서 나오는데 그 근본 원인은 똑같다. 즉, 우세에 대한 과도한 확신이 아웃사이더의 결의와 만날 때 생긴다. 1980년 미국에서 개최된 동계올림픽 아이스하키 시합 결승전에서는 가장 우세한 소련팀 – 지난 여섯 번의 동계올림픽에서 다섯 번 금메달을 차지한 팀 – 이 신생의 경험 없는 미국팀과 맞붙었다. 소련팀은 대부분 국제 경기 경험이 많은 프로 선수들로 이루어졌지만, 미국팀의 선수들은 대체로 아마추어였는데, 그중 가장 노련한 선수라고 해봐야 마이너리그 이력이 고작이었다. 메달을 딸 수 있는 데까지 올라왔다는 사실만으로도 미국팀에게는 이미 엄청난 성취였다. 반대로 소련팀은 시작부터 토너먼트에서 우승할 것으로 예상되었고 자신들도 그렇게 예상하고 있었다. 고작 결승전 2주 전에, 매디슨스퀘어가든에서 열린 시범경기에서 소련팀은 미국팀을 10 대 3으로 대파했다. 뒤늦게 소련팀 수석코치 빅토르 티코노프Viktor Tikhonov가 밝혔듯이, 그 승리야말로 '알고 보니 아주 큰 문제'여서 자기 팀이 미국팀을 과소평가하게 만들었다.

결승전 당일, 열렬한 자국 응원단이 미국팀 뒤에 똘똘 뭉쳐 있었다. 미국팀의 수석코치 허브 브룩스Herb Brooks는 소련팀이 자만해 있기 때문에 스스로 무너질 수 있다고 믿었다. 시합 전 선수들에게 동기부여를 하기 위해 그는 이렇게 말했다. "소련팀은 제 발등을 찍기 딱 좋은 상황이다. 하지만 우리가 잘해야지만 (제 발등을 찍을) 칼을 소련팀에게 전해줄 수 있다."

실제로 그렇게 되었다. 2점을 앞서다가 신출내기 팀한테 2 대 2로 따라잡히는 수모를 겪자, 감정이 격해진 소련팀 코치는 팀의 부적 역할을 하던 골키퍼 블라디슬라프 트레티아크Vladislav Tretiak를 교체시켜버렸다. 세계 최고의 문지기로 널리 간주되던 선수였다. 의도했든 아니든, 트레티아크를 내보냈다는 사실은 미국팀에게 다음과 같은 메시지를 주었다. 소련팀이 세계 최정상급 선수들이 없더라도 약체 미국팀을 이길 수 있다고 여기고 있다고 말이다. 나중에 미국팀 선수들이 밝히기로, 그런 모욕을 받자 소련이 틀렸음을 증명하고 싶은 마음이 한층 더 커졌다고 한다. 반면에 티코노프는 그 결정이야말로 '전환점'이자 '코치 경력 가운데 최대 실수'였다고 시인했다.

두 번째 시기에 다시 뒤처지긴 했지만, 미국팀은 세 번째 및 네 번째 시기에 다시 3 대 3으로 균형을 맞추었다. 10분이 남았을 때 미국팀은 네 번째 골을 얻어 앞서나갔고, 이후로 결코 리드를 뺏기지 않았다. 이 시합은 스포츠 역사상 가장 위대한 역전승으로 통할 정도로 너무나도 불가능할 듯한 결과였기에, '빙상의 기적Miracle on Ice'이라는 호칭까지 얻었다.

하지만 언더독 이야기를 할 땐 과도하게 일반화하지 않도록 주의해야 한다. 선택편향으로 인해 온갖 악조건을 이겨낸 경이로운 이야기는 우리 마음에 들어와 콕 박히기 쉽고, 우리는 다윗이 골리앗을 이기는 경우가 실제보다 더 자주 벌어질 거라고 여길 수 있다. 우승이 확실시되는 선수가 하수를 만나는 경우, 대체로 우세한 쪽이 이긴다. 그렇지 않다면 애초에 그런 뚜렷한 실력 차이가 어떻게 생겼겠는가? 도박꾼은 승자를 언더독으로 또는 그 반대로 일관되게 잘못 짚었다가는 큰돈을 벌지 못한다. 그렇기는 하지만, 언더독 효과를 낳는 심리를 밝혀내는 입증 가능한 실험 증거가 여전히 존재한다.

언더독 효과에 관한 대표적인 연구로 펜실베이니아대학교 와튼스쿨의 사미르 누르모하메드Samir Nurmohamed 교수가 진행한 현실의 업무 현장 실험이 있다. 그가 알아내기로, 스스로 기량이 뛰어날 것이라는 기대를 받지 못한다고 여기는 사람들이 실적 평가에서 더 뛰어날 가능성이 높았다.[153] 이 연구에 따르면, 자신을 언더독이라고 여기는 태도는 높은 업무 성과와 밀접한 상관관계가 있다고 한다. 그런 마음가짐이 일종의 자기파괴적 예언으로 작용하는 셈이다. 다른 실험실 기반 연구에서,[154] 누르모하메드의 연구팀은 156명의 경영학과 학생에게 협상 과제를 주었다. 협상 시작 전에, 각 학생은 자신이 과제를 얼마나 잘 수행할지에 관해 연구팀이 세 가지 예측 중 하나를 했다는 말을 들었다. 학생들은 몰랐지만, 사실 이 맞춤형 예측(높은 기대, 중간 기대 또는 낮은 기대)은 참가자들에게 무작위로 전해졌으며, 비슷한 과제에서 각 참가자가 거둔 이전의 실적과는 아무런 상관이 없었다. 그 후 협상 과제를 실시했더니, 상이한 예측 집단들 사이에서 실적에 분명한 차이가 드러났다. 언더독 효과를 유발하는 낮은 기대의 예측을 받았던 집단이 다른 두 집단에 비해 협상 실적이 확실히 뛰어났다. 높은 성과를 내는 언더독을 조사해 누르모하메드와 그의 연구팀이 알아낸 바에 따르면, 예측이 틀렸음을 증명해 내려는 욕구가 우월한 실적을 낸 중요한 요인이었다.

흥미롭게도 별도의 후속 실험에서 누르모하메드가 알아내기로, 예측을 하거나 피드백을 주는 사람들의 신뢰도가 언더독의 성공에 결정적으로 중요한 역할을 했다. 만약 피실험자가 자신에 대해 낮은 기대의 예측을 하는 사람이 믿을 만하지 않다고 여기면, 그런 평가를 듣고서 더 잘해야 한다는 동기로 삼을 수 있었다. 하지만 예측의 출처가 믿을 만하다고 여긴 피실험자는 권위가 있어 보이는 낮은 기대의 예측을 극복하기가 더 어려웠다.[155]

음의 되먹임 고리와 팬케이크 굽기

자기파괴적 예언과 언더독 효과는 **음의 되먹임 고리**negative-feedback loop라는 더욱 일반적인 현상의 사례들이다. 음의 되먹임 고리는 승산을 균등하게 하는 작용을 통해, 계를 안정화시키거나 현재 상태를 유지시킨다. 자기파괴적 예언은 일련의 사건들을 불러오고, 그 사건들이 결국 예언이 일어나기 어렵거나 불가능하게 만든다. 언더독의 경우, 하수로 평가되었다는 사실에서 온 결의가 우세한 측의 안일한 태도와 맞물려서, 기존의 지혜가 예측한 내용에서 벗어나거나 심지어 정반대 결과를 이끌어 낼 수 있다.

앞서 말했듯이 되먹임 고리의 시작을 알리는 신호가 있는데, 이 신호가 한 반응이나 일련의 반응을 촉발시키고 그것이 결국에는 고리를 이루어가면서 원래 신호에 충격을 가한다. 바로 앞 장에서 나온 **양의** 되먹임 고리에서는 반응의 연쇄들이 원래 신호를 강화하는 역할을 해 신호를 키운다. 정반대 현상인 **음의** 되먹임 고리에서는 원래 신호에 의해 촉발된 반응(들)이 신호를 결국 감소시킬지 모른다. 따라서 현재 상태에 일어난 변화가 음의 되먹임에 의해 재빨리 원상태로 되돌아갈 수 있다.

많은 사람이 스스로도 모른 채로 매일 음의 되먹임을 사용한다. 변기 수조 속의 부구ballcock는 수조의 수위를 조절하는 데 쓰이는 간단한 장치로서, 기계적으로 작동하는 음의 되먹임 고리의 한 예다. 변기에 물을 내리면, 낮은 수위가 입력 신호로 작용해 부구가 아래로 내려간다. 부구가 아래로 내려가면 자신과 연결된 유입 밸브를 잡아 당겨 열어서, 물이 수조 속으로 들어온다. 물이 올바른 수위까지 올라가면, 부구가 물에 뜨면서 유입 밸브를 막기에 물이 더 이상 들어오지 못한다. 그 결과 수조의 물은 기준선을 유지한다. 이것은 대단히 간단하지만 효과적으로 작동하는 음의 되먹임 고리다.

양의 되먹임 고리란 용어에 '양의positive'라는 표현이 있다고 해서 우리가 관심 갖는 양이 꼭 증가한다는 뜻은 아니듯이, 음의 되먹임 고리 속의 '음의'가 감소하는 양을 가리키는 것도 아니다. '양의'나 '음의'라는 용어는 둘 다 고리로 인해 생기는 결과에 대한 가치판단을 내리지 않는다. 대신에 '음의'라는 용어는 반대로 작용하기라는 의미다. 즉, 음의 되먹임 고리를 겪는 계는 처음에 시작된 자극에 반대하는 작용을 한다. 양의 되먹임 고리가 계의 변화를 키우는 경향이 있다면, 음의 되먹임 고리는 현재 상태에서 벗어나는 작용을 약화 내지 완충시키는 경향이 있다. 음의 되먹임 고리를 조금 더 알기 쉽게 설명하는 용어로 바꾸면 **균형 잡는** 또는 **안정화시키는** 되먹임 고리라고 할 수 있다. 안정화가 필요한 계에 자극이 가해져서 균형이 깨지면, 음의 되먹임 고리가 작동해 균형을 다시 맞추게 된다. 그림 8-4는 계에 생긴 교란에 음의 되먹임 고리가 작동해 계를 원 상태로 되돌리는 전형적인 방식 두 가지를 보여준다.

우리 몸은 음의 되먹임 고리의 대가다. 예를 들어, 우리에게는 일정한 체온 유지가 굉장히 중요하다. 체온이 너무 낮으면 저체온증에 걸릴 위험이 있고, 너무 높으면 열사병에 걸릴 수 있다. 그래서 시상하부라는 뇌 부위가 체온을 극도로 주의 깊게 살피면서, 체온 조절

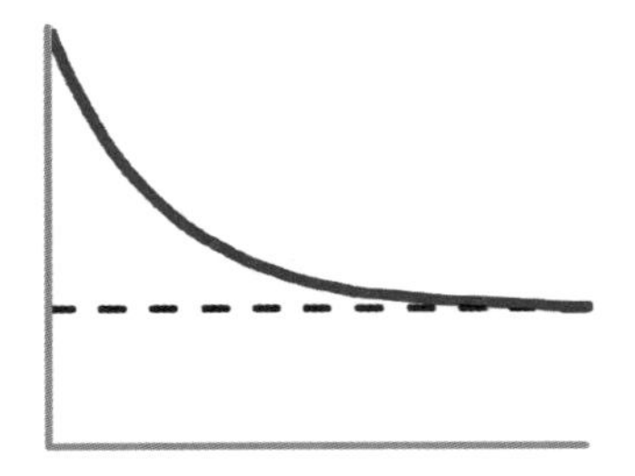
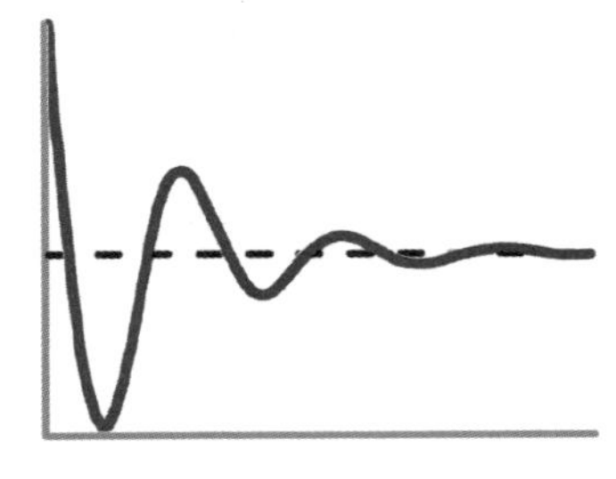

그림 8-4 음의 되먹임은 교란이 생긴 후에 계를 균형 상태(점선)로 되돌릴 수 있다(왼쪽 그래프). 신호와 반응 사이에 짧은 지연이 생기면, 음의 되먹임 고리는 진동을 일으킬 수 있다(오른쪽 그래프).

과정을 통해 체온을 일정하게 유지한다. 차가울 때 시상하부는 머리카락이 곤두서도록 지시해, 따뜻한 공기층을 머리 주위에 두르는 방식으로 열 손실을 줄인다. 또한 시상하부는 갑자기 몸을 떨게 해 근육을 수축시켰다가 이완시키는데, 이로써 열을 발생시켜 체온을 올린다. 반대로 너무 뜨거울 때는, 우리 몸이 땀을 흘린다. 피부 표면의 습기를 증발시켜 몸의 열을 효과적으로 방출시키기 위해서다. 음의 되먹임 고리는 항상성—변화하는 환경에 맞서서 인체의 주요한 물리적 및 화학적 기능을 유지하는 능력—에 핵심적으로 중요하다. 음의 되먹임 고리는 대사에서부터 체액 균형 그리고 혈압에서부터 혈당 수준에 이르기까지 모든 인체 기능을 제어한다.

앤 라이스(기억할지 모르겠지만, 1장에서 심령술사 파울라가 언급했던 소설의 작가)는 『뱀파이어와의 인터뷰』라는 베스트셀러 소설의 작가다. 57세에 그녀는 이유를 알 수 없는 이상한 증상을 겪기 시작했다. 다년간 체중 문제로 고생해 여러 차례 지방흡입술을 받았던 그녀가 갑자기 딱히 노력도 안 했는데 체중이 확 줄고 있었다. 주위 사람들은 날씬해진 외모를 칭찬했지만, 정작 라이스는 걸핏하면 소화불량에 시달렸다. 자신의 몸 상태에 수반되는 증상처럼 보였다. 유명 작가로서 더 걱정스러운 점은 그런 신체 변화가 집중력에 미치는 영향이었다. 컴퓨터 화면 앞에 한번 앉으면 몇 시간 동안 빈 페이지로 있곤 했는데, 등장인물이나 물체의 가장 기본적인 묘사조차도 해낼 수 없기 때문이었다. 라이스는 여러 의사한테서 조언을 구했다. 의사들은 빈혈이나 암과 같은 질병을 배제할 수 있었을 뿐, 문제의 근본 원인을 짚어내는 데는 역부족이었다.

인생 최악의 시기에 라이스는 가톨릭신앙을 온 마음을 다해 재확인하면서 '영적인 건강'에 관심을 갖기로 마음먹었다. 유명해지던 지난 시간 동안 그녀가 외면해 왔던 신앙을 되찾은 셈이다. 하지만 신체적 건강은 계속 나빠졌다. 가톨릭 풍습으로 성대하게 혼인서약 갱신을 하고 나서, 라이스는 자신이 '혼미할 정도로 행복하다'고 밝혔다. 하지만 그 행사 후 주말에 라이스는 정말로 혼미해졌다. 숨을 쉬기 어려웠고, 아이스크림 말고는 삼킬 수가 없었다.

자신은 하나도 기억하지 못했지만, 그 행사가 있고 난 월요일 아침에 라이스는 보조작가들을 불러서 옆에 두고 자기 옷을 찢기 시작했다. 라이스가 납득하기 어려운 특이한 행동을 하는 것을 보고서 보조작가들은 의료진을 불렀다. 간호사가 도착했을 때 이미 라이스는 신체 반응이 없었고 혼수상태에 빠져 있었다. 그녀를 돌본 응급요원들은 몸 상태를 확인하려고 혈당(글루코스) 수치를 쟀다.

앤의 상태를 제대로 이해하려면 혈당에 관해 조금 알아야 한다. 식후 두 시간이 지나서 데시리터당 140밀리그램 미만이면 보통 정상으로 간주된다. 200 이상으로 유지된다면 당뇨병으로 간주된다. 600 이상의 수준은 생명을 위협하는 HHNS(고혈당성 고삼투성 비케톤성 증후군)를 가리킬 수 있다.

라이스의 수치는 800이 넘었다. 나중에 의사들이 밝히기로, 그녀는 심정지가 오기 고작 15분 전의 상태였다고 한다. 그녀는 당뇨병성 케톤산증Diabetic Ketoacidosis에 걸렸다는 진단을 받았다. 노폐물인 케톤산이 체내에 쌓여서 혈액의 pH 변화를 초래하는 이 질환은 이전에 진단받지 못했던 1형 당뇨병 때문에 생겼다.

1형 당뇨병 환자는 인슐린 호르몬을 아예 생산하지 못하거나 아주 소량 생산하는 탓에, 혈당 수준이 높아진다. 지속적인 고혈당 상태(과혈당증)는 라이스의 경우에서처럼 생명을 위협할 수 있으며 눈, 신경 및 콩팥 등의 중요한 신체 부위를 손상시킨다. 반대로, 지속적인 저혈당 상태(저혈당증)는 몸짓이 서툴거나 어리둥절해지게 하는데, 바로잡지 못하면 발작이나 심할 경우엔 사망에 이를 수 있다. 당뇨병이 없을 경우, 췌장과 간은 함께 작동해 안정적인 글루코스 수준을 유지시킨다. 혈당이 너무 높으면 (가령 식사 후에) 췌장이 인슐린을 혈액 속으로 분비한다. 인슐린은 글루코스를 혈액 밖으로 빼내서 몸의 세포 속으로 이동시켜 에너지원으로 사용할 수 있게 한다. 또한 인슐린은 글루코스를 변환시켜 간과 근육에 글리코겐glycogen으로 저장하거나 지방으로 바꾸는 방식을 통해 글루코스를 감소시킨다. 자기 임무를 마치고 나면 인슐린은 분해되는데, 인슐린이 무한정 계속 혈액에서 글루코스를 감소시키게 하지 않기 위해서다. 혈당 수준이 떨어질수록 인슐린 생산이 적어지며, 이때 신체는 적절하고 안정적인 혈당 및 인슐린 수준을 회복한다.

반대 과정으로, 혈당이 너무 낮아지면 췌장은 글루카곤glucagon이라는 다른 호르몬을 분비한다. 글루카곤은 인슐린과 정반대의 효과를 일으킨다. 저장된 글리코겐을 분해해 글루코스를 만들고 아울러 지방과 아미노산을 변환시켜 혈액 속의 글루코스 수준을 회복시킨다. 대다수 사람의 경우, 상반되게 작동하는 이 두 가지 음의 되먹임 고리가 제대로 기능함으로써 안정적이고 적절한 혈당 수준이 유지된다. 진단을 받지 않은 당뇨병 환자들은 자연스러운 인슐린 생산량이 부족하기에 지속적인 고혈당 상태가 되어 대단히 위험해질 수 있다. 라이스가 바로 그런 경우였다.

죽다 살아나긴 했지만, 라이스는 20년 넘게 당뇨병을 안고 살아가는 법을 익혀야 했다. 주의 깊은 식단 관리와 혈당 수준 살피기를 통해, 혈당을 조절하는 자기만의 음의 되먹임 고리를 작동시킬 수 있었다. 혈당 수준이 너무 높이 오를 때는 합성 인슐린을 세밀하게 정해진 양만큼 하루에 두 번 주입하기만 하면 대체로 현재 상태를 충분히 유지할 수 있었다.

자극과 이에 반응하는 음의 되먹임 사이에 지연이 생기면, 계는 바람직한 평형 상태를 초과해 버리는데, 그러면 다른 방향으로 수정하는 과정이 뒤따른다. 그게 다시 평형상태를 초과하게 되어 원래의 음의 되먹임을 활성화시키며 이런 과정이 계속된다. 되먹임 반응이 너무 과하지 않고 자극과 반응 사이의 지연이 너무 길지 않으면, 계는 바람직한 목표를 향해 진동해 나갈지 모른다. 가령, 집집마다 있는 온도조절기가 바로 그런 진동하는 되먹임 고리를 통해 차가운 날씨에도 일정한 온도를 유지한다. 만약 온도가 설정 온도 아래로 떨어지면, 실내가 그 온도로 되돌아올 때까지 난방 기능이 활성화된다. 올바른 온도에서 온도조절기는 보일러를 끄겠지만, 라디에이터가 주위 온도보다 훨씬 뜨거우므로 원하는 설정 온도 너머로 온도를 계속 올릴 수 있다. 라디에이터, 즉 실내가 다시 차가워지면 온도조절기는 언제 올바른 온도에 도달하는지 기록하지만, 실내는 보일러가 물을 끓여서 생긴 열이 라디에이터를 다시 데우기 전까지 계속 차가워질 수 있다. 원하는 목표치 주위를 이처럼 진폭이 감소하면서 진동하는 현상이 바로 지연된 음의 되먹임 고리의 행동 특성이다(그림 8-4의 오른쪽 그래프).

우리 집에서도 내가 팬케이크를 만들 때마다 거의 어김없이 (놀랍도록 자주) 이 진동하는 음의 되먹임 고리가 말썽을 일으킨다. 우리 집 주방에는 꽤 반응이 느린 오래된 전기 요리판이 있는데, 이 금속 요리판은 뜨겁게 데우는 데 한세월이 걸린다. 당연히 팬케이크가 언제 되려나 초조해진 나는 요리판을 '최대'까지 올려서 가능한 한 빨리 구우려고 한다. 첫 번째 팬케이크는 어김없이 실패작이다. 다이얼에 표시된 대로 팬케이크를 뒤집고 나면, 정작 요리판이 아직 예열 중이라 한쪽이 제대로 구워지지 않기 때문이다. 두 번째 팬케이크는 보통 타버리고 만다. 내가 온도를 낮출 때란 걸 알아차리기도 전에 요리판이 올바른 온도를 지나 한참 더 뜨거워져서다. 연기가 나는 모습에 깜짝 놀라서 이제 나는 다이얼을 너무 낮은 쪽으로 돌려놓는다. 세 번째 팬케이크의 먼저 굽는 쪽은 보통 빨리 구워진다. 요리판이 뜨거운 온도에 있다가 식어가기 때문이다. 하지만 반대편은 한세월이 걸린다. 내가 온도를 너무 낮게 맞춰놓았기 때문이다. 보통 네 번째나 다섯 번째에 가서야 팬케이크 골디락스 존Goldilocks zone(최적의 상태나 조건-옮긴이)의 적절한 요리 온도에 맞춰지는데, 이때쯤이면 식탁에 앉은 굶주린 곰 세 마리는 이미 안절부절못하고 있다.

팬케이크를 아주 좋아하는 사람이 아니더라도, **사이드워크 셔플** sidewalk shuffle이라는 느닷없이 비자발적으로 추는 춤에 참가할 때 여러분은 이 음의 되먹임 진동을 대면할 가능성이 높다. 가령 이런 상황이다. 여러분이 거리를 걷고 있는데, 누군가가 여러분이 걷는 보도의 똑같은 쪽 반대편에서 다가오고 있다. 여러분은 부딪히지 않으려고 예의 바르게 왼쪽으로 비킨다. 정확히 똑같은 순간에 상대방도 자신의 오른쪽으로 공손하게 비킨다. 다시 여러분은 부딪히는 경로에 있게 된다. 여러분의 뇌가 이 새로운 상황에 반응해 원래 위치로 돌아가라고 알려준다. 하지만 뇌의 지시와 이에 따라 행동하는 능력 사이에는 시간 지연이 있다. 그러는 사이에 상대방의 뇌도 여러분과 마찬가지로 다시 원래 위치로 돌아가라고 알린다. 여러분이 다시 오른쪽으로 움직일 때, 마치 거울상과도 같이 상대방도 여러분과 마주하는 위치로 되돌아온다. 이 과정은 한 명이 의식적으로 가만히 멈춰서 상대방 혼자 반응할 수 있게 기다려줄 때까지 계속된다. 직관에 반하는 생각인 듯하지만, 여러분이 때로는 이기적으로 자신의 방향을 고집해야 상대방이 퍼뜩 알아차리고서 확실하게 비켜갈 수 있다. 이와 달리, 현실에서 자주 일어나는 상황으로 둘 다 멋쩍지만 꼼짝 않고 서 있으면 서로 부딪힐 일 없이 어느 한쪽이 상대방을 지나갈 수 있다. 이 왔다 갔다 하는 춤은 지연된 음의 되먹임 고리의 결과로써, 거울상으로 벌어지는 두 사람의 움직임이 다시 반대쪽으로의 거울상 움직임을 일으켜서 생긴다.

음의 되먹임이 충분히 강하면, 온도조절기의 변동처럼 진폭이 감소하거나 사이드워크 셔플처럼 일정하게 유지되는 대신에 반응의 진폭이 통제 불능으로 커질 수 있다. 얼어 있거나 물에 젖은 도로에서는 이런 종류의 증가하는 음의 되먹임 고리가 치명적인 결과를 낳는다고 알려져 왔다. 자동차가 커브를 돌 때 뒷바퀴가 접지력을 잃으면, 오버스티어oversteer가 종종 생긴다. 차의 뒷부분은 계속 직선으로 가려고 하는데 앞부분이 방향을 틀면, 자동차는 커브의 안쪽으로 향하게 된다. 그래서 뒷부분이 커브의 바깥쪽으로 미끄러지고 있다는 느낌을 상쇄하려고 운전자는 커브의 안쪽으로 더 세게 핸들을 돌리고픈 마음이 든다. 하지만 올바른 행동은 핸들을 반대쪽, 즉 미끄러지는 방향으로 돌리는 것인데, 그래야만 뒷바퀴가 접지력을 회복할 수 있기 때문이다. 이론상 그렇게 하면 자동차는 올바른 방향을 잡고 운전자도 통제력을 회복할 수 있지만, 그걸 제대로 해내기란 굉장히 어렵다. 종종 운전자는 공포감에 사로잡혀 과도한 조정을 하는 바람에, 차의 뒷부분이 다른 쪽으로 돌아가게 만든다. 그러면 자동차는 반대 방향으로 원래 미끄러진 정도보다 훨씬 더 많이 옆으로 밀리게 될 수 있다. 이 두 번째 미끄러짐에 대한 과도한 조정이 다시 뒷부분을 방향을 바꾸게 만들 수 있다. 피시테일링fishtailing(물고기가 꼬리를 파닥거리는 진동 운동에서 딴 명칭)이라는 이 과정은 자동차가 완전히 회전할 때까지 계속되어, 다른 차량과 충돌하거나 도로를 이탈하게 한다. 신호와 그걸 교정하는 음의 되먹임 반응 간의 지연이 충분히 크면,

사실상 일종의 강화하는 고리가 되어 시간에 따라 신호가 커질 수 있다. 지연되는 각각의 반응이 상쇄시키려는 신호가 아니라 그 반대 신호와 일치하는 바람에 생기는 현상이다.

항공 업계에서 신규 조종사들은 바로 그런 **위상이 맞지 않는**out-of-phase 음의 되먹임 고리를 조심하라고 배운다. 전직 시험비행 조종사 톰 모건펠드Tom Morgenfeld는 이렇게 설명한다.[156] "계의 지연이 우리 인간의 반응 시간과 거의 동일할 때면 어느 계든 그런 현상이 생깁니다." 그리고 스스로도 알겠지만, 모건펠드는 록히드 마틴사의 F-22 랩터Raptor 시제기의 시험비행에서 조종사가 유발한 그런 진동을 겪은 적이 있다. 조종사가 유발한 진동은 항공기가 너무 세게 또는 너무 가파르게 착륙할 때 종종 생긴다. 착륙 시 조종사는 지면이 자신을 향해 빠르게 다가온다고 느껴, 잠재적 충돌을 피하려고 세게 기수를 올리고 싶은 마음이 들기 마련이다. 모건펠드는 이렇게 말한다.[157] "일반적으로 그걸 해결하는 방법은 그냥 조종간을 놓아서 모든 과정이 저절로 풀리게 하는 것입니다. 그러고 나서 옷매무새를 가다듬고 착륙하면 돼요. 하지만 활주로가 다가오고 있는 모습만 눈에 가득 들어오면, 그만 조종간을 당기고 말죠." 조종사가 충돌을 피할 만큼 충분히 기수를 올렸다는 사실을 알아차렸을 무렵엔, 사실상 이미 너무 많이 기수를 올린 상태가 되고 만다. 모건펠드는 이렇게 회상한다.[158]

> 기수를 조금 올린 다음에 조종간에서 손을 떼면, 비행기의 기본적인 안정성이 회복됩니다. 하지만 내가 방향 수정을 시도하려다 보니 시스템에 지연이 많이

생겼어요. 뭘 제대로 모르는 바람에 수정을 조금 더 많이 하고 말았죠. 맨 처음 수정을 떠올려보니, 그게 과잉 수정이었던 겁니다.

조종사가 너무 많이 기수를 올리면, 비행기의 받음각angle of attack(날개의 기준선과 기류가 이루는 각도-옮긴이)이 아주 가팔라져서 비행기가 급격히 속력을 잃어 실속stall(항공기가 급격히 속력을 잃어 추락하게 되는 상황-옮긴이)의 위험에 처할 수 있다. 이에 대응하기 위해 조종사가 속력을 얻으려고 기수를 다시 아래로 향하게 한다면, 충분히 방향 수정을 했다고 여길 시점에는 이미 비행기가 활주로 쪽으로 너무 빠르게 곤두박질치게 된다. 때로는 맨 처음에 급격하게 기수를 올릴 수밖에 없게 만들었던 하강보다 더 빠른 하강이 일어날 수도 있다. 이런 사이클이 지속되면서 변동이 커지다 보면, 모건펠드가 회상하는 다음과 같은 상황이 벌어진다.[159] "비행기가 크게 진동하는 상태로 들어가서…… 동체착륙을 시켰는데, 정말 세게 부딪혔어요. 그래서 엔진 하나가 떨어져 나갔죠. 엔진에 뜨거운 연료가 가득했는데, 연료공급선이 끊기면서 불이 붙기 시작했고요." 불타는 제트 연료를 후미로 뿜어내면서 활주로를 1.5킬로미터쯤 미끄러지고 나서 모건펠드의 비행기는 마침내 멈추었다. 다행히도 그는 재빠르게 탈출할 수 있어서, 비교적 크게 다친 데 없이 걸어 나왔다. 비행기 자체는 실패작이 되고 말았다. 여담이지만, 이 추락 사고로 인해 언론에서 받은 음의 되먹임(부정적인 반응)이 음의 되먹임 고리가 유발한 추락사고 자체보다 록히드 마틴사에 훨씬 더 큰 손해를 끼쳤다.

음의 되먹임 고리가 어긋나 버리면, 원래 의도했던 효과와 정반대 효과를 낳을 수 있다. 때로는 현재 상태를 회복하려고 자극을 가했건만, 뜻밖의 결과로 인해 계가 정반대 방향으로 점점 더 빠져들기도 한다. 이런 제어되지 않은 증가나 감소 현상은 그걸 처음 촉발시킨 자극보다 훨씬 더 큰 반응을 낳을 수 있다. 바로 이 현상이 이번 장의 시작에서 우리가 만났던 바로 그 부메랑 효과다. 부메랑 효과의 사례들을 다시 들자면 이렇다. 인터넷에서 이미지를 삭제하려고 시도했더니, 조회 수가 수십만 건 더 많아져 버린 일. 비밀 누설 금지 소송이 소송 당사자를 둘러싼 흥미를 유발해 감추려던 것이 압도적으로 대중의 관심사가 되어버린 일. 검열 시도 때문에 오히려 평범한 책이 베스트셀러가 되어버린 일. 경고를 했더니 결국에는 금지된 활동 참가를 오히려 더 하고 싶게 만든 일. 해결책을 얻으려고 내놓은 유인책이 문제를 더 악화시켜 버리는 경우 등등.

우리는 일상생활에서 이런 부메랑을 조심해야 한다. 우리 행동이 낳을 수 있는 의도치 않은 결과를 신중하게 생각해 보아야 한다는 말이다. 물론 말은 쉽지만 행하기는 어렵다. 그게 아니라면 그런 일이 의도치 않은 결과라고 애초에 불리지도 않았을 것이다. 하지만 이미 보았듯이, 그런 역효과가 생기기 쉬운 상황들이 분명 존재한다. 콜롬비아 군대의 보상 체계나 미국 병원 성적표처럼 의도한 결과 자체보다는 그 대용물이 목표로 정해져 있다면, 사람들이 우리가 꼭 추구해야 할 최상의 목표가 아니라 어떻게든 그런 목표에 이르려고 할 것이라고 예상할 수 있다. 우리 생각에 아이들한테 나쁜 무언가를 아이들이 하지 못하도록 하고 싶을 때, 금지시켜서 오히려 그 행위를 더

하고 싶게, 금단의 열매를 더 따먹고 싶게 하지 않도록 우리는 각별히 조심해야 한다. 정말이지, 반발과 같은 심리 현상을 이해하면 부메랑을 우리 목적에 맞게 이용할 수 있는 힘이 생긴다. 가령 반대 심리를 재치 있게 이용해 언더독 효과를 만들면, 사람들한테서 최상의 결과를 얻어낼 수 있다. 하지만 여기에서도 너무 지나치지 않도록 각별히 조심해야 한다. 반대 심리 부메랑을 이용하려다가 의도치 않은 정반대 효과를 일으켜서 오히려 우리가 당하지 않도록 주의해야 한다는 말이다.

이번 장을 포함해 지난 세 장에서 우리는 비선형적 현상 – 가늠하기 어려운 반비례 관계와 일견 기만적인 제곱-세제곱 법칙에서부터 폭발적으로 커지는 양의 되먹임 고리와 비직관적인 음의 되먹임 고리 – 이 어떻게 우리의 예측을 무너뜨릴 수 있는지 알았다. 다음 장에서는 우리가 지금껏 배웠던 내용을 한데 합쳐서, 비선형성의 상이한 요인 다수가 결합됨으로써 우리가 무작정 멀리까지 미래를 예측하는 능력에 근본적인 제약이 뒤따를 때 어떤 일이 생길 수 있는지 살펴본다.

9장

한계

불확실성을 인정할 때 열리는 세계

지금까지 우리는 다양한 비선형적 과정을 살펴서, 모든 관계가 선형적이라고 무의식적으로 가정할 때 맞닥뜨리는 어려운 점들을 알아보았다. 비선형적 과정이 현실에 영향을 미치는 구체적인 사례들과 더불어 우리가 그것들을 모를 때 미래 예측에 뒤따를 수 있는 어려움도 알아보았다.

이번 마지막 장에서는 비선형적 현상에 관해 생각할 때 우리가 그릇된 판단을 내리는 이유를 살펴본다. 앞으로 알게 되겠지만, 우리는 6장에서 다룬 선형성 편향에서 비롯된 장애를 어느 정도 갖고 있다. 세상을 선형적으로 보는 성향 탓에, 우리는 만사가 정상인 채로 계속되리라고 암묵적으로 가정할 위험이 있다. 그러면 특히 갑작스러운 변화에 대처하기에 곤란한 상태가 된다. 게다가 우리가 언어를 통해 사고하는 방식은 복잡하고 매우 비선형적인 상황에서 무슨 일이 일어날지 예측하는 데 결코 적합하지 않다.

나는 어느 정도 그런 이유로 이런 난해한 계에서 무슨 일이 일어날지 예측하려면 우리한테 더 수학적인 접근법이 필요하다고 주장해 왔다. 하지만 그래도 충분하지 않을지 모른다. 이번 장의 후반부에서 우리는 **카오스**chaos야말로 훨씬 세밀한 수학적 모형을 위한 결정적인 지평선(한계)을 제시하며, 그 지평선 너머로는 미래가 어떨지 알 수가 없다는 사실을 이해하게 될 것이다.

비선형적 세상에 수학이 필요한 이유

마음껏 멀리 미래를 예측하는 우리의 능력에 한계가 있음을 인정한다고 해서, 수학적 모형을 모조리 포기해야 한다는 뜻은 아니다. 정확한 전망은, 아무리 범위가 제한적이더라도, 없는 것보다는 대체로 낫다. 수학적 모형이 없다면 우리는 각자 나름의 방식으로만 생각하게 될 뿐이다. 안타깝게도 종종 우리 자신이 논리적으로 생각한다고 여길 때조차도 우리의 직관은 실망스럽다.

그리고 이게 문제다. 우리는 자신이 꽤 논리적이라고 여기는 바람에, 좀체 멈추고 한 걸음 물러서서 자신의 생각에 의문을 품지 않는다. 어릴 때부터 우리는 밖으로 소리를 내거나 내면의 독백을 통해 말로 주장하는 법을 배운다. 언어로 주장하는 것을 통해 어떤 사안의 실정을 스스로 확신할 수 있고 때로는 남들에게도 확신시킬 수 있지만, 여기엔 많은 함정이 뒤따르기도 한다.

우리가 흔히 저지르기 쉬운 일탈 행위 하나는 **단일효과 덫**singleeffect trap이다. 우리는 뭐가 되었든 하나의 원인이 기껏해야 하나의 효과를 갖는다고 가정한다. 만약 행동action A가 양quantity B를 감소시키고 B의 감소가 또한 C를 감소시키면, 분명 A를 실시하면 반드시 C가 감소한다. 타당하다. 하지만 우리가 언어적 주장으로 내세운 선형적 구조가 현실 세계의 온전한 모습과 맞아떨어지지 않으면 어떻게 될까? 우리가 다음과 같은 계의 근본적인 비선형적 구성 요소들을 설명하는 데 실패한다면 어떻게 될까? 가령 B를 통제 불능 상태에 빠지게 만드는 양의 되먹임 고리(7장에 나온 내용), C를 제자리에 묶어두는, 스스로 조정되는 음의 되먹임 고리(8장에 나온 내용), 한 전략을 옹호할 수 없게 하는 부작용 등을 생각해 보자. 예를 들어, 행동 A가 또 다른 양 D도 상승시키는데, 이 D의 상승이 C를 증가시킨다면 어떻게 될까? A를 실행하면 동시에 C를 증가시키기도 하고 감소시키기도 하는 두 가지 반대 효과가 발생한다. 어느 효과가 더 우월한지 예측할 유일한 방법은 정량적인 모형을 사용하는 것이다. 언어로 구성된 단순하고 정성적인 모형은 통하지 않는다.

이 사례는 조금 추상적이고 이론적인 느낌이 들긴 한다. 하지만 멀리 살펴보지 않더라도, 정량적 예측이 없을 경우 뜻밖의 문제가 생기게 되는 실제 상황은 찾을 수 있다. 바로 성교육 사안이다. 금욕만을 강조하는 미국의 성교육에 대한 정부 지원금은 트럼프 정부하에서 크게 늘었다. 결혼 후에 첫 성교를 하도록 기다리라고 가르치면 성교를 하는 10대들이 적어진다는 발상이다. 만약 모든 10대의 일정 비율이 성교를 하지 않는다면, 아마도 원치 않는 임신과 성교를 통한 감염sexually transmitted infection, STI 사례가 줄어들 테다. A(금욕만을 강조하는 성교육)를 시행하면 B(성교를 하는 젊은 사람들의 수)가 감소하고, B의 감소는 C(원치 않는 임신과 STI의 수)의 감소를 낳기에, 언어로 기술된 선형적 모형에 따르면 금욕만을 강조하는 성교육은 10대의 임신과 STI를 감소시켜야 마땅하다.

금욕만을 강조하는 성교육은 언뜻 합리적인 듯하지만, 여기엔 한 가지 작은 문제점이 있다. 10대의 성 접촉의 수를 줄일지는 모르지만, 콘돔 및 기타 피임 방법을 배우지 않고서 성교를 하는 10대들은 포괄적인 성교육을 받은 10대들보다 훨씬 더 안전하지 못한 성교를 하게 된다. 따라서 금욕만을 강조하는 성교육은 보호받지 못하는 성교를 증가시키고, 그러면 필연적으로 10대 임신율과 STI 건수가 증가하게 된다. 즉, A(금욕만을 강조하는 성교육)가 D(보호받지 못하는 성교를 하는 사람들의 수)를 증가시키고, 이 D가 C(원하지 않는 임신과 STI 건수)를 증가시킨다. 그런데 어느 효과가 더 중요할까?

실제로, 금욕만을 강조하는 성교육의 중대한 결점을 드러내 주는 증거는 꽤 광범위하다. 가령 2015년의 한 연구에서도 밝혀졌듯이, '기다리는 게 상책'이라는 식의 성교육은 STI 발병률을 감소시키지 못했다.[160] 금욕만을 강조하는 성교육은 10대 임신을 감소시키지 못했지만,[161] 포괄적인 성교육은 정말로 10대의 출산율을 감소시켰다.[162] 미국에서 금욕만을 강조하는 운동이 절정에 이르렀던 2006년은 그 시점까지 오랫동안 감소해 오던 10대 임신율이 거꾸로 증가하기 시작한 해다.

언어적 모형은 한계가 다분하다. 앞서 소개한 유형의 역효과를 피하는 방법을 미리 알고 싶다면, 우리에게는 스트라이크를 던질지 부메랑을 던질지 알려주는 정량적이고 객관적인 수학적 모형이 필요하다. 그래야 상황이 어떻게 펼쳐질지 온전하게 이해하고서 결정을 내릴 수 있다. 미국에서 기독교 우파Christian right가 옹호하는 것과 같은 언어적 주장에 따라 정책을 펼치면 역효과가 생길 가능성이 높다.

●

◆ 재난 경보에 귀 기울이지 않는 사람들: 정상화 편향

언어적 주장은, 알고 보면 대체로 선형적 사고의 발현이다. A가 B로 이어지고, B가 C로 이어진다. 하지만 이전의 여러 장에서 보았듯이, 이 세계의 가장 중요하고 흥미로운 현상 중에는 선형적이지 않은 일이 많다. 인체를 조절해 항상성을 유지해 주는 음의 되먹임 고리에서부터 자기실현적 플라세보 효과(스스로 실현하게 만드는 거짓말)에 이르기까지 말이다. **정상화 편향**(미래도 과거와 똑같은 방식으로 돌아가리라고 사람들이 믿는 경향)도 선형적 사고 탓이다. 미래에 무슨 일이 일어날지 생각할 때, 사람들은 앞으로의 상황도 지금과 똑같거나 아니면 현재 변화하는 정도와 똑같은 비율로 선형적으로 변하리라고 상상하는 경향이 있다.

정상화 편향의 가장 좋은 사례는 아마도 우리가 삶 자체를 살아가는 태도일 것이다. 우리 대다수는 하루나 한 주를 시작하면서 어제나 지난주와 매우 비슷하리라고 믿는다. 대다수 사람에게는 거의 언제나 타당한 가정이지만, 어떤 경우에는 불행하게도 올바른 가정이 아니다. 어느 누구도 교통사고를 겪으리라고는 예상하지 않는다. 젊고 건강한 어느 누구도 갑작스러운 심장마비를 내다보지 않는다. 우리는 만사가 예전에 그랬던 대로 계속되리라고 예상하는데, 항상 그런 예상은 옳지만 어느 시점에 불현듯 틀린 예측이 될 수도 있다.

이 정상화 편향은 유언장을 만든 적이 없는 사람들의 수를 통해서도 뒷받침된다. 어떤 사람들한테는 죽음의 전망이 너무 멀리 있는지라, 유언을 통해 죽음에 대비해 둔다는 생각이 터무니없어 보인다. 2017년에 나온 연구 결과에 따르면, 영국의 성인 중 다수(60퍼센트)가 유언장을 작성해 두지 않았다. 어쩌면 당연하게, 비율이 가장 낮은 연령대는 18세에서 34세까지로, 고작 16퍼센트만이 유언장을 작성했다. 하지만 놀랍게도 35세에서 54세까지의 연령대, 단언하건대 피부양자를 거느리고 중대한 재정적 의무를 지고 있을 가능성이 가장 높은 층에서도 그 비율은 겨우 28퍼센트였다. 심지어 55세 이상의 연령대, 즉 다시금 단언하건대 살아갈 날이 줄어들고 있음을 가장 잘 아는 사람들조차도 3분의 1이 넘게 유언장을 작성하지 않았다. 그 과제를 지금껏 마무리하지 않은 가장 흔한 이유는 살다가 나중에 하겠다는 계획이었다. 앞으로도 지금까지처럼 인생의 상황이 계속되리라고 가정하고서 도박을 하는 셈이다. 고백하건대 나도 이런 무사태평에서 자유롭지 않다. 비록 아내와 내가 첫 집을 샀을 때 – 처음으로 내가 누군가에게 물려줄 실질적인 무언가를 가졌다고 느꼈을 때(그렇다고 내가 소장한 오아시스 CD들의 중요성이 줄어들진 않았지만) – 유언장을 작성해 두었지만, 아이들이 태어난 이후로 단 한 번도 갱신하지 않았다. 다른 날에 언제든 할 수 있다는 말로 나는 자신을 달랬다. 다른 날들이 남아 있다는 데 내심 기대는 셈이다.

정상화 편향은 특히 자연재해 앞에서 위험하다. 사람들이 임박한 위협의 경고를 무시하거나 귀담아듣지 않게 하기 때문이다. 적어도 기원전 7세기 이후로 폼페이 사람들은 베수비오 화산의 그림자 속에서 살아오고 있었다. 도시를 둘러싼 농경지들은 화산재 덕분에 비옥했는데, 많은 주민이 생계를 위해 그 풍요로운 농경지에 기댔다. 폼페이 주민들의 생활의 질은 수세기에 걸쳐 느리지만 확실하게 향상되었다. 로마 치하에서 폼페이는 번영을 누렸다. 나폴리 만에 가깝고 주위에 풍요로운 농경지가 많아서 많은 사람이 살기 좋은 곳으로 여겼고, 북적거리는 도시가 되었다. 서기 1세기가 되자 도시의 인구는 1만 2,000명에서 2만 명 사이까지 늘어났다.

그런데 서기 79년 어느 초가을 오후에 도시 주민들에게 깜짝 놀랄 일이 생겼다. 베수비오 화산이 폭발했던 것이다. 경고도 없이 그 화산은 재와 속돌, 뜨거운 가스를 포함해 화산 분출물을 수직으로 맹렬하게 내뿜기 시작했다. 분출물은 공중으로 최고 30킬로미터까지 치솟았다. 이 분출 단계가 여러 시간 동안 지속된 덕분에 많은 주민이 도시를 탈출해 안전한 지역으로 향할 기회를 얻었다. 인구의 75퍼센트 이상이 이 초기 단계에서 탈출했으리라고 짐작된다. 하지만 2,000명에 가까운 주민은 떠나지 않았다. 일부는 너무 어리거나 연약해서 재빨리 피난길에 나서지 못했을지 모른다. 어떤 역사가들의 견해에 따르면, 하늘에서 떨어져 내리는 속돌이 너무 많아서 피난을 미루었을지 모른다고 한다. 이런 잠재적 방해 요인에도 불구하고 증거에 따르면, 대다수 주민이 외부의 상황들에 용감히 대처하면서 도시를 거뜬히 탈출했다. 다른 역사가들은 탈출을 꺼린 시민들은 무슨 일이 벌어질지 믿기 어려웠을지 모른다고 말한다. 거대한 휴화산의 그림자 속에서도 이제껏 수많은 세대의 폼페이 주민들이 안전하게 살아왔다고 여기면서 말이다. 열여덟 시간 정도가 지나자 가스와 암석이 수직으로 치솟는 과정이 끝나면서 분출의 첫 번째 단계가 종료되었다. 두 번째 단계에서는 펄펄 끓는 가스와 암석의 유동체가 산 위에서 아래를 향해 시속 수백 킬로미터의 속력으로 쏟아져 내렸다. 이렇게 첫 번째로 화산쇄설암이 쏟아져 내린 후에 곧 두 번째 화산쇄설암이 쏟아져 내리자 폼페이시는 2미터 남짓한 잔해층에 파묻혔고, 떠나지 않기를 선택한 주민들은 질식하거나 불에 타 죽었다. 이들은 정상화 편향의 희생자였다.

'상황 이상무: 전부 엉망진창Situation Normal: All Fucked Up, SNAFU'는 보통 차선이긴 하지만 그럴 수밖에 없다고 예상되는 상황을 가리킨다. 하지만 마찬가지로 이 용어는, 베수비오 화산 분출과 같은 재난의 객관적 현실과 정상화 편향의 렌즈를 통해 그 상황을 맞이하는 폼페이 희생자들의 주관적 경험 사이의 극명한 차이점을 표현하는 데에도 사용될 수 있다.

폼페이 주민들이 아끼는 도시를 못내 떠나지 않았다고 해서 딱히 잘못이 있다고 볼 수는 없다. 화산 분출의 잠재적 영향을 이전에 경험했던 적이 없고, 긴급 피난 경보를 재빠르게 알리는 데 중심적 역할을 맡는 당국이 없었기 때문이다. 반면에 많은 현대의 재난 상황의 희생자들한테는 그런 핑계가 통할 수 없다. 하지만 재난 상황 – 닥칠 것이라고 사전에 여러 번 널리 알려진 상황 – 이 닥치기 한참 전에 중대 경고가 나왔을 때조차 일부 사람들은 그에 대응해 적절한 응급조치를 하지 못한다. 어떤 조사에 따르면, 재난에 처했을 때 사람들의 최대 70퍼센트가 어느 정도 정상화 편향을 보일 수 있다고 한다.[163]

부정하기야말로 정상화 편향을 알려주는 핵심 요소 중 하나다. 사람들은 자신이 처한 상황이 이전에 익숙했던 상황과 대단히 맞지 않다고 여기는지라, 그 상황이 실제로 벌어지고 있다는 걸 도저히 믿지 못한다. 많은 사람의 생각과 달리, 심지어 상황을 인정했을 때조차도, 싸우느냐 아니면 도망치느냐 본능이 모든 사람에게 꼭 작동하지는 않는다. 일부 사람들은 엉뚱하게도 **네거티브 패닉**negative panic 내지 **행동 정지**behavioural inaction라는 차분한 상태가 되거나,[164] 자신이 받은 경고를 확인하기 위해 더 많은 정보를 미친 듯이 찾느라 생사가 걸린 대응 시간을 날리고 만다.

기상학자들은 귀담아듣지 않는 사람들한테 경보를 보내는 전문가 중에서 아마도 가장 선두에 있을 것이다. 가령 기상 예보관들은 2012년 10월 20일 대서양에서 열대성 폭풍이 생겼다는 사실을 알아챘다. 10월 25일이 되자 예보관들은 미국 동부해안East Coast의 어느 지점에 폭풍이 상륙하리라고 확신했다. 이튿날 동부해안에 대피 명령이 내려졌다.

정상화 편향의 가장 위험한 측면을 꼽자면, 미래에 관한 믿을 만한 예측을 신뢰할 만한 출처를 통해 알았을 때조차도 적절한 대비를 하지 못하게 한다는 점이다. 허리케인 샌디가 첫 포착 후 9일이 지나 2012년 10월 29일 저녁에 뉴저지주 애틀랜틱시티 근처에 상륙했을 무렵, 필수 대피 지역 주민들 중 42.5퍼센트만이 실제로 집을 떠났다.[165] 마찬가지로 허리케인의 다음 도착지가 될 뉴욕시에서도 필수 대피 지역 'A존Zone A'의 주민 가운데 절반 미만이 실제로 대피했다.[166] 미국 동부해안에서 총 159명이 허리케인 샌디에 목숨을 잃었는데, 그중 뉴저지주 주민이 43명이고 뉴욕주 주민이 71명이었다.[167] 주된 사망 원인은 익사였다.[168] 전체 익사자의 45퍼센트가 필수 대피 명령이 내려졌던 뉴욕 'A존'의 침수된 주택에서 나왔다.[169]

뉴욕 주민들에 대한 설문조사에서 드러나기로, 9·11과 관련된 끔찍한 사건들을 직접 목격한 사람들의 대피율이 보다 높았다.[170] 이 발견에서 짐작되듯이, 과거에 뜻밖의 재난으로 인해 예외적인 상황을 경험하면 '나한테 그런 일이 생길 리 없어'라는 태도 – 정상화 편향의 부정하기 단계를 거치는 희생자들한테 대단히 만연해 있는 태도 – 가 정말로 흔들린다. 하지만 놀랍게도 그런 참담한 피해에도(허리케인 샌디는 미국 전역에서 650억 달러어치의 손해를 일으켜, 당시 미국 역사상 두 번째로 큰 비용을 초래한 대서양 허리케인이 되었다[171]), 뉴저지 주민에 대한 한 설문조사에서 알려지기로, 오직 54퍼센트만이 장래에 닥칠지 모르는 또 다른 폭풍에 적극적으로 미리 대비하겠다고 말했다.[172] 대비를 하겠다고 밝힌 사람들의 절반 넘게도 실제로 무슨 행동을 하겠냐고 물었더니, '정보를 모으겠다'라든가 더 한심하게는 자기들은 그냥 '대비가 되어' 있으려니 여겼다.[173] 동부해안이 샌디처럼 치명적인 허리케인을 지난 40년 동안 경험하지 못했다는 사실 때문에 그런 사건을 최근에 겪고서도 가까운 장래에 대비할 필요성이 적다고 믿는 편향된 태도를 갖게 되었을지 모른다. 만약, 충분히 가능해 보이듯이, 지구온난화로 인해 그런 폭풍의 빈도와 강도가 커진다면, 이들 동부해안 주민들은 또 한 번의 불쾌한 충격을 받게 될지 모른다.

날씨에 관한 어림짐작 규칙

허리케인 샌디의 경로와 예상되는 강도를 상륙하기 여러 날 전에 우리가 예측할 수 있다는 점은 100년 전만 해도 우리의 능력 밖의 일로 여겨졌던 실로 경이로운 업적이다. 2022년 2월 기록상으로 잉글랜드에서 가장 강한 바람을 몰고 온 폭풍 유니스Eunice가 영국을 강타했을 때, 우리는 적어도 나흘 전에 이미 알고 있었다. 사실 그 폭풍은 대서양에서 생기기도 전에 미리 예측되었다. 안타깝게도 세 명이 그 폭풍의 직접적인 결과로 사망했지만, 정확한 예보가 없었더라면 총 사망자 수는 훨씬 많았을 것이다.

이전에는 변하는 양을 단기적으로 예측하려면 인간의 경험에 의존했던 반면에, 현대과학은 여러 날 전에 미리 날씨를 정확하게 예측해 낸다. 덕분에 일상적인 사소한 기적이 매일 벌어지는 셈이다. 우리는 앞으로의 날씨가 어떨지 알 수 있게 해줄 원리를 알아내려고 오랜 세월 노력해 왔다. 이런 어림짐작 규칙 중 일부는 과학에 근거하고 있지만, 또 어떤 규칙들은 타당성이 미심쩍은지라 사후판단편향의 렌즈를 통해서 볼 때에야 맞는 것처럼 보인다.

'밤에 하늘이 붉으면 양치기한테 기쁨이고, 아침에 하늘이 붉으면 양치기한테 경고다'라는 옛 속담을 예로 들어보자. 신약성경 「마태복음」에서 예수는 하늘에서 내려오는 표시가 무언지를 묻는 의심 많은 자들한테 위 속담의 한 버전을 인용해 이렇게 말한다. "너희가 '저녁에 하늘이 붉으면 날이 좋겠다' 하고 '아침에 하늘이 붉고 흐리면 오늘은 날이 궂겠다' 하나니, 너희가 날씨는 분별할 줄 알면서 시대의 표적은 분별할 수 없느냐(「마태복음」 16장 2, 3절)." 여러 변형 버전 중에서 가장 유명한 버전은 아마도 양치기를 뱃사람으로 바꾼 것으로, 전 지구의 다양한 지역에서 등장한다. 그리고 이 규칙은 영어가 아닌 다른 언어에서도 자기만의 버전이 있다. 가령 프랑스어로는 'Ciel rouge le soir, laisse bon espoir; ciel rouge le matin, pluie en chemin'라고 하는데, 대략 번역하자면 이런 뜻이다. '밤에 하늘이 붉으면 희망이 보이고, 아침에 하늘이 붉으면 비가 온다.'

오랫동안 널리 알려져 있던 말인지라 핵심적인 진실이 깃들어 있을 듯하다. 정말이지 이 말이 전해 내려온 많은 나라에는 그걸 설명해 줄 꽤 타당한 과학이 있다. 이 규칙은 주된 바람 방향이 서쪽에서 동쪽으로 향할 때에만 일반적으로 통한다. 중위도 지역이 그런 편인데(적도의 남북 양쪽으로 위도 23~66도 사이), 지구 자전 방향 때문에 주된 바람 방향이 동쪽에서 서쪽으로 향하는 열대 지역에서는 그렇지 않다.

바람 방향과 더불어 이 현상을 제대로 이해하려면, 햇빛이 지구의 대기와 상호작용하는 방식을 조금 알아야 한다. 가시광선은, 투명해 보여도 파장이 서로 다른 여러 가지 색깔의 빛으로 이루어져 있다. 가장 긴 파장이 빨간색 빛이고 가장 짧은 파장이 푸른색과 보라색 빛이다(햇빛이 무지개의 물방울에 의해 나눠질 때 볼 수 있다). 보통 햇빛이 대기와 상호작용할 때 작은 공기 입자들이 푸른빛을 산란시켜서 주로 푸른빛이 우리 눈에 들어오기에, 우리는 하늘을 푸르다고 인식한다. 하지만 먼지 입자들이 고기압 지역에서 대기에 갇힐 때는, 이 큰 입자들이 더 큰 파장의 빛 – 파장 스펙트럼의 빨간색 끝단에 있는 빛 – 을 산란시키는 경향이 있다. 그런 빛이 우리 눈에 들어오면 하늘이 빨간색이나 분홍색으로 보인다. 저녁에 해가 서쪽에서 지고 있을 때 그런 현상은 서쪽이 고기압대임을 시사한다. 따라서 고기압대가 밤새 바람을 타고 우리 쪽으로 다가올 테니, 이튿날 날씨가 맑아진다. 아침에 하늘이 붉으면, 해가 동쪽에서 뜨는지라 고기압대가 이미 서쪽에서 동쪽으로 건너와 우리를 지나갔다는 뜻이므로, 저기압대가 보통 수반하는 궂은 날씨가 다가올 수 있다. 100퍼센트 정확한 규칙은 아니지만 – 가령, 바람은 설령 중위도라 하더라도 언제나 서쪽에서 불어오지만은 않는다 – 꽤 타당하게 들리는 과학이 뒷받침하고 있다.

또 하나의 잘 알려진 (적어도 영국에서의) 날씨 짐작 규칙이 있다. '7시 전에 비가 오면 11시에는 맑다Rain before seven, fine by eleven.' 이 규칙은 전 세계적으로는 덜 유명한데, 이 짧은 운율 구조가 영어에서만 통하기 때문이다. 하지만 신뢰성이 떨어지고 과학적 뒷받침이 약한 규칙이라는 사실이 널리 인기를 끌지 못한 더 큰 이유다. 영국에서는 날씨 상태가 제트 기류를 타고서 전국을 비교적 빠르게 이동할 수 있다. 그래서 7시 전에 강수가 시작되었다가 11시면 소멸되어 버릴 때가 자주 있다. 하지만 심지어 영국에서도 비는 짧은 아침 시간대보다 오래 지속될 수 있고, 실제로도 자주 그렇다. 내가 지금 이 글을 쓰고 있는 옥스퍼드의 참담한 겨울날이야말로 이틀간 거의 내리 비가 오는 영국 날씨의 산 증거다.

우리가 좋아하는 구전 지식 중 하나는 특히 가족이 시골길에서 차를 운전하고 갈 때 두리번거리며 찾는 것인데, 바로 누워 있는 소다. 이 징조는 미리 비를 알려주는 신호로 여겨진다. 어떤 설명에 따르면, 소는 기압의 변화나 공기 중의 습도 증가를 알아차릴 수 있다고 한다. 그래서 소들이 마른 풀의 한 구역을 나중에 먹으려고 보관하기 위해 그 자리에 눕는다는 이론이다. 실제로 어느 연구에서는 소가 더운 날씨에는 서 있는 경향이 있다고 하는데, 몸의 표면적을 넓혀 효과적으로 몸을 식히기 위해서라고 한다.[174] 따라서 이런 결과의 당연한 귀결로서, 비 오기 전에 종종 온도가 떨어지는 동안에 소들은 열을 유지하려고 누울지 모른다. 이것은 현상에 대한 그럴듯한 설명처럼 들리지만, 사실은 전혀 과학적으로 뒷받침되지 않는다. 소가 눕는 것은 곧 비가 온다는 마땅한 징조가 아니다. 그런 일이 관찰되었다고 해도 순전한 우연의 일치에 확증편향이 보태졌기 때문일 가능성이 크다. 확증편향 때문에 우리는 그런 엉터리 이론이 맞아떨어졌을 때만 기억하고 소가 누웠는데도 비가 오지 않은 경우는 잊어버린다. 영국 기상청 조사에서 드러나기로, 영국 대중의 60퍼센트는 날씨 예보에 관한 이 구전 지식이 비가 오리라는 확실한 징조라고 여전히 믿고 있다.

독일어권 문화에서도 동물 행동으로 날씨를 예측하려고 했지만, 장담하건대 훨씬 덜 성공적이었다. 18세기 박물학자들이 관찰했더니, 유럽 청개구리들에게 햇살 좋은 날씨에 나무에 올랐다. 당시의 아마추어 기상학자들은 관찰 결과를 과대해석해, 그런 행동을 하는 유럽 청개구리들에게 초자연적인 일기예보 능력이 있다고 여겼다. 한동안 청개구리들을 소형 사다리를 채운 항아리 속에 넣어서 실내에 두는 유행이 번졌는데, 사다리를 올라가 날씨 예측을 하려는 욕구가 생길 수 있도록 하기 위해서였다. 실제로 야생의 청개구리들이 해가 떠 있을 때 나무에 오르는 까닭은 따뜻한 날씨일수록 더 높이 나는 파리를 잡을 확률을 높이기 위해서다. 활동을 북돋워 주는 자연의 먹이 자원이 없는 항아리 속의 청개구리들은 사다리에 오를 동기가 없으므로 미래의 날씨 상태는커녕 현재의 날씨도 제대로 알려주지 못한다. **베터프로쉬**wetterfrosch는 번역하자면 **날씨 개구리**weather frog인데, 지금도 독일어 사용 국가들에서 일기예보관weatherman을 나쁘게 빗대는 용어로 쓰이고 있다. 이와 달리 여성 일기예보관은 때때로 **날씨 요정**weather fairy이라고 불리는데, 이 또한 비하하는 뉘앙스로 쓰일 때가 많다.

●

◆ 정말로 기상청이 무능할까?

저런 못마땅한 별명들은 전 세계에 흔하다. 오랜 세월 일기예보관들은 가시 돋친 말들을 막아내기 위해 두꺼운 살갗을 키워왔다. 가령 '잘 틀릴 듯 보이는 게 직업의 필수 조건'이라든가 '맞을 때보다 틀릴 때가 더 많아도 보수를 받으니 정말 끝내주는 직업' 같은 말들이다. 역설적이게도, 일기예보관의 미래 예측이 믿을 만하지 않다는 이런 평판은 날씨와 같은 복잡한 현상을 예측하기가 지극히 어렵다는 사실을 얕잡아 볼 뿐만 아니라 그들이 실제로 거둔 일기예보 성공률을 과소평가하고 있다.

물론 진짜 실수도 있기는 했다. 자부심이 대단한 일기예보관조차도 그런 사실을 부인하지는 못할 테다. 1900년 9월 4일, 워싱턴 DC의 중앙기상국은 쿠바에서 북쪽을 향해 올라오는 '열대성 저기압'을 포착했다. 플로리다로 향하리라고 믿고서, 그 주의 서쪽 해안의 상당 지역에 폭풍 경보가 내려졌다. 이튿날이 되자 그 경보는 플로리다와 조지아주 해안 대부분에서 허리케인 경보로 격상되었고, 추가로 북쪽으로는 노스캐롤라이나의 키티호크까지 그리고 서쪽으로는 루이지애나의 뉴올리언스까지 폭풍 경보가 내려졌다.

9월 8일 아침, 텍사스 해안에서 가까운 갤버스턴시 주민들이 아침잠에서 깨어났더니 파도가 넘실거리긴 했지만 하늘은 대체로 맑았다. 그곳은 뉴올리언스에서 서쪽으로 450킬로미터 남짓 떨어져 있었기에 허리케인 경보 대상 지역이 아니었다. 높은 파도와 사소한 침수는 그 저지대 섬에서는 새로운 게 아니었고 공식적인 경보도 없었기에 3만 8,000명에 이르는 주민 대다수는 평소처럼 각자의 일을 하러 나갔다. 마침내 그날 늦게 상륙했을 무렵, 그 '열대성 저기압'은 4등급의 허리케인으로 격상되어 높이 5미터 남짓의 폭풍해일을 몰고 왔다. 갤버스턴에서 최고 높은 지점이 해발 2.7미터 미만이기에, 도시 전역이 홍수에 휩쓸리고 말았다. 많은 건물이 그냥 물에 쓸려가 버렸고 섬과 육지를 잇는 다리들도 떠내려가 버렸다. 바람의 피해도 도처에서 일어났다. 기상청의 풍력계(바람을 측정하는 데 쓰이는 장치)가 날려가기 전에 기록된 풍속은 시속 160킬로미터였다. 당시에 벽돌과 목재 등의 날아다니는 잔해에 관한 보고 내용으로 볼 때, 풍속은 훨씬 더 높았다. 4등급 허리케인의 바람 세기와 일치하는 빠르기였다. 이튿날 최악의 폭풍이 지나가자 생존한 주민들은 참담한 현실을 생생하게 느꼈다. 1만 명이 집을 잃었고 약 8,000명이 죽음을 맞았다. 사망자 중에는 코라 클라인Cora Cline(갤버스턴의 수석 일기예보관인 아이작 클라인Isaac Cline의 아내)와 이 부부의 태어나지 않은 아이도 있었다. 아이작 클라인도 홍수에 휩쓸려 거의 죽을 뻔했다. 그는 너무 늦기 전에 폭풍 경보를 울리지 않은 잘못에 혹독한 대가를 치른 셈이다. 갤버스턴 허리케인은 아직도 기록이 시작된 이래 미국에 닥친 가장 치명적인 자연재해로 남아 있다.

예측 실패로 인해 재난에 제대로 대처하지 못한 이런 이야기들은, 다행히도 특히 현재와 같이 예측이 발달한 시대에서는 드물다. 하지만 허리케인을 한 번 놓친 예측 실수가 맑은 날을 아무리 많이 맞힌 예측 성공보다 훨씬 오래 기억에 남는다. 게다가 재난을 피할 수 있게 만들어준 올바른 예측보다 틀린 예측이 훨씬 두드러져 보인다. 2011년 허리케인 아이린Irene의 경우, 경로에 관한 정확한 예측에 이어 조기에 울린 경보 덕분에 효과적인 대비가 가능했기에, 만약 그렇지 않았더라면 발생했을 사망자 수보다 훨씬 적은 사망자 수를 기록했다. 2005년에 생긴 허리케인 카트리나Katrina보다 최근에 발생했는데도, 낮은 사망자 수와 적은 피해 때문에 막대한 피해를 초래했던 더 이전의 폭풍인 아이린을 기억하는 사람이 적다. 실제로 아이린을 기억하는 사람 다수는 폭풍이 다가올 때 발령된 경보가 과장되었다고 떠올린다. 이런 인식은 8장에서 보았듯이 성공적이었지만 아무도 고마운 줄 모르는 자기파괴적 예언의 대표적인 결과다.

더 쉽게 떠올리게 되는 사건의 확률을 과대평가하고 더 밋밋한 사건의 확률을 과소평가하는 우리의 경향은 일종의 가용성 편향으로 분류할 수 있다. 1장에서 가용성 편향을 처음 만났는데, 그때 우리는 새로 얻은 정보를 기억의 제일 앞쪽에 두어 이용하게 해주는 최신 효과를 알게 되었다(바더-마인호프 현상도 이 효과 때문이다). 한 사건을 다른 사건에 비해 쉽게 떠올려서 이용할 수 있게 하는 또 하나의 현상은 **현저성 편향**salience bias이라고 알려져 있다. 이는 덜 인상적인 사건은 무시하고 더 두드러지고 감정적으로 영향을 미치는 사건은 기억하는 경향을 가리킨다.

가용성 편향은 사람들의 보험 구매 방식의 패턴을 설명해 준다. 가령 재해보험을 예로 들어보자. 우리는 재해의 진짜 위험성에 따라서가 아니라 우리가 느끼는 위험성을 바탕으로 보험을 구매하는 편이다. 그리고 사람들은 한동안 재해가 없었기에 보험의 필요성을 일깨워 주지 않는데도 – 위험성의 인식이 낮아지는데도 – 원래의 정책을 갱신하지 않는 편이다. 1989년 캘리포니아 중부를 강타한 진도 6.9의 로마 프리타Loma Prieta 지진은 수십억 달러어치의 보험 피해를 일으켰다.[175] 보험회사들의 주가는 지불해야 할 수밖에 없는 막대한 금액 탓에 큰 타격을 입으리라고 예상될 법했다. 하지만 보험사 주가는 지진의 직접적인 여파로 오히려 올랐다.[176] 투자자들은 최근의 지진이 가용성 편향을 일으킬 것임을 알아차렸다. 사람들의 위험성 인식이 높아지는 바람에[177] 지진 보험 증권의 매출액이 증가할 테니, 그걸로 지출한 보험 지급액을 거뜬히 초과할 것이라 믿었다.[178]

비슷한 상황으로, 미국의 국가홍수보험프로그램National Flood Insurance Program, NFIP하에서는 홍수보험 증권의 판매 건수가 2001~2009년 사이에 매년 0에서 4퍼센트만큼 서서히 늘어났다. 하지만 2006년은 예외였다. 2006년 유효한 홍수보험 증권의 수는 14퍼센트가 넘게 증가했다.[179] 2005년에 도대체 무슨 일이 있었기에 이처럼 갑자기 늘어났을까? 당연히, 허리케인 카트리나였다. 홍수 보도가 아주 오랫동안 뉴스를 도배하다시피 했으니, 사람들의 홍수 위험성에 대한 인식이 높아졌다. 이전보다 더 크게 위험한 처지도 아니고 허리케인의 발생 빈도와 위치 분포도 바뀌지 않았는데 말이다. 허리케인 카트리나는 홍수 위험성을 더 크게도 더 작게도 만들지 않았고, 단지 홍수의 사례가 더 많이 알려지게 했을 뿐이다.

분명 현저성 편향은 일기예보가 맞을 때보다 틀릴 때가 많다는 세간의 인식을 설명하는 데 나름의 역할을 한다. 우리는 결과가 끔찍했던 갤버스턴 재난과 같은 실수는 곧잘 기억하는 데 반해, 올바른 예측으로 많은 생명의 손실을 막아낸 허리케인 아이린은 잘 기억하지 못한다. 과거에 틀리게 예측된 허리케인으로 인해 생긴 현저성 편향이 현재에 올바르게 예측된 다른 허리케인으로 인해 생기는 최신 효과를 뒤엎어 버릴 수 있다.

날씨에 관한 틀린 인식이라는 직소 퍼즐의 또 한 조각은 예보와 관련된 불확실성을 우리가 근본적으로 오해하는 성향이다. 우리는 일기예보를 통해 내일 비가 올 것이 100퍼센트 확실하다고 듣고 싶어 한다. 그래야 쓸데없이 우산을 챙기는 일이 안 생기기 때문이다. 하지만 일기예보는 그렇게 작동하지 않으며, 본질적으로 불확실하다. 약 10년 전쯤부터 기상 관련 기관들은 이를 악물고서 그런 불확실성을 대중에게 알려나가기로 했다. 여러분도 여러분이 사는 지역에 비가 올 확률이 40퍼센트라는 식의 일기예보에 익숙할 테다. 이런 추정치는 **강수 확률**probability of precipitation 또는 줄여서 'PoP'라고도 한다. 안타깝게도 이 강수 확률의 실제 의미는 조금 모호하다. 예보 지역의 40퍼센트가 이튿날 비를 경험하게 된다는 뜻일까? 어쩌면 그날의 40퍼센트에 해당하는 시간 동안 그 지역에 비가 온다는 뜻일 수도 있다. 또 어쩌면 그 지역 전부가 40퍼센트의 확률로 비를 경험하게 된다는 뜻일 수도 있다. 즉, 지난 이력을 볼 때 내일과 같은 조건을 지닌 날들의 40퍼센트가 비가 왔고 60퍼센트는 비가 오지 않았다는 뜻일 수 있다.

위에서 마지막 의미가 아마도 올바른 해석에 가깝긴 하겠지만, 진짜 의미는 조금 더 복잡하다. 많은 일기예보관에게 이튿날 강수 확률은 해당 지역에 내일 비가 올 확률에다 비가 내리는 지역의 비율을 곱한 결과로 해석된다. 따라서 내일 내 고향인 맨체스터시에 비가 오긴 하지만 시의 4분의 3에만 비가 온다고 일기예보관이 확신한다면, 강수 확률을 75퍼센트로 내놓는다. 이와 비슷하게 75퍼센트의 강수 확률은 비가 올 확률이 75퍼센트인데, 만약 정말로 비가 온다면 도시 전체가 젖는다는 의미로 내놓은 일기예보에서도 나올 수 있다. 그러니 사람들은 이런 불확실성을 잘못 해석하게 될 수 있다. 첫 번째 시나리오에서 여러분이 비가 오지 않는 맨체스터의 4분의 1 구역에 산다면, 일기예보가 틀렸다고 말할지 모른다. 두 번째 시나리오에서 만약 비가 오지 않으면 (그런 조건들의 4분의 1의 경우에 비가 오지 않는다고 예보된 대로), 맨체스터 시민들은 이 역시 틀린 일기 예보라고 여길지 모른다. 비록 두 경우 모두 일기예보가 타당했을지라도 말이다. 개인적으로 나도 내가 맨체스터에 살았을 때 그 세련된 예보가 대단히 유용하다고 느낀 적은 없다. 도시의 모든 주민이 알고 있듯이, 날씨에는 단 세 가지 유형만 있을 뿐이다. 비가 내리고 있거나, 비가 곧 내리거나 아니면 비가 막 그쳤거나.

일기예보관들한테는 좌절스럽겠지만, 비 올 확률이라는 불확실성을 표시하는 미묘한 방식의 일기예보는 일반 대중에게 모든 사정을 갖다 대는 책임회피로 여겨질 수 있다. 영국 기상청이 예보에서 강수의 수치적 확률을 처음 내놓기 시작했을 때, 《데일리 메일》은 이렇게 꼬집었다. "뜻밖의 폭우를 겪은 사람은 누구라도 그들(일기예보관들)이 틀리더라도 비난을 면할 방법을 간단하게 내놓았다고 여길지 모른다."

이런 문제가 생긴 이유를 하나 들자면, 우리가 날씨에 대해 이분법적으로 – 비가 오느냐 마느냐 식으로 – 생각하도록 길러졌기 때문이다. 수치적인 강수 확률을 제시하면서도, 또한 많은 날씨 앱들은 대체로 예상되는 날씨를 시각적으로 보여주는 아이콘을 표시한다. 그렇기에 일기예보관들은 어떤 문턱값을 설정할 수밖에 없다. 가령, 강수 확률이 어떤 값을 넘으면 '회색 구름' 기호 대신에 '흐린 가운데 빗방울' 기호가 표시되도록 한다. 심지어 기호들을 무시하고 수치만 본다고 하더라도, 여러분이 사는 특정 지역의 20퍼센트의 강수 확률은 너무 낮아 보이는지라 비가 오지 않는다고 가정하고픈 마음이 굴뚝같아진다. 5일 중 하루 폭우가 내려 우리가 레인코트도 없이 흠뻑 젖고 나면, 우리는 예보가 더 확실하게 비를 예측하지 못했다고 화를 낼지 모른다.

흥미롭게도 미국의 민간 기업에 속한 일기예보관 일부는, 우리가 비에 관한 한, 내림을 하려는 편향성rounding bias과 더불어 적게 대비된 상태보다 많이 대비된 상태를 더 좋아하는 성향이 있다는 것을 너무나 잘 알고 있다. 강수 예측들을 실제로 비가 내린 빈도와 비교해 과학자들이 알아낸 바에 따르면, 진짜 강수 확률이 낮을 때라도 민간 기업에 속한 일기예보자들의 예측은 강수 확률을 높이는 쪽으로 편향되어 있다.[180] 이러한 소위 '축축한 편향wet bias'의 잠재적 이유는 일기예보관들이 우리가 낮은 확률 쪽으로 내림을 하려 한다는 성향을 잘 알고 있기 때문이다. 그도 그럴 것이, 우리 중 다수는 10퍼센트 이하의 강수 확률을 보면 비가 오지 않을 것이라고 내심 가정해 버린다. 확률을 의도적으로 20 내지 30퍼센트로 올림으로써 일기예보관들은 강수 확률을 우리가 더 심각하게 여기도록 만든다. 이는 비가 온다고 예보했는데 알고 보니 오지 않더라도 우리가 실망하지 않으리라는 점까지 고려한 판단이다. 동일한 연구에서 또 밝혀내기로, 일기예보관들은 50퍼센트의 강수 확률에서 억지로라도 벗어나는 쪽으로 예측을 했는데, 아마도 그런 예보에서 연상되는 모호성을 피하기 위해서였을 것이다.[181] 말할 필요도 없이, 이런 편향된 예측들은 전반적으로 예보의 정확도를 떨어뜨리며 예보에 대한 대중의 확신을 별로 높여주지 못한다.

장담하건대 더 타당하고 더 중차대한 규모의 예보에서도 똑같은 일이 벌어지는데 토네이도, 허리케인, 눈보라 등 날씨로 인한 자연재해의 예측이 그런 경우다. 이런 현상을 예보하는 것은 비유하자면 판돈이 크게 걸린 우연에 의한 게임이다. 재난 및 응급 계획을 책임지는 당국들은 일기예보관들의 합리적인 최악의 상황 시나리오 – 발생하기 어려울지 모르나 불가능하다고 여겨서 무작정 내팽개칠 정도로 발생하기 어려운 정도는 아닌 재난 상황에 대한 전망-에 따라 행동한다. 그런 사건을 마냥 제쳐둘 수는 없기 때문이다. 보통 우리는 불필요한 혼란과 불편함을 초래하는 과도한 반응이 소극적 대응으로 인해 예방 가능한 생명 손실을 막지 못하는 소극적 대응보다 낫다고 여긴다.

2017년 3월 미국 기상청이 뉴욕시를 포함해 미국 동부해안 주민들에게 눈보라를 예보하자, 2000만 명이 최악의 상황에 대비했다. 언론의 표제 기사들에서는 빅애플Big Apple(뉴욕시의 애칭-옮긴이)에 최대 시속 100킬로미터 남짓한 바람과 30~60센티미터에 이르는 폭설이 내릴 것이라고 알렸다. 1888년의 거대한 눈보라Great Blizzard에 필적할 수준이었다. 7,000건 이상의 항공편이 취소되어 35만 명의 승객들이 영향을 받았다. 수백 건의 철도편도 취소되거나 지연되었다. 기업들과 관광명소들은 대비 차원에서 문을 닫았다. 뉴욕 시민들은 불필요한 이동을 전면 삼가라는 권고를 받았다. 트럼프 대통령은 심지어 독일 수상 앙겔라 메르켈과의 회담도 취소했다. 예보에 따른 대비 태세로 일상생활이 지장을 받았기에, 단기적이긴 하지만 실질적인 경제적 손실이 뒤따랐다.

마침내 눈 폭풍이 뉴욕을 지나가고 보니 적설량은 18센티미터 미만이었다. 엄격했던 대비책 중 다수는 불필요했다. 틀린 예보를 내렸던 미국 기상청은 소셜미디어에서 비난을 받았는데, 많은 소셜미디어 사용자가 그 예보를 '실패작'이라고 조롱했다. 뉴저지 주지사 크리스 크리스티Chris Christie도 틀린 예보에 발끈해 이렇게 쏘아붙였다.

"이 일기예보관한테 보수를 얼마나 잘 챙겨줘야 할지 모르겠군요. 솔직히 지난 7년 반 동안 미국 기상청에 질려버렸습니다."

사실, 뉴욕의 총강설량이 줄어들 가능성이 높다는 점을 눈보라가 시작되기 이전 저녁에 미국 기상청은 이미 알고 있었다. 하지만 최대한 조심하자는 취지에서 강설량을 낮추지 말자는 결정이 내려졌다. 기상예측센터의 일기예보 책임자인 그레그 카빈Greg Carbin은 이렇게 설명했다. 마지막 순간에 등급을 내리게 되면 영향을 받을 지역의 사람들한테 눈 폭풍이 더 이상 위협이 되지 않는다는 그릇된 인상을 주었을지 모른다고 말이다. 이를 가리켜 **앞유리 와이퍼 효과**windscreen-wiper effect라고 한다. 널리 알려져 있듯이, 예보가 앞뒤로 극명하게 달라져 버리면 대중들은 틀리는 것보다 훨씬 더 예보를 신뢰하지 않게 된다.

뉴욕의 적설량을 예측하기 어려웠던 까닭은 그 도시가 눈 폭풍의 비-눈 경계선, 즉 차가운 북극 공기와 따뜻하고 습한 대서양 공기를 가르는 전선에 가까이에 놓인다고 예측되었기 때문이다. 결국 예측된 강수량이 뉴욕에 실제로 내렸지만, 비-눈 경계선이 예측된 경로를 벗어나는 바람에 눈보다는 비와 진눈깨비가 많았다. 뉴욕주의 내륙 지역들은 정말로 예보대로 30~60센티미터에 이르는 눈이 내렸고, 일부 지역은 무려 120센티미터가 넘게 눈이 왔다.

거의 모든 현상에 대해 일기예보관들이 단 한 가지 시나리오만 제시하고서 마치 그게 절대적으로 확실히 일어날 것처럼 알리기보다는, 일정 범위의 발생 가능한 시나리오들을 확률과 함께 제시하는 편이 합리적이고 심지어 현명한 처사다. 예상된 내용이라고 우리가 여기는 일과 실제로 벌어진 일 사이의 불일치는 대체로 예보에 관한 불확실성이 제대로 이해되지 않았거나, 최악의 상황 시나리오가 실제보다 더 일어날 가능성이 큰 – 때로는 100퍼센트의 확실성을 갖는 – 사건으로 해석될 때 생긴다. 우리는 애매한 구석이 없는 확실성을 너무나도 원하는 나머지, 그런 예측에 보통 깃들어 있는 미묘한 뉘앙스를 종종 잊거나 무시한다.

일기예보관들이 받는 악평의 일정 부분은 스스로 초래한 것일지도 모른다. 그들은 최대한 조심하는 편이 좋다는 뜻에서, 거짓 경보 비율이 늘어나더라도 잠재적인 자연 재난을 놓칠 위험성을 줄이는 쪽을 선호하기 때문이다. 어느 정도 그들한테 가해지는 고약한 평판은 확률을 적절하게 분석할 수 없는 근본적인 한계에서 비롯될지도 모르지만(2장에서 처음 우리가 마주쳤던 문제), 일기예보관들이 겪는 불명예의 일부는 날씨를 예측하기가 근본적으로 얼마나 어려운지에 대한 전반적인 이해 부족의 결과다.

악마는 디테일에 있다

150년 전, 날씨 예측하기의 과학은 유아기에 있었다. 초창기 시절의 예측 방법은 대기 관측 정보 몇 가지를 모으고, 과거의 기록을 뒤져서 비슷한 특징을 갖는 날들을 찾는 식이었다. 기록 자료에서 관측 내용과 가장 일치하는 날의 다음 날에 기록된 날씨가 예보로 사용되었다. 당연히 날씨와 같은 극단적으로 복잡한 현상을 예측하는 이런 조잡한 **임시변통식** 접근법은 성공률이 높지 않았다.

대기의 물리적 상태를 지배하는 방정식이 잘 알려져 있긴 했지만, 20세기의 전반기 동안에는 그런 방정식을 신뢰할 만하고 유용한 예보를 하는 데 필요할 정도로 확실하고 세밀하게 풀 방법이 사실상 없었다. 그런 사정은 1950년대에 슈퍼컴퓨터의 출현으로 완전히 바뀌었다. 대기를 컴퓨터로 표현함으로써, 지구 표면을 수많은 격자로 구분해 그 각각에 대해 날씨를 결정하는 변수들(풍속, 기압, 습도, 온도 등)을 모형화할 수 있게 되었다. 대기 현상을 지배하는 방정식들에서 나온 공식 덕분에, 컴퓨터는 특정 시간에 한 격자점의 날씨를 이전 시간대에 인접한 격자점들의 상태로부터 계산해 낼 수 있었다. 현재 시간에 측정된 대기의 초기 스냅샷이 주어져 있을 때, 슈퍼컴퓨터는 모형을 매우 빠르게 반복 계산해, 예상되는 미래의 상태에 가장 잘 대응할 방법에 관한 결정을 내릴 수 있을 정도로 유용한 예측을 내놓았다. 이와 반대로 인간 예보자들은 책상에 앉아서 손으로 수들을 계산했기에, 예측은 해당 일日이 끝나기도 전에 이미 쓸데없는 것이 되고 말았다.

컴퓨터의 계산 능력이 발전하자 일기예보도 함께 발전했다. 더 많은 대기 관련 변수가 포함되었고 격자들이 더 세분화되어 더욱 고해상도의 예측이 가능해졌다. 방정식 풀이가 상당히 빨라졌기에 모형을 단 한 번만 실행하기보다 여러 번 실행할 수 있게 되었다. 매번 모형을 실행할 때마다 초기의 대기 스냅샷에 작은 차이를 추가해 그런 측정의 내재적 불확실성을 수정해 나감으로써, 일기예보관들은 그런 차이들이 어떻게 전파되는지 모형화할 수 있었다. 이에 따라 거듭 예보를 수정해 나가면서 예측의 불확실성을 정량화할 수 있게 되었다. 결과적으로 시뮬레이션을 더 많이 할수록 예보는 더 확실해졌다.

세월이 흐르면서, 일기예보의 정확성은 슈퍼컴퓨터의 연산 능력과 시뮬레이션 기법이 발전함에 따라 향상되었다. 어림짐작을 해보자면, 매 10년마다 우리가 어느 특정한 정확도로 예측할 수 있는 미래의 날수가 하루씩 늘어났다.[182] 그러니까 가령, 오늘날의 나흘 전 예측이 10년 전의 사흘 전 예측만큼 정확하다. 그리고 30년 전에 나흘을 미리 내다보았다면, 지금은 그때와 똑같은 정확도로 일주일을 내다볼 수 있다.

이런 발전에도, 날씨와 같은 복잡하고 비선형적인 현상을 예측하는 데에는 근본적이고 내재적인 불확실성이 늘 뒤따른다. 그런 불확실성이 생기는 이유 중 하나는 필요한 모형을 제작할 때 근사를 할 수밖에 없기 때문이다. 우리는 대기 속의 200,000,000,000,000,000,000,000,000,000,000,000,000,000,000(200트레데실리온tredecillion)개의 분자 전부를 분자 규모 모형을 이용해 재현하지 않는다. 현재의 컴퓨터 연산 능력으로는 불가능할 뿐만 아니라, 머지않아 가능할 것 같지도 않다. 지금으로서는, 그런 '분자' 규모의 모형들은 몇백만 개의 원자를[183] 몇백 마이크로초 동안[184] 1미터의 100만 분의 몇 정도의 공간 규모에 대해 시뮬레이션할 수 있을 뿐이다. 이와 대조적으로, 일기예보에 필요한 모형들은 수만 킬로미터에 달하는 전 지구적인 공간 규모와 더불어 적어도 일주일에 걸친 시간 규모를 다룰 수 있어야 한다. 각각의 분자를 개별적으로 표현하는 모형들은 이런 규모에서는 아예 불가능하다. 대신에 컴퓨터에 입력되는 변수들은, 비유하자면 미세한 현실의 거친 표현이어야 모형이 단순화되어 효율적으로 작동할 수 있다. 이 거친 모형들은 연산 측면에서 저렴할지 모르나, 진짜 문제점은 현실의 만화식 표현일 수밖에 없다는 사실이다. 즉, 넘어가 줄 수 있을 정도로 비슷하긴 하지만 결코 사진처럼 현실을 생생하게 나타내진 못한다.

현실을 상상할 수 있는 한 가장 세밀하게 모형화하기라는 이론적 개념이 새로운 것은 아니다. 1814년 프랑스 수학자 피에르 시몽 라플라스(4장에서 우리가 처음 만났던, 베이즈 정리의 초기 옹호자)는 이후 **라플라스의 악마** Laplace's Demon 라고 알려지게 될 사고실험을 구상했다.[185] 라플라스가 제시한 초지성체, 즉 악마는 어느 특정 순간에 우주의 모든 것 – 모든 입자 각각의 위치와 운동량 및 그 입자들이 상호작용하는 규칙들 – 을 즉시 알아낼 수 있다. 라플라스의 추론에 의하면, 고전역학의 법칙들을 사용해 이들 상호작용하는 입자들의 위치와 운동량을 시간의 흐름에 따라 알아낼 수 있기에, 우주 전체가 그 시점부터 완전하게 예측될 수 있다. 그가 제시한 상황은 대기의 미세한 행동을 엄청나게 상세히 예측하기라는 문제와 흡사한데, 물론 현실적으로는 실현 불가능하다. 연산을 완료하는 것은 고사하고, 도대체 어느 컴퓨터가 필요한 모든 정보를 부호화할 수 있단 말인가?

하지만 하나의 사고실험을 통해서 라플라스가 내놓은 제안은 우리가 자유의지를 어떻게 볼지에 심오한 영향을 미치며, 또한 이 책의 3장에서 내가 아론손 신탁에 의해 자유의지가 제약을 받는다고 느낀 것과는 꽤 다른 방식으로 생각을 할 수 있게 해준다. 기억을 떠올리자면, 거기서 컴퓨터는 내가 다음에 어느 자판을 누를지를 대략 60퍼센트의 확률로 예측할 수 있었다. 순전히 우연이라면 예측되었을 50퍼센트보다는 낫지만, 예측의 결과에 우리의 집을 걸 만큼 확신을 주는 예보 정확도의 수준은 결코 아니었다. 이와 달리 라플라스의 사고실험은 우리의 현재 및 미래 행동이 이미 정해져 있음을 암시한다. 즉 우리는 사실 그저 자동장치로서, 우주가 시작할 때 작성된 각본에 따라 연기하고 있다는 말이다. 이 악마가 실제로 존재한다면, 우리가 두 자판 중 어느 것을 다음에 누를지 100퍼센트 확실하게 예측할 수 있을 것이다. 만약 라플라스 이론의 핵심 내용이 옳다면, 자유의지는 그저 환상일 뿐이다. 우리의 시작 조건들을 정확하게 특정하지 못해서 미래를 계산할 수 없기에 생겨난 착각일 뿐이라는 말이다.

하지만 우리한테 진짜로 자유의지가 있는지 아니면 그저 환영일 뿐인지 여부는 중요하지가 않다. 우리에겐 그 둘의 차이를 구별할 능력이 없기 때문이다. 우리의 계산 자원이 불충분할 뿐만 아니라, 입자들의 위치와 운동량을 정확하게 측정하는 데에는 근본적인 한계가 존재한다. 특히 **하이젠베르크의 불확정성 원리**Heisenberg's uncertainly principle로 요약되는 근본적인 불확정성이 그런 한계다. 매우 작은 공간 규모에서의 현상을 기술하는 양자역학의 불확정성 원리에 의하면, 우리는 결코 한 입자의 위치와 운동량을 동시에 절대적인 확실성으로 알아낼 수 없다. 만약 여러분이 어떤 물체가 얼마나 빨리 움직이는지를 안다 해도 그게 정확히 어디로 가는지는 결코 알 수 없다는 뜻이다.

이론적으로는 하이젠베르크의 불확정성 원리 때문에 그리고 현실적으로는 날씨 현상의 엄청난 복잡성과 규모 때문에 대기의 초기 스냅샷을 정확하게 결정할 수 없다는 이런 한계야말로 일기예보가 부정확해지는 두 번째 주된 이유 – 카오스 – 에서 중요한 점이다.

일상 곳곳에 존재하는 카오스

(혼란과 무질서라는 뜻으로 이해하는 일반적인 용례와 달리) 수학적 의미에서 볼 때, 카오스는 수학자들이 **초기조건에 민감한 의존성**이라고 부르는 주된 특징을 지닌 현상이다.[186] 무슨 뜻이냐면, 지극히 비슷한(하지만 완전히 동일하지는 않은) 초기조건을 지니고 그 외에는 동일한 두 카오스 계가 있을 때, 충분히 오랜 기간 동안 두 계의 변화 과정을 관찰해 보면, 결국 두 계는 서로 크게 달라지고 만다.

한 계가 카오스적 행동을 보이려면 지극히 복잡해야 한다고 여기기 쉽다. 하지만 꼭 그렇지는 않다. 마찰이 없는 이중진자가 단순한 카오스 계의 대표적인 사례다. 할아버지의 괘종시계에 든 단진자 – 맨 아래에 추가 달린 단단한 금속 막대기 – 를 상상해 보자. 단진자가 어떻게 움직이는지는 매우 잘 알려져 있다. 카오스를 보이지 않으며 매우 예측 가능하게 행동한다. 너무나 예측 가능한지라 실제로 우리는 그걸로 손목시계를 맞출 수도 있다(실제로도 맞춘다). 하지만 첫 번째 추 밑에 두 번째 추를 달면, 상황이 완전히 달라진다. 그 계는 여전히 충분히 단순해서 그 계의 행동을 수학적으로 완전히 규정할 수 있는데도, 갑자기 이중진자는 이제 카오스 현상을 드러낼 수 있다.

그림 9-1의 위쪽 두 그림은 이중진자의 끝부분을 거의 수직으로 들어 올려 거꾸로 된 위치(회색으로 표시)에서 놓았을 때의 두 가지 이동 경로 시나리오를 보여준다. 두 시나리오에서 두 진자 사이의 초기 각도는 서로 1도의 10분의 1 미만의 차이가 난다. 처음에는 꽤 비슷하게 행동한 후, 추들의 궤적은 5초가 지나기도 전에 서로 벌어진다. 그림 9-1의 아래 두 그림에서 볼 수 있듯이, 25초 후에는 추의 끝을 따라 이동한 경로의 패턴들은 두 시나리오에서 크게 다르다. 초기조건이 서로 매우 비슷했는데도 말이다.

그림 9-1 위의 두 그림은 초기조건(회색으로 표시된 초기 위치)이 거의 동일한 마찰 없는 두 이중진자의 끝부분의 궤적들(검은색)을 처음 5초 동안 보여준다. 두 궤적은 처음에는 매우 비슷해 보이지만 5초 후부터는 분명 서로 달라지기 시작한다. 25초가 지났을 때(아래의 두 그림) 표시된 두 궤적은 완전히 달라져 있다. 이번에는 각 이중진자의 최종 위치가 보라색으로 나타나 있다.

초기조건에 대한 이 민감한 의존성은 우리가 카오스 계를 이해하는 데 중대한 의미를 지닌다. 날씨와 같은 계를 예측하기 위한 모형을 세울 때, 그 계가 카오스 계이면 다음과 같은 의미다. 주어진 한 계를 지배하는 법칙들이 잘 알려져 있더라도, 해당 계의 모형에 입력하는 초기조건에 아주 작은 불확실성이 있다면, 얼마간 시간이 지난 뒤에 실제 그 계의 상태는 해당 모형이 예측한 내용에서 상당히 벗어나게 된다.

여러분 집의 주방에서 카오스를 직접 경험할 수 있다.[187] 베이킹 트레이를 뒤집은 채로 싱크대에 놓고서 수도꼭지를 아주 살짝 틀어보자. 한참 틀어놓고 있으면, 물방울들이 메트로놈처럼 규칙적인 리듬으로 트레이 위에 똑똑 떨어지고 있을 테다. 물이 새는 수도꼭지의 소리에 우리는 마음이 어수선해질 수 있다. 하지만 조금 더 틀면, 수도꼭지 구멍에서 한참 멀어지기 전까지는 물이 낱개의 물방울을 형성하지 않고서 불규칙적인 패턴으로 떨어지기 시작한다. 눈을 감고 가만히 들어보면, 도저히 예측 불가능한 그 소리가 절묘하게 느껴진다.

카오스 현상이 주위에 자주 나타나는데도, 우리는 알아차리지 못할 때가 많다. 분수에서 떨어진 물이 튀는 현상이나 동물 개체군 크기의 변이에도 카오스적 특징이 있다고 여겨진다.[188] 만약 여러분이 포켓볼을 직접 해봤거나 텔레비전에서 본 적이 있다면, 첫 샷을 때리는 선수가 아무리 정교하더라도 결코 어느 한 삼각형 깨기break off를 똑같이 재현해 낼 수는 없다. 포켓볼을 치는 내 친구 한 명은 이렇게 설명했다. "그건 결점이 아니라 특징이야. 그래서 게임이 재미있다니까." 속력과 샷의 각도 그리고 공들로 삼각형을 만드는 배치가 아주 조금만 달라져도 각각의 삼각형 깨기는 전부 달라져 버린다. 작은 차이가 큰 차이를 만들어 내면서 결과가 사실상 예측 불가능해져 버리는데, 바로 이것이 카오스의 핵심 특징이다.

게임을 하는 동안 당구공들의 위치를 미리 알아낼 순 없긴 하지만, 이것은 당구공들이 무작위로 놓인 상태와 똑같지 않다. 위의 문단에서 나온 카오스 현상들 – 동물 개체군의 증가, 유체 흐름의 역학, 상호작용하는 당구공들의 역학 – 각각의 진행 과정을 기술하는 방정식들은 이미 알려져 있다. 물리학의 거시적 법칙들이 작용하고 있기에 즉흥적으로 무작위한 과정이 벌어질 여지가 없으며, 당구공들이 어떻게 움직일지는 정확하게 특정해 낼 수 있다. 만약 해당 계의 초기조건들을 정확하게 안다면, 장래의 진행 과정을 완전히 확실하게 예측할 수 있다. 하지만 초기조건에 조그마한 오차라도 있으면, 카오스 계에서는 약간의 시간만 지나도 우리 모형이 예측한 미래 궤적과 실제 궤적이 한참 달라지고 만다. 바로 여기에서 무작위성이 들어선다. 초기조건을 측정할 때 생기는 불확실성이 이후에 전파되고 증폭되는 것이다.

그림 9-1에 나오는 이중진자의 운동 과정에서 보았듯이, 거의 동일한 초기조건에서 시작한 두 계는 짧은 시간 동안에는 서로 거의 동일한 경로를 나타낼 수 있지만, 과정이 충분히 오래 진행되면 결국에는 서로 크게 달라져서 판이한 경로를 나타내게 된다. 그렇기에 현실적으로 날씨처럼 복잡한 계들은 어느 주어진 시간 한계 너머로는 대단히 정확하게 예측하는 것이 불가능하다. 날씨의 경우, 현재 측정과

모형화의 정확도로 볼 때 이 시간의 한계가 1~2주 정도다.[189] 그 시간 이후의 예측 결과는 대체로 과거의 날씨 기록들을 살펴서 이전 년도들의 동일 날짜에 일어난 날씨 현상의 확률들을 평균한 결과보다도 나쁘다.

최초의 일간 일기예보는 1861년에 와서야 《타임스》를 통해 이루어졌지만, 일기예보의 역사는 훨씬 더 이전으로 거슬러 올라간다. 우리가 앞서 만난 여러 '구전지식'과 어림짐작은 앞날의 날씨를 예측하고자 했던 인류의 오랜 소망을 잘 드러내 준다. 일찍이 바빌로니아인들의 문명에도 그들이 날씨 현상과 천체의 위치 사이에 유의미한 연관성에 있다고 본 내용이 기록되어 있다. 고대 그리스인들도 날씨를 예측하려고 점성술을 적극적으로 이용했던 초기 문명에 속했다. 중세의 천문학자들과 점성술사들은 고대 그리스, 인도, 페르시아, 로마의 지식을 바탕으로 삼아, 이전의 더 원시적인(하지만 장담하건대 더 부정확하지는 않은) 날씨 예측 방식을 버리고 **천체기상학**astrometeorology이라는 새롭고 체계적인 과학적 탐구 분야를 개척했다. 지금은 유사과학으로 여겨지지만, 이 학문의 핵심 내용은 천체가 지구의 날씨에 영향을 줄 수 있기에 천체를 통해 날씨를 예측할 수 있다는 것이다. 천체기상학은 놀랍도록 오랜 기간 득세했는데, 다른 형태의 점성술들(가령 사람이 태어날 때 천체의 위치가 인생행로에 영향을 줄 수 있다고 보는, 점성술이라는 말을 들으면 아마도 우리한테 제일 먼저 떠오르는 점성술 분야인 출생점성술)이 과학계의 지지를 받지 못하게 된 후 한참이 지나서까지도 득세했다.

그렇게 오랫동안 지속되었다고 해도, 천체가 지구의 현상에 미치는 영향에 관해 당시 알려진 지식을 감안할 때 딱히 놀랍지는 않다. 태양의 열과 빛은 지구의 기후에 중대한 영향을 미친다고 오랫동안 알려져 있었다. 달 역시 조수의 변화처럼 중대한 현상에 영향을 미친다는 사실이 알려졌다. 그러니 당시 사람들 생각으로, 다른 먼 천체들 또한 지상의 자연현상을 좌지우지하지 못할 이유가 뭐란 말인가? 심지어 16세기 후반과 17세기 초반까지만 해도 천체기상학의 추종자 중에는 당대의 가장 저명한 천문학자가 여럿 있었다. 가령 튀코 브라헤와 요하네스 케플러가 그런 사람이다. 특히 튀코 브라헤는 날씨 일기 작성이라는 광범위한 실천을 불러일으키는 데 큰 영향을 미쳤다. 그는 그런 일기 작성이 장래의 천체기상학적 예측을 향상시키는데 중요한 데이터를 제공할 수 있기를 바랐다. 역설적이게도 그런 자세한 날씨 기록이 오늘날 우리가 현대적이고 과학적인 기상학이라고 여기는 분야의 확립을 위한 데이터를 17세기에 제공하는 바람에, 정작 천체기상학은 과학계에서 인정을 받지 못하는 처지가 되고 말았다.

17세기 후반이 되자, 당대의 가장 뛰어난 천문학자들은 날씨 예측에 관심을 거두고서 천체 자체의 위치를 예측하는 문제에 관심을 두었다. 1680년 11월 아이작 뉴턴 경은 자신이 추적하고 있던 혜성이 태양 뒤로 사라지는 모습을 관찰했다. 몇 주가 지나 같은 해 12월에 또 하나의 혜성이 태양의 다른 쪽에서 다시 나타났다. 뉴턴은 그게 똑같은 천체임이 틀림없다고 여겼지만, 그 경로가 태양 뒤편을 매우 빠르게 통과했다고 보기에는 굉장히 휘어 있었다. 경로가 그처럼 대단히 가파르게 휘려면, 어떤 보이지 않는 힘이 혜성에 작용하고 있어야만 했다. 바로 그가 중력이라고 부른 힘이다. 이런 발견에도 뉴턴은 자신이 관찰했던 혜성의 운동을 자기가 새로 알아낸 운동과 중력에 관한 법칙들에 따라 제대로 해석해 내지는 못했다.

하지만 그의 친구인 에드먼드 핼리 경은 뉴턴이 관심을 거둔 흔적을 추적했다. 뉴턴의 운동법칙과 만유인력 법칙을 이용해 핼리는 목성과 토성의 중력을 설명하는 과정에서, 자신의 이름을 딴 그 혜성이 1758년에 다시 나타나리라고 예측해 낼 수 있었다. 당시에 살았던 누구도 직접 보진 못했지만, 그 혜성은 대단한 갈채를 받으며 딱 맞춰 1758년 크리스마스 날에 나타났다. 행성 이외의 천체들이 태양 주위를 돈다는 이 최초의 증명 사례가 뉴턴 법칙이 확실히 옳다는 사실을 입증했다. 태양계 내 물체들의 운동은 시계처럼 규칙적인 듯했다. 예측 가능성의 정의 그대로였다.

1800년대 중반까지 뉴턴의 법칙으로 무장한 과학자들의 확신은 자꾸만 커지고 있었다. 뉴턴역학을 통해 존재할 것이라고 예측되었던 해왕성(직접 관찰을 통해 발견된 것이 아니라, 수학 계산을 통해 그곳에 틀림없이 존재하리라고 예측되었던 천체[190])이 1846년 실제로 관측되자, 과학의 예측 능력은 또 한 번 자랑거리가 되었다. 분명 천체의 미래 위치를 알아내는 일이 이제 수학자가 능히 할 수 있는 일이라면, 물리적 문제는 뭐든 해결이 가능했다. 수학자들과 물리학자들은 라플라스가 내다본 미래 예측의 유토피아를 믿기 시작했다. 즉, 초기조건이 정확하게 주어지면 무슨 상황에서든 무작정 먼 미래까지 예측할 수 있다고 믿게 된 것이다.

하지만 모두가 그런 교의를 기꺼이 받아들이지는 않았다. 1885년 스웨덴 국왕 오스카 2세를 기리며, 스웨덴 수학자 예스타 미타그-레플레르Gösta Mittag-Leffler와 러시아 수학자 소피아 코발레프스카야Sofia Kovalevskaya가 전 세계의 과학자들에게 도전과제를 하나 내놓았다. **n체 문제**n-body problem(뉴턴의 만유인력 법칙에 따라 서로를 끌어당기는 n개의 물체가 시간이 흘러도 안정적일 것이냐는 문제)를 푸는 사람에게 금메달과 2,500크로네를 수여하겠다는 제안이었다. 추상적인 성격의 문제이긴 했지만, 미타그-레플레르와 코발레프스카야가 실용적인 측면에서 진짜로 궁금했던 점은 태양계의 안정성이었다. 여덟 개의 주요 행성이 계속해서 영원히 태양 주위를 규칙적으로 돌 것인가 아니면 그중 하나가 느닷없이 태양계 바깥으로 날아가 버릴 것인가?

3년을 기다린 끝에, 문제의 풀이가 적혀 있다는 원고가 도착했다. 새로운 수학의 전체 분야들의 토대를 담고 있는 300쪽짜리 원고를 보낸 사람은 저명한 프랑스 수학자 앙리 푸앵카레였다. 원고에서 그는 n체 문제를 삼체 문제three-body problem로 단순화시켜서, (쌍성계처럼) 큰 두 물체가 서로 돌고 있고, 세 번째의 작은 물체가 그 두 물체와 상호작용할 때의 문제로 바꾸었다. 이 세 물체의 운동을 연구해서 알아내기로, 정말로 그 계는 안정적으로 유지되었다. 비록 제시된 형태대로 원래 문제를 완벽하게 풀지는 못했지만, 그 연구의 공로로 푸앵카레는 공식적으로 금메달과 2,500크로네의 상금을 수상했다.

하지만 그 선구적인 연구가 미타그-레플레르가 발행하는 학술지 《악타 마테마티카Acta Mathematica》에 막 실리기 직전에, 그는 푸앵카레에게서 발간을 멈춰달라는 전보를 받았다. 푸앵카레는 자신의 연구에서 실수를 하나 찾아냈는데, 너무 근본적인 실수여서 결론이 완전히 달라졌다. 이제 안정성과 예측 가능성 대신에 푸앵카레의 새로운 결론은 천체 중 하나가 태양계에서 기꺼이 벗어날 수 있다는 내용이었다. 그가 알아내기로, 초기조건이나 서로 상호작용하는 세 물체의 질량이 조금만 달라져도 계산 결과가 극적으로 변할 수 있었다. 작은 올림/내림 오차조차도 금세 규모가 커질 수 있었다. 기존에 인정된 지혜와 정반대로 그의 수정된 연구의 결론에 의하면, 태양계는 **역학적 불안정성**을 드러냈으며, 따라서 무작정 멀리까지 미래를 정확히 예측하기에는 너무 복잡했다. 수정을 거쳐 푸앵카레가 알아낸 내용은 사실상 수십 년 후 카오스 현상 발견의 전조가 되었다. 이 연구 결과는 그 상이 처음 제안된 지 5년 후인 1890년 12월에 마침내 발표되었다. 그 내용은 오늘날까지도 여전히 옳다고 인정된다.

뉴턴이 고안한 법칙들(그리고 최근에는 더욱 정확한 계산을 위한 일반상대성이론)이 정말로 사용되어 태양계의 구성에 관한 일견 정확한 미래 예측을 내놓을 수 있지만, 이런 천체들의 운동은 푸앵카레가 발견한 내용처럼 실제로는 카오스적이다. 하지만 이러한 행성 차원의 카오스는 비교적 긴 시간 규모에서만 드러나는데, 이 카오스의 시간 한계는 몇천만 년에서 몇억 년까지다. 행성들의 현재 위치를 상당한 정도로 정확히 알면 몇백만 년 후까지는 거뜬히 위치를 예측할 수 있다. 하지만 결국 훨씬 더 긴 시간이 지나면 행성은 오늘날의 계산으로 예측되는 지점과 태양계의 완전히 정반대쪽에서 발견될지 모른다. 행성의 역학에 무작위성이 있기 때문이 아니라 – 행성의 운동은 잘 알려져 있으며 뉴턴의 운동법칙과 만유인력 법칙으로 기술된다 – 행성의 운동이 카오스 현상이기 때문이다. 카오스는 많은 복잡한 비무작위적 현상들의 예측 가능성을 제한하는 근본적인 특징이다. 수학자 겸 기상학자 에드워드 로런츠Edward Lorentz는 카오스의 특징을 이렇게 설파했다고 한다. "카오스: 현재가 미래를 결정하긴 하지만, 근사적 현재가 미래를 근사적으로 결정하지는 않는다."

정말이지 1960년대에 일기 예보를 하기 위한 로런츠의 노력이 곧바로 오늘날 카오스 이론이라고 알려진 수학적 주제의 발견과 특징 파악으로 이어졌다.[191] 그는 지구 대기의 비교적 단순한 (하지만 오늘날 표준으로 자리 잡은) 모형을 하나 세워놓고선, 꽤 원시적인 (역시 오늘날의 표준으로 자리 잡은) 컴퓨터를 이용해 그 모형의 풀려고 시도했다. 그 컴퓨터는 모형의 결과들을 규칙적인 시간에 출력하는데, 그 결과들은 로런츠의 모형 내 열두 가지 변수(풍속, 기압, 습도, 온도 등과 같은 변수) 각각의 값을 기술하는 일련의 수로 표현되었다. 종이, 공간 및 시간을 아끼고 결과를 더 구체적으로 뽑아내려고, 컴퓨터가 다루던 긴 수들을 몽땅 뱉어내는 대신에, 컴퓨터는 올림/내림을 통해 소수점 셋째 자리까지 나오게 절단된 수를 출력했다. 계가 시간에 따라 어떻게 변하는지 알아보기에는 충분히 정확했지만, 컴퓨터가 내부적으로 처리하던 소수점 여섯째 자리보다는 덜 정확했다. 가령 컴퓨터가 24.120034로 저장한 값이 그냥 24.120으로 출력되었다.

로런츠는 한 시뮬레이션을 반복하기로 마음먹었지만 처음부터 몽땅 다시 시작하고 싶지는 않았다. 그래서 대신에 이전 실행의 중간쯤에서 나온 변수들의 출력된 절단 값들을 새로운 반복 실행을 위한 초기조건으로 사용했다. 이번 재실행에서 나온 최종 결과를 확인했더니, 아연실색하게도 예측된 날씨 패턴이 한동안은 비슷하게 유지되었지만 시뮬레이션의 끝에 가서는 이전 실행 결과와는 완전히 다른 날씨를 예측하고 있었다. 초기조건 값의 1,000분의 1 미만의 차이가 비교적 짧은 시간이 흐른 뒤에 계를 이전의 상태에서 크게 벗어나게 했다.

로런츠는 이 결과를 두고 한동안 고민했는데, 컴퓨터에 문제가 있다고 여긴 끝에 모형을 더 잘 이해하도록 단 세 개의 변수를 갖도록 단순화시켜 보았지만,[192] 그 문제는 사라지지 않았다. 자신의 실험을 다른 기계로 여러 번 반복해 보고 나서야, 그는 마침내 당시의 주류 견해(초기조건의 작은 차이가 모형의 최종 결과에 큰 차이를 만들지는 못한다는 입장)와 다른 결론을 내렸다. 즉, 이러한 초기조건에 대한 민감한 의존성이 그 계의 내재적 속성이라는 결론이었다. 그 속성이 바로 카오스 계의 대표적 특징이다.

이 발견 내용을 그는 다음과 같은 제목의 논문[193]에 담았다. 「브라질에서 나비가 날갯짓을 하면 텍사스에 토네이도가 생기는가?」 그는 이 논문을 1972년 12월 미국과학진흥협회에 제출했다. 시적으로 표현된 질문의 목적은 초기조건을 완벽하게 알지 못하면 우리가 미래의 날씨 패턴을 예측할 수 있다고 기대할 수 없음을 보여주는 것이었다. 정말이지 그가 제시했듯이, 미래로 한참 들어가게 되면 우리는 거의 동일한 초기조건에서 시작했지만 크게 달라진 두 예측을 보게 될지 모른다. 가령 한 예측은 토네이도가 발생한다고 가리키고 다른 예측은 발생하지 않는다고 가리키는 상황을 마주할 수도 있다.

나비효과butterfly effect는 강력한 비유이자 이중적으로 딱 들어맞는 개념이다. 로런츠의 단순화된 대기 모형의 궤적은, 결정론적 계가 보일 수 있는 카오스적 행동을 강조하기 위해 그가 자주 예로 들었는데, (약간의 상상력을 가미해 올바른 각도에서 보면) 날고 있는 나비가 날개를 펴고 있는 모습처럼 보인다(그림 9-2 참고). 나비효과는 대중과학의 가장 유명한 개념 중 하나가 되어, 대중문화에 큰 영향을 미쳤다. 스포티파이에 '나비효과'라는 이름이 들어간 노래를 세어보니 100곡이 훌쩍 넘었는데, 더 세다가 지겨워서 포기하게 될 정도였다. 동일한 이름의 앨범이 스무 개가 넘었고 적어도 밴드 두 개가 그 이름이었다. 미국의 영화 정보 웹사이트 IMDB 목록을 보니 제목에 그 문구가 들어간 영화나 텔레비전 방송이 적어도 100개는 되었다.

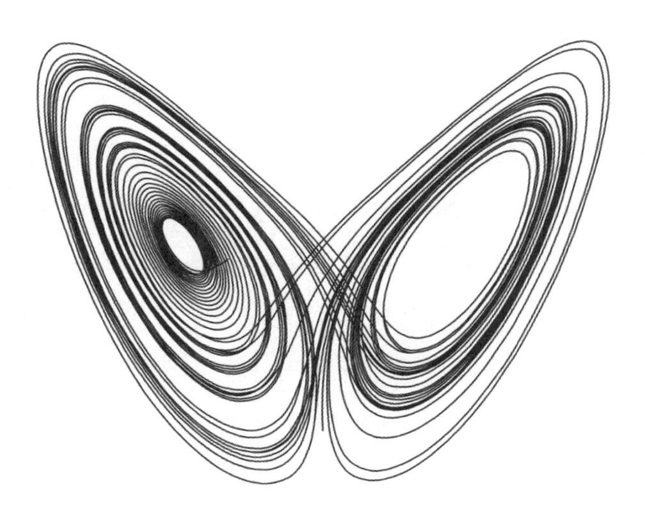

그림 9-2 에드워드 로런츠의 카오스 나비. 이 단순화된 대기 모형의 궤적은 로런츠가 카오스의 특징을 보여주려고 예로 들었는데, 이 각도에서 보면 나비의 날개를 닮은 모습이다.

안타깝게도 과학적 예시를 대중문화의 표현으로 번역하게 되면, 이 비유의 뉘앙스는 종종 악용되거나 잘못 표현된다. 1990년 영화 〈하바나Havana〉에서 로버트 레드포드가 배역을 맡은 수학자 겸 도박사 잭 웨일Jack Weil은 이렇게 주장한다. "중국에서 나비 한 마리가 꽃밭을 날면 캐리비언에 허리케인을 일으킬 수 있지. **믿고말고. 심지어 나비는 확률을 계산할 수도 있다고.**" 이것은 로런츠가 선동적인 나비 질문으로 전하고자 했던 내용 – 초기조건에 대한 민감성으로 인해 이런 유형의 계는 특정한 시간 한계 너머로 사실상 예측이 불가능하다는 내용 – 과 거의 정반대다. 허리케인이 생긴 까닭이 결코 임의의 나비 한 마리나 특정한 나비의 날갯짓 때문이라고 볼 수는 없다.

로런츠가 원래 논문에서 알아차렸듯이, "만약 나비의 날갯짓이 토네이도가 생기는 데 중요할 수 있다면, 마찬가지로 토네이도가 생기지 않는 데도 중요할 수 있다." 나아가 그는 분명하게 밝혔다. "세월이 흐르면서 작은 교란들은 토네이도와 같은 다양한 날씨 사건들의 발생 빈도를 높이지도 낮추지도 않는다. 그런 교란이 가장 할 법한 일이라고 해봤자 교란이 일어나는 순서를 바꾸는 것이다."

일부 과학자가 그 비유가 타당한지 의문을 제기했다. 심지어 로런츠도 처음에 그걸 비유로 내놓긴 했지만 말이다. 나비의 날갯짓 각각이 주위 기압을 바꾸긴 하지만 이 변동은 재빠르게 흩어져 버리며, 날씨를 결정하는 기압의 대규모 변화에 비하면 굉장히 미미하다. 날갯짓하는 나비의 몇 센티미터 거리 내에서 그 움직임이 일으키는 교란은 주위의 공기 분자에 의해 흩어질 테니, 어떻게 그런 미미한 변화가 토네이도를 일으키거나 막아낼 정도로 일기예보를 확연하게 바꿀 만큼 빠르게 증폭될 수 있는지 상상하기란 어렵다. 사실은, 회의론자들이 제안하기로, 지구 대기에 관한 거친 표현, 즉 날씨를 지배하는 물리학의 일부 중요한 측면들을 얼버무리기야말로 단 한 번 또는 심지어 전 세계의 모든 나비의 날갯짓보다 더 큰 영향을 초래한다.

덜 나쁜 결과를 위한 수학

모형이 부정확해서든 진짜 카오스적인 행동이어서든 무슨 이유든 간에 우리의 예측 능력에는 한계가 존재한다. 수학은 우리를 거기까지만 데려갈 수 있다. 세계에서 가장 강력한 계산 자원을 그 문제에 쏟아부어도, 미래를 예측하는 우리의 능력에는 – 얼마나 먼 미래까지, 어느 정도로 정확하게 그리고 어떤 대상을 예측할지에 관해 – 근본적인 제약들이 따른다. 카오스는 얼마나 먼 미래까지, 또는 얼마나 먼 과거까지 우리가 내다볼 수 있는지에 관해 근본적인 한계를 설정한다. 불확실성과 카오스의 보편성은 우리가 너무 먼 미래까지 결정적인 예측을 해서는 안 된다는 뜻이다. 만약 우리가 예측 그물을 미래를 향해 멀리 던지려 한다면, 그물에 잡힌 것들을 대단히 신중하게 해석해야 한다.

대신에, 우리가 하는 예측은 우리가 해석하려는 예측과 마찬가지로 그것에 대한 확신의 정도에 관한 경고를 달고서 이루어져야 한다. 일부 비판자가 일기예보관이 내일 비가 온다는 퍼센트 확률을 내놓는 방식으로 책임을 면하려 한다고 주장할지 모르지만, 사실 일기예보관은 꽤 다른 일을 하고 있다. 예측에 어느 정도 의심이 생길 수 있음을 인정함으로써 일기예보관들은 비 아니면 해라는 양자택일적 예측보다 더 유용한 정보를 준다. 우리는 절대적으로 확실하게 미래에 생길 일을 안다는 사람은 누구라도 조심해야 한다. 만약 '확실한 것' 내지 '절대적으로 확실한 것' 같은 말을 해대는 사람들, 즉 자신의 시스템을 확신하고 불확실성의 정도를 조금도 인정하지 않는 사람들을 추종한다면, 우리는 상황이 예상 밖으로 펼쳐질 때 필시 깜짝 놀랄 것이다.

예측 한계(우리가 훌륭한 예측을 할 수 없는 상황) 이해하는 것이야말로 대단히 중요하다. 미래에 무슨 일이 생길지 우리가 알아낼 수 없을 때를 아는 것은, 알아낼 수 있을 때를 아는 것만큼이나 소중하다. 나쁜 예측을 잘못 확신하면 전혀 예측하지 못해서 생기는 결과보다 거의 언제나 더 나쁜 결과를 맞는다. 장담하건대, 예측하는 법의 과학을 이해하는 일은 예측하지 못할 때를 아는 기술을 연구하는 일보다 덜 중요하다.

나오며

세상의 불확실성에 내기를 걸다

인류는 수천 년 동안 미래를 예측하려고 시도해 왔는데, 성공의 정도는 세월에 따라 달라졌다. 고대에는 언뜻 옳게 보이는 예측을 하는 기술이 대체로 경험 – 태양은 우리가 기억하기로 매일 뜨니까 내일도 뜬다고 우리는 예측한다 – 이나 조작에 바탕을 두었다. 점쟁이들은 폭넓은 수단의 조합을 이용하는데, 1장에서 보았듯이, 현대의 심령술사도 그런 수단들 – 포러 효과, 무지개 술책, 산탄총 쏘기, 사라지는 부정어 및 낚시 여행 – 을 교묘하게 써서 그럴듯하게 알아맞힌다. 심령술사들은 이런 기법들을 우리가 지닌 여러 편향 – 확증편향, 사후판단편향, 동기부여가 된 추론 및 우연의 일치 편향 – 에 대한 지식과 결합시켜 이용하는지라, 우리는 그들이 내놓는 추측성 어림짐작을 더 잘 받아들이고 실수를 눈감아 주거나 잊기 쉽다.

더 근래에는 과학, 그리고 아마 가장 두드러진 분야로 수학의 시대가 새로운 예측의 시대를 열어젖혔다. 우리는 단지 경험에 기대는 방식, 즉 과거 기록을 살펴서 어느 특정한 날에 무슨 일이 생겼는지 보고서 예측하기에서 벗어날 수 있었다. 대신 우리는 경험하는 현상을 일반화할, 즉 일반적 법칙을 가정할 수 있게 된 덕분에 아직 경험하지 않은 상황이라도 믿을 만한 예측을 하는 것이 가능해졌다. 드디어 임의적 불확실성('앞으로 100년 후에는 행성이 어디에 있을까?')과 인식론적 불확실성('주기율표에서 빠진 원소는 무엇인가?')에도 불구하고 예측을 할 수 있게 된 것이다.

경험들을 일반화화기, 가설 세우기 및 이후에 가설을 검증하기라는 이 행위가 과학의 토대다. 예측을 하고 나서 나중에 실험으로 예측이 참인지 거짓인지 알아내기는 지식을 발전시키는 데 핵심적으로 중요했다. 우주의 비밀을 드러내기 위해 인식론적 불확실성에도 불구하고 예측한다는 개념이야말로 과학적 탐구의 패러다임 – 아직은 미지의 것이지만 (우리가 희망하기로) 알 수 있는 상황에 관해 생각하기 – 을 잘 요약해 준다.

과학 지식의 습득과 이용 능력이 향상되면서 우리는 더 낫고 더 믿을 만하고 더 일반적인 예측을 할 수 있게 되었다. 한편으로는 예측하는 방법을 더 많이 알게 되면서, 제기된 과학적 질문들에 더 많이 답할 수 있게 되었다. 공생적인 양의 되먹임 고리가 작동하는 셈이다. 이런 면에서 볼 때, 오늘날까지도 최상의 과학자들은 나중엔 틀렸다고 드러날지 모르는 예측을 기꺼이 한다. 무언가를 틀리는 행위야말로 우리에게 세계에 관해 무언가를 가르쳐주기 때문이다. 그 무언가가 비록 우리가 기대하고 있지 않았던 것이더라도 말이다.

과학은 또한 근거 없는 그럴듯한 말로 우리를 이용해 먹는 비양심적 인물들을 폭로하는 도구도 제공해 준다. 기적 같은 치료를 근거도 없이 거창하게 떠들어대는 엉터리 세일즈맨의 실상을 우리는 통제된 임상시험으로 까발릴 수 있다. 또한 사기를 일삼는 점쟁이들을 객관적으로 조명해, 그들의 정체를 간파할 수 있다. 그들의 성공률은 우연만으로 얻은 결과보다 더 나을 게 없다(때로는 더 나쁘다). 정말이지 확률의 수학은, 언뜻 일어나지 못할 것처럼 보이는 일들이 얼마나 자주 일어날 수 있고 실제로 일어나는지를 증명함으로써, 우리가 부당한 결론을 붙잡으려고 할 때, 즉 상관관계나 우연의 일치만 존재하는 상황에서 인과관계를 추론하려고 할 때 우리를 막아준다.

과학혁명이 일어났을 때만큼이나 광범위하게 19세기와 20세기에도 우리는 얼마나 잘 예측할 수 있을지에 관한 벅찬 한계를 깨닫기 시작했다. 가장 정확한 과학적 및 수학적 도구들을 이용할 수 있는데도 말이다. 카오스에서 알 수 있듯이, 복잡한 비선형 현상의 굉장히 세밀한 모형을 이용하더라도 우리의 예측은 실제 상황에서 결국에는 한참 벗어나 버린다. 미래의 어떤 부분들은 시간의 한계 너머에서는 우리에게 드러나지 않는다. 스포츠 행사에서부터 허리케인까지 우리가 예측하고 싶어 하는 많은 계에 내재된 무작위성은 우리가 미래에 무슨 일이 벌어질지 절대적으로 확실하게 예측할 수 없다는 뜻이다. 우리가 바랄 수 있는 최상의 행동은 일정 범위 내에서 있을 수 있는 시나리오들을 제시하면서 그 각각에 대한 우리의 확신을 수칫값으로 표현하는 것뿐이다.

지진과 같은 일부 현상에 대해서 우리는 그렇게도 할 수 없다. 앞으로 지진이 일어날 빈도의 분포는 전반적인 수준에서 파악할 수 있을지 모르지만, 그렇다고 해서 다음 지진이 언제 일어날지 그리고 얼마나 파괴적일지 예측하는 데 딱히 도움이 되진 않는다.

그렇긴 해도, 다양한 장소에서 발생한 다양한 강도의 지진들의 빈도를 이해하면 자원을 준비하고 우선순위를 정하는 데 도움이 된다. 비록 다음 지진이 정확히 언제 강타할지는 모르더라도 말이다. 영국에서는 일상적으로 지진을 대비하지는 않는데, 지금까지의 지진 분포로 볼 때, 이 나라에서 큰 규모의 지진이 일어날 확률이 지극히 낮기 때문이다. 반대로 일본은 일상적으로 최대 3퍼센트의 연간 예산을 재난 위험 관리에 쓴다.

1950년대 후반에 일본에서 강력한 재난 대비책이 시작된 이후로 연간 평균 사망자 수는 수천 명에서 몇백 명 정도로 줄었다. 일본은 1923년 간토 대지진 발생일인 매년 9월 1일을 국가 '재난 방지의 날'로 정하고 있다. 그날은 일본 국민들이 재난 대비 훈련에 참여하게 하는 촉매 역할을 하며, 아울러 정부가 국민에게 재난 대비 메시지를 알리는 기회이기도 하다.

우리가 수립하는 모든 계획은 이 세상의 불확실성에 맞선 내기다. 대비하기도 다르지 않다. 우리의 대비 정도는 미래의 변덕에 맞서 우리의 판돈을 지키려고 기꺼이 희생하려는 자원들을 얼마나 절충해서 사용할지 알려준다. 우리가 중병에 대비해 보험을 든다는 것은 자신의 건강 악화 가능성에 대한 우리의 확신 정도를 암묵적으로 표현하는 일상적인 방법이다. 핵전쟁을 대비해 벙커를 짓거나 완전히 '전력망에 의존하지 않고' 살아갈 계획 세우기는 아마도 가능성은 덜하겠지만 미래에 벌어질지 모를 상황을 대비하는 더욱 극단적인 조치다.

어떤 만일의 사태가 일어나도 대비하지 않겠다고 선택하는 것 또한 암묵적인 예측임을 유념해야 한다. 한 개인 차원에서 볼 때, 생명보험을 들지 않기로 선택하기 또한 뜻밖의 죽음이 찾아오지 않는 쪽에 건 내기라고 볼 수 있다. 국가적인 규모에서 볼 때, 개인 보호장비 비축이나 보건 능력 구축을 하지 않는다면, 그 국가가 전염병이 발생하지 않는 쪽에 암묵적으로 내기를 건 행위라고 볼 수 있다. 미래를 헤아리는 행위에는 우리가 명시적으로 수립하는 '적극적' 예측만이 아니라, 우리가 그렇게 하지 않는 '소극적' 예측도 포함된다. 후자는 행위가 없는지라 알아차리기가 어려울 때가 많지만, 이 예측의 실패 또한 마찬가지로 손해를 끼칠 수 있다.

어떤 사람들은 테러 공격을 사전에 간파해 막지 못한 사례가 그런 예측 실패라고 본다. 다른 논평가들은 나름 타당한 이유로 그런 공격은 전적으로 또는 대체로 예측이 불가능했다고 여긴다. 이 논평가들에 따르면, 우리가 이전에 경험했던 사태와는 너무나 달랐기에 예측 모형에 입력할 적절한 데이터가 없었다고 한다. 그러다 보니, 미국 땅에서 그런 강도의 테러 공격이 발생할 가능성을 전 세계에 신뢰할 만하게 경고하기에는 무리였다고 말이다.

9·11로 이어진 과정을 지금 와서 돌이켜 보면, 꼭 그런 것 같지는 않다. 이제 와 돌아보자면, 많은 이가 그런 잔혹한 테러 행위를 막아냈을지 모르는 조치들을 지적했다. 공항이 보안검색을 더 강화했을 수도 있고, 조종실 문이 잠겨 있었을 수도 있고, 비행기 납치의 위협

을 더 진지하게 알렸을 수도 있다. 하지만 그런 예방 조치들을 전향적으로 실시하지 않았다고 우리 자신을 사후에 비난하는 태도는 합리적이지 않은 듯하다. 사후판단의 렌즈로 볼 때 과거의 일을 제대로 기억하기가 어렵긴 하지만, 테러의 위험성은 9·11 이전에는 9·11 이후만큼 고조되어 있지 않았다. 설령 누군가가 그런 제안을 하고서 당국에 그런 조치를 취하라고 – 가령, 비행기에는 아주 소량의 액체도 소지하는 것을 금지시키라든가 공항 검색대를 지날 때 신발을 벗도록 하라든가 등 – 강하게 설득했더라도, 그런 '불필요하고 자유를 억압하는' 조치들에 강경한 반대 목소리를 내는 정파들이 나왔을 것이 확실하다. 정말이지 자기파괴적 예언을 통해 설령 9·11을 막아냈더라도, 그런 만약을 위한 보안 조치들은 결국에는 느슨해졌을지 모른다. 그러면 비슷한 정도의 재앙적인 테러 공격이 가능한 환경이 필연적으로 조성되었을 것이다.

9·11 테러가 일어나도록 허용했다는 이유만으로 9·11 이전의 대테러 대책을 비난하는 행위는 생존자편향, 즉 테러 음모가 좌절되어 우리가 들어본 적도 없는 수많은 테러 시도를 잊어버리는 문제를 안고 있다. 이런 식의 예외적인 사건을 내다보려고 시도하려면 반사실적 사고를 해야 한다. 즉 과거를 돌아보고서 여러 사건이 서로 다른 과정을 거쳤음을 상정한 뒤, 대안적인 현재와 대안적인 미래를 그려볼 수 있도록 '만약 ……했더라면 어땠을까what-if' 식의 질문과 '……였더라면if-only' 식의 질문을 던져야 한다. 하지만 두말할 필요도 없이, 현실에서 우리의 경험과 다르게 펼쳐지는 사건을 상상하기란 매우 어렵다.

2020년 1월 이 책에 넣을 흥미로운 내용을 찾던 중에 나는 다음과 같은 문제와 마주쳤다. 3장에서 설명했던 술책인 다섯 번의 두 마리 말 경주(기본적으로 그런 경주라고 간주할 수 있는 유형의 시합) 각각 양쪽에 둘 다 걸기와 비슷한 술책을 나는 떠올렸다. 이번 경우 내기 대상은 잉글리시 프리미어리그에서 우승을 놓고 대결하는 리버풀 대 맨시티, 2020년 남자 조정 경기에서 대결하는 옥스퍼드 대 케임브리지(이 두 내기는 이 책의 앞부분에서 내가 설명했던 2022년의 누적 내기 accumulator bet(한 번의 내기 속에 여러 선택이 있고, 그 전부를 맞혀야지 판돈을 따는 내기-옮긴이)에서 다시 나왔다), 권투 시합을 하는 타이슨 퓨리와 디온테이 와일더Deontay Wilder, (두 명이 결승전에서 맞붙는다고 결정되고 나서) 호주 오픈 남자 단식 타이틀을 차지하려는 노박 조코비치 Novak Djokovic와 도미니크 티엠Dominic Thiem 그리고 미국 대선에서 맞붙는 민주당 대선후보와 공화당 대선후보(조 바이든이 아직 민주당 후보로 선출되기 전이었다). 나는 만반의 준비를 했다고 여겼다. 모든 가능한 결과에 내기를 했으니, 내기에서 질 리가 없다고 여겼다. 하지만 나는 더 넓은 맥락을 고려하는 걸 잊고 말았다. 즉, 그런 사건들의 결과(또는 더 정확히 말해서 그런 결과 자체가 나올지 여부)가 이 세상이 어느 정도 내가 늘 경험하던 대로 계속 작동한다는 조건에 의존한다는 사실을 말이다. 지금 와서 돌이켜 보니 그건 나쁜 가정이었지만, 어쩌면 용서할 만한 가정이었다.

알고 보니, 나는 필요한 서른두 번의 내기를 제때에 하기엔 너무 무계획적이었다. 그래도 이번만큼은 무계획적이었는데도 이득을 보았다. 노박 조코비치가 2020년 2월 초 호주 오픈에서 남자 단식 타이틀을 맞고 타이슨 퓨리가 같은 달 둘의 첫 번째 재대결에서 디온테이 와일더를 꺾었다. 리버풀은 결국 아주 넉넉하게 잉글리시 프리미어리그 우승을 차지했고 민주당 대선후보 조 바이든이 뜨거웠던 미국 대선에서 이겼다. 하지만 2020년 조정 경기는 아예 열리지 못했다. 원래는 2020년 3월 29일 열릴 예정이었지만, 그 시점에 영국은 역사상 최초이자 가장 강력한 봉쇄를 시작한 지 일주일째였다. 사람들이 집 밖에 나갈 수 있는 경우는 응급 의료 상황, 필수 생필품 구입, 직장 출근하기 또는 단 한 차례의 혼자 운동하기뿐이었다. 분명 조정 경기는 계획된 날짜에 열릴 수 없었다. 만약 내가 누적 내기를 했더라면, 코로나 사태가 전 지구적 위협으로 등장하는 바람에, 미래를 절대적으로 확실하게 예측할 수 있노라고 장담했을 (내가 보기에) 완전무결한 계획은 실패하고 말았을 것이다. 절대적으로 확실한 내기라고 철석같이 믿었지만, 알고 보니 결국 그렇게 되지 않았다.

그 내기를 계획하고 있던 당시, 또한 나는 이 책을 2022년 초반 출간에 맞춰 2021년 봄이면 초고를 마칠 것이라고도 지나치게 확신했다. 알고 보니, 여러 달에 걸쳐 두 아이한테 홈스쿨링을 시켰고 코로나 사태의 첫 해와 다음 해 내내 정기적으로 과학 자문 일을 하느라, 결국 예정보다 한 해 늦게 초고를 제출했다. 이렇게 드러났듯이, 치밀하게 짜놓은 계획이라도 실패할 수 있다.

행동의 잠재적 결과를 주의 깊게 살피지 못하면, 우리의 계획은 의도가 아무리 좋더라도 엉망이 될 수 있다. 1861년 리처드 개틀링Richard Gatling이 수동식 속사 기관총을 발명했을 때, 개틀링은 정말로 그것이 생명을 구하리라고 여겼다. 개틀링이 알아내기로는, 의병 전역한 군인들은 총상보다 질병 때문인 경우가 더 많았다. 자신의 발명품에 대해 그는 이렇게 적었다.

> 내게 이런 생각이 떠올랐는데, 만약 속사를 통해서 한 명이 100명 몫의 전투 임무를 수행할 수 있는 기계-기관총-를 발명할 수 있다면, 대규모 군대의 필요성이 크게 줄어들게 되고 따라서 전투와 질병에 노출되는 일 자체도 크게 감소할 것이다.

당시는 미국 남북전쟁 초기였는데, 매우 숙련된 소총수라도 분당 다섯 발을 쏠 수 있었다. 개틀링 기관총은 분당 200발을 쏠 수 있었고 비교적 낮은 기량만으로도 다룰 수 있었다. 그의 발명품이 뜻밖에도 이루어낸 성과는 하나의 군대가 수행할 수 있는 '전투 임무'의 양을 엄청나게 증가시켰다는 것이다. 그가 총을 만든 의도와는 정반대의 결과였다.

1883년 하이럼 맥심Hiram Maxim이 개틀링 기관총의 후속작인 최초의 자동 기관총으로 특허를 받았다. 이 사람도 자신의 발명품이 전쟁 사망자를 줄였으면 하고 바랐던 듯한데, 그 이유는 달랐다. 영국인 과학자 해블록 엘리스Havelock Ellis가 "이 총 때문에 전쟁이 더 끔찍해지지 않을까요?"라고 묻자, 하이럼은 이렇게 대답했다고 한다. "아뇨. 그것 때문에 전쟁이 아예 불가능해질 겁니다." 맥심 기관총은 분당 600발 넘게 발사할 수 있었다. 그야말로 살상 기계였다. 자신의 발명품이 대단히 파괴적이라고 여겼기에, 그는 게임이론적 관점에서 이렇게 여겼던 듯하다. 즉, 양쪽 군대의 지휘관들이 그런 무시무시한 화력을 전장에 내놓았다가는 너무나 큰 피해가 양측에 생기게 될 것이라고 말이다. 《뉴욕 타임스》도 맥심과 뜻을 같이해, 지도자들이 평화적 해결을 위해 협상에 나설 수밖에 없으리라고 여기면서 그 기관총을 '평화를 생산하고 평화를 유지하는 공포'라고 소개했다.

슬프게도 맥심과 《뉴욕 타임스》의 비용편익 분석은 한참 빗나갔다. 그 둘은 인간을 상대로 한 인간의 비인간성을 과소평가했고, 다른 사람들의 생사를 쥐고 있는 자들이 사람의 생명에 매기는 가치를 과대평가했다. 제1차 세계대전에서 기관총은 수십만 명의 사람을 죽였다고 한다. 솜 전투Battle of Somme에서만도 첫날 2만 명이 넘는 영국군인들이 쓰러졌는데, 사망자 대부분이 맥심 기관총과 동일한 원리의 독일 기관총에 목숨을 잃었다. 5장에서 보았듯이, 격분해서 사용되어서는 결코 안 될 정도로 대단히 파괴적인 무기가 결국에는 만들어지긴 했지만, 그런 무기 사용이 초래할 비용인 인류 전부를 쓸어버릴 잠재력은 맥심 기관총이 초래할 비용보다 훨씬 더 컸다. 심지어 핵무기조차도 재래식 전쟁을 방지할 만큼 무시무시하다고 증명되지는 않았다.

예측이 틀릴 때는 보통 그런 경험에서 배울 수 있는 교훈이 있기 마련이다. 다음에 비슷한 상황에 처할 때 도움이 될 교훈 말이다. 만약 이 책에서 얻어갈 교훈을 단 하나만 꼽자면, 계획이 어긋날 때 왜 그랬는지 헤아려서 장래에 똑같은 실수를 막을 방법을 배우려고 해야 한다는 점이다.

만약 우리가 무심결에 선형적 예측을 했는데, 알고 보니 틀린 예측이었다면, 예측이 빗나간 데에 어떤 과정이 개입했는지 질문해 보아야 한다. 그 현상의 밑바탕에 양의 되먹임 고리가 작용하는 바람에 눈덩이처럼 통제를 벗어나 예상한 정도보다 더 빠르게 증가했나? 반대로, 숨겨진 음의 되먹임 고리가 있어서 현재 상태에서 벗어날 것으로 예상되는 정도가 축소되었나?

감사하게도 이미 많은 실수가 저질러져 왔기에, 우리가 그런 실수를 다시 저지를 불명예를 없애주었다. 하지만 역사로부터 틀린 예측의 교훈을 배우지 못하면, 우리도 결국 왜곡된 유인책을 거듭 내놓는 8장의 불운한 영국인 점령자들 신세 내지는, 동기부여된 추론에 사로잡혀 데이터에 너무 많은 정보를 입력하는 2장의 과학자들 신세가 될지 모른다. 실현된 듯 보이는 과거의 예측들을 살펴볼 때, 우리는 무의식적으로 사후예측, 즉 예측을 사후에 일어난 사실들에 맞추기를 하지 않도록 주의해야 한다. 반대로, 빗나간 예측의 순진해 보이는 발상에 웃음을 터뜨릴 때에도, 사후판단편향–발생한 사건을 실제보다 더 예측 가능한 일이라고 여기는 태도–에 빠져 있지 않는지 꼼꼼히 확인해 보아야 한다.

추론을 할 때 우리는 실수를 하도록 유도하는 내재적 편향들을 알아차려야 한다. 알고 보니 우연의 일치밖에 없는데도, 어떤 모종의 관련성이 있다고 너무 많이 생각하진 않았는가? '잡음 속에 숨은 패턴'을 찾아냈는데, 그냥 잡음일 뿐이지 않았는가? 우리가 전체 그림을 제대로 보고 있는지, 아니면 누군가가 우리에게 들려주고 싶은 이야기에 따라 특정 데이터 주위에 가짜로 그려놓은 과녁을 보고 있지는 않는지 우리 자신에게 물어본 적이 있는가?

과거에 옹호했던 견해에 아무리 깊게 심취했더라도 새로운 증거가 나올 때 자신 있게 견해를 바꿀 수 있다면, 무언가에 100퍼센트 확신하는 태도에서 벗어나 새로운 정보를 통해 마음을 바꿀 여지가 생기게 된다면, 적절한 데이터가 나올 때마다 기존 견해를 기꺼이 수정해 나갈 수 있다면, 서서히 하지만 확실하게 우리는 이전엔 예상하지 못했던 것을 예상하는 법을 배워나갈 수 있다.

감사의 말

이 책을 반쯤 썼을 때 코로나 사태가 발발했다. 편집자인 케이티 폴레인과 니나 샌델슨 그리고 쿼커스 출판사의 모두가 나의 집필 중단을 너그럽게 허용해 주었다. 내가 전염병에 얽힌 수학을 대중에게 알리는 일에 집중할 수 있도록 배려한 결정이었다. 덕분에 다행히도 나는 전국 신문과 텔레비전 뉴스 프로그램에서부터 해외 라디오 시사 프로그램에 이르기까지 여러 언론매체에 걸쳐 수학적 모형 제작과 통계의 중요성을 전할 수 있었다. 그 결과 전 세계의 수학 수업 시간에 학생들이 곧잘 던지는 오래 묵은 질문에 매우 직접적인 답을 줄 수 있었던 것 같다. 그 질문이란 바로, '도대체 수학을 언제 써먹지?' 이다.

내가 뉴스에서 다룬 많은 이야기 중 일부는 이 책에도 들어 있다. 예측 실패의 사례들, 선형성 편향과 정상화 편향의 희생자들, 지수적 증가를 이해하지 못한 사람들의 이야기 등이다. 하지만 이 책은 어떤 면에서는 내 경험으로부터 혜택을 보았을지 모르지만, 다른 면에서는 분명 손해를 입었다. 특히 약 12개월 동안 나는 책을 한 줄도 쓰지 못했다. 예측에 관한 책을 쓰면서도 국제적 규모의 사건으로 집필 일정이 어그러지는 것을 내다볼 수 없었다는 모순을 나 역시 겪고 말았다.

코로나 사태가 심각한 국면 동안, 나는 과학을 주제로 한 훌륭한 소통의 순간들을 목격했고 오래 지속될 귀한 인연들을 만났다. 그 인연들 중에서 특히 독립과학자문단Independent SAGE(전염병에 관한 과학을 직접 일반 대중과 공유하는 영국의 독립적인 과학자문단)의 동료들이 뜻깊다. 독립과학자문단의 동료들한테서 많은 것을 배웠으며, 동료들의 든든한 지지는 내게 너무나도 각별했다.

언제나 그렇듯, 내가 마침내 다시 집필을 이어가게 된 후로는 아버지 팀과 새어머니 메리의 도움이 내게 무척이나 소중했다. 두 사람은 책의 모든 내용을 적어도 한 번 이상 읽고서 유용한 조언과 더불어 고칠 내용을 알려주었다. 마찬가지로 한때 나의 박사 과정 학생이었던 두 동료 아론 스미스와 게이브리얼 로서도 사실 확인을 훌륭하게 해주었고, 아울러 이 책에 관한 타당한 질문들을 타당한 방식으로 제기해 주었다.

내 직장인 배스대학교의 여러분께도 감사드린다. 나의 과학 소통 활동을 격려해 주셨는데, 특히 동료 교수 존 도스는 이 책에서 카오스에 관한 대목들이 논리적으로 타당한지 검토해 주었다.

늘 그렇듯, 나의 에이전트인 크리스 웰빌러브와 편집자인 케이티 폴레인과 니나 샌델슨은 내 편에 서서 격려를 아끼지 않았다. 여러분들의 조언과 지지는 내게 너무나 소중했다. 우리의 협력으로 인해 앞으로 또 어떤 미래가 펼쳐질지 사뭇 기대가 크다.

이 책을 쓰면서 내가 접촉했던 모든 분, 그리고 자신들의 이야기를 기꺼이 나눠주신 모든 분에게 나는 큰 은혜를 입었다. 이 책의 재료는 여러분의 경험이기에, 값진 경험을 내게 나눠주려고 애쓴 여러분 모두에게 진심으로 감사드린다.

마지막으로, 다시금 나를 격려해 주고 내가 집필 활동에 빠져 지낼 때 묵묵히 지켜봐준 내 가족에게 가장 큰 고마움을 전한다. 특히 아내 케즈가 나를 가장 든든하게 지지해 주었다. 두 아들 윌과 에미는 가장 인내심 많고 충실한 나의 옹호자들이다. 이 책은 너희들을 위한 것이다. 너희들이야말로 미래다.

주

들어가며

1 Rasool, S. I., & Schneider, S. H. (1971). Atmospheric carbon dioxide and aerosols: Effects of large increases on global climate. *Science*, 173(3992), 138-141. https://doi.org/10.1126/science.173.3992.138

2 Easteal, S. (1981). The history of introductions of Bufo marinus (Amphibia: Anura); a natural experiment in evolution. *Biological Journal of the LinneanSociety*, 16(2), 93-113. https://doi.org/10.1111/J.1095-8312.1981.TB01645.X

3 Kanwisher, N., McDermott, J., & Chun, M. M. (1997). The fusiform face area: A module in human extrastriate cortex specialized for face perception. *Journal of Neuroscience*, 17(11), 4302-4311. https://doi.org/10.1523/jneurosci.17-11-04302.1997

4 Lahiri, K., & Monokroussos, G. (2013). Nowcasting US GDP: The role of ISM business surveys. *International Journal of Forecasting*, 29(4), 644-658. https://doi.org/10.1016/j.ijforecast.2012.02.010

5 Lampos, V., & Cristianini, N. (2012). Nowcasting events from the social web with statistical learning. *ACM Transactions on Intelligent Systems and Technology*, 3(4). https://doi.org/10.1145/2337542.2337557

6 Frankfort, H., Frankfort, H. A., Wilson, J. A., Jacobsen, T., & Irwin, W. A. (1948). The Intellectual Adventure of Ancient Man: An Essay on Speculative Thought in the Ancient near East. *The Journal of Religion*, 28(3), 210-213. https://doi.org/10.1086/483727

7 Smart, W. M. (1946). John Couch Adams and the discovery of Neptune. *Nature*, 158(4019), 648-652. https://doi.org/10.1038/158648a0

8 Maxwell, J. C. (1865). A dynamical theory of the electromagnetic field. *Philosophical Transactions of the Royal Society of London*, 155, 459-512. https://doi.org/10.1098/rstl.1865.0008

9 Cahalan, R. F., Leidecker, H., & Cahalan, G. D. (1990). Chaotic Rhythms of a Dripping Faucet. *Computers in Physics*, 4(4), 368. https://doi.org/10.1063/1.4822928

10 May, R. M. (1987). Chaos and the dynamics of biological populations. *Proceedings of The Royal Society of London, Series A: Mathematical and Physical Sciences*, 413(1844), 27-44. https://doi.org/10.1515/9781400860197.27

1장

11 Moore, D. W. (2005). *Three in Four Americans Believe in Paranormal: Little Change From Similar Results in 2001. Gallup Poll News Service.* http://www.gallup.com/poll/16915/Three-Four-Americans-Believe-Paranormal.aspx

12 Dickson, D. H., & Kelly, I. W. (1985). The 'Barnum Effect' in Personality Assessment: A Review of the Literature. *Psychological Reports*, 57(2), 367-382. https://doi.org/10.2466/pr0.1985.57.2.367

13 Howard, J. (2019). Forer Effect. *Cognitive Errors and Diagnostic Mistakes*, 139-144. https://doi.org/10.1007/978-3-319-93224-8_9

14 Matlin, M. W., and Stang, D. J. (1978). *The Pollyanna principle: Selectivity in language*, memory, and thought. Schenkman Publishing Company.

15 Izuma, K., Saito, D. N., & Sadato, N. (2008). Processing of Social and Monetary Rewards in the Human Striatum. *Neuron*, 58(2), 284-294. https://doi.org/10.1016/j.neuron.2008.03.020

16 Jung, C. G. (1952). *Synchronicity: an acausal connecting principle*. Princeton University Press.

17 Ono, K. (1987). Superstitious behavior in humans. *Journal of the Experimental Analysis of Behavior*, 47(3), 261. https://doi.org/10.1901/JEAB.1987.47-261

18 Wagner, G. A., & Morris, E. K. (1987). 'Superstitious' Behavior in Children. *The Psychological Record*, 37(4), 471-488. https://doi.org/10.1007/bf03394994

19 Zwicky, A. M. (2006). Why are we so illuded? https://web.stanford.edu/~zwicky/LSA07illude.abst.pdf

20 Von Restorff, H. (1933). Über die Wirkung von Bereichsbildungen im Spurenfeld. *Psychologische Forschung*, 18(1), 299-342. https://doi.org/10.1007/BF02409636

2장

21 Wegener, A. (1912). Die Herausbildung der Grossformen der Erdrinde (Kontinente und Ozeane), auf geophysikalischer Grundlage (The uprising of large features of earth's crust (Continents and Oceans) on geophysical basis). *Petermanns Geographische Mitteilungen*, 63, 185-195.

22 Wegener, A. (1929). *Die entstehung der kontinente und ozeane (The origin of continents and oceans)* (4th ed.). Braunschweig: Friedrich Vieweg & Sohn Akt. Ges.

23 Le Pichon, X. (1968). Sea-floor spreading and continental drift. *Journal of Geophysical Research*, 73(12), 3661-3697. https://doi.org/10.1029/jb073i012p03661

24 Dalton, J. (1806). III. On the absorption of gases by water and other liquids. *The Philosophical Magazine*, 24(93). https://doi.org/10.1080/14786440608563325

25 Prout, W. (1815). On the relation between the specific gravities of bodies in their gaseous state and the weights of their atoms. *Annals of Philosophy*, 6, 321-330. https://web.lemoyne.edu/~giunta/PROUT.HTML

26 Harkins, W. D. (1925). The Separation of Chlorine into Isotopes (Isotopic Elements) and the Whole Number Rule for Atomic Weights. *Proceedings of the National Academy of Sciences*, 11(10), 624-628. https://doi.org/10.1073/pnas.11.10.624

27 Rutherford, E. (1919). LIV. Collision of α particles with light atoms. IV. An anomalous effect in nitrogen. *The London, Edinburgh, and Dublin Philosophical Magazine and Journal of Science*, 37(222), 581-587. https://doi.org/10.1080/14786440608635919

28 Mayr, E. (1982). *The Growth of Biological Thought: Diversity, Evolution, and Inheritance*, 974. Harvard University Press.

29 Rathke, M. H. (1828). Über das Dasein von Kiemenandeutungen bei menschlichen Embryonen (On the existence of gill slits in human embryos). *Isis von Oken*, 21, 108-109.

30 Darwin, C. (1859). *On the origin of species by means of natural selection, or the preservation of favoured races in the struggle for life. On the origin of species by means of natural selection, or the preservation of favoured races in the struggle for life.* John Murray.

31 Huber, J., Payne, J. W., & Puto, C. (1982). Adding Asymmetrically Dominated Alternatives: Violations of Regularity and the Similarity Hypothesis. *Journal of Consumer Research*, 9(1), 90. https://doi.org/10.1086/208899

32 Attali, Y., & Bar-Hillel, M. (2003). Guess where: The position of correct answers in multiple-choice test items as a psychometric variable. *Journal of Educational Measurement*, 40(2), 109-128. https://doi.org/10.1111/j.1745-3984.2003.tb01099.x

33 Bar-Hillel, M. (2015). Position effects in choice from simultaneous displays: A conundrum solved. *Perspectives on Psychological Science*,

10(4), 419-433. https://doi.org/10.1177/1745691615588092

34 Christenfeld, N. (1995). Choices from Identical Options. *Psychological Science*, 6(1), 50-55. https://doi.org/10.1111/j.1467-9280.1995.tb00304.x

35 Gavagnin, E., Owen, J. P., & Yates, C. A. (2018). Pair correlation functions for identifying spatial correlation in discrete domains. *Physical Review E*, 97(6), 062104. https://doi.org/10.1103/PhysRevE.97.062104

36 Owen, J. P., Kelsh, R. N., & Yates, C. A. (2020). A quantitative modelling approach to zebrafish pigment pattern formation. *ELife*, 9, 1-62. https://doi.org/10.7554/eLife.52998

37 Feychting, M., & Alhbom, M. (1993). Magnetic fields and cancer in children residing near Swedish high-voltage powerlines. *American Journal of Epidemiology*, 138(7), 467-481. https://doi.org/10.1093/oxfordjournals.aje.a116881

38 Goodenough, D. R. (1991). Dream recall: History and current status of the field. In *The mind in sleep: Psychology and psychophysiology* (pp. 143-171). John Wiley & Sons.

39 Morewedge, C. K., & Norton, M. I. (2009). When Dreaming Is Believing: The (Motivated) Interpretation of Dreams. *Journal of Personality and Social Psychology*, 96(2), 249-264. https://doi.org/10.1037/a0013264

3장

40 Spira, A., Bajos, N., Béjin, A., Beltzer, N., Bozon, M., Ducot, B., . . . Touzard, H. (1992). AIDS and sexual behaviour in France. *Nature*, 360, 407-409. https://doi.org/10.1038/360407a0

41 Dickersin, K., Chan, S., Chalmersx, T. C., Sacks, H. S., & Smith, H. (1987). Publication bias and clinical trials. *Controlled Clinical Trials*, 8(4), 343-353. https://doi.org/10.1016/0197-2456(87)90155-3

42 Kicinski, M., Springate, D. A., & Kontopantelis, E. (2015). Publication bias in meta-analyses from the Cochrane Database of Systematic Reviews. *Statistics in Medicine*, 34(20), 2781-2793. https://doi.org/10.1002/sim.6525

43 Whitney, W. O., & Mehlhaff, C. J. (1987). High-rise syndrome in cats. *Journal of the American Veterinary Medical Association*, 191(11), 1399-1403. https://europepmc.org/article/med/3692980

44 Rutledge, R. B., Skandali, N., Dayan, P., & Dolan, R. J. (2014). A computational and neural model of momentary subjective well-being. *Proceedings of the National Academy of Sciences of the United States of America*, 111(33), 12252-12257. https://doi.org/10.1073/pnas.1407535111

45 Narayanan, S., & Manchanda, P. (2012). An empirical analysis of individual level casino gambling behavior. *Quantitative Marketing and Economics*, 10(1), 27-62. https://doi.org/10.1007/s11129-011-9110-7

46 Cox, S. J., Daniell, G. J., & Nicole, D. A. (1998). Using Maximum Entropy to Double One's Expected Winnings in the UK National Lottery. *Journal of the Royal Statistical Society: Series D (The Statistician)*, 47(4), 629-641. https://doi.org/10.1111/1467-9884.00160

47 위와 동일.

48 위와 동일.

49 Schulz, M.-A., Schmalbach, B., Brugger, P., & Witt, K. (2012). Analysing Humanly Generated Random Number Sequences: A Pattern-Based Approach. *PLoS ONE*, 7(7), e41531. https://doi.org/10.1371/journal.pone.0041531

50 Larcom, S., Rauch, F., & Willems, T. (2017). The Benefits of Forced Experimentation: Striking Evidence from the London Underground Network. *The Quarterly Journal of Economics*, 132(4), 2019-2055. https://doi.org/10.1093/qje/qjx020

51 Schwartz, B. (2004). *The Paradox of Choice: Why More is Less*. Ecco.

52 Iyengar, S. S., & Lepper, M. R. (2000). When choice is demotivating: Can

one desire too much of a good thing? *Journal of Personality and Social Psychology*, 79(6), 995-1006. https://doi.org/10.1037/0022-3514.79.6.995

53 Douneva, M., Jaffé, M. E., & Greifeneder, R. (2019). Toss and turn or toss and stop? A coin flip reduces the need for information in decision-making. *Journal of Experimental Social Psychology*, 83, 132-141. https://doi.org/10.1016/j.jesp.2019.04.003

4장

54 Pater, C. (2005). The blood pressure 'uncertainty range' - A pragmatic approach to overcome current diagnostic uncertainties (II). In *Current Controlled Trials in Cardiovascular Medicine*, 6(1), 5. BioMed Central. https://doi.org/10.1186/1468-6708-6-5

55 Jelenkovic, A., Sund, R., Hur, Y. M., Yokoyama, Y., Hjelmborg, J. V. B., Möller, S., Honda, C., Magnusson, P. K. E., Pedersen, N. L., Ooki, S., Aaltonen, S., Stazi, M. A., Fagnani, C., D'Ippolito, C., Freitas, D. L., Maia, J. A., Ji, F., Ning, F., Pang, Z., . . . Silventoinen, K. (2016). Genetic and environmental influences on height from infancy to early adulthood: An individual-based pooled analysis of 45 twin cohorts. *Scientific Reports*, 6(1), 1-13. https://doi.org/10.1038/srep28496

56 Hill, T. P. (1995). A Statistical Derivation of the Significant-Digit Law. *Statistical Science*, 10(4), 354-363. https://doi.org/10.1214/ss/1177009869

57 Nigrini, M. J. (2005). An Assessment of the Change in the Incidence of Earnings Management Around the Enron-Andersen Episode. In *Review of Accounting and Finance*, 4(1), 92-110. Emerald Group Publishing Limited. https://doi.org/10.1108/eb043420

58 Rauch, B., Göttsche, M., Engel, S., & Brähler, G. (2011). Fact and Fiction in EU-Governmental Economic Data. *German Economic Review*, 12(3), 243-255. https://doi.org/10.1111/j.1468-0475.2011.00542.x

59 Roukema, B. F. (2014). A first-digit anomaly in the 2009 Iranian presidential election. *Journal of Applied Statistics*, 41(1), 164-199. https://doi.org/10.1080/02664763.2013.838664

60 Horton, J., Krishna Kumar, D., & Wood, A. (2020). Detecting academic fraud using Benford law: The case of Professor James Hunton. *Research Policy*, 49(8), 104084. https://doi.org/10.1016/j.respol.2020.104084

61 Nigrini, M. J. (1999). I've got your number. *Journal of Accountancy*, 187(5), 79-83.

62 Manaris, B., Pellicoro, L., Pothering, G., & Hodges, H. (2006). Investigating Esperanto's statistical proportions relative to other languages using neural networks and Zipf 's law. *Proceedings of the IASTED International Conference on Artificial Intelligence and Applications*, AIA 2006.

63 Lotka, A. (1926). The frequency distribution of scientific productivity. *Journal of the Washington Academy of Sciences*, 16(12), 317-323.

64 Gabaix, X. (1999). Zipf 's Law for Cities: An Explanation. *The Quarterly Journal of Economics*, 114(3), 739-767. https://doi.org/10.1162/003355399556133

65 Mora, T., Walczak, A. M., Bialek, W., & Callan, C. G. (2010). Maximum entropy models for antibody diversity. *Proceedings of the National Academy of Sciences of the United States of America*, 107(12), 5405-5410. https://doi.org/10.1073/pnas.1001705107

66 Neukum, G., & Ivanov, B. A. (1994). Crater Size Distributions and Impact Probabilities on Earth from Lunar, Terrestrial-planet, and Asteroid Cratering Data. In *Hazards due to comets and asteroids: Vol. Space Science Series*, 359-416.

67 Martín, H. G., & Goldenfeld, N. (2006). On the origin and robustness of power-law species-area relationships in ecology. *Proceedings of the National Academy of Sciences of the United States of America*, 103(27), 10310-10315. https://doi.org/10.1073/pnas.0510605103

68 Elsner, J. B., Jagger, T. H., Widen, H. M., & Chavas, D. R. (2014). Daily tornado frequency distributions in the United States. *Environmental Research Letters*, 9(2), 024018. https://doi.org/10.1088/1748-9326/9/2/024018

69 Etro, F., & Stepanova, E. (2018). Power-laws in art. *Physica A: Statistical Mechanics and Its Applications*, 506, 217-220. https://doi.org/10.1016/j.physa.2018.04.057

70 Richardson, L. (1960). *Statistics of Deadly Quarrels*. Boxwood Press.

71 Gutenberg, B., & Richter, C. F. (2010). Magnitude and energy of earthquakes. *Annals of Geophysics*, 53(1), 7-12. https://doi.org/10.4401/ag-5590

72 위와 동일.

73 Bayes, T., & Price, R. (1763). An essay towards solving a problem in the doctrine of chances. By the late Rev. Mr. Bayes, F. R. S. communicated by Mr. Price, in a letter to John Canton, A. M. F. R. S. *Philosophical Transactions of the Royal Society of London*, 53, 370-418. https://doi.org/10.1098/rstl.1763.0053

74 Laplace, P. (1778). Mémoire sur les probabilités. *Mémoires de l'Académie Royale des Sciences de Paris*.

75 McGrayne, S. B. (2011). *The Theory That Would Not Die: How Bayes' Rule Cracked the Enigma Code, Hunted Down Russian Submarines, and Emerged Triumphant from Two Centuries of Controversy*. Yale University Press.

76 Mardia, K. V., & Cooper, S. B. (2012). Alan Turing and Enigmatic Statistics. *Bulletin of the Brasilian Section of the International Society for Bayesian Analysis*, 5(2), 2-7.

77 Higgins, Chris. (2002). *Nuclear Submarine Disasters*. Chelsea House Publishers.

78 Hill, A. B. (1950). Smoking and carcinoma of the lung preliminary report. *British Medical Journal*, 2(4682), 739-748. https://doi.org/

10.1136/bmj. 2.4682.739
79 Sahami, M., Dumais, S., Heckerman, D., & Horvitz, E. (1998). A Bayesian approach to filtering junk e-mail. *Learning for Text Categorization: Papers from the AAAI Workshop.*

5장

80 Mayo, D. J. (1986). The Concept of Rational Suicide. *Journal of Medicine and Philosophy*, 11(2), 143-155. https://doi.org/10.1093/jmp/11.2.143
81 Schneider, J. M., Gilberg, S., Fromhage, L., & Uhl, G. (2006). Sexual conflict over copulation duration in a cannibalistic spider. *Animal Behaviour*, 71(4), 781-788. https://doi.org/10.1016/j.anbehav.2005.05.012
82 Welke, K. W., & Schneider, J. M. (2010). Males of the orb-webfspider *Argiope bruennichi* sacrifice themselves to unrelated females. *Biology Letters*, 6(5), 585-588. https://doi.org/10.1098/rsbl.2010.0214
83 Gunaratna, R. (2002). *Inside Al Qaeda: Global Network of Terror.* Columbia University Press.
84 Chiappori, P.-A., Levitt, S., & Groseclose, T. (2002). Testing Mixed-Strategy Equilibria When Players Are Heterogeneous: The Case of Penalty Kicks in Soccer. *American Economic Review*, 92(4), 1138-1151. https://doi.org/10.1257/00028280260344678
85 Sinaceur, M., Adam, H., Van Kleef, G. A., & Galinsky, A. D. (2013). The advantages of being unpredictable: How emotional inconsistency extracts concessions in negotiation. *Journal of Experimental Social Psychology*, 49(3), 498-508. https://doi.org/10.1016/j.jesp.2013.01.007
86 위와 동일.
87 Clutton-Brock, T. H., Albon, S. D., Gibson, R. M., & Guinness, F. E. (1979). The logical stag: Adaptive aspects of fighting in red deer (*Cervus elaphus L.*). *Animal Behaviour*, 27(PART 1), 211-225. https://doi.

org/10.1016/0003-3472(79)90141-6

88 Dawkins, R., & Krebs, J. R. (1978). Animal Signals: Information or Manipulation? In J. R. Krebs & N. B. Davies (Eds.), *Behavioural Ecology: An Evolutionary Approach* (pp. 282-309). Blackwell Publishing.

89 Ambs, S. M., Boness, D. J., Bowen, W. D., Perry, E. A., & Fleischer, R. C. (1999). Proximate factors associated with high levels of extraconsort fertilization in polygynous grey seals. *Animal Behaviour*, 58(3), 527-535. https://doi.org/10.1006/anbe.1999.1201

90 Gonzalez, L. J., Castaneda, M., & Scott, F. (2019). Solving the simultaneous truel in The Weakest Link: Nash or revenge? *Journal of Behavioral and Experimental Economics*, 81, 56-72. https://doi.org/10.1016/j.socec.2019.04.006

91 McCay, B. J., & Finlayson, A. C. (1995). The political ecology of crisis and institutional change: the case of the northern cod. In *Annual meeting of the American Anthropological Association*, Washington, DC (pp. 15-19).

92 Thomas, G. O., Sautkina, E., Poortinga, W., Wolstenholme, E., & Whitmarsh, L. (2019). The English Plastic Bag Charge Changed Behavior and Increased Support for Other Charges to Reduce Plastic Waste. *Frontiers in Psychology*, 10 (Feb), 266. https://doi.org/10.3389/fpsyg.2019.00266

93 Fan, X., Cai, F. C., & Bodenhausen, G. V. (2022). The boomerang effect of zero pricing: when and why a zero price is less effective than a low price for enhancing consumer demand. *Journal of the Academy of Marketing Science*, 50(3), 521-537. https://doi.org/10.1007/s11747-022-00842-1

94 Estes, W. K. (1961). A descriptive approach to the dynamics of choice behavior. *Behavioral Science*, 6(3), 177-184. https://doi.org/10.1002/bs.3830060302

95 Hinson, J. M., & Staddon, J. E. R. (1983). Hill-climbing by pigeons. *Journal of the Experimental Analysis of Behavior*, 39(1), 25-47. https://doi.org/ 10.1901/jeab.1983.39-25

96 Huikari, S., Miettunen, J., & Korhonen, M. (2019). Economic crises and suicides between 1970 and 2011: Time trend study in 21 developed countries. *Journal of Epidemiology and Community Health*, 73(4), 311-316. https://doi.org/10.1136/jech-2018-210781

97 Kalish, M. L., Griffiths, T. L., & Lewandowsky, S. (2007). Iterated learning: Intergenerational knowledge transmission reveals inductive biases. *Psychonomic Bulletin and Review*, 14(2), 288-294. https://doi.org/10.3758/BF03194066

98 De Bock, D., van Dooren, W., Janssens, D., & Verschaffel, L. (2002). Improper use of linear reasoning: An in-depth study of the nature and the irresistibility of secondary school students' errors. *Educational Studies in Mathematics*, 50(3), 311-334. https://doi.org/10.1023/A:1021205413749

99 Van Dooren, W., de Bock, D., Hessels, A., Janssens, D., & Verschaffel, L. (2005). Not Everything Is Proportional: Effects of Age and Problem Type on Propensities for Overgeneralization. *Cognition and Instruction*, 23(1), 57-86. https://doi.org/10.1207/s1532690xci2301_3

100 De Bock, D., van Dooren, W., Janssens, D., & Verschaffel, L. (2002). Improper use of linear reasoning: An in-depth study of the nature and the irresistibility of secondary school students' errors. *Educational Studies in Mathematics*, 50(3), 311-334. https://doi.org/10.1023/A:1021205413749

101 van Dooren, W., de Bock, D., Janssens, D., & Verschaffel, L. (2008). The linear imperative: An inventory and conceptual analysis of students' overuse of linearity. In *Journal for Research in Mathematics Education*, 39(3), 311-342.

102 De Bock, D., Verschaffel, L., & Janssens, D. (2002). The Effects of Different Problem Presentations and Formulations on the Illusion of Linearity in Secondary School Students. *Mathematical Thinking and Learning*, 4(1), 65-89. https://doi.org/10.1207/s15327833mtl0401_3

7장

103 Levy, M., & Tasoff, J. (2016). Exponential-Growth Bias and Lifecycle Consumption. *Journal of the European Economic Association*, 14(3), 545-583. https://doi.org/10.1111/jeea.12149

104 Foltice, B., & Langer, T. (2018). Exponential growth bias matters: Evidenceand implications for financial decision making of college students in the U.S.A. *Journal of Behavioral and Experimental Finance*, 19, 56-63. https://doi.org/10.1016/j.jbef.2018.04.002

105 Levy, M., & Tasoff, J. (2016). Exponential-Growth Bias and Lifecycle Consumption. *Journal of the European Economic Association*, 14(3), 545-583. https://doi.org/10.1111/jeea.12149

106 위와 동일.

107 Goda, G. S., Levy, M., Manchester, C. F., Sojourner, A., & Tasoff, J. (2015). *The Role of Time Preferences and Exponential-Growth Bias in Retirement Savings*. https://doi.org/10.3386/w21482

108 Stango, V., & Zinman, J. (2009). Exponential Growth Bias and Household Finance. *Journal of Finance*, 64(6), 2807-2849. https://doi.org/10.1111/j.1540-6261.2009.01518.x

109 Lammers, J., Crusius, J., & Gast, A. (2020). Correcting misperceptions of

exponential coronavirus growth increases support for social distancing. *Proceedings of the National Academy of Sciences of the United States of America*, 117(28), 16264-16266. https://doi.org/10.1073/pnas.2006048117

110 위와 동일.

111 위와 동일.

112 위와 동일.

113 Zhou, C., Zelinka, M. D., Dessler, A. E., & Wang, M. (2021). Greater committed warming after accounting for the pattern effect. *Nature Climate Change*, 11(2), 132-136. https://doi.org/10.1038/s41558-020-00955-x

114 Kirschvink, J. L. (1992). Late Proterozoic low-latitude global glaciation: the snowball Earth. *The Proterozoic Biosphere*, 52.

115 Keaney, J. J., Groarke, J. D., Galvin, Z., McGorrian, C., McCann, H. A., Sugrue, D., Keelan, E., Galvin, J., Blake, G., Mahon, N. G., & O'Neill, J. (2013). The Brady Bunch? New evidence for nominative determinism in patients' health: Retrospective, population based cohort study. *BMJ (Online)*, 347. https://doi.org/10.1136/bmj.f6627

116 Limb, C., Limb, R., Limb, C., & Limb, D. (2015). Nominative determinism in hospital medicine. *The Bulletin of the Royal College of Surgeons of England*, 97(1), 24-26. https://doi.org/10.1308/147363515x14134529299420

117 위와 동일.

118 Pelham, B. W., Mirenberg, M. C., & Jones, J. T. (2002). Why Susie sells seashells by the seashore: Implicit egotism and major life decisions. *Journal of Personality and Social Psychology*, 82(4). https://doi.org/10.1037/0022-3514.82.4.469

119 위와 동일.

120 Simonsohn, U. (2011). Spurious? Name similarity effects (implicit egotism) in marriage, job, and moving decisions. *Journal of Personality and Social Psychology*, 101(1). https://doi.org/10.1037/a0021990

121 위와 동일.

122 Pelham, B., & Mauricio, C. (2015). When Tex and Tess Carpenter Build Houses in Texas: Moderators of Implicit Egotism. *Self and Identity*, 14(6), 692-723. https://doi.org/10.1080/15298868.2015.1070745

123 위와 동일.

124 Popper, K. (2013). *The Poverty of Historicism*. Routledge. https://doi.org/10.4324/9780203538012

125 Marr, J. C., Thau, S., Aquino, K., & Barclay, L. J. (2012). Do I want to know? How the motivation to acquire relationship-threatening information in groups contributes to paranoid thought, suspicion behavior, and social rejection. *Organizational Behavior and Human Decision Processes*, 117(2), 285-297. https://doi.org/10.1016/j.obhdp.2011.11.003

126 Phillips, D. P., Liu, G. C., Kwok, K., Jarvinen, J. R., Zhang, W., & Abramson, I. S. (2001). The Hound of the Baskervilles effect: Natural experiment on the influence of psychological stress on timing of death. *BMJ*, 323(7327), 1443-1446. https://doi.org/10.1136/bmj.323.7327.1443

127 Lit, L., Schweitzer, J. B., & Oberbauer, A. M. (2011). Handler beliefs affect scent detection dog outcomes. *Animal Cognition*, 14(3), 387-394. https://doi.org/10.1007/s10071-010-0373-2

128 Rosenthal, R., & Fode, K. L. (1963). The effect of experimenter bias on the performance of the albino rat. *Behavioral Science*, 8(3), 183-189. https://doi.org/10.1002/bs.3830080302

129 위와 동일.

130 Rosenthal, R., & Jacobson, L. (1968). Pygmalion in the classroom. *The Urban Review*, 3(1), 16-20. https://doi.org/10.1007/BF02322211

131 위와 동일.

132 Knopper, L. D., & Ollson, C. A. (2011). Health effects and wind turbines: A review of the literature. *Environmental Health: A Global Access Science Source*, (10)78. https://doi.org/10.1186/1476-069X-10-78

133 Chapman, S., St. George, A., Waller, K., & Cakic, V. (2013). The Pattern of Complaints about Australian Wind Farms Does Not Match the Establishment and Distribution of Turbines: Support for the Psychogenic, 'Communicated Disease' Hypothesis. *PLoS ONE*, 8(10). https://doi.org/10.1371/journal.pone.0076584

134 Crichton, F., Dodd, G., Schmid, G., Gamble, G., & Petrie, K. J. (2014). Can expectations produce symptoms from infrasound associated with wind turbines? *Health Psychology*, 33(4), 360-364. https://doi.org/10.1037/a0031760

135 위와 동일.

136 Kerchoff, A. C. (1982). Analyzing a Case of Mass Psychogenic Illness. In M. J. Colligan, J. W. Pennebaker, & L. R. Murphy (Eds.), *Mass Psychogenic Illness* (First, pp. 5-21). Routledge.

8장

137 Pan, J., & Siegel, A. A. (2020). How Saudi Crackdowns Fail to Silence Online Dissent. *American Political Science Review*, 114(1), 109-125. https://doi.org/10.1017/S0003055419000650

138 Dillard, J. P., & Shen, L. (2005). On the Nature of Reactance and its Role in Persuasive Health Communication. *Communication Monographs*, 72(2), 144-168. https://doi.org/10.1080/03637750500111815

139 Goldhber, G. M., & deTurck, M. A. (1989). A Developmental Analysis of Warning Signs: The Case of Familiarity and Gender. *Proceedings of the Human Factors Society Annual Meeting*, 33(15), 1019-1023. https://doi.org/10.1177/154193128903301525

140 Hyland, M., & Birrell, J. (1979). Government Health Warnings and the 'Boomerang' Effect. *Psychological Reports*, 44(2), 643-647. https://doi.org/10.2466/pr0.1979.44.2.643

141 Robinson, T. N., & Killen, J. D. (1997). Do Cigarette Warning Labels

Reduce Smoking? Paradoxical Effects Among Adolescents. *Archives of Pediatrics and Adolescent Medicine*, 151(3), 267-272. https://doi.org/10.1001/archpedi.1997.02170400053010

142 Ringold, D. J. (2002). Boomerang Effects in Response to Public Health Interventions: Some Unintended Consequences in the Alcoholic Beverage Market. *Journal of Consumer Policy*. Kluwer Academic Publishers. https://doi.org/10.1023/A:1014588126336

143 Silver, D., Huang, A., Maddison, C. J., Guez, A., Sifre, L., Van Den Driessche, G., . . . Hassabis, D. (2016). Mastering the game of Go with deep neural networks and tree search. *Nature*, 529(7587), 484-489. https://doi.org/10.1038/ nature16961

144 Brown, N., & Sandholm, T. (2019). Superhuman AI for multiplayer poker. *Science*. American Association for the Advancement of Science. https://doi.org/10.1126/science.aay2400

145 McKinney, S. M., Sieniek, M., Godbole, V., Godwin, J., Antropova, N., Ashrafian, H., . . . Shetty, S. (2020). International evaluation of an AI system for breast cancer screening. *Nature*, 577(7788), 89-94. https://doi.org/10.1038/ s41586-019-1799-6

146 Geirhos, R., Jacobsen, J. H., Michaelis, C., Zemel, R., Brendel, W., Bethge, M., & Wichmann, F. A. (2020). Shortcut learning in deep neural networks. *Nature Machine Intelligence*, 2(11), 665-673. https://doi.org/10.1038/s42256-020-00257-z

147 Eykholt, K., Evtimov, I., Fernandes, E., Li, B., Rahmati, A., Xiao, C., . . . Song, D. (2018). Robust Physical-World Attacks on Deep Learning Visual Classification. In *Proceedings of the IEEE Computer Society Conference on Computer Vision and Pattern Recognition* (pp. 1625-1634). https://doi.org/10.1109/CVPR.2018.00175

148 Zech, J. R., Badgeley, M. A., Liu, M., Costa, A. B., Titano, J. J., & Oermann, E. K. (2018). Variable generalization performance of a deep learning model to detect pneumonia in chest radiographs: A cross-sectional study. *PLoS Medicine*, 15(11), e1002683. https://doi.org/10.1371/journal.pmed.1002683

149 위와 동일.

150 Ehrlich, P. R. (1968). *The Population Bomb*. New York: Sierra Club/Ballantine Books.

151 Ferguson, N. M., Laydon, D., Nedjati-Gilani, G., Imai, N., Ainslie, K., Baguelin, M., . . . Gaythorpe, K. (2020). Report 9: Impact of non-pharmaceutical interventions (NPIs) to reduce COVID-19 mortality and healthcare demand. *Imperial College COVID-19 Response Team* (March), 1-20. https://doi.org/https://doi.org/10.25561/77482

152 *Halocarbons: Effects on Stratospheric Ozone*. (1976). National Academy of Sciences.

153 Nurmohamed, S. (2020). The Underdog Effect: When Low Expectations Increase Performance. *Academy of Management Journal*, 63(4), 1106-1133. https://doi.org/10.5465/AMJ.2017.0181

154 위와 동일.

155 위와 동일.

156 Westwick, P. J. (2011). *Oral history interview with Thomas Morgenfeld*. Huntington Library, San Marino, California. https://hdl.huntington.org/digital/collection/p15150coll7/id/45064/

157 위와 동일.

158 위와 동일.

159 위와 동일.

9장

160 Petrova, D., & Garcia-Retamero, R. (2015). Effective Evidence-Based Programs For Preventing Sexually-Transmitted Infections: A Meta-Analysis. *Current HIV Research*, 13(5), 432-438. https://doi.org/10.217

4/1570162x13666150511143943

161 Underhill, K., Montgomery, P., & Operario, D. (2007). Sexual abstinence only programmes to prevent HIV infection in high income countries: systematic review. *British Medical Journal*, 335(7613), 248-252. https://doi.org/10.1136/bmj.39245.446586.BE

162 Fox, A. M., Himmelstein, G., Khalid, H., & Howell, E. A. (2019). Funding for Abstinence-Only Education and Adolescent Pregnancy Prevention: Does State Ideology Affect Outcomes? *American Journal of Public Health*, 109(3), 497-504. https://doi.org/10.2105/AJPH.2018.304896

163 Gutierrez, C. M., O'Neill, M., & Jeffrey, W. (2005). Final Report on the Collapse of the World Trade Center Towers. In *Federal Building and Fire Safety Investigation of the World Trade Center Disaster*. http://www.nist.gov/customcf/get_pdf.cfm?pub_id=861610

164 Thompson, J. (2003). Surviving a disaster. *The Lancet*, 362, s56-s57. https://doi.org/10.1016/S0140-6736(03)15079-9

165 Kulkarni, P. A., Gu, H., Tsai, S., Passannante, M., Kim, S., Thomas, P. A., Tan, C. G., & Davidow, A. L. (2017). Evacuations as a Result of Hurricane Sandy: Analysis of the 2014 New Jersey Behavioral Risk Factor Survey. *Disaster Medicine and Public Health Preparedness*, 11(6), 720-728. https://doi.org/10.1017/dmp.2017.21

166 Brown, S., Parton, H., Driver, C., & Norman, C. (2016). Evacuation during Hurricane Sandy: Data from a rapid community assessment. *PLoS Currents*, 8 (DISASTERS). https://doi.org/10.1371/currents.dis.692664b92af52a3b506483b8550d6368

167 Diakakis, M., Deligiannakis, G., Katsetsiadou, K., & Lekkas, E. (2015). Hurricane Sandy mortality in the Caribbean and continental North America. *Disaster Prevention and Management: An International Journal*, 24(1), 132-148. https://doi.org/10.1108/DPM-05-2014-0082

168 Centers for Disease Control and Prevention (CDC). (2013). Deaths associated with Hurricane Sandy - October-November 2012. *MMWR*.

Morbidity and Mortality Weekly Report, 62(20), 393-397. http://www.ncbi.nlm.nih.gov/pubmed/23698603

169 위와 동일.

170 Brown, S., Parton, H., Driver, C., & Norman, C. (2016). *PLoS Currents*, 8 (DISASTERS). https://doi.org/10.1371/currents.dis.692664b92af52a3b506483b8550d6368

171 *Costliest U.S. tropical cyclones tables updated.* (2018). https://www.nhc.noaa.gov/news/UpdatedCostliest.pdf

172 Burger, J., Gochfeld, M., & Lacy, C. (2019). Concerns and future preparedness plans of a vulnerable population in New Jersey following Hurricane Sandy. *Disasters*, 43(3), 658-685. https://doi.org/10.1111/disa.12350

173 위와 동일.

174 Allen, J. D., & Anderson, S. D. (2013). Managing Heat Stress and its Impact on Cow Behavior. *28th Annual Western Dairy Management Conference*, 150-162.

175 Grossi, P., & Zoback, M. L. (2009). *Catastrophe Modeling and California Earthquake risk: a 20-year perspective. Special report.* https://forms2.rms.com/rs/729-DJX-565/images/eq_loma_prieta_20_years.pdf

176 Shelor, R. M., Anderson, D. C., & Cross, M. L. (1992). Gaining from Loss: Property-Liability Insurer Stock Values in the Aftermath of the 1989 California Earthquake. *The Journal of Risk and Insurance*, 59(3), 476. https://doi.org/10.2307/253059

177 Rodrigue, C. M. (1995). Earthquake Insurance: A Longitudinal Study of California Homeowners by Risa Palm. *Yearbook of the Association of Pacific Coast Geographers*, 57(1), 191-195. https://doi.org/10.1353/pcg.1995.0008

178 Shelor, R. M., Anderson, D. C., & Cross, M. L. (1992). *The Journal of Risk and Insurance*, 59(3), 476.

179 Michel-Kerjan, E., Lemoyne de Forges, S., & Kunreuther, H. (2012).

Policy Tenure Under the U.S. National Flood Insurance Program (NFIP). *Risk Analysis*, 32(4), 644-658. https://doi.org/10.1111/j.1539-6924.2011.01671.x

180 Bickel, J. E., & Kim, S. D. (2008). Verification of The Weather Channel probability of precipitation forecasts. *Monthly Weather Review*, 136(12), 4867-4881. https:// doi.org/10.1175/2008MWR2547.1

181 위와 동일.

182 Bauer, P., Thorpe, A., & Brunet, G. (2015). The quiet revolution of numerical weather prediction. *Nature*, 525(7567), pp. 47-55). https://doi.org/10.1038/nature14956

183 Freddolino, P. L., Arkhipov, A. S., Larson, S. B., McPherson, A., & Schulten, K. (2006). Molecular Dynamics Simulations of the Complete Satellite Tobacco Mosaic Virus. *Structure*, 14(3), 437-449. https://doi.org/10.1016/j.str.2005. 11.014

184 Lindorff-Larsen, K., Piana, S., Dror, R. O., & Shaw, D. E. (2011). How Fast-Folding Proteins Fold. *Science*, 334(6055), 517-520. https://doi.org/10.1126/science.1208351

185 Laplace, P. S. (1814). *Essay Philosophique sur les Proabilités*. Gauthier-Villars.

186 '초기조건에 민감한 의존성'이 카오스의 수학적으로 중요한 특징을 완전히 설명하지는 못한다. 초기조건에 민감한 의존성을 보이지만 카오스는 아닌 계도 존재한다. 카오스적 행동을 보다 정확하게 특성화하려면 위상 혼합(topological mixing)의 개념이 필요하다. 하지만 여기서는 카오스 계에서 충분히 오랜 기간에 걸쳐 나타날 수 있는 초기조건에 민감한 의존성만 고려하기로 한다.

187 Cahalan, R. F., Leidecker, H., & Cahalan, G. D. (1990). *Computers in Physics*, 4(4), 368.

188 Rogers, T., Johnson, B., & Munch, S. (2022). Chaos is not rare in natural ecosystems. *Nature Ecology & Evolution*, 6(8):1105-1111. https://doi.org/ 10.1038/s41559-022-01787-y

189 Hoskins, B. (2013). The potential for skill across the range of the seamless weather-climate prediction problem: a stimulus for our science. *Quarterly Journal of the Royal Meteorological Society*, 139(672), 573-584. https://doi.org/10.1002/qj.1991

190 Smart, W. M. (1946). John Couch Adams and the discovery of Neptune. *Nature*, 158(4019), 648-652.

191 Lorenz, E. N. (1963). Deterministic Nonperiodic Flow. *Journal of the Atmospheric Sciences* , 20(2), 130-141. https://doi.org/10.1175/1520-0469(1963)020<0130:dnf>2.0.co;2

192 위와 동일.

193 Lorenz, E. N. (1972). Does the flap of a butterfly's wings in Brazil set off a tornado in Texas?, *American Association for the Advancement of Science*.

옮긴이 | 노태복

한양대학교 전자공학과를 졸업했다. 과학, 경제 그리고 인문을 아우르는 번역을 하고 있다. 옮긴 책으로『부의 원칙』『인지심리학』『수학의 쓸모』『그리스 로마 신화를 보다』 등이 있다.

어떻게 문제를 풀 것인가

초판 1쇄 발행 2024년 3월 26일

지은이 키트 예이츠
옮긴이 노태복

발행인 이봉주 **단행본사업본부장** 신동해
편집장 김경림 **책임편집** 김윤하 **교정교열** 김정현
디자인 김윤남 **마케팅** 최혜진 이인국 **홍보** 허지호
국제업무 김은정 김지민 **제작** 정석훈

브랜드 웅진지식하우스 **주소** 경기도 파주시 회동길 20
문의전화 031-956-7366(편집) 031-956-7089(마케팅)
홈페이지 www.wjbooks.co.kr
인스타그램 www.instagram.com/woongjin_readers
페이스북 www.facebook.com/woongjinreaders
블로그 blog.naver.com/wj_booking

발행처 ㈜웅진씽크빅
출판신고 1980년 3월 29일 제406-2007-000046호

ISBN 978-89-01-28080-6 03410

* 웅진지식하우스는 ㈜웅진씽크빅 단행본사업본부의 브랜드입니다.
* 책값은 뒤표지에 있습니다.
* 잘못된 책은 구입하신 곳에서 바꾸어 드립니다.